应用型本科工程管理系列规划教材

建筑力学

主　编　姜黎黎

副主编　唐玉玲　盖芳芳

参　编　杨银环　甄　妮

主　审　周新伟

机 械 工 业 出 版 社

本书主要介绍建筑力学的基本理论和基本知识。共分为14章，内容主要包括绪论、静力学基本知识和物体的受力分析、平面力系、平面图形的几何性质、杆件的轴向拉伸与压缩、杆件的剪切与扭转、梁的弯曲、应力状态分析和强度理论、组合变形、压杆稳定、平面体系的几何组成分析、静定结构的内力计算、静定结构的位移计算、超静定结构的内力计算等内容。每章后均附有相应的习题，以便于读者巩固所学习的知识。

本书可作为高等学校本科工程管理、建筑学、城市规划、交通工程、水利水电工程、市政工程等专业的课程教材，也可供本科其他专业、高职高专、成人高校的师生及相关工程技术人员参考。

图书在版编目（CIP）数据

建筑力学/姜黎黎主编. —北京：机械工业出版社，2018.6
应用型本科工程管理系列规划教材
ISBN 978-7-111-60282-8

Ⅰ.①建… Ⅱ.①姜… Ⅲ.①建筑科学-力学-高等学校-教材
Ⅳ.①TU311

中国版本图书馆CIP数据核字（2018）第137307号

机械工业出版社（北京市百万庄大街22号 邮政编码100037）
策划编辑：李宣敏 责任编辑：李宣敏 于伟蓉
责任校对：樊钟英 封面设计：张 静
责任印制：孙 炜
北京中兴印刷有限公司印刷
2019年1月第1版第1次印刷
184mm×260mm · 15.5印张 · 408千字
标准书号：ISBN 978-7-111-60282-8
定价：42.00元

前　言

我国应用型本科教育正处于全面提升质量与加强内涵建设的重要阶段，编者根据普通高等学校工程项目管理、建筑学、城市规划等专业的特点及其高层次应用型人才的培养目标，参考教育部力学基础课程教学指导分委员会最新制定的理工科非力学专业“力学课程教学基本要求”，吸取国内外同类教材的经验，精选理论力学、材料力学和结构力学的有关内容，并结合近年来编者讲授本课程的教学经验和改革实践，编写了本教材。在编写过程中，编者注重力学理论的严谨性、逻辑推理的清晰性、相关学科知识的连贯性、注重联系工程实际的实用性以及教材的适用性。

本书内容主要包括绪论、静力学基本知识和物体的受力分析、平面力系、平面图形的几何性质、杆件的轴向拉伸与压缩、杆件的剪切与扭转、梁的弯曲、应力状态分析和强度理论、组合变形、压杆稳定、平面体系的几何组成分析、静定结构的内力计算、静定结构的位移计算、超静定结构的内力计算等内容。

本书具体编写分工如下：哈尔滨理工大学姜黎黎编写第 1、5、8、9 章，并负责全书统稿；黑龙江科技大学盖芳芳编写第 2、3、4 章；天津科技大学唐玉玲编写第 10、11、12 章；哈尔滨商业大学杨银环编写第 6、7 章；天津科技大学甄妮编写第 13、14 章。本书由哈尔滨理工大学周新伟主审。

本书在编写过程中参阅和引用了有关单位及个人著作及资料，在此一并表示深切的感谢！由于编者水平所限，不妥之处，恳请广大读者和专家批评指正。

编　者

目　录

第1章　绪　　论

1.1　建筑力学的研究对象、内容和任务

随着城市现代化建设进程的加快，人们建造各种各样的建筑物来满足日常生产和生活的需要，例如高层建筑群、大型体育场馆建筑、大型水利水电工程、大跨桥梁等。这些建筑物不仅要实现其使用功能，而且要同时满足安全性和经济性的要求。建筑力学是对建筑物进行力学分析和计算的理论基础，在工程中有着广泛的应用。

1.1.1　建筑力学的研究对象

建筑物中承受荷载而起骨架作用的部分称为结构。房屋建筑中的梁柱体系，水工建筑中的闸门和水坝，公路铁路上的桥梁和隧洞等，都是结构的典型例子。图1-1所示为一单层工业厂房结构。结构受荷载作用时，如不考虑建筑材料的变形，其几何形状和位置不会发生变化。

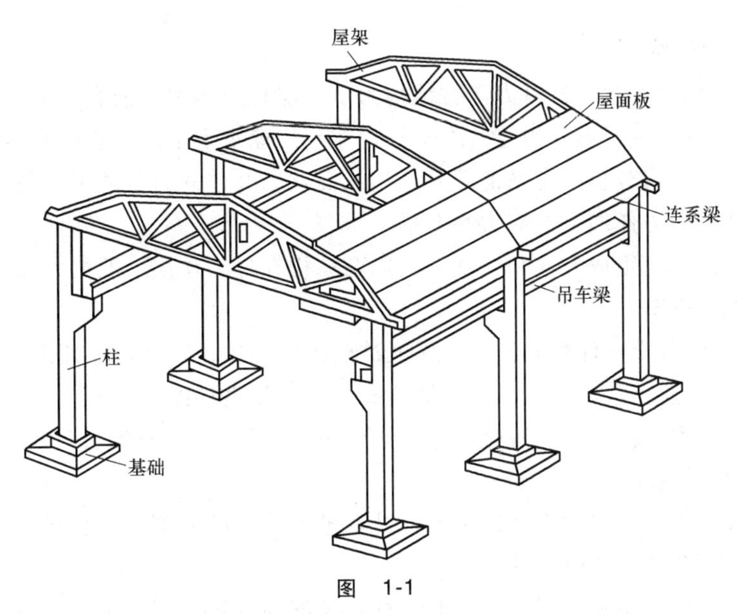

图　1-1

组成结构的每一部分称为构件。图1-1所示的基础、柱、吊车梁、屋面板等均为构件。

结构一般可按其几何特征分为杆系结构、薄壁结构、实体结构三种类型。

1. 杆系结构

组成杆系结构的构件是杆件。杆件的几何特征是其长度远大于横截面的宽度和高度的构件，其几何要素是横截面和轴线，其中横截面是与轴线垂直的截面，轴线是横截面形心的连线。轴线是直线的杆称为直杆（图1-2a），轴线是曲线的杆称为曲杆（图1-2b），横截面大小不等的杆称为变截面杆（图1-2c）。

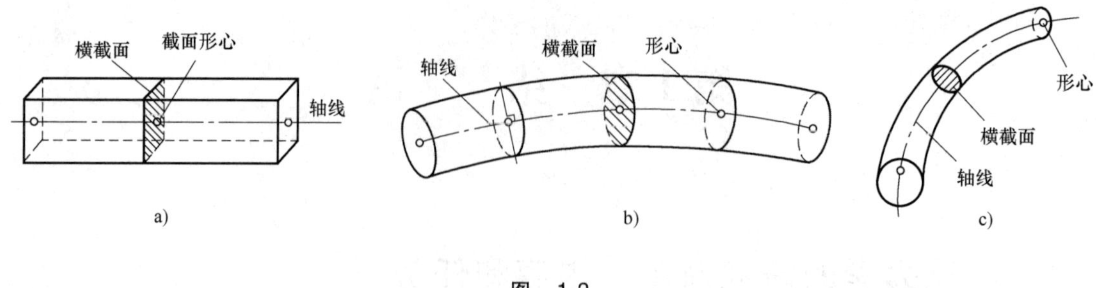

图 1-2

2. 薄壁结构

组成薄壁结构的构件是薄板或薄壳。薄板（图 1-3a）、薄壳（图 1-3b）的几何特征是其厚度方向的尺寸远小于其他两个方向的尺寸，其中中面为曲面的称为壳。

3. 实体结构

三个方向（长、宽、高）的尺寸基本为同量级的结构（图 1-3c）。

建筑力学以杆系结构作为研究对象。

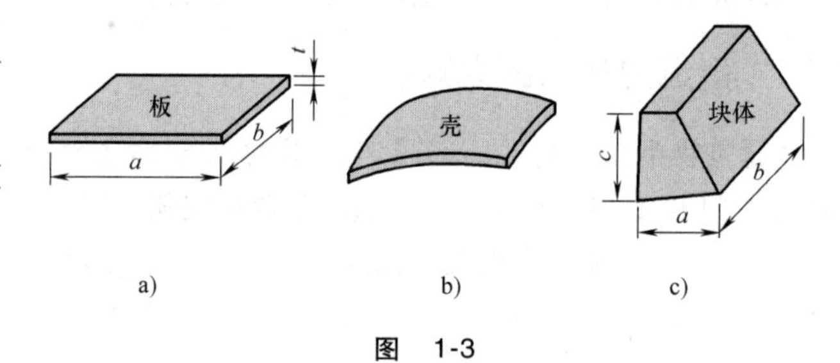

图 1-3

1.1.2 建筑力学的内容和任务

1. 建筑力学的内容

建筑力学是将理论力学、材料力学、结构力学等课程中的主要内容，依据知识自身的内在连续性和相关性，重新组织形成的建筑力学知识体系。建筑力学的主要内容包含以下几部分：

1）研究物体的受力分析、力系的等效替换或简化以及建立力系的平衡条件等。

2）研究构件在外力作用下的应力和变形。

3）研究结构的几何组成规律和合理形式以及结构在外力作用下的内力和变形。

2. 建筑力学的任务

任何结构都是由若干构件组成的，为保证结构正常工作，就必须保证组成结构的每一个构件在荷载的作用下都能正常工作。因此，结构或构件必须满足以下要求：

1）几何构造要求。构件必须按照一定的几何组成规则组成结构，以确保在荷载作用时能维持几何形状不发生改变。

2）强度要求。构件在规定荷载作用下，具有足够的抵抗断裂破坏的能力。例如储气罐不应爆破，机器中的齿轮轴不应断裂等。

3）刚度要求。构件在规定荷载作用下，具有足够的抵抗变形的能力。如机床主轴不能变形过大，否则影响加工精度。

4）稳定性要求。细长杆或薄壁构件在压力荷载的作用下，具有足够的保持其原有平衡状态的能力。例如房屋中的受压柱如果是细长的，当压力超过一定限度后，就有可能产生弯曲变形，甚至弯曲折断，由此酿成严重事故。

建筑力学的任务就是研究结构的几何组成规则，以及在荷载作用下结构和构件的强度、刚度和稳定性问题。其目的是保证结构按照设计要求正常工作，使所设计的结构和构件安全可靠、经济合理。

1.2 刚体、变形固体及其基本假设

结构和构件可统称为物体。在建筑力学中将物体抽象化为两种计算模型：刚体模型、变形固体模型。

1.2.1 刚体

所谓刚体，是指在力的作用下，其内部任意两点间的距离始终保持不变的物体，即受力而不变形的物体。事实上，任何物体在力的作用下都会产生不同程度的变形，在微小变形情况下，变形因素对求解平衡问题和求解内力问题的影响甚微，因此，研究平衡问题和采用截面法求解内力问题时，可将物体视为刚体，即刚体并不是实际存在的实体，而是抽象简化的理想力学模型。

1.2.2 变形固体及其基本假设

在外力作用下，一切固体都将发生变形，故称为变形固体。在另一些问题中，物体变形这一因素是不可忽略的主要因素，不考虑物体的变形就得不到问题的正确解答，这时，将物体视为变形固体。

构件一般均由固体材料制成，所以构件一般都是变形固体。由于变形固体种类繁多，工程材料中有金属与合金、工业陶瓷、聚合物等，性质是多方面的，而且很复杂，为了突出主要矛盾，抓住问题的实质，在对变形固体制成的构件进行强度、刚度和稳定性研究时，要忽略材料的一些次要性质，并根据与问题有关的主要因素对变形固体做出一些假设，将它抽象为理想化的力学模型，然后才能进行理论分析。对其做下列假设：

1. 连续性假设

认为整个物体所占空间内毫无空隙地充满物质。实际上组成固体的粒子之间存在着空隙并不连续，但这种空隙的大小与构件的尺寸相比极其微小可以不计。于是就认为固体在其整个体积内是连续的。这样，就可以对连续介质采用无穷小量的分析方法。

2. 均匀性假设

认为物体内的任何部分，其力学性能相同。实际上，工程中常用的金属，多由两种或两种以上元素的晶粒组成，不同元素晶粒的机械性质并不完全相同，但固体构件的尺寸远远大于晶粒尺寸，它所包含的晶粒数目极多，而且是无规则地排列，其机械性质是所有晶粒机械性质的统计平均值，可以认为构件内各部分的性质是均匀的。

3. 各向同性假设

认为物体内在各个不同方向上的力学性能相同。就金属的单一晶粒来说，沿不同的方向，力学性能并不一样，但金属构件包含数量极多的晶粒，且又杂乱无章地排列，这样，沿各个方向的力学性能就接近相同了，具有这种属性的材料称为各向同性材料，如钢、铜、铝等。沿不同的方向力学性能不同的材料，称为各向异性材料，如木材，胶合板、某些复合材料等。实践表明，在上述假设基础上，建立起来的理论，是符合工程实际要求的。

4. 小变形（条件）假设

在荷载作用下，构件的形状及尺寸发生变化称为变形，绝大多数工程构件的变形都极其微小，且为弹性变形，比构件本身尺寸要小得多，以至在分析构件所受外力（写出静力平衡方程）时，通常不考虑变形的影响，而仍可以用变形前的尺寸，此即所谓“原始尺寸原理”。如

图 1-4a 所示桥式起重机主梁，变形后简图如图 1-4b 所示，截面最大垂直位移 f 一般仅为跨度 l 的 1/700～1/500，B 支撑的水平位移 Δ 则更微小，在求解支承反力 F_A、F_B 时，不考虑这些微小变形的影响。但在研究构件破坏和变形时再考虑其变形影响。因此，要求材料力学中所研究构件的变形是微小的。

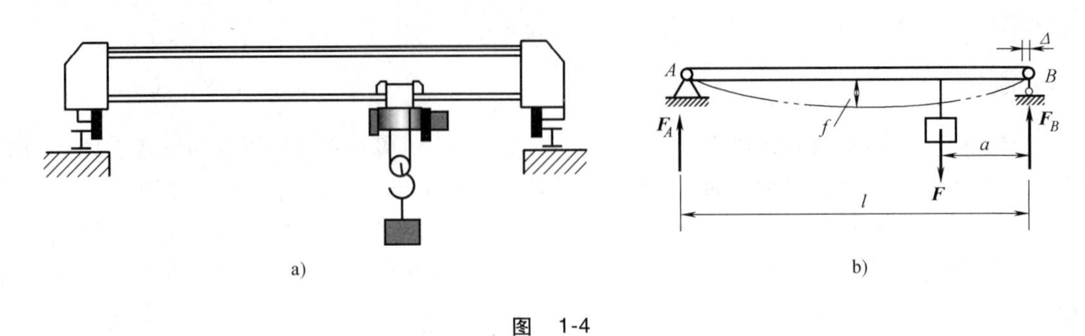

a)　　b)

图 1-4

1.3 杆件变形的基本形式

杆件受力有各种情况，相应的变形就有各种形式，在工程结构中，杆件的基本变形只有以下四种：

1. 轴向拉伸和压缩

变形形式是由大小相等、方向相反、作用线与杆件轴线重合的一对力引起的，表现为杆件长度的伸长或缩短，如托架的拉杆和压杆受力后的变形（图 1-5）。

2. 剪切

变形形式是由大小相等、方向相反、相互平行的一对力引起的，表现为受剪杆件的两部分沿外力作用方向发生相对错动，如连接件中的螺栓和销钉受力后的变形（图 1-6）。

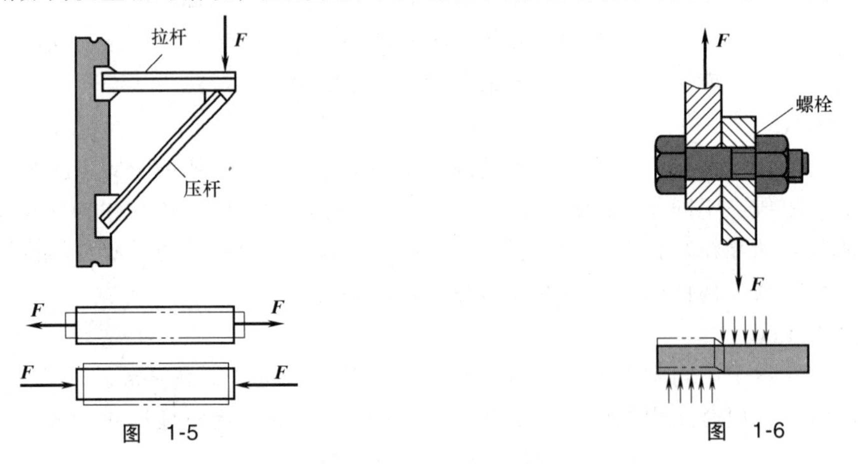

图 1-5　　图 1-6

3. 扭转

变形形式是由大小相等、转向相反、作用面都垂直于杆轴的一对力偶引起的，表现为杆件的任意两个横截面发生绕轴线的相对转动，如机器中的传动轴受力后的变形（图 1-7）。

4. 弯曲

变形形式是由垂直于杆件轴线的横向力，或由作用于包含杆轴的纵向平面内的一对大小相等、方向相反的力偶引起的，表现为杆件轴线由直线变为受力平面内的曲线，如单梁桥式起重机的横梁受力后的变形（图 1-8）。

杆件同时发生几种基本变形，称为组合变形。

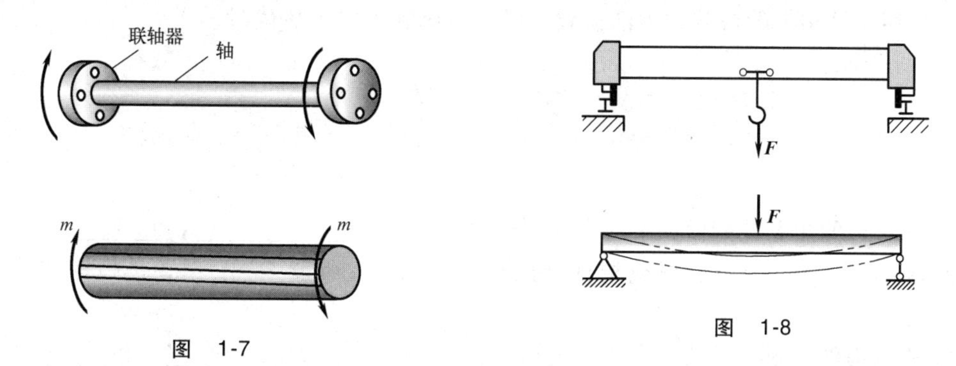

图　1-7

图　1-8

1.4　荷载的分类

结构工作时所承受的外力称为荷载。荷载可分为不同的类型。

1.4.1　按荷载作用的范围可分为分布荷载和集中荷载

1. 分布荷载

连续分布于物体内部各点上的荷载称为体荷载，如物体的自重和惯性力等；作用于物体表面上的荷载称为面荷载，如作用于船体上的水压力等；连续作用于线段上的荷载称为线荷载。建筑力学研究杆件组成的结构，可将杆件受的分布荷载视为作用在杆件轴线上，这样，杆件所受的分布荷载均为线荷载。

2. 集中荷载

如果荷载作用的范围与构件的尺寸相比十分微小，可以认为荷载集中作用于一点，称为集中荷载，如火车轮对钢轨的压力等。

1.4.2　按荷载的性质分为静荷载和动荷载

1. 静荷载

荷载缓慢地由零增加到某一定值后，不再随时间变化，保持不变或变动很不显著，称为静荷载。静荷载作用的基本特点是：荷载施加过程中，结构上各点产生的加速度不明显，荷载达到最终值以后，结构处于静止平衡状态。

2. 动荷载

荷载大小或方向随时间而变化的荷载称为动荷载。根据加载的速度与性质，动荷载问题可分为构件具有一般加速度运动的问题、交变荷载和冲击荷载三种情况。交变荷载是随时间作周期性变化的荷载；冲击荷载是物体的运动在瞬时内发生急剧变化所引起的荷载。动荷载作用的基本特点是：由于荷载的作用，结构上各点产生明显的加速度，结构的内力和变形随时间而发生变化。

1.4.3　按荷载作用时间的长短分为恒荷载和活荷载

1. 恒荷载

永久作用在结构上的荷载称为恒荷载。结构的自重、固定在结构上的永久性设备等属于恒荷载。

2. 活荷载

暂时作用在结构上的荷载称为活荷载。风、雪荷载等属于活荷载。

习　题

填空题

1. 根据材料的主要性能做如下三个基本假设：________，________，________。

2. 所谓________，是指材料或构件抵抗破坏的能力。所谓________，是指构件抵抗变形的能力。

3. 结构或构件必须满足的基本要求包括________，________，________和________。

第 2 章　静力学基本知识和物体的受力分析

2.1　静力学基本概念

静力学是研究物体在力系作用下平衡规律的科学。在静力学中研究的物体主要是刚体。

刚体在力的作用下，其内部任意两点之间的距离始终保持不变，即在力作用下大小和形状保持不变。它是在研究力对物体作用的外效应时，由实际的物体抽象而来的理想化的力学模型。

物体的平衡是指物体相对于惯性参考系处于静止或做匀速直线运动的一种状态，它是物体运动状态的一种特殊形式。

物体能否处于平衡状态，取决于它所受到的一群力，即力系。能使物体保持其平衡状态的力系称为平衡力系。要判断一个力系是否为平衡力系必须先研究力系对物体作用的总效应。一个复杂的力系对物体作用的总效应，往往可以用一个简单力系对物体作用的总效应来代替。寻找一个简单力系来等效替代一个复杂力系，称为力系的简化。这样，判断任何一个复杂力系是否为平衡力系，就可根据其简单的等效力系是否为平衡力系来决定。

当然，在分析具体物体的平衡时，还应对每个物体进行受力分析，正确地判断它所受的力系是由哪些力所组成的。

由上所述，静力学主要研究三个问题：物体的受力分析；力系的等效简化；力系的平衡条件及其应用。

其中物体的受力分析及力系的简化还是研究动力学的基础，而整个静力学内容则是学习材料力学、机械原理、机器零件等后续课程的必备知识。静力学的理论和方法在解决许多实际工程技术问题的过程中有着广泛的应用。

2.2　静力学公理

2.2.1　力

人们经过长期的生产实践和理论概括，逐步建立起力的概念。力是物体与物体间相互的机械作用，这种作用可以使物体的机械运动状态发生改变，也可以使物体形状发生变化。在国际单位制中，力的单位是 N 或 kN。

力使物体运动状态发生改变的效应称为力的外效应或运动效应；力使物体形状发生变化的效应称为力的内效应或变形效应。

在静力学中，把物体抽象为刚体，因此只研究力的外效应。

力对物体作用的效应取决于力的大小、力的方向、力的作用点，它们称为力的三要素。当这三个要素中任何一个改变时，力的作用效应也随之改变。

力是一个既有大小又有方向的量，因此，力是**矢量**。它常用带箭头的直线线段来表示，如

图 2-1 所示。其中线段的长度 AB 按一定比例表示力的大小，线段的方位（与水平方向的夹角）和箭头的指向表示力的方向，线段的起点表示力的作用点。通过力的作用点沿力的方位的直线，称为力的作用线。在本书中，凡是矢量都用粗斜体字母表示，如力 $\boldsymbol{F}$；而这个矢量的大小（标量）则用细斜体的同一字母表示，如 F，如图 2-1 所示。

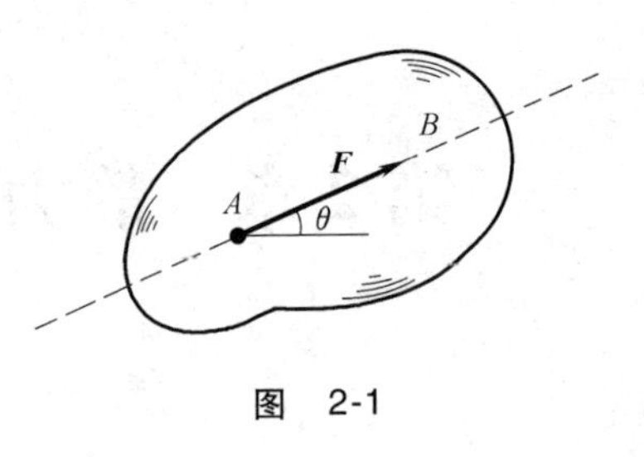

图 2-1

2.2.2 静力学公理

静力学公理是人们在长期的生活和生产实践中，经过反复的观察和实践总结出来的客观规律，它正确地反映了作用于物体上力的基本性质，是进一步研究复杂力系平衡性质的理论基础。

公理 1 二力平衡公理

作用于刚体上的二力使刚体保持平衡的充分必要条件是：该二力的大小相等、方向相反，并作用在同一直线上。

这个公理说明，一个刚体只受两个力作用而处于平衡时，它们的作用线必与它们的作用点之连线相重合。这种受二力作用而平衡的刚体常称为二力杆或二力构件。如图 2-2a 所示，一物体在 A、B 两点受力而平衡，根据二力平衡条件，作用于二力构件上的两力必沿两力作用点的连线，或为拉力，或为压力，且大小相等、方向相反，如图 2-2b 所示。

应该指出，该公理揭示的是作用于刚体上的最简单力系平衡的充要条件。对于非刚体来说，只是必要条件，而非充分条件。例如，软绳受两个等值反向的拉力可以平衡，当受两个等值反向的压力时，就不能平衡了（图 2-3）。

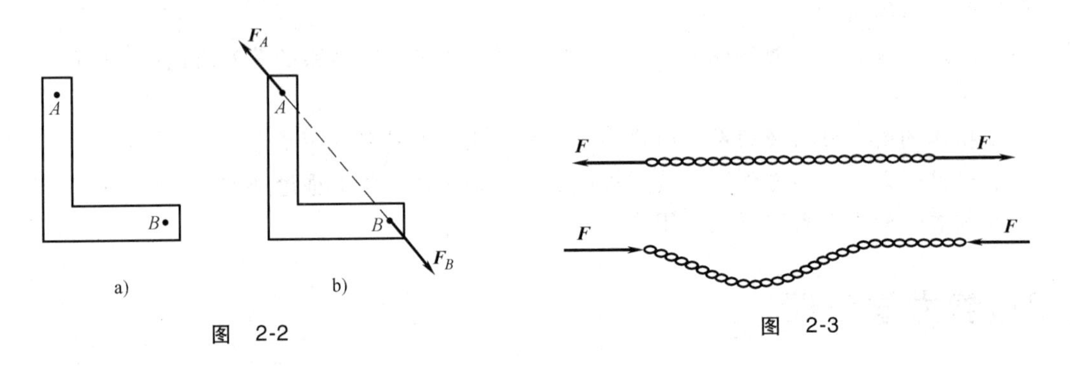

图 2-2　　图 2-3

公理 2 加减平衡力系公理

在已知力系作用的刚体上，加上或减去一个平衡力系，不会改变原力系对刚体的作用效果。

这个公理是力系等效替换的理论依据，而且只适用于刚体。

推论 1 力的可传性

作用于刚体的力可以沿其作用线移至同一刚体内任意一点，并不改变其对于刚体的作用效应。

证明：设有力 $\boldsymbol{F}$ 作用于刚体上的 A 点，如图 2-4a 所示。在其作用线上任取一点 B，在 B 点加上两个相互平衡的力 $\boldsymbol{F}_1$ 和 $\boldsymbol{F}_2$，使得 $F_2=-F_1=F$，如图 2-4b 所示。根据公理 1，$\boldsymbol{F}$ 和 $\boldsymbol{F}_1$ 也是一个平衡力系，所以，由公理 2 可以去掉这两个力，这样由作用于刚体 B 点的力 $\boldsymbol{F}_2$ 等效地替换了作用于 A 点的力 $\boldsymbol{F}$。即力 $\boldsymbol{F}$ 相当于从作用点 A 沿其作用线移到了任意点 B，如图 2-4c

所示。

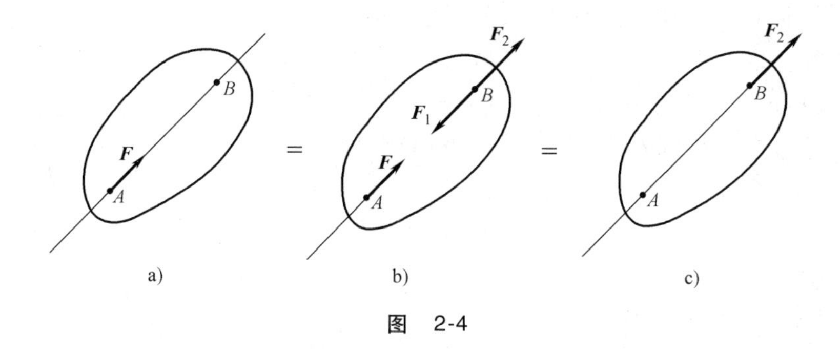

图　2-4

由力的可传性可知，作用于刚体上的力的三要素是：大小、方向和作用线，即对于刚体来说，力是滑动矢量。

应该指出，力的可传性仅适用于研究力的运动效应，而不适用于研究力的变形效应。因为力沿其作用线移动时，将引起变形效应的改变。例如图 2-5 所示直杆，在两端 A、B 处施加大小相等、方向相反、作用线相同的两个力 $\boldsymbol{F}_1$、$\boldsymbol{F}_2$，显然这时杆件产生拉伸变形，如图 2-5a 所示。若将力 $\boldsymbol{F}_1$沿其作用线移至 B 点，力 $\boldsymbol{F}_2$移至 A 点，如图 2-5b 所示，这时杆件则产生压缩变形，这两种变形效应是不同的。因此，作用于变形体上的力是定位矢量，其作用点不能移动。

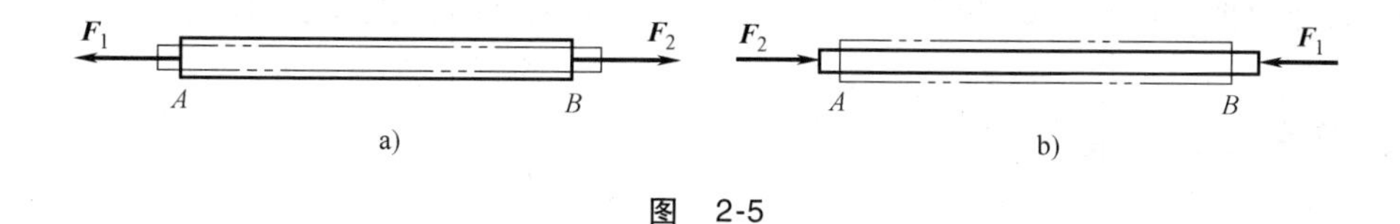

图　2-5

公理 3　力的平行四边形法则

作用于物体上某一点的两个力，可以合成为一个合力。合力也作用于该点上，合力的大小和方向可由以这两个力为邻边的平行四边形的对角线确定，这称为力的平行四边形法则。如图 2-6a 所示，合力矢等于这两个分力矢的矢量和，即

$$\boldsymbol{F}=\boldsymbol{F}_1+\boldsymbol{F}_2$$

为了简化计算，通常只需画出半个平行四边形，即三角形就可以了，如图 2-6b 所示。由只表示力的大小和方向的分力矢和合力矢所构成的三角形称为力三角形，这种求合力矢的方法称为力的三角形法则。

公理 3 是复杂力系简化的理论基础。

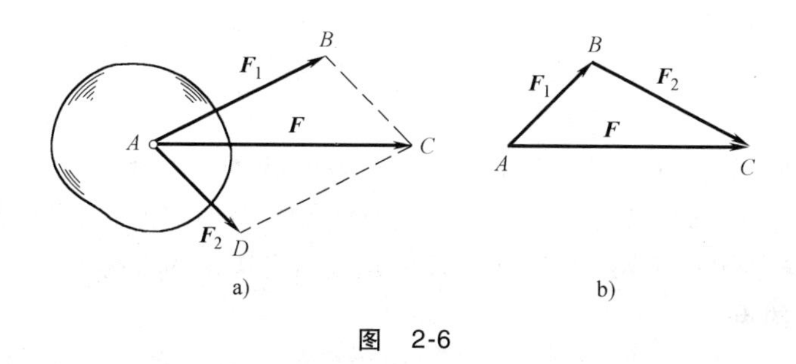

图　2-6

推论 2　三力平衡汇交定理

当刚体受三力作用而平衡时，若其中两力作用线相交于一点，则第三力作用线必通过两力

作用线的交点，且三力的作用线在同一平面内。

证明：设刚体 A，B，C 三点分别受三力 $\boldsymbol{F}_1$、$\boldsymbol{F}_2$、$\boldsymbol{F}_3$ 的作用而处于平衡，其中 $\boldsymbol{F}_1$、$\boldsymbol{F}_2$ 的作用线相交于 O 点，如图 2-7 所示。根据力的可传性，可将力 $\boldsymbol{F}_1$、$\boldsymbol{F}_2$ 移至 O 点，利用公理 3，力 $\boldsymbol{F}_1$、$\boldsymbol{F}_2$ 可用其合力 $\boldsymbol{F}_{12}$ 来替换，此时刚体受二力 $\boldsymbol{F}_{12}$ 和 $\boldsymbol{F}_3$ 作用而平衡。由公理 1，$\boldsymbol{F}_3$ 与 $\boldsymbol{F}_{12}$ 必共线，所以力 $\boldsymbol{F}_3$ 的作用线亦在力 $\boldsymbol{F}_1$ 和 $\boldsymbol{F}_2$ 所构成的平行四边形的平面上，且通过 $\boldsymbol{F}_1$、$\boldsymbol{F}_2$ 作用线的交点 O。

公理 4　作用与反作用定律

两物体间的相互作用力总是大小相等，方向相反，沿同一直线，分别作用在这两个物体上。

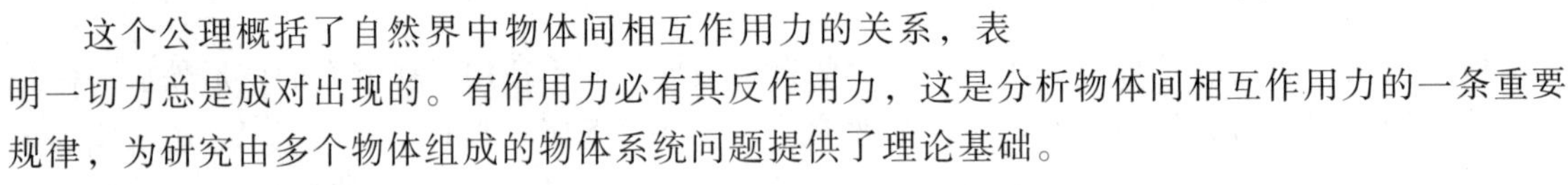

图 2-7

这个公理概括了自然界中物体间相互作用力的关系，表明一切力总是成对出现的。有作用力必有其反作用力，这是分析物体间相互作用力的一条重要规律，为研究由多个物体组成的物体系统问题提供了理论基础。

公理 5　刚化公理

如果变形体在某一力系作用下处于平衡，则此变形体可刚化为刚体，其力系必满足其平衡条件。这就是变形体的可刚化公理。

这一公理为把刚体平衡条件的理论应用于变形体的平衡问题提供了理论依据。

2.3　约束和约束反力

在力学中通常把物体分为两类：一类是自由体，另一类称为非自由体。在空间的位移不受任何限制，即可以自由运动的物体称为自由体，如空中飞行的飞机、人造卫星等。工程中大多数物体的运动都要受到一定的限制，使某些方向的运动不能发生，这样的物体称为非自由体，也称被约束物体，如行驶的火车、厂房、桥梁等。

对非自由体某些位移起限制作用的周围物体，称为约束。换句话说，所谓约束，是指加于物体上的限制条件。如钢轨对于火车是约束，地面对厂房是约束，吊灯的灯绳对于灯是约束等。物体受到约束时，物体与约束之间必然有相互作用力，约束对物体的作用力称为约束反作用力，简称约束反力或反力。它是一种被动力。物体除受约束力外，还受到各种荷载如重力、风力、水压力、切削力等已知力作用，它们是促使物体运动或有运动趋势的力，称为主动力。一般情况下，约束反力是未知的，它与约束的性质、物体的运动状态以及所受其他力等因素有关，必须由力学规律求出。

下面介绍几种在工程实际中常见的约束类型和确定约束力的方法。

1. 柔性体约束

用柔软的、不可伸长、也不计重量的绳索、胶带、链条等柔性体连接物体而构成的约束，统称为柔性体约束（图 2-8）。特点是只能限制物体沿着柔性体伸长的方向运动。约束力为拉力，作用在连接点或假想截割处，沿着柔性体的轴线而背离被约束物体。

2. 光滑接触面约束

两物体直接接触，且不计接触处的摩擦面而构成的约束，称为光滑（接触）面约束（图 2-9）。特点是不论接触表面的形状如何，只能限制物体沿过接触点的公法线而趋向接触面方向的运动。约束力为压力，作用在接触点上，方向沿着接触表面在接触点的公法线而指向物体。

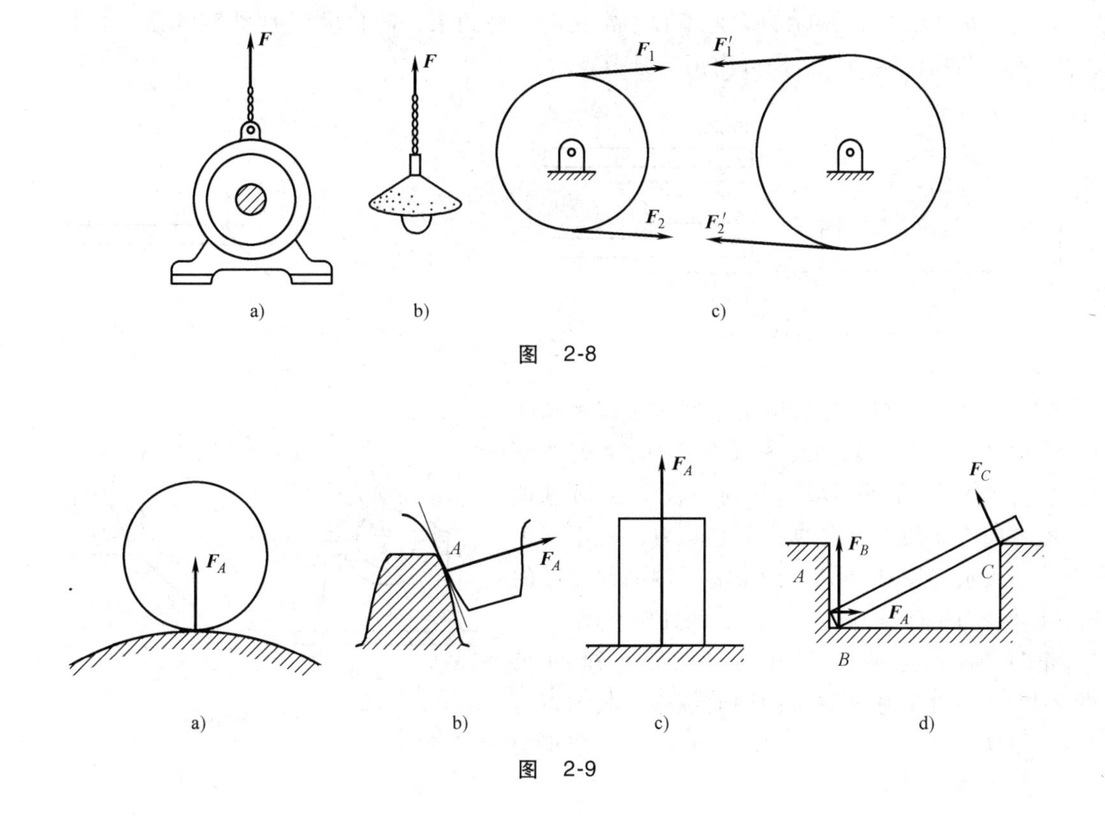

图　2-8

图　2-9

3. 光滑铰链约束

（1）光滑圆柱形铰链　工程实际中，常用圆柱形销钉将两个构件连接起来，如图 2-10 所示。这种约束称为圆柱形铰链，简称铰链约束。其计算简图如图 2-11 所示。

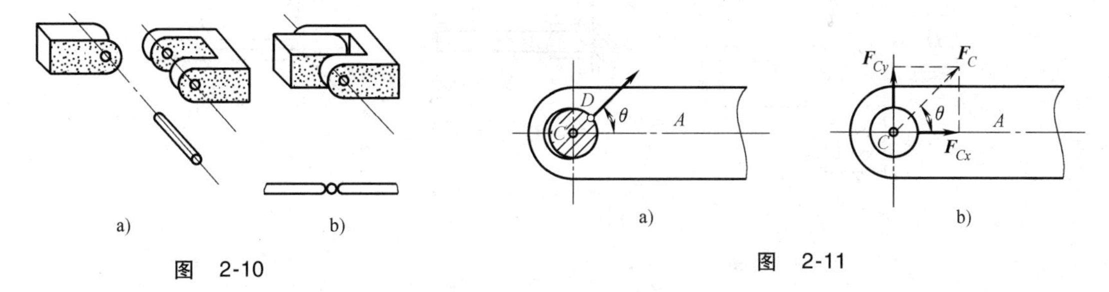

图　2-10

图　2-11

铰链约束中的圆柱形销钉与物体上的圆孔如果不计摩擦，可视为两个光滑圆柱面接触。所以约束力沿接触面的公法线方向，并且通过圆孔和铰链中心，一般情况下，当主动力尚未确定时，接触点的位置也不能预先确定，即约束反力的方向不能预先确定。故在受力分析时，常把铰链约束反力表示为作用在铰链中心的**两个大小未知的正交分力**，如图 2-11 所示。

在圆柱形铰链连接的两构件中，若其中一个构件被固定在地面上或机架上，则称这种铰链约束为固定铰链支座，简称铰支座。铰支座的简图和约束反力如图 2-12 和图 2-13 所示。

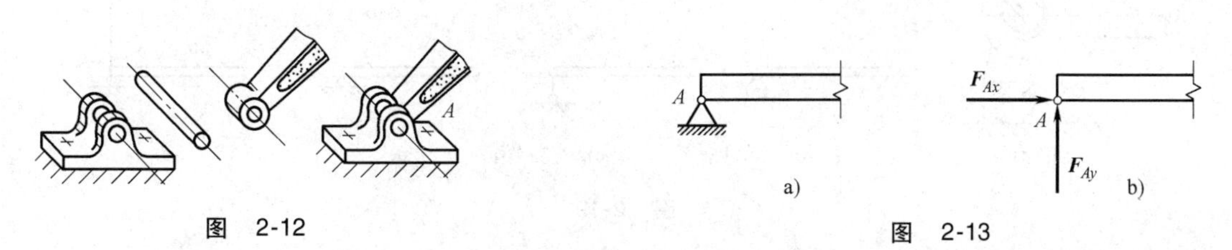

图　2-12

图　2-13

径向轴承如图 2-14 所示，它是工程中常见的一种约束，简化模型如图 2-15 所示。其约束反力与光滑圆柱铰链相似，也可用正交分力表示。

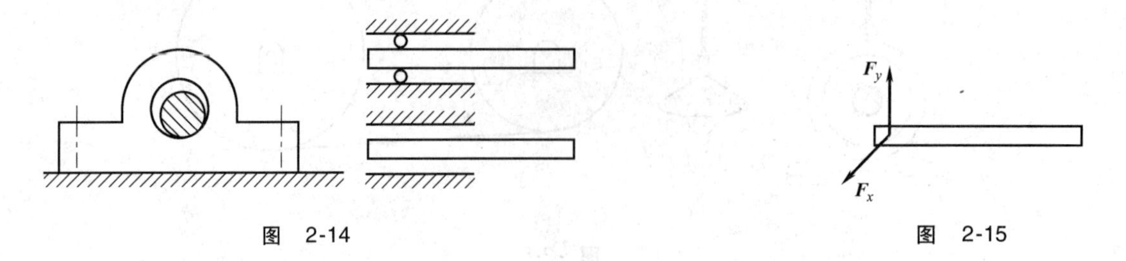

图 2-14

图 2-15

（2）光滑球铰链　球铰链是指通过圆球和球壳将两个构件连接在一起的约束（图 2-16）。若忽略摩擦，与圆柱铰分析类似。其约束反力是通过球心，但方向不能预先确定的一个空间力，可用三个正交分力表示（图 2-16b）。约束能限制构件球心的任何移动，而不能限制构件绕球心的任意转动。

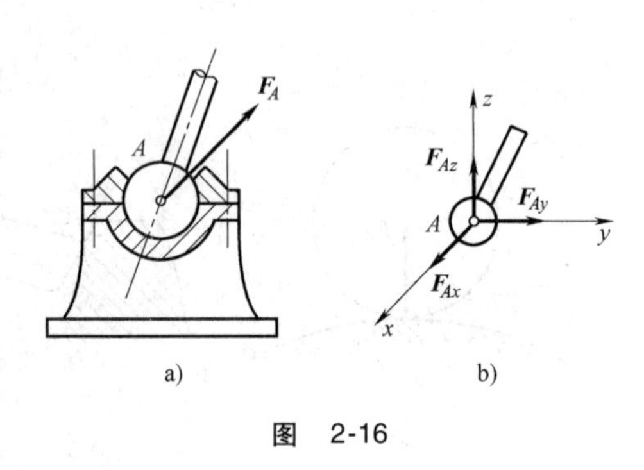

图 2-16

止推轴承也是工程中常见的一种约束（图 2-17），它用来限制转轴的轴向位移，其约束力的性质与球铰链大体相同，所以，也可用三个正交分力表示（图 2-18）。

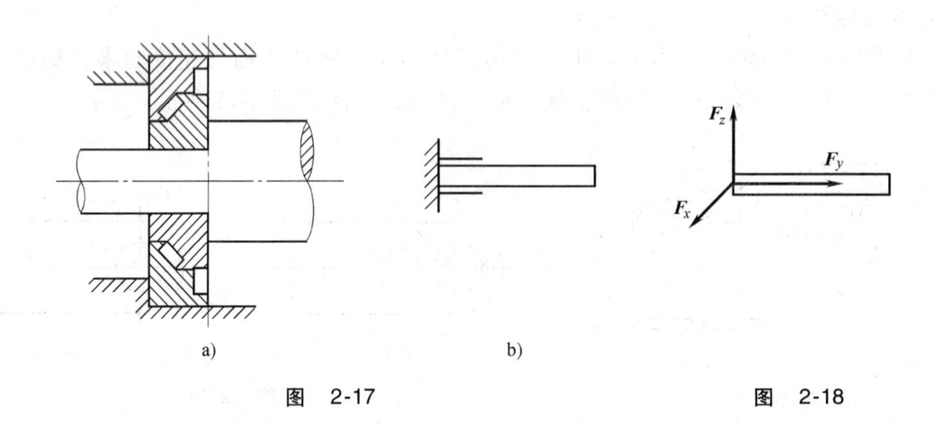

图 2-17

图 2-18

（3）活动铰支座　在铰支座和支承面之间装上一排滚轮，这种复合约束称为滚动铰支座或辊轴铰支座，简称为活动铰支座，如图 2-19 所示。这种支座约束已不能限制物体沿光滑支承面的运动，所以，其约束力应垂直于支承面，且通过圆柱铰链中心，指向未知，可以假设。活动铰支座常见的计算简图和约束力的画法如图 2-19b、c、d、e 所示。

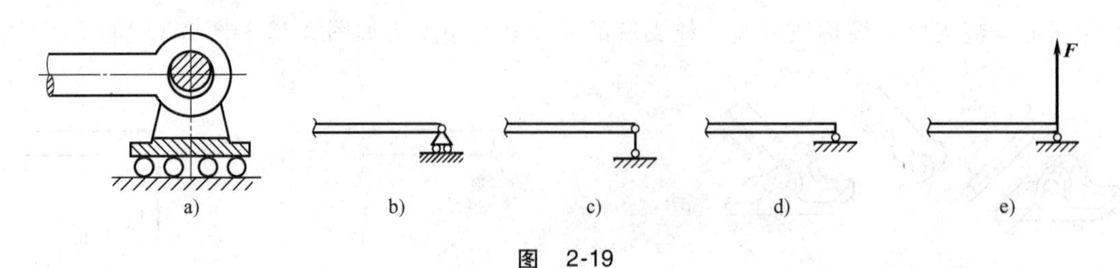

图 2-19

4. 固定端约束

上面介绍的三类约束均限制物体沿部分方向的运动，有时物体会受到完全固结的作用，如深埋在地里的电线杆，紧固在刀架上的车刀，固定在房屋墙内的雨篷、阳台等，这类约束称为固定端约束。固定端约束的简图如图 2-20 所示。它的特点是物体在固定端处不能有任何移动和转动，因此在固定端处作用有限制物体移动的约束反力和限制物体转动的约束反力偶。平面上的固定端约束反力用两个正交分力表示，反力偶用平面力偶表示，如图 2-20c 所示。空间固定端约束反力用沿坐标的三个正交分力表示，反力偶矩矢也用沿坐标轴的三个分量表示，如图 2-20d 所示。

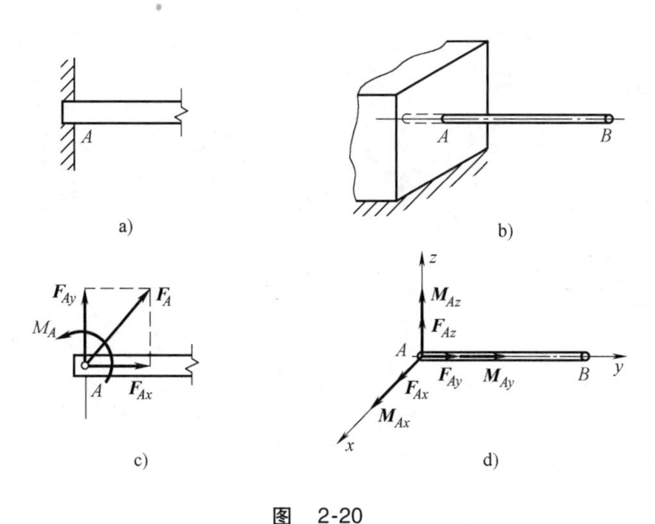

图　2-20

2.4　物体的受力分析

静力学研究自由刚体的平衡条件，对于非自由体，可以利用解除约束原理，将全部约束假想地解除，而用约束力代替约束的作用，这样非自由体就被抽象成为一个不受任何约束的自由体了。当受约束的物体在某些主动力的作用下处于平衡时，若将其部分或全部约束除去，代之以相应的约束力，则物体的平衡不受影响，这就是解除约束原理。

在解决力学问题时，首先要选定需要研究的物体，即确定研究对象。将研究对象假想地从周围的物体（称为施力体）中分离出来，单独画出其简图，这种图又称为分离体图。在分离体图上画出其所受到的全部外力，即包括所有主动力和约束反力，这样的图称为研究对象的受力图。

取研究对象，画受力图，是研究力学问题的基础，也是解决力学问题的关键步骤。

下面举例说明画受力图的方法及步骤。

【例 2-1】 均质杆 AB 在图 2-21a 所示平面内平衡，不考虑摩擦，试画出 AB 杆的受力图。

【解】 1）取 AB 杆为研究对象（即取分离体），并单独画出其简图。

2）画主动力。有作用于 AB 杆质心处的自重 G 。

3）画约束力。因 AB 杆在 A、B 两处受到周围物体的光滑约束，故在 A 处及 B 处受周围物体施加于 AB 杆的沿接触面公法线而指向如图 2-21 所示的约束力 $\boldsymbol{F}_A$和 $\boldsymbol{F}_B$。

AB 杆的受力图如图 2-21b 所示。

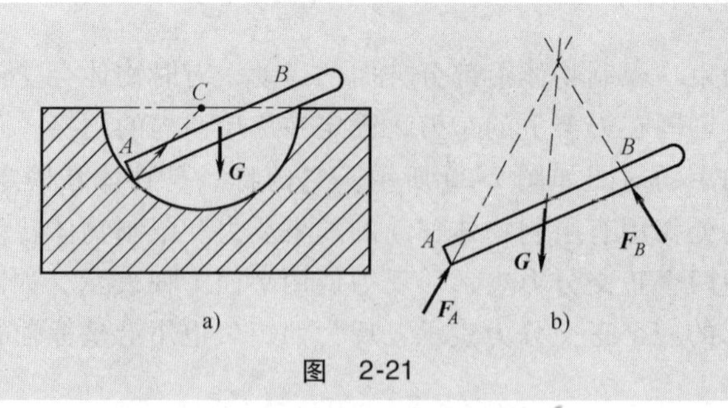

图 2-21

【例 2-2】 汽车闸杆示意图如图 2-22a 所示，各物体自重及摩擦不计，试分别画出直杆 BC 和曲杆 OBA 及整体的受力图。

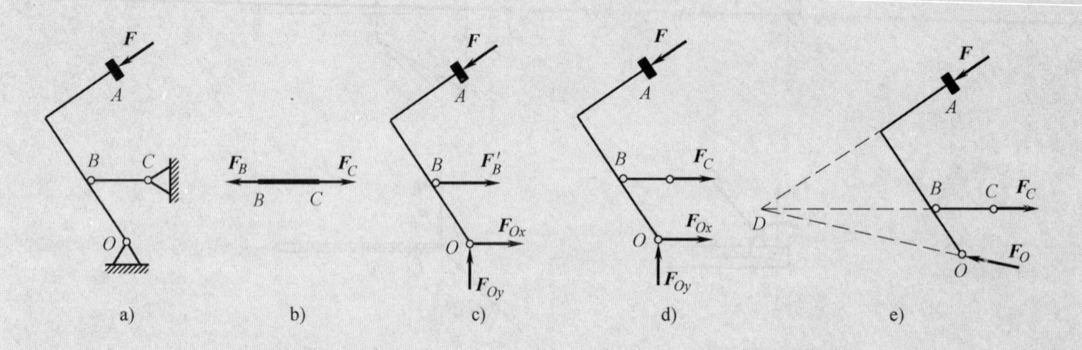

图 2-22

【解】 1）画直杆 BC 的受力图。取 BC 杆为研究对象，因此杆为二力杆，故 B、C 两点约束反力沿杆轴线方向，设为拉力，如图 2-22b 所示。

2）画曲杆 OBA 的受力图。取 OBA 杆为研究对象，其上所受主动力为 $\boldsymbol{F}$，B 点处受 BC 杆的拉力 $\boldsymbol{F}_B$（销钉固定于曲杆的 B 点处），它与 $\boldsymbol{F}_B$ 互为作用与反作用力。O 处为固定铰支座，约束反力可用正交分力表示，如图 2-22c 所示。

3）画整体的受力图。取整体为研究对象（将整体视为一个物体），其上所受主动力为 $\boldsymbol{F}$，O 处反力（与图 2-22c 中 O 处反力一致）为 $\boldsymbol{F}_{Ox}$，$\boldsymbol{F}_{Oy}$，C 点处所受反力（与图 2-22b 相一致）为 $\boldsymbol{F}_C$。B 点处为内约束，约束反力以作用力与反作用力的方式存在，在研究对象中，互相抵消，不必画出。所以整体受力图如图 2-22d 所示。

再进一步分析可知，由于曲杆 OBA 及整体只在 A、B、O 及 A、C、O 三处有力的作用而平衡，所以可根据三力平衡汇交原理，确定铰链 O 处约束力的方位。以整体为例，点 D 为力 $\boldsymbol{F}$ 和 $\boldsymbol{F}_C$ 作用线的交点，当整体平衡时，约束力 $\boldsymbol{F}_O$ 的作用线必通过点 D，如图 2-22e 所示；至于 $\boldsymbol{F}_O$ 的指向，暂且假设如图 2-22c 所示，以后由平衡条件确定。

【例 2-3】 由水平杆 AB 和斜杆 BC 构成的管道支架如图 2-23a 所示，在 AB 杆上放一重为 F 的管道，不计各杆自重，试分别画出水平杆 AB、斜杆 BC 及整体受力图。

【解】 1）分析斜杆 BC 的受力。易见 BC 为二力杆，受力如图 2-23b 所示。

2）分析水平杆 AB 的受力。受力如图 2-13c 所示。

3）分析整体的受力。当对整体做受力分析时，铰链 B 处所受的力 F_B 和 F'_B 互为作用力与反作用力关系，这两个力对地作用在整个系统内，故称为系统的**内力**。内力对系统的作用效果相互抵消，因此可以除去，并不影响整个系统的平衡，故内力在整体受力图上不必画出。在受力图上只需要画出系统以外的物体给系统的作用力，这种力称为**外力**。系统的整体受力如图 2-23d 所示。

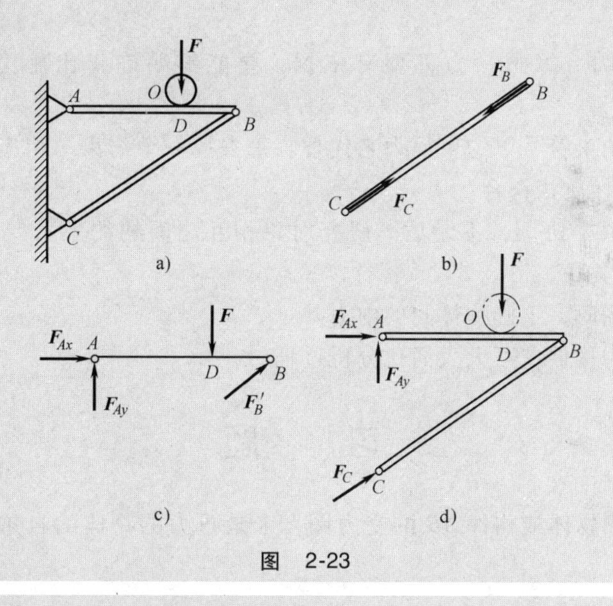

图　2-23

【例 2-4】　如图 2-24a 所示，梯子的两部分 AB 和 AC 在点 A 铰接，又在 D、E 两点用水平绳连接。梯子放在光滑水平面上，若其自重不计，但在 AB 中点 H 处作用一铅直荷载 $\boldsymbol{F}$。试分别画出绳子 DE 和梯子 AB、AC 部分以及整个系统的受力图。

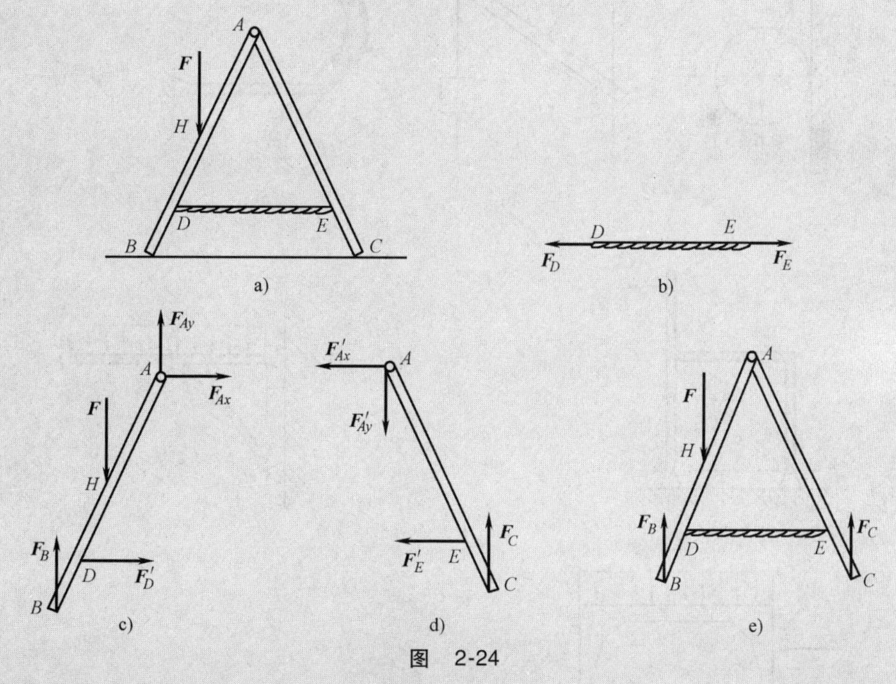

图　2-24

【解】　1）绳子 DE 的受力分析，如图 1-24b 所示。

2）梯子 AB 部分的受力分析，如图 1-24c 所示。

3）梯子 AC 部分的受力分析，如图 1-24d 所示。

4）整个系统的受力分析，如图 1-24e 所示。

物体的受力分析是研究物体平衡和运动的前提。正确对物体进行受力分析是工程人员应掌握的一项基本技能。通过以上例题，可以归纳出画受力图应遵循的步骤及注意事项：

1）明确研究对象。受力图只画研究对象的轮廓图和所受的力，要取出研究对象单独分析。

2）画出全部受力。每画一力都要有依据，要能够明确指出施力物体，不多、不漏、不错。

3）约束物体或约束符号以约束反力来代替。每去掉一个约束，相应地要加上一组约束反力，反力要和约束的性质相符合。

4）各个研究对象要协调，不矛盾。研究对象相互之间的约束力要符合作用与反作用公理，定义的符号应相关联。

5）画整体受力图时，不画物体间的内力。

6）优先找出二力构件，可大大简化分析过程。

习 题

1. 画出图 2-25 中物体或构件 AB 的受力图，未画重力的物体的自重不计，所有接触处均为光滑接触。

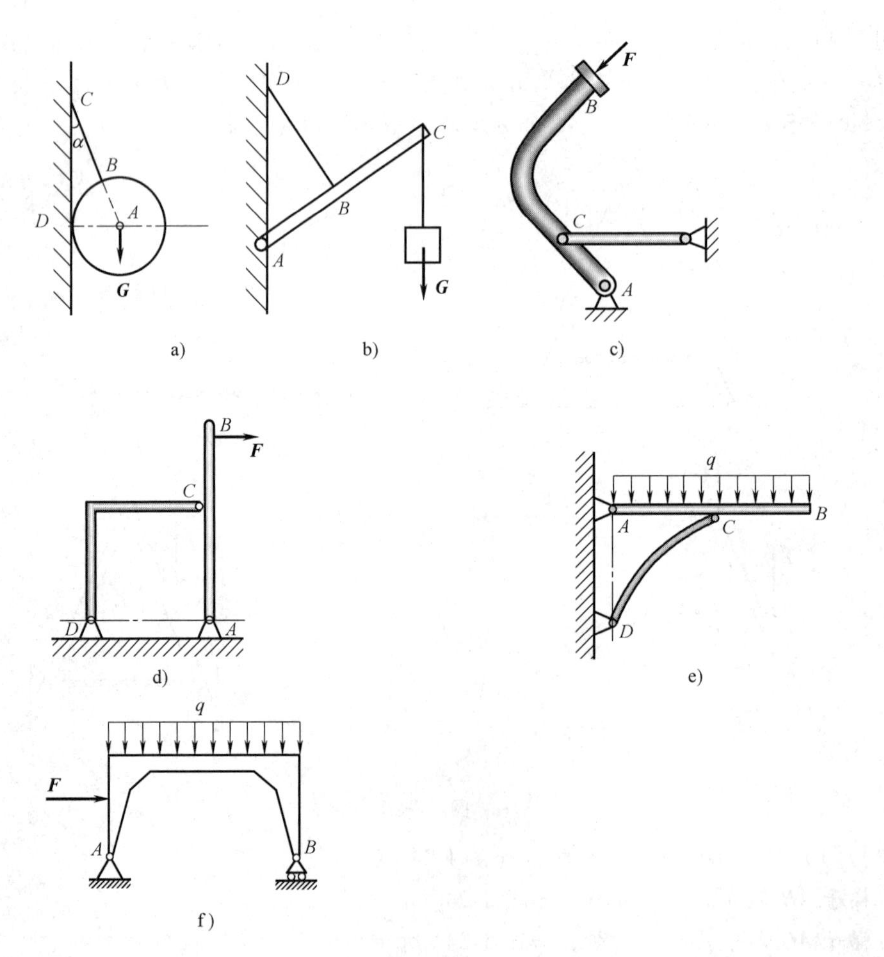

图 2-25

2. 画出图 2-26 所示结构中各个构件的受力图。

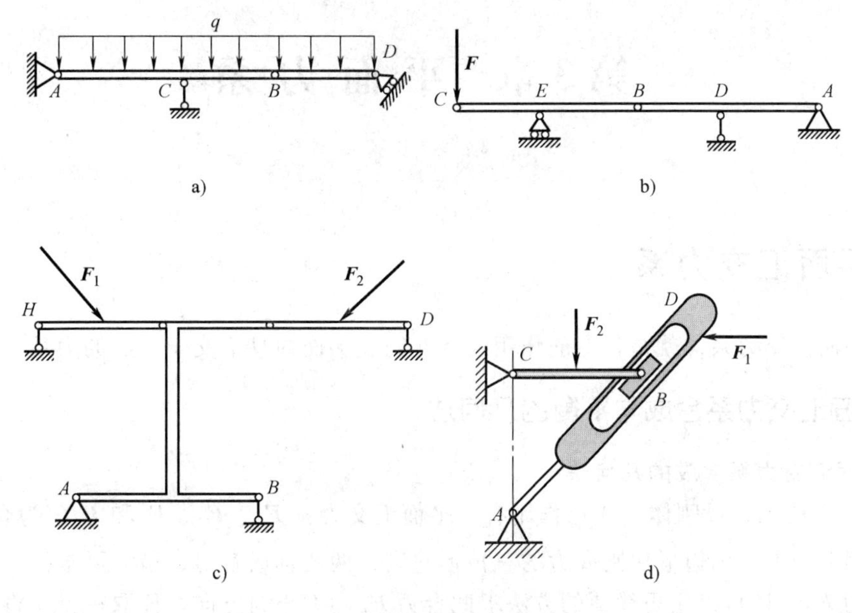

图　2-26

第3章　平面力系

3.1　平面汇交力系

所谓平面汇交力系，就是各力的作用线都在同一平面内且汇交于一点的力系。

3.1.1　平面汇交力系合成与平衡的几何法

1. 平面汇交力系合成的几何法

如图 3-1a 所示，设刚体上 A 点作用有一平面汇交力系 $\boldsymbol{F}_1$、$\boldsymbol{F}_2$、$\boldsymbol{F}_3$和 $\boldsymbol{F}_4$。为合成此力系，可连续使用力的平行四边形法则或力的三角形法则，两两合成各力，最终可求得一个通过汇交点 A 的合力 $\boldsymbol{F}_{\mathrm{R}}$。还可以用更简便的方法求此合力 $\boldsymbol{F}_{\mathrm{R}}$的大小与方向。任取一点 a 将各力的力矢依次首尾相连，如图 3-1b 所示，此图中的虚线矢$\overrightarrow{ac}$和$\overrightarrow{ad}$可不画出。最终，将第一个力矢的起点 a 和最后一个力矢的终点 e 连接起来即可得到该力系的合力矢量$\overrightarrow{ae}$。

根据矢量相加的交换律，任意变换各分力矢的作图次序，可得到不同形状的力矢图，但其合力矢量$\overrightarrow{ae}$总是不变的，如图 3-1c 所示。矢量$\overrightarrow{ae}$仅表示该平面汇交力系的合力 $\boldsymbol{F}_{\mathrm{R}}$的大小与方向，而合力的作用线则仍应通过汇交点 A，如图 3-1a 所示的 $\boldsymbol{F}_{\mathrm{R}}$。

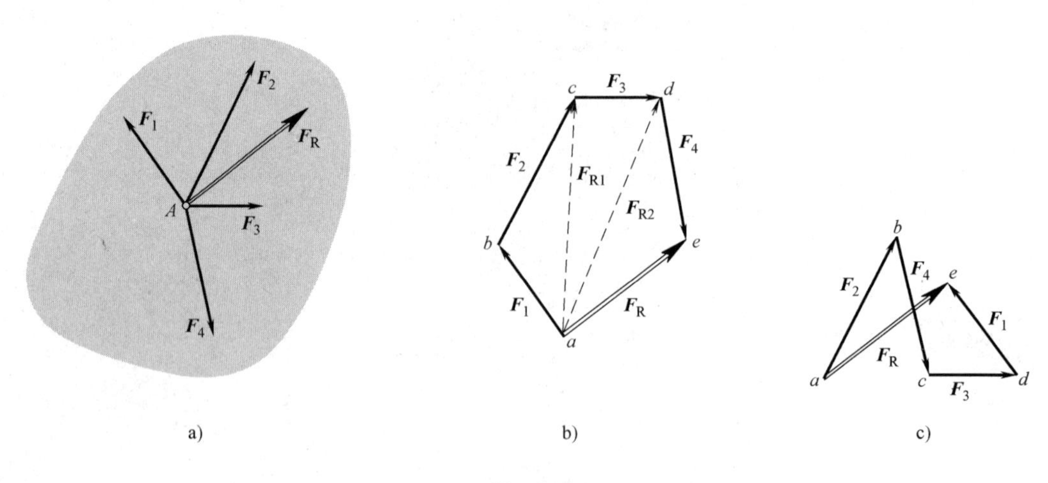

图　3-1

可见，平面汇交力系合成的结果是一个合力，合力的作用线通过力系的汇交点，合力的大小和方向等于力系中各力的矢量和。设平面汇交力系包含 n 个力，以 $\boldsymbol{F}_{\mathrm{R}}$表示该力系的合力矢，则有

$$\boldsymbol{F}_{\mathrm{R}} = \boldsymbol{F}_1 + \boldsymbol{F}_2 + \cdots + \boldsymbol{F}_n = \sum_{i=1}^{n} \boldsymbol{F}_i$$

在不致引起误会的情况下，一般可省略求和符号中的 $i=1$ 和 n。这样上式可简写为

$$\boldsymbol{F}_{\mathrm{R}}=\sum \boldsymbol{F}_i \tag{3-1}$$

各力矢与合力矢构成的多边形称为**力的多边形**。用力多边形求合力的作图规则称为**力的多边形法则**。力多边形中表示合力矢量的边称为力多边形的**封闭边**。

2. 平面汇交力系平衡的几何条件

由于平面汇交力系可用其合力来代替，显然，平面汇交力系平衡的必要和充分条件是：该力系的合力等于零，即

$$\sum \boldsymbol{F}_i=0 \tag{3-2}$$

在平衡条件下，力多边形中最后一力的终点与第一力的起点重合，此时的力多边形称为**封闭的力多边形**。于是平面汇交力系平衡的必要和充分条件是：该力系的力多边形**自行封闭**。这是平衡的几何条件。

求解平面汇交力系的平衡问题时可用图解法，即按比例先画出封闭的力多边形，然后，量得所要求的未知量；也可根据图形的几何关系，用三角公式计算出所要求的未知量，这种解题方法称为几何法。

3.1.2 平面汇交力系合成与平衡的解析法

1. 力在轴上的投影

设刚体上的点 A 作用一个力 $\boldsymbol{F}$，从力矢的两端 A 和 B 分别向 x 轴和 y 轴作垂线，垂足分别为 a、b、c 和 d，如图 3-2 所示，将线段 ab 和线段 cd 的长度冠以适当地正负号，就表示力 $\boldsymbol{F}$ 在 x 轴和 y 轴上的投影，分别记为 F_x和 F_y。如果线段 ab 或线段 cd 的指向与 x 轴或 y 轴的正向一致，则该投影为正值，反之为负值。

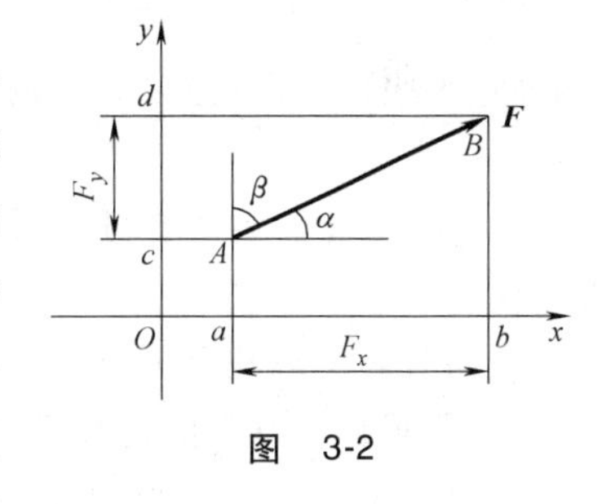

图 3-2

若力 $\boldsymbol{F}$ 与 x 轴正向间夹角为 α，与 y 轴正向间夹角为 β，则有

$$\left.\begin{aligned}F_x&=F\cos\alpha\\F_y&=F\cos\beta=F\sin\alpha\end{aligned}\right\} \tag{3-3}$$

即**力在某轴上的投影是一个代数量，等于力的模乘以力与投影轴正向间夹角的余弦**。容易看出，不为零的力在某轴上投影为零的充要条件是：该力垂直于该投影轴。

反过来，如果已知一个力在直角坐标轴上的投影 F_x和 F_y，则该力的大小和方向分别为

$$\left.\begin{aligned}F&=\sqrt{F_x^2+F_y^2}\\\cos\alpha&=\frac{F_x}{F}\\\cos\beta&=\frac{F_y}{F}\end{aligned}\right\} \tag{3-4}$$

式中，α 和 β 分别表示力 $\boldsymbol{F}$ 与 x 轴和 y 轴正向间夹角。

由图 3-3 可以看出，当力 $\boldsymbol{F}$ 沿两个的正交的轴 x 轴和 y 轴分解为 $\boldsymbol{F}_x$和 $\boldsymbol{F}_y$两个分力时，这两个分力的大小分别等于力 $\boldsymbol{F}$ 在两轴上的投影 F_x和 F_y的绝对值。若设 x 轴及 y 轴方向的单位矢量分别为 $\boldsymbol{i}$ 和 $\boldsymbol{j}$，则力 $\boldsymbol{F}$ 可记为

$$\boldsymbol{F}=\boldsymbol{F}_x+\boldsymbol{F}_y=F_x\boldsymbol{i}+F_y\boldsymbol{j} \tag{3-5}$$

式（3-5）称为**力沿直角坐标轴的解析表达式**。

2. 合力投影定理

如图3-4所示，由平面汇交力系 $\boldsymbol{F}_1$、$\boldsymbol{F}_2$、$\boldsymbol{F}_3$和 $\boldsymbol{F}_4$组成的力多边形中，$\boldsymbol{F}_R$为合力，将各力矢投影到 x 轴，由图可见

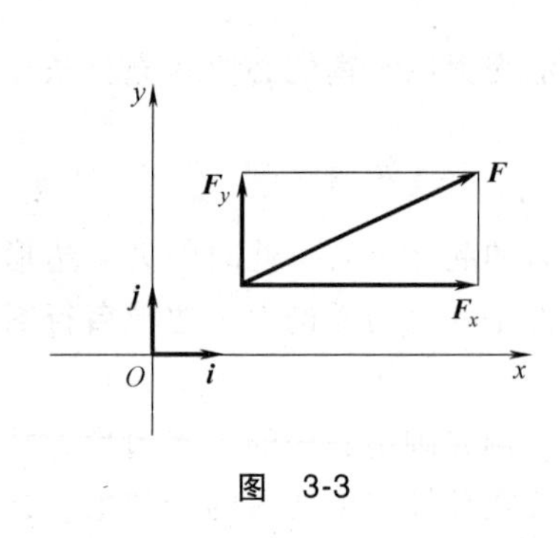

图 3-3

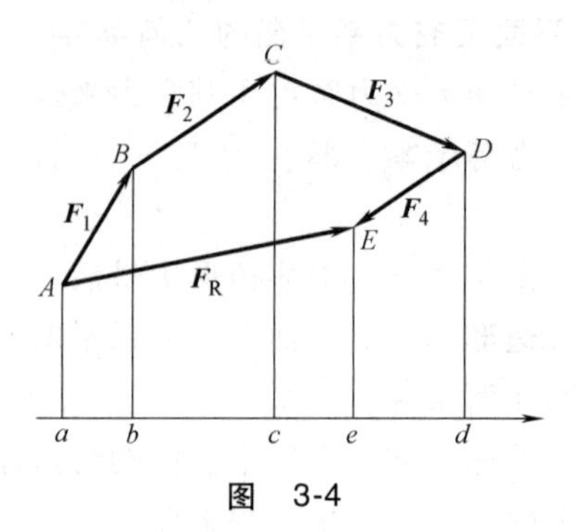

图 3-4

$$ae=ab+bc+cd-de$$

按投影定义，上式左端为合力 $\boldsymbol{F}_R$的投影，右端为四个分力的投影的代数和，即

$$F_{Rx}=F_{1x}+F_{2x}+F_{3x}+F_{4x}$$

将上式推广到任意多个力的情况，有

$$F_{Rx}=F_{1x}+F_{2x}+\cdots+F_{nx}=\sum F_{ix} \tag{3-6}$$

于是有结论：**合力在任一轴上的投影等于各分力在同一轴上投影的代数和**。这就是**合力投影定理**。

合力投影定理建立了合力的投影与分力的投影之间的关系。

3. 平面汇交力系合成的解析法

设刚体上 O 点作用有由 n 个力组成的平面汇交力系，建立直角坐标系如图3-5a所示。

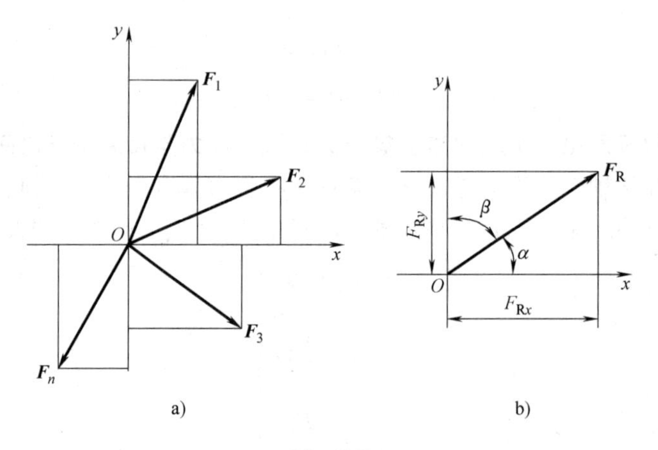

图 3-5

设 F_{1x}和 F_{1y}、F_{2x}和 F_{2y}，…，F_{nx}和 F_{ny}分别表示各力在坐标轴 x 轴和 y 轴上的投影，F_{Rx}和 F_{Ry}分别表示力系的合力 $\boldsymbol{F}_R$在 x 轴和 y 轴上的投影，根据合力投影定理

$$\left.\begin{aligned}F_{Rx}=F_{1x}+F_{2x}+\cdots+F_{nx}=\sum F_x\\F_{Ry}=F_{1y}+F_{2y}+\cdots+F_{ny}=\sum F_y\end{aligned}\right\} \tag{3-7}$$

于是合力矢量的大小和方向为

$$\left.\begin{aligned}F_{\mathrm{R}}=\sqrt{F_{\mathrm{R}x}^{2}+F_{\mathrm{R}y}^{2}}=\sqrt{(\sum F_{x})^{2}+(\sum F_{y})^{2}}\\ \cos\alpha=\frac{F_{\mathrm{R}x}}{F_{\mathrm{R}}}=\frac{\sum F_{x}}{F_{\mathrm{R}}}\\ \cos\beta=\frac{F_{\mathrm{R}y}}{F_{\mathrm{R}}}=\frac{\sum F_{y}}{F_{\mathrm{R}}}\end{aligned}\right\}\tag{3-8}$$

式中，α 和 β 分别表示合力 $\boldsymbol{F}_{\mathrm{R}}$ 与 x 轴和 y 轴间夹角，如图 3-5b 所示。

4. 平面汇交力系的平衡方程

前面已经得出过结论，平面汇交力系平衡的必要和充分条件是：该力系的合力 $\boldsymbol{F}_{\mathrm{R}}$ 等于零。于是由式（3-8）有

$$F_{\mathrm{R}}=\sqrt{(\sum F_{x})^{2}+(\sum F_{y})^{2}}=0$$

欲使上式成立，必须同时满足

$$\left.\begin{aligned}\sum F_{x}=0\\ \sum F_{y}=0\end{aligned}\right\}\tag{3-9}$$

于是，平面汇交力系平衡的必要和充分条件是：**力系的各力在两个坐标轴上的投影的代数和分别等于零**。式（3-9）称为平面汇交力系的平衡方程，这是两个独立的方程，可求解两个未知量。

下面举例说明平面汇交力系平衡方程的应用。

【例 3-1】 水平梁 AB 的 B 端吊挂一重物，重量为 P，拉杆 CD 与 AB 在 C 处铰接，已知 $P=2\text{kN}$，结构尺寸与角度如图 3-6a 所示。试求 CD 杆的内力及 A 点的约束反力。

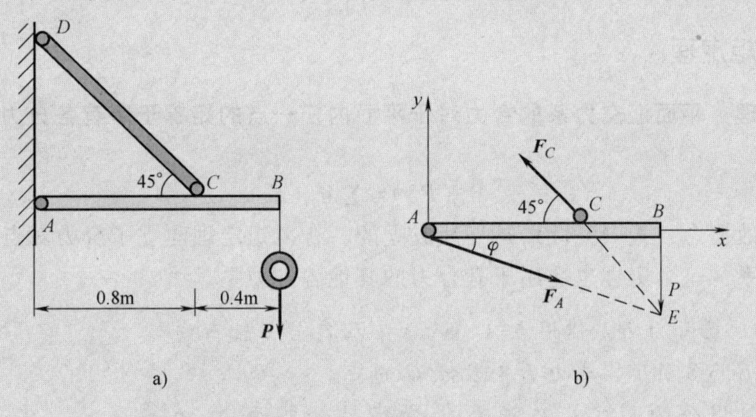

图　3-6

【解】 1）取 AB 杆为研究对象，作受力图，如图 3-6b 所示。

2）建立坐标系如图 3-6b 所示。

3）根据平衡条件列写平衡方程

$$\sum F_{x}=0\qquad F_{A}\cos\varphi-F_{C}\cos45°=0$$

$$\sum F_{x}=0\qquad -P-F_{A}\sin\varphi+F_{C}\sin45°=0$$

4）解方程，得

$$F_{C}=4.24\text{kN}\qquad F_{A}=3.16\text{kN}$$

3.2 平面力对点之距的概念与计算

3.2.1 平面力对点之矩的概念

力对刚体的转动效果可用力对点的矩来度量。

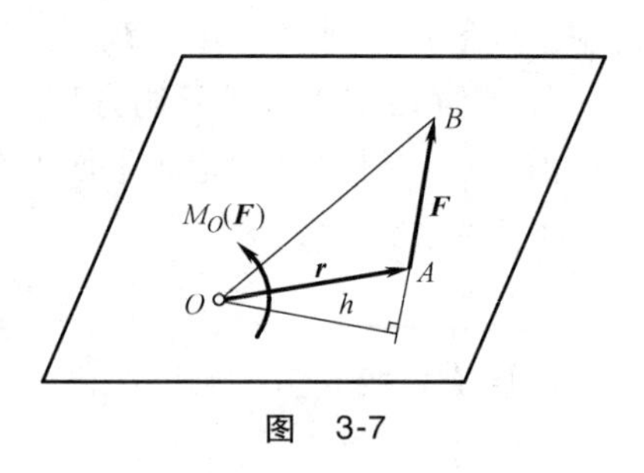

图 3-7

如图 3-7 所示，力 $\boldsymbol{F}$ 与点 O 位于同一平面内，点 O 称为**矩心**，点 O 到力的作用线的垂直距离 h 称为**力臂**。在平面问题中，力对点的矩是一个代数量，其绝对值等于力的大小与力臂的乘积。它的正负可按以下方法确定：力使物体绕矩心逆时针方向转动时为正，反之为负。力对点之矩简称力矩。在国际单位制中，力矩的单位常用 N · m 或 kN · m。

力 $\boldsymbol{F}$ 对点 O 的矩以 $M_O(\boldsymbol{F})$ 来表示，即

$$M_O(\boldsymbol{F}) = \pm Fh = \pm 2A_{\triangle OAB} \tag{3-10}$$

式中，$A_{\triangle OAB}$表示三角形 OAB 的面积，如图 3-7 所示。

力矩的性质如下：

1）大小与矩心有关。

2）力可沿作用线任意移动。

3）力的大小为零或力的作用线过矩心时，力矩等于零。

4）互为平衡的两个力对同一点的矩之和为零。

3.2.2 合力矩定理

合力矩定理：平面汇交力系的合力对于平面内任一点的矩等于所有各分力对于该点的矩的代数和。即

$$M_O(\boldsymbol{F}_{\mathrm{R}}) = \sum M_O(\boldsymbol{F}_i) \tag{3-11}$$

按力系等效概念，式（3-11）是显然成立的。合力矩定理建立了合力对点的矩与分力对同一点的矩的关系，这个定理也适用于有合力的其他各种力系。

【例 3-2】 已知力 $\boldsymbol{F}$，作用点 A（x，y）及其与 x 轴正向间夹角 θ，如图 3-8 所示，求力 $\boldsymbol{F}$ 对原点 O 的矩。

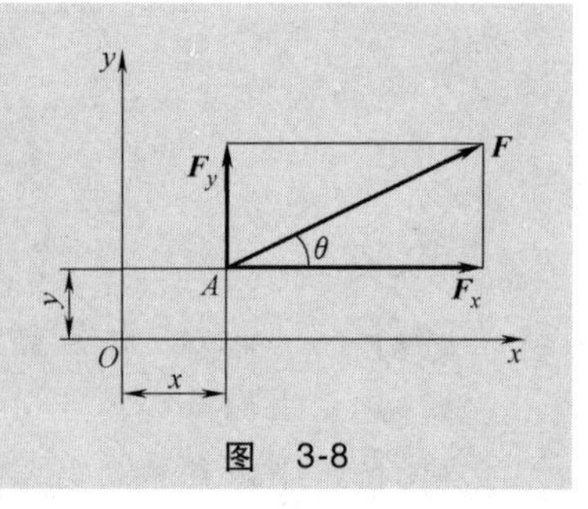

图 3-8

【解】 利用合力矩定理，将 $\boldsymbol{F}$ 沿坐标轴分解为 $\boldsymbol{F}_x$ 和 $\boldsymbol{F}_y$，则

$$M_O(\boldsymbol{F}_{\mathrm{R}}) = \sum M_O(\boldsymbol{F}_i) = M_O(\boldsymbol{F}_x) + M_O(\boldsymbol{F}_y) = xF_y - yF_x = xF\sin\theta - yF\cos\theta$$

3.3 平面力偶系

3.3.1 力偶的概念

由两个大小相等、方向相反且不共线的平行力组成的力系，称为力偶，如图 3-9 所示，记

作（$\boldsymbol{F}$，$\boldsymbol{F}'$）。力偶的两力之间的垂直距离 d 称为**力偶臂**，力偶所在的平面称为**力偶的作用面**。

力偶不能合成为一个力，也就不能用一个力来平衡。因此力偶和力是静力学的两个基本要素。

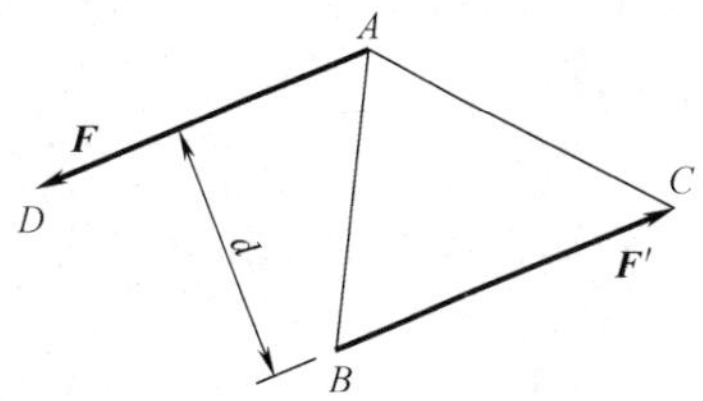

图 3-9

3.3.2　力偶矩

力偶的作用是改变物体的转动状态，力偶对物体的转动效果可用**力偶矩**来度量，而力偶矩的大小为力偶中的力与力偶臂的乘积 Fd。由图 3-10 可知，力偶（$\boldsymbol{F}$，$\boldsymbol{F}'$）对任取的一点 O 的矩为

$$F(d+x)-F'x=Fd$$

即力偶对任意点的矩都等于力偶矩，而与矩心位置无关。

力偶在平面内的转向不同，其作用效果也不相同，因此，平面力偶对物体的作用效果，由以下两个因素决定：

1）力偶矩的大小。

2）力偶在作用平面内的转向。

故力偶矩可视为代数量，以 M 或 M（$\boldsymbol{F}$，$\boldsymbol{F}'$）表示，即

$$M=\pm Fd=\pm 2A_{\triangle ABC} \tag{3-12}$$

式中，$A_{\triangle ABC}$表示三角形 ABC 的面积，如图 3-10 所示。

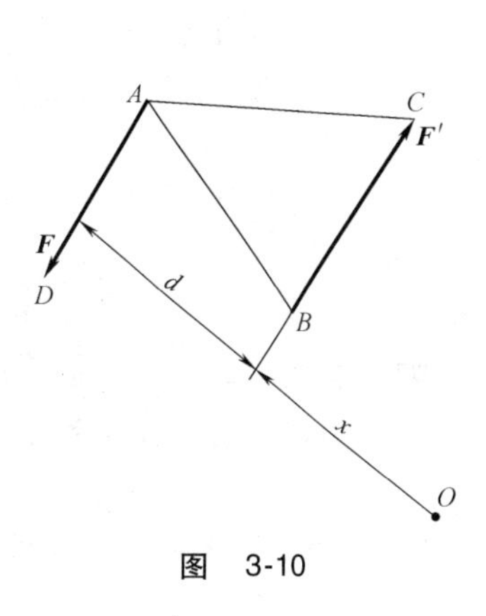

图 3-10

于是可得结论：**力偶矩是一个代数量，其绝对值大小等于力的大小与力偶臂的乘积，正负号表示力偶的转向——逆时针转向为正，反之为负。**

力偶矩的单位与力矩相同，也是 N ·m。

3.3.3　同平面内力偶的等效定理

定理：**在同平面内的两个力偶，如果力偶矩相等，则两力偶彼此等效。**

该定理给出了在同一平面内力偶等效的条件。由此可得推论：

1）任一力偶可以在其作用面内任意移转，而不改变它对刚体的作用。因此，力偶对刚体的作用与力偶在其作用面内的位置无关。

2）只要保持力偶矩的大小和力偶的转向不变，可以同时改变力偶中力的大小和力偶臂的长短，而不改变力偶对刚体的作用。

由此可见，力偶中力的大小和力偶臂都不是力偶的特征量，只有力偶矩才是力偶作用的唯一量度。今后常用图 3-11 所示的符号表示力偶，M 为力偶矩。

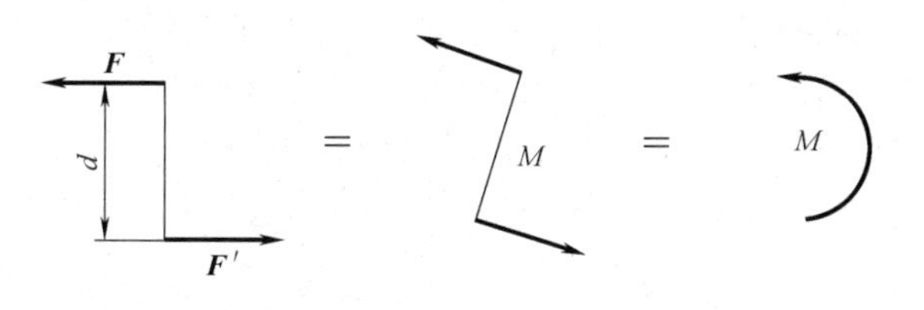

图 3-11

3.3.4　平面力偶系的合成与平衡

1. 平面力偶系的合成

作用面共面的力偶系称为平面力偶系。

设在同一平面内有两个力偶（$\boldsymbol{F}_1$，$\boldsymbol{F}_1'$）和（$\boldsymbol{F}_2$，$\boldsymbol{F}_2'$），它们的力偶臂分别为 d_1 和 d_2，如图 3-12a 所示。这两个力偶的矩分别为 M_1 和 M_2。在保持力偶矩不变的情况下，同时改变这两个力偶的力的大小和力偶臂的长短，使它们具有相同的臂长 d，并将它们在平面内移转，使力的作

用线重合，如图 3-12b 所示。于是得到与原力偶等效的两个新力偶（$\boldsymbol{F}_3$，$\boldsymbol{F}_3'$）和（$\boldsymbol{F}_4$，$\boldsymbol{F}_4'$），即

$$M_1=F_1d_1=F_3d_3 \qquad M_2=-F_2d_2=-F_4d_4$$

分别将作用在 A 和 B 的力合成（设 $F_3>F_4$），得

$$F=F_3-F_4 \qquad F'=F_3'-F_4'$$

于是得到与原力偶系等效的合力偶（$\boldsymbol{F}$，$\boldsymbol{F}'$），如图 3-12c 所示。令 M 表示合力偶的矩，得

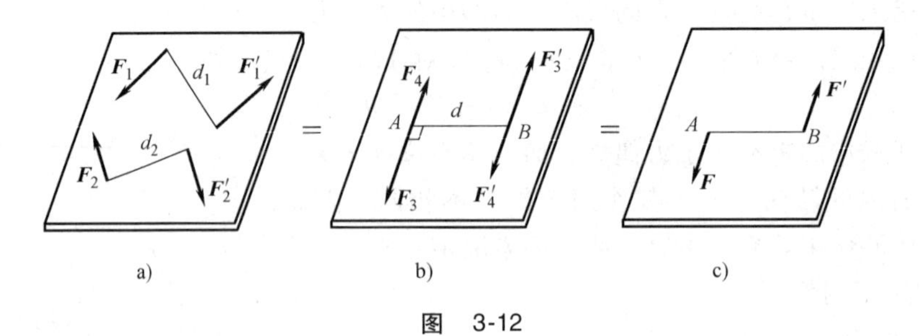

图 3-12

$$M=Fd=(F_3-F_4)d=F_3d-F_4d=M_1+M_2$$

如果有两个以上的平面力偶，可以按照上述方法合成。即**在同平面内的任意个力偶可合成为一个合力偶，合力偶矩等于各个力偶矩的代数和**，可写为

$$M=\sum M_i \tag{3-13}$$

2. 平面力偶系的平衡条件

所谓力偶系的平衡，就是合力偶的矩等于零，因此平面力偶系平衡的必要和充分条件是：所有各力偶矩的代数和等于零，即

$$\sum M_i=0 \tag{3-14}$$

【例 3-3】 如图 3-13a 所示结构，已知 $M=800\text{N}\cdot\text{m}$，结构尺寸如图所示。求 A、C 两点处的约束反力。

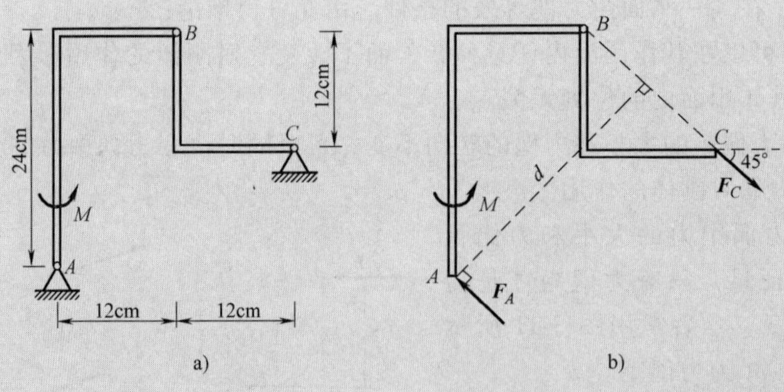

图 3-13

【解】 BC 为二力杆，故 $\boldsymbol{F}_C$ 作用线如图 3-13b 所示。

以整体为研究对象，全部的主动力仅有一个力偶 M，而约束反力只在 A、C 两点处，由于力偶只能由力偶来平衡，故 A、C 两点处的反力必然大小相等、方向相反，形成一个力偶，记其力偶矩为 M_{AC}，如图 3-13b，则有平衡方程

$$\sum M_i=0 \qquad M-M_{AC}=0$$

$$M-F_Cd=0$$

解得

$$F_C=3137\text{N}\ =F_A$$

3.4　平面任意力系的简化

各力的作用线在同一平面内且任意分布的力系，称为**平面任意力系**，又称**平面一般力系**。

3.4.1　力的平移定理

可以把作用在刚体上的点 A 的力 $\boldsymbol{F}$ 平行移到任一点 B，但必须同时附加一个力偶，这个附加力偶的矩等于原来的力 $\boldsymbol{F}$ 对新作用点 B 的矩。这就是**力的平移定理**。

证明：如图 3-14a 所示，刚体上的点 A 作用有力 $\boldsymbol{F}$。在刚体上任取一点 B，并在点 B 加上一对平衡力 $\boldsymbol{F}'$和 $\boldsymbol{F}''$，且令 $\boldsymbol{F}'=\boldsymbol{F}=-\boldsymbol{F}''$，如图 3-14b 所示。显然，三个力 $\boldsymbol{F}$、$\boldsymbol{F}'$和 $\boldsymbol{F}''$组成的新力系与原来的一个力 $\boldsymbol{F}$ 等效。这三个力又可视为一个作用在点 B 的力 $\boldsymbol{F}'$和一个力偶（$\boldsymbol{F}$，$\boldsymbol{F}''$），该力偶称为**附加力偶**，其力偶矩等于

$$M=Fd=M_B(\boldsymbol{F})$$

如图 3-14c 所示，力系等效于一个作用在点 B 的力 $\boldsymbol{F}'$和一个附加力偶，从而定理得证。

根据力的平移定理可知，在平面内的一个力和一个力偶，也可以用一个力来等效替换。

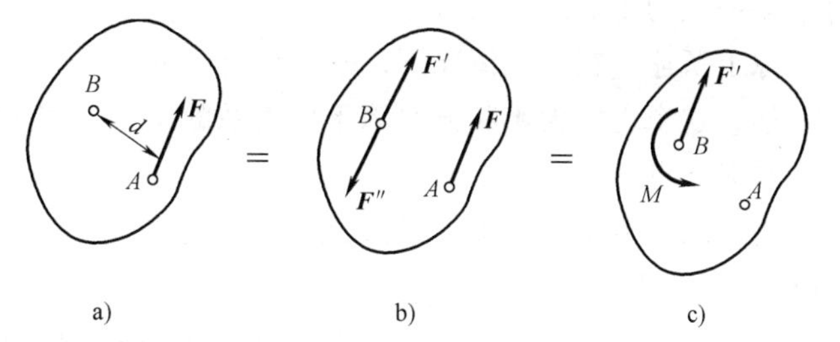

图　3-14

3.4.2　平面任意力系向作用面内一点的简化主矢和主矩

设刚体上作用有 n 个力 $\boldsymbol{F}_1$、$\boldsymbol{F}_2$、…、$\boldsymbol{F}_n$组成的平面任意力系，如图 3-15a 所示。在平面内任取一点 O，称为**简化中心**，应用力的平移定理，把各力都平移到这一点。这样，得到作用于点 O 的力 $\boldsymbol{F}'_1$、$\boldsymbol{F}'_2$、…、$\boldsymbol{F}'_n$，以及相应的附加力偶，其力偶矩分别为 M_1、M_2、…、M_n，如图 3-15b 所示。这些力偶的矩分别为

$$M_i=M_O(\boldsymbol{F}_i)\,(i\ =\ 1,\ 2,\cdots,n)$$

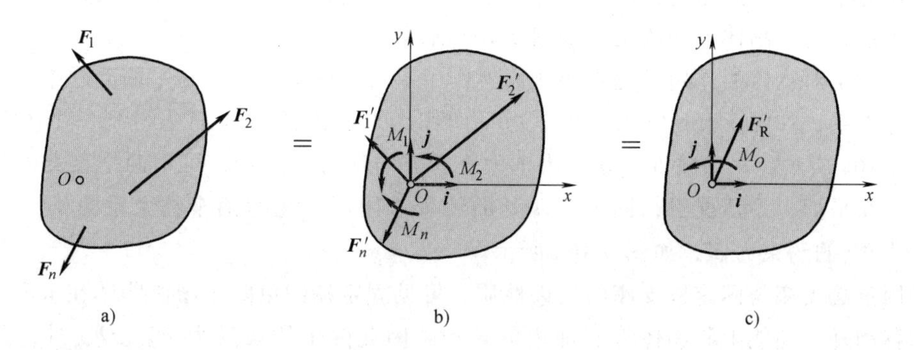

图　3-15

这样，平面任意力系等效为两个简单力系，平面汇交力系和平面力偶系。再分别合成这两个力系。

平面汇交力系可合成为作用线通过点 O 的一个力 $\boldsymbol{F}'_{\mathrm{R}}$，如图 3-15c 所示，由于各个力矢 $\boldsymbol{F}'_i=\boldsymbol{F}_i$，因此

$$\boldsymbol{F}'_{\mathrm{R}}=\boldsymbol{F}'_1+\boldsymbol{F}'_2+\cdots+\boldsymbol{F}'_n=\sum \boldsymbol{F}_i \tag{3-15}$$

即力矢 $\boldsymbol{F}'_{\mathrm{R}}$等于原来各力的矢量和。

平面力偶系可合成为一个力偶，该力偶的矩 M_O等于各附加力偶矩的代数和，根据力的平移定理，也就等于原来各力对于点 O 的矩的代数和，即

$$M_O=M_1+M_2+\cdots+M_n=\sum M_O(\boldsymbol{F}_i) \tag{3-16}$$

平面任意力系中所有各力的矢量和 $\boldsymbol{F}'_{\mathrm{R}}$，称为该力系的**主矢**，而各力对于任选简化中心 O 的矩的代数和 M_O，称为该力系**对于简化中心 O 的主矩**。

由于主矢等于各力的矢量和，所以它与简化中心的选择无关。而主矩等于各力对简化中心的矩的代数和，取不同的点为简化中心，各力的力臂将有改变，则各力对简化中心的矩也有改变，所以在一般情况下主矩与简化中心的选择有关。因此以后在说到主矩时，必须指出是力系对于哪一点的主矩。

综上所述，在一般情况下，平面任意力系向作用面内任选一点 O 简化，可得一个力和一个力偶，这个力的大小和方向等于该力系的主矢，作用线通过简化中心 O，这个力偶的矩等于该力系对于点 O 的主矩。

为了求出力系的主矢 $\boldsymbol{F}'_{\mathrm{R}}$的大小和方向，可以应用解析法。通过点 O 取坐标系 Oxy，如图 3-15c 所示，则有

$$\left.\begin{aligned} F'_{\mathrm{R}x}&=F_{1x}+F_{2x}+\cdots+F_{nx}=\sum F_x \\ F'_{\mathrm{R}y}&=F_{1y}+F_{2y}+\cdots+F_{ny}=\sum F_y \end{aligned}\right\} \tag{3-17a}$$

于是主矢 $\boldsymbol{F}'_{\mathrm{R}}$的大小和方向余弦为

$$\left.\begin{aligned} F'_{\mathrm{R}}&=\sqrt{(\sum F_x)^2+(\sum F_y)^2} \\ \cos\alpha&=\frac{\sum F_x}{F_{\mathrm{R}}} \\ \cos\beta&=\frac{\sum F_y}{F_{\mathrm{R}}} \end{aligned}\right\} \tag{3-17b}$$

式中，α 和 β 分别为主矢与 x 轴和 y 轴间的夹角。

现利用力系向一点简化的方法，分析固定端约束的反力。所谓固定端约束，是指一物体的一端完全固定在另一物体上的约束，如图 3-16a 所示。

固定端约束对物体的作用，是在接触面上作用了一群约束反力。在平面问题中，这些力为一平面任意力系，如图 3-16b 所示。将该力系向作用平面内的点 A 简化得到一个力和一个力偶，如图 3-16c 所示。一般情况下这个力的大小和方向均为未知量，可用两个正交的分力来代替。因此，在平面力系情况下，固定端 A 处的约束作用可简化为两个约束反力 $\boldsymbol{F}_{Ax}$、$\boldsymbol{F}_{Ay}$和一个力偶矩为 M_A的约束力偶，如图 3-16d 所示。

比较固定端支座与固定铰支座的约束性质，可见固定端约束除了限制物体在水平方向和铅直方向的移动外，还能限制物体在平面内的转动，因此除了约束反力 $\boldsymbol{F}_{Ax}$、$\boldsymbol{F}_{Ay}$外，还有力偶矩为 M_A的约束力偶。而固定铰支座没有约束力偶，因为它不能限制物体在平面内的转动。

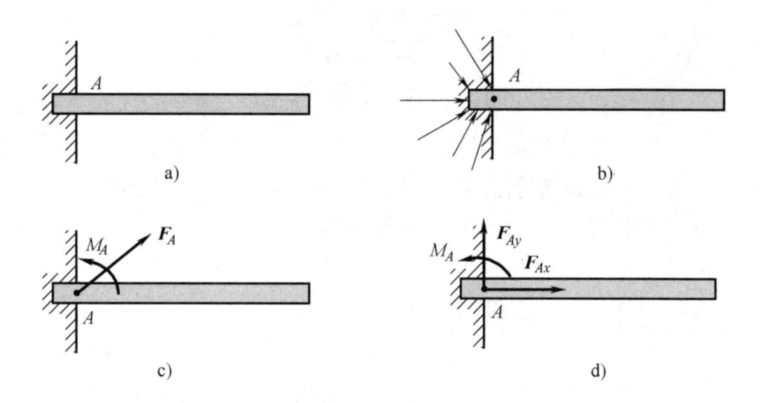

图 3-16

3.4.3 简化结果的分析

平面任意力系向作用面内任一点简化的结果，可能有四种情况。

(1) 主矢 $\boldsymbol{F}'_R=0$，主矩 $M_O\neq0$　力系简化为一个力偶，合力偶的矩等于力系对简化中心的矩，即

$$M_O=\sum M_O(\boldsymbol{F}_i)$$

由于力偶对平面内任意一点的矩都相同，因此当力系合成为一个力偶时，主矩与简化中心的选择无关。

(2) 主矢 $\boldsymbol{F}'_R\neq0$，主矩 $M_O=0$　力系简化为一个合力，合力的大小和方向等于力系的主矢，合力的作用线通过简化中心。

(3) 主矢 $\boldsymbol{F}'_R\neq0$，主矩 $M_O\neq0$　如图 3-17 所示。

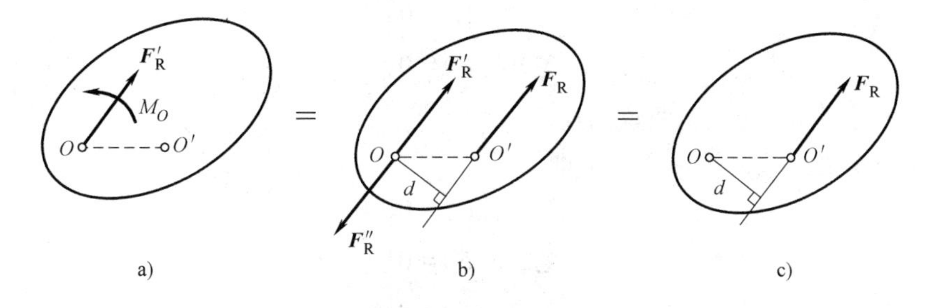

图 3-17

现将矩为 M_O的力偶用两个力形成的力偶（$\boldsymbol{F}_R$，$\boldsymbol{F}''_R$）来表示，并令 $\boldsymbol{F}'_R=\boldsymbol{F}_R=-\boldsymbol{F}''_R$，如图 3-17b 所示。于是可将作用于点 O 的力 $\boldsymbol{F}'_R$和力偶（$\boldsymbol{F}_R$，$\boldsymbol{F}''_R$）合成为一个作用在点 O'的力 $\boldsymbol{F}_R$，如图 3-17c 所示。这个力 $\boldsymbol{F}_R$就是原力系的合力。合力的大小和方向等于主矢，合力的作用线在点 O 的哪一侧，需要根据主矢和主矩的方向确定，合力作用线到点 O 的距离 d，可按下式算得

$$d=\frac{M_O}{F'_R}$$

下面证明平面任意力系的合力矩定理。由图 3-17b 可见，合力 $\boldsymbol{F}_R$对点 O 的矩为

$$M_O(\boldsymbol{F}_R)=F_Rd=M_O$$

由式（3-16）可知

$$M_O = \sum M_O(\boldsymbol{F}_i)$$

于是就有

$$M_O(\boldsymbol{F}_{\mathrm{R}}) = \sum M_O(\boldsymbol{F}_i) \tag{3-18}$$

由于简化中心 O 是任意选取的，因此式（3-18）有普遍意义，可叙述如下：**平面任意力系的合力对作用面内任一点的矩等于力系中各力对同一点的矩的代数和**。这就是**合力矩定理**。

（4）主矢 $\boldsymbol{F}'_{\mathrm{R}}=0$，主矩 $M_O=0$　力系是平衡力系。

3.5 平面任意力系的平衡条件

容易证明，平面任意力系平衡的必要和充分条件是：力系的主矢和对于任意一点的主矩都等于零，即 $\boldsymbol{F}'_{\mathrm{R}}=0$，且 $M_O=0$。

该平衡条件可用解析式表示。由式（3-16）和式（3-17），可得

$$\left.\begin{aligned}\sum F_{ix}&=0\\ \sum F_{iy}&=0\\ \sum M_O(\boldsymbol{F}_i)&=0\end{aligned}\right\} \tag{3-19}$$

由此可得结论，平面任意力系平衡的解析条件是：**所有力在两个任选的正交坐标轴上的投影的代数和分别等于零，以及各力对于任意一点的矩的代数和也等于零**。式（3-19）称为**平面任意力系的平衡方程**。为便于书写，下标 i 常可略去。式（3-19）有三个独立的方程，只能求出三个未知数。

平面任意力系的平衡方程还有其他两种形式。一个是三个平衡方程中有两个力矩方程和一个投影方程，即

$$\left.\begin{aligned}\sum F_x&=0\\ \sum M_A(\boldsymbol{F})&=0\\ \sum M_B(\boldsymbol{F})&=0\end{aligned}\right\} \tag{3-20}$$

此时 x 轴不能垂直于 A、B 两点的连线。

另一个是三个力矩式的平衡方程，即

$$\left.\begin{aligned}\sum M_A(\boldsymbol{F})&=0\\ \sum M_B(\boldsymbol{F})&=0\\ \sum M_C(\boldsymbol{F})&=0\end{aligned}\right\} \tag{3-21}$$

此时 A、B、C 三点不得共线。

上述三组方程式（3-19）、式（3-20）、式（3-21）都可用来解决平面任意力系的平衡问题。究竟选用哪一组方程，需根据具体条件确定。对于受平面任意力系作用的单个刚体的平衡问题，可以写出三个独立的平衡方程，求解三个未知量。其他任何一个方程只是前三个方程的线性组合，因而不是独立的，我们可以利用这个方程来校核计算的结果。

【例 3-4】 水平梁 AB 如图 3-18 所示。A 端为固定铰支座，B 端为一滚动支座。梁长为 $4a$，梁重 P，作用在梁的中点 C。在梁的 AC 段上受均布荷载 q 的作用，在梁的 BC 段上受一力偶的作用，力偶矩 $M=Pa$。试求 A 和 B 处的支座反力。

【解】 取梁 AB 为研究对象，受力如图 3-18 所示。

$$\sum F_x=0 \qquad F_{Ax}=0$$

$$\sum F_y = 0 \qquad F_{Ay} - q \cdot 2a - P + F_B = 0$$

$$\sum M_A(\boldsymbol{F}) = 0 \qquad F_B \cdot 4a - M - P \cdot 2a - q \cdot 2a \cdot a = 0$$

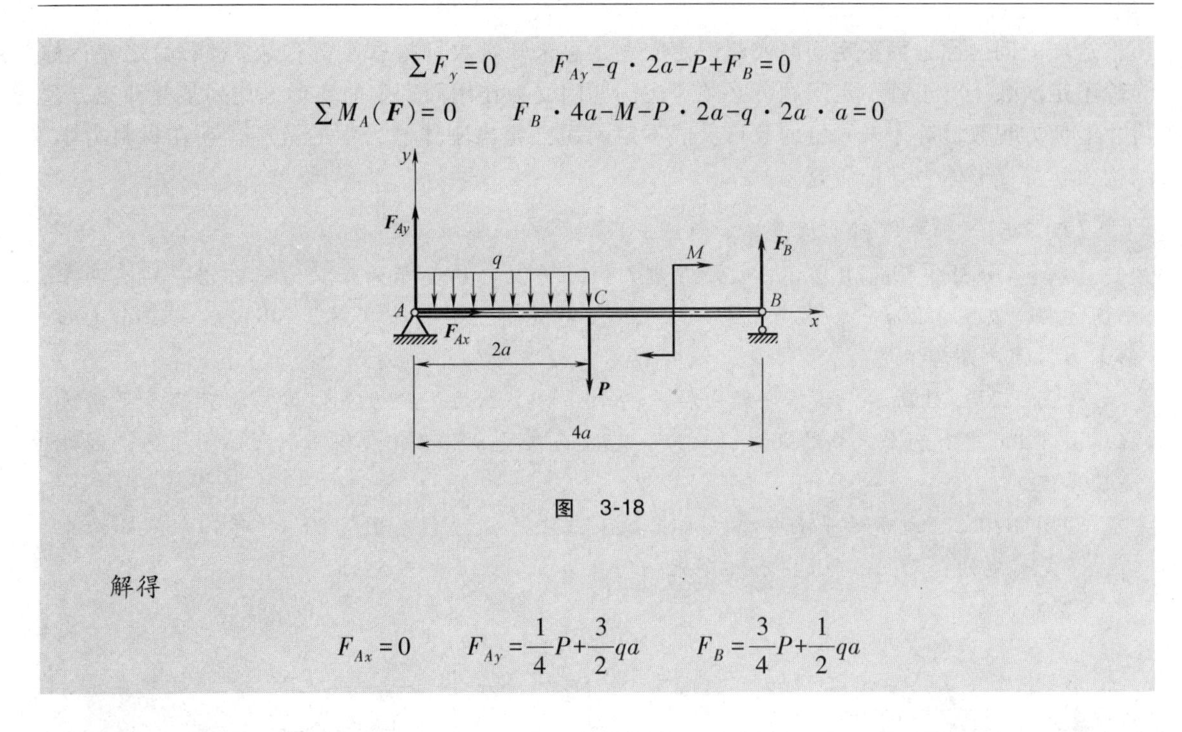

图 3-18

解得

$$F_{Ax} = 0 \qquad F_{Ay} = \frac{1}{4}P + \frac{3}{2}qa \qquad F_B = \frac{3}{4}P + \frac{1}{2}qa$$

当平面力系中各力的作用线互相平行时，称其为平面平行力系（图3-19），它是平面任意力系的一种特殊情形。

如图3-19所示，设物体受到平面平行力系 $\boldsymbol{F}_1$、$\boldsymbol{F}_2$、…、$\boldsymbol{F}_n$的作用。如选取 x 轴与各力垂直，则不论力系是否平衡，各力在 x 轴上的投影恒等于零，即有 $\sum F_x = 0$。于是，平面平行力系的独立平衡方程的数目只有两个，即

$$\left.\begin{aligned} \sum F_y = 0 \\ \sum M_O(\boldsymbol{F}) = 0 \end{aligned}\right\} \tag{3-22}$$

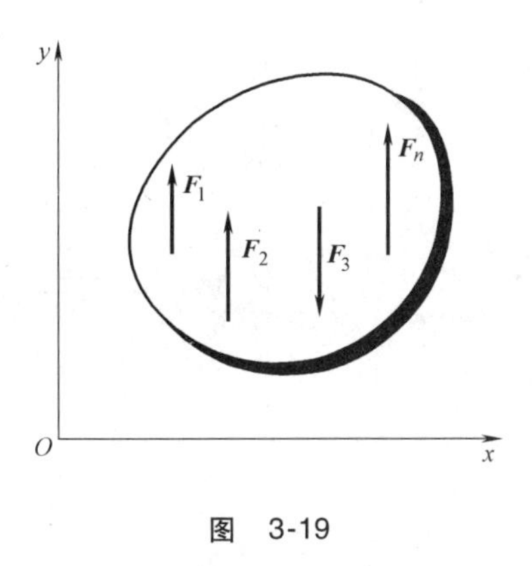

图 3-19

平面平行力系的平衡方程，也可用两个力矩方程的形式，即

$$\left.\begin{aligned} \sum M_A(\boldsymbol{F}) = 0 \\ \sum M_B(\boldsymbol{F}) = 0 \end{aligned}\right\} \tag{3-23}$$

此时 A、B 两点连线不与力的作用线平行。

3.6 刚体系统的平衡

由若干个物体通过约束所组成的系统称为物体系统，简称物系，或刚体系统。当物体系统平衡时，组成该系统的每一个物体都处于平衡状态，因此对于每一个受平面任意力系作用的物体，均可写出三个平衡方程。如果物体系统由 n 个物体组成，则共有 $3n$ 个独立的平衡方程。当系统中有的物体受平面汇交力系或平面平行力系作用时，系统的平衡方程数目相应减少。当系统中的未知量数目等于独立的平衡方程的数目时，则所有未知数都能由平衡方程求出，这样的问题称为**静定**问题。在工程实际中，有时为了提高结构的刚度和坚固性，常常增加多余的约束，因而使这些结构的未知量的数目多余平衡方程的数目，未知量就不能全部由平衡方程求

出，这样的问题称为**静不定**问题或**超静定**问题，总未知量数目与总独立平衡方程数目之差，称为**静不定**次数。对于静不定问题，必须考虑问题因受力作用而产生的变形，加列某些补充方程后才能使方程数目等于未知量的数目。静不定问题已超出刚体静力学的范围，须在材料力学、结构力学等变形体力学中研究。

【例 3-5】 判断下列结构是静定的还是静不定的。

【解】 如图 3-20a、b 所示，重物分别用绳子悬挂，均受平面汇交力系作用，均有两个平衡方程。在图 3-20a 中，有两个未知约束力，故是静定的；而在图 3-20b 中，有三个未知约束力，因此是静不定的。

如图 3-20c、d 所示，物体分别由轴承支承，均受平面平行力系作用，均有两个平衡方程。图 3-20c 中有两个未知约束力，故为静定；而在图 3-20d 中，有三个未知约束力，因此为静不定。

如图 3-20e、f 所示的平面任意力系，均有三个平衡方程。图 3-20e 中有三个未知约束力，故是静定的；而图 3-20f 中有四个未知约束力，因此是静不定的。

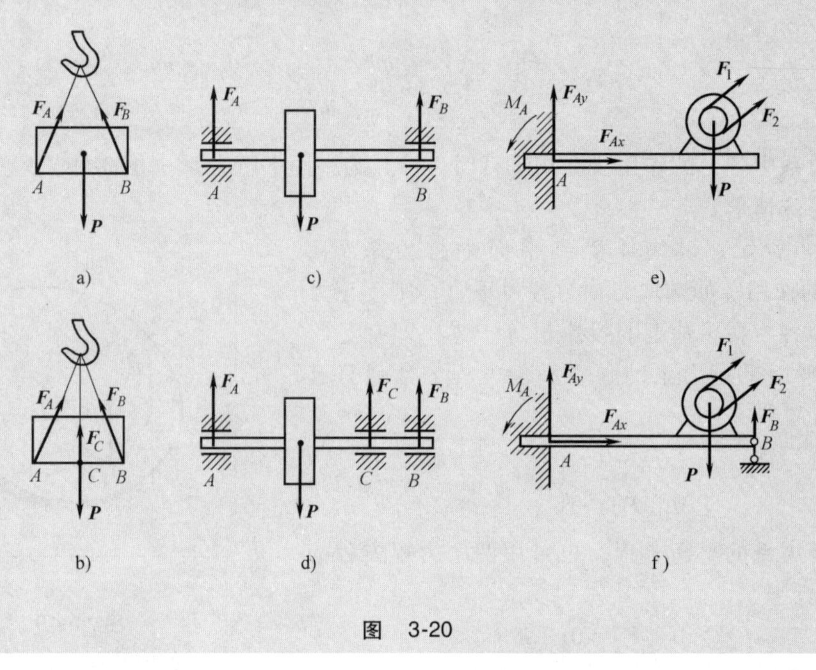

图 3-20

在求解静定的物体系统的平衡问题时，可以选取每个物体为研究对象，列出全部方程，然后求解，也可以先选取整个系统为研究对象，列出平衡方程，这样的方程中不包含内力，式中未知量较少，解出部分未知量后，再从系统中选取某些物体作为研究对象，列出另外的平衡方程，直到求出所有的未知量为止。总的原则是，使每一个平衡方程中的未知量尽可能地减少，最好是只含一个未知量，以避免求解联立方程。

【例 3-6】 图 3-21a 所示为曲轴冲床简图，由轮Ⅰ、连杆 AB 和冲头 B 组成。$OA=R$，$AB=l$。忽略摩擦和自重，当 OA 在水平位置、冲压力为 $\boldsymbol{F}$ 时系统处于平衡状态。求：①作用在轮Ⅰ上的力偶矩 M 的大小；②轴承 O 处的约束力；③连杆 AB 受的力；④冲头给导轨的侧压力。

【解】 首先以冲头为研究对象。冲头受冲压阻力 $\boldsymbol{F}$、导轨约束力 $\boldsymbol{F}_N$ 以及连杆（二力杆）的作用力 $\boldsymbol{F}_B$ 作用，受力如图 3-21b 所示，为一平面汇交力系。

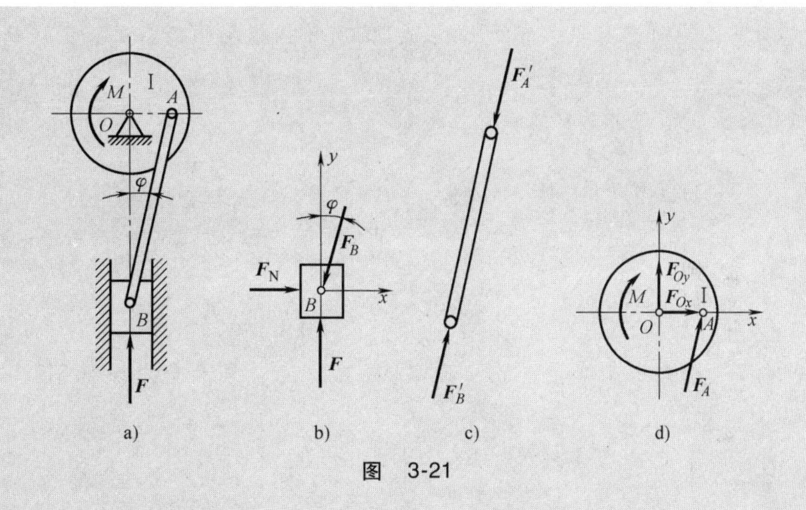

图 3-21

设连杆与铅直线间的夹角为 φ，按图示坐标轴列平衡方程，即

$$\sum F_x = 0 \qquad F_N - F_B \sin\varphi = 0$$

$$\sum F_y = 0 \qquad F - F_B \cos\varphi = 0$$

解得

$$F_B = \frac{F}{\cos\varphi} \qquad F_N = F\tan\varphi = F\frac{R}{\sqrt{l^2 - R^2}}$$

F_B为正值，说明假设的$\boldsymbol{F}_B$的方向是对的，即连杆受压力，如图3-21c所示。而冲头对导轨的侧压力大小等于F_N，方向相反。

再以轮Ⅰ为研究对象。轮Ⅰ受平面任意力系作用，包括矩为M的力偶，连杆的作用力$\boldsymbol{F}_A$以及轴承的约束力$\boldsymbol{F}_{Ox}$、$\boldsymbol{F}_{Oy}$，如图3-21d所示。按图示坐标轴列平衡方程，即

$$\sum F_x = 0 \qquad F_{Ox} + F_A \sin\varphi = 0$$

$$\sum F_y = 0 \qquad F_{Oy} + F_A \cos\varphi = 0$$

$$\sum M_O(\boldsymbol{F}) = 0 \qquad F_A \cos\varphi \cdot R - M = 0$$

解得

$$M = FR \quad F_{Ox} = -F\frac{R}{\sqrt{l^2 - R^2}} \quad F_{Oy} = -F$$

负号说明力$\boldsymbol{F}_{Ox}$、$\boldsymbol{F}_{Oy}$的方向与图示假设的方向相反。

【例3-7】 求图3-22a所示三铰刚架的支座反力。

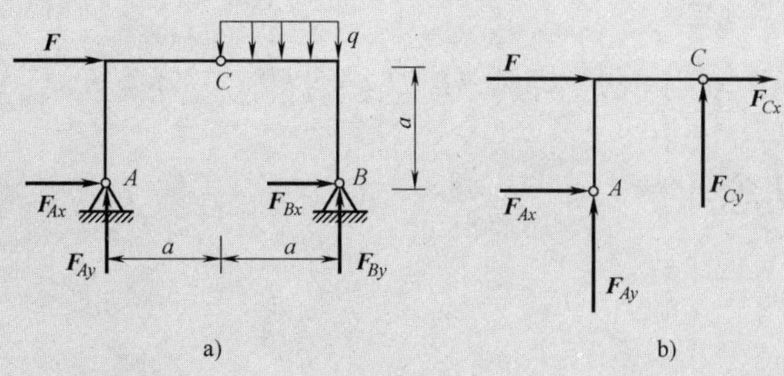

图 3-22

【解】 先以整体为研究对象，受力如图 3-22a 所示，根据平衡条件，列平衡方程如下

$$\sum F_x=0 \qquad F_{Ax}+F_{Bx}+F=0$$

$$\sum F_y=0 \qquad F_{Ay}+F_{By}-q\cdot a=0$$

$$\sum M_A(\boldsymbol{F})=0 \qquad F_{By}\cdot 2a-F\cdot a-q\cdot a\cdot \frac{3}{2}a=0$$

解得

$$F_{Ay}=\frac{1}{4}qa-\frac{1}{2}F \qquad F_{By}=\frac{3}{4}qa+\frac{1}{2}F$$

以上三个方程包含四个未知量，故应再以 AC 为研究对象，受力如图 3-22b 所示，列平衡方程如下

$$\sum M_C(\boldsymbol{F})=0 \qquad F_{Ax}\cdot a-F_{Ay}\cdot a=0$$

解得

$$F_{Ax}=\frac{1}{4}qa-\frac{1}{2}F \qquad F_{Bx}=-\frac{1}{4}qa-\frac{1}{2}F$$

【例 3-8】 如图 3-23a 所示的多跨静定梁，已知：$F=20\text{kN}$，$q=10\text{kN/m}$，$a=1\text{m}$。求支座 A、B、D 处的支反力。

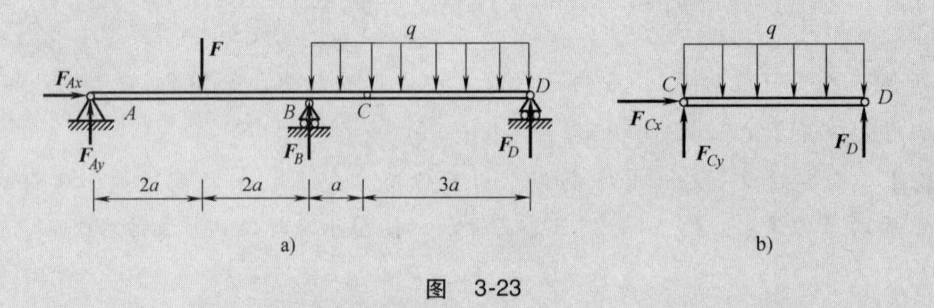

图 3-23

【解】 以整体为研究对象，受力如图 3-23a 所示，列平衡方程如下

$$\sum F_x=0 \qquad F_{Ax}=0$$

$$\sum F_y=0 \qquad F_{Ay}+F_B+F_D-F-4a\cdot q=0$$

$$\sum M_A(\boldsymbol{F})=0 \qquad F_B\cdot 4a+F_D\cdot 8a-F\cdot 2a-4a\cdot q\cdot 6a=0$$

再取 CD 为研究对象，受力如图 3-23b 所示，列平衡方程如下

$$\sum M_C(\boldsymbol{F})=0 \qquad F_D\cdot 3a-3a\cdot q\cdot \frac{3}{2}a=0$$

解得

$$F_{Ax}=0 \qquad F_{Ay}=5\text{kN} \qquad F_B=40\text{kN} \qquad F_D=15\text{kN}$$

3.7 摩擦的概念

3.7.1 摩擦现象

前两章在对物体或物体系统进行受力分析时，将物体的接触表面看作是绝对光滑的，忽略

了物体之间的摩擦。本章将介绍有摩擦时物体的受力与平衡问题。由于摩擦是一种极其复杂的物理-力学现象，这里仅介绍工程中常用的近似理论，还将重点研究有摩擦存在时物体的平衡问题。

按照接触物体之间的运动情况，摩擦可分为滑动摩擦和滚动摩阻。当两物体接触处有相对滑动或相对滑动趋势时，在接触处的公切面内将受到一定的阻力阻碍其滑动，这种现象称为**滑动摩擦**。当两物体接触处有相对滚动或相对滚动趋势时，物体间产生相对滚动的阻碍称为**滚动摩阻**，简称滚阻。

由于物理本质的不同，滑动摩擦又分为干摩擦和湿摩擦。如果两物体的接触面相对来说是干燥的，它们之间的摩擦称为**干摩擦**。如果两物体之间充满足够的液体，它们之间的摩擦称为**湿摩擦**。

摩擦对人类的生活和生产，既有有利的一面，也有不利的一面。研究摩擦的任务在于掌握摩擦的规律，尽量利用其有利的一面，减少或避免其不利的一面。

3.7.2 静滑动摩擦力

两个相互接触的物体，当其接触表面之间有相对滑动的趋势，但尚保持相对静止时，彼此作用着阻碍相对滑动的阻力，这种阻力称为**静滑动摩擦力**，简称**静摩擦力**。

如图 3-24a 所示，在粗糙的水平面上放置一重为 P 的物体，该物体在重力 $\boldsymbol{P}$ 和法向反力 $\boldsymbol{F}_N$ 的作用下处于静止状态。今在该物体上作用一大小可变化的水平拉力 $\boldsymbol{F}$，当拉力 $\boldsymbol{F}$ 由零逐渐增加但不是很大时，物体和水平面间仅有相对滑动的趋势，但仍保持静止。可见支承面对物体除了存在有法向约束力 $\boldsymbol{F}_N$ 外，还有一个阻碍物体沿水平面向右滑动的切向约束力，此力即为静摩擦力。

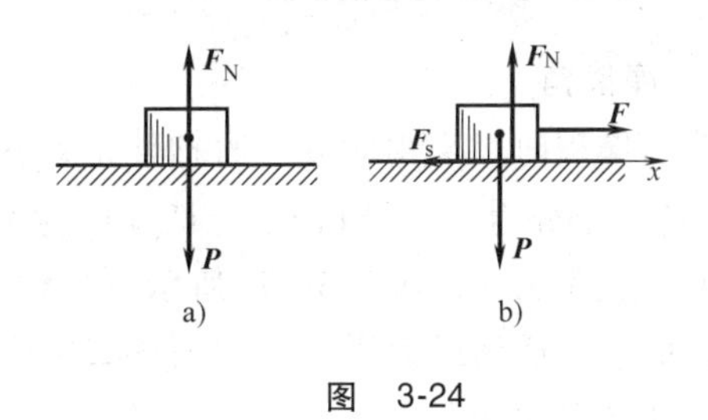

图 3-24

一般以 $\boldsymbol{F}_s$ 表示，方向向左，如图 3-24b 所示。其大小由平衡条件确定，即

$$\sum F_x = 0 \qquad F_s = F$$

由上式可知，静摩擦力的大小随主动力 $\boldsymbol{F}$ 的增大而增大，这是静摩擦力和一般约束力相同的性质。

但是，静摩擦力又与一般的约束力不同，它并不随主动力 $\boldsymbol{F}$ 的增大而无限度地增大。当主动力 $\boldsymbol{F}$ 的大小达到一定数值时，物体处于平衡的临界状态。这时，静摩擦力达到最大值，即为**最大静滑动摩擦力**，简称**最大静摩擦力**，以 $\boldsymbol{F}_{max}$ 表示。此后，如果主动力 $\boldsymbol{F}$ 继续增大，但静摩擦力却不会随之增大，物体就会失去平衡而滑动。这就是静摩擦力的特点。

综上所述，静摩擦力的大小随主动力的情况而改变，但介于零与最大值之间，即

$$0 \leqslant F_s \leqslant F_{max} \tag{3-24}$$

大量试验证明，最大静摩擦力的方向与相对滑动趋势的方向相反，其大小与两物体间的正压力（即法向反力）成正比，即

$$F_{max} = f_s F_N \tag{3-25}$$

式中，f_s是比例常数，称为静摩擦系数，是无量纲量。

式（3-25）称为**静摩擦定律**，又称**库仑摩擦定律**，是工程中常用的近似理论。

静摩擦系数的大小需由试验测定。它与接触物体的材料和表面情况（如粗糙度、温度和湿度等）有关，而与接触面积的大小无关。

静摩擦系数的数值可在工程手册中查到，表 3-1 中列出了一部分常用材料的滑动摩擦系数。但影响滑动摩擦系数的因素很复杂，当需用比较准确的数值时，必须在具体条件下通过试验测定。

表 3-1 常用材料的滑动摩擦系数

材料名称	静摩擦系数		动摩擦系数	
	无润滑	有润滑	无润滑	有润滑
钢—钢	0.15	0.1~0.12	0.15	0.05~0.1
钢—软钢			0.2	0.1~0.2
钢—铸铁	0.3		0.18	0.05~0.15
钢—青铜	0.15	0.1~0.15	0.15	0.1~0.15
软钢—铸铁	0.2		0.18	0.05~0.15
软钢—青铜	0.2		0.18	0.07~0.15
铸铁—铸铁		0.18	0.15	0.07~0.12
铸铁—青铜			0.15~0.2	0.07~0.15
青铜—青铜		0.1	0.2	0.07~0.1
皮革—铸铁	0.3~0.5	0.15	0.6	0.15
橡胶—铸铁			0.8	0.5
木材—木材	0.4~0.6	0.1	0.2~0.5	0.07~0.15

3.7.3 摩擦角和自锁现象

1. 摩擦角

当有摩擦时，支承面对平衡物体的约束反力包含法向反力 $\boldsymbol{F}_N$ 和切向反力 $\boldsymbol{F}_s$（即静摩擦力）。这两个分力的矢量和 $\boldsymbol{F}_{RA}=\boldsymbol{F}_N+\boldsymbol{F}_s$ 称为支承面的**全约束反力**。设全约束反力与接触面公法线间的夹角为 φ，如图 3-25a 所示。当物体处于平衡的临界状态时，静摩擦力达到其最大值 F_{max}，角 φ 也达到最大值 φ_f，如图 3-25b 所示。全约束反力与法线间夹角的最大值 φ_f 称为**摩擦角**。由图 3-25 可得

$$\tan\varphi_f=\frac{F_{max}}{F_N}=\frac{f_sF_N}{F_N}=f_s \tag{3-26}$$

即，摩擦角的正切值等于静摩擦系数。可见，摩擦角与摩擦系数一样，都是表示材料表面性质的量。

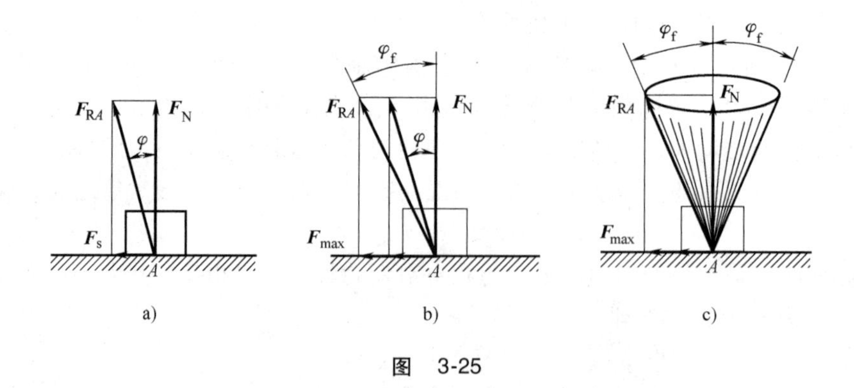

图 3-25

当物体的滑动趋势方向改变时，全约束反力作用线的方位也随之改变。在临界状态下，$\boldsymbol{F}_{RA}$ 的作用线将画出一个以接触点 A 为顶点的锥面，如图 3-25c 所示，称为**摩擦锥**。如果设物体与支承面间沿任何方向的摩擦系数都相同，即摩擦角都相等，则摩擦锥将是一个顶角为 $2\varphi_f$

的圆锥。

2. 自锁现象

物体平衡时，静摩擦力不一定达到最大值，可在零与最大值 F_{max}之间变化，所以全约束反力与法线间的夹角 φ 也在零与摩擦角 φ_f之间变化，即

$$0 \leqslant \varphi \leqslant \varphi_f \tag{3-27}$$

由于静摩擦力不可能超过最大值，因此全约束反力的作用线也不可能超出摩擦角以外，即全约束力必在摩擦角之内。由此可知：

1）如果作用于物体的全部主动力的合力 $\boldsymbol{F}_R$ 的作用线在摩擦角 φ_f之内，则无论这个力怎样大，物体必保持静止。这种现象称为**自锁现象**。因为在这种情况下，主动力的合力 $\boldsymbol{F}_R$和全约束反力 $\boldsymbol{F}_{RA}$必能满足二力平衡条件，如图 3-26a 所示。工程实际中常应用自锁条件设计一些机构或夹具，如千斤顶、圆锥销等，使它们始终保持在平衡状态下工作。

2）如果作用于物体的全部主动力的合力 $\boldsymbol{F}_R$的作用线在摩擦角 φ_f之外，则无论这个力怎样小，物体一定会滑动。因为在这种情况下，主动力的合力 $\boldsymbol{F}_R$和全约束反力 $\boldsymbol{F}_{RA}$不能满足二力平衡条件，如图 3-26b 所示。

利用摩擦角的概念，可用简单的试验方法，测定静摩擦系数。如图 3-27 所示，把要测定的两种材料分别做成斜面和物体，把物体放在斜面上，并逐渐从零起增大斜面的倾角 θ，直到物体刚开始下滑时为止。这时的 θ 角就是要测定的摩擦角 φ_f，于是有

$$f_s = \tan\varphi_f = \tan\theta \tag{3-28}$$

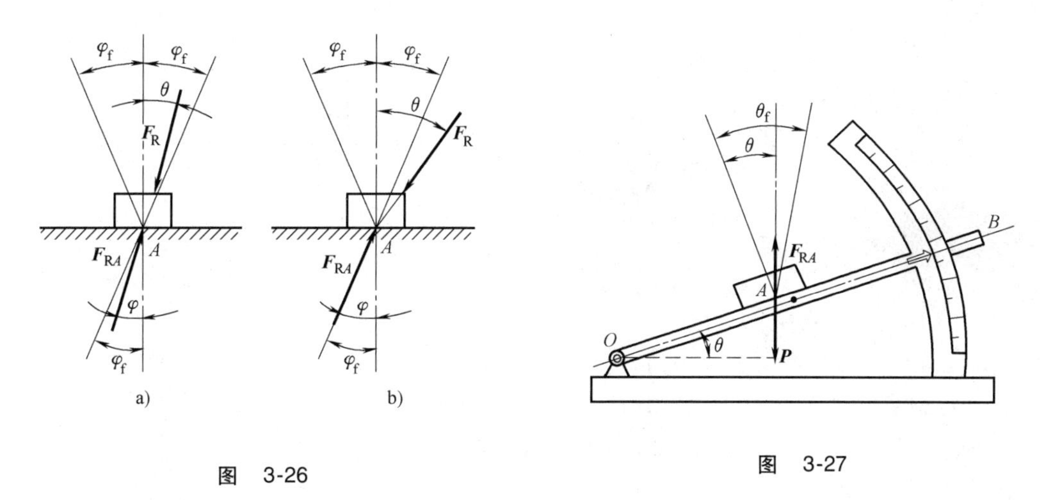

图 3-26

图 3-27

根据式（3-27）也可以同时得到斜面的自锁条件，即斜面的自锁条件是斜面的倾角小于或等于摩擦角，即 $\theta \leqslant \varphi_f$。

3.7.4 动滑动摩擦

当两个相互接触的物体，其接触表面之间有相对滑动时，彼此间作用着阻碍相对滑动的阻力，这种阻力称为**动滑动摩擦力**，简称**动摩擦力**，一般以 $\boldsymbol{F}_k$ 表示。试验表明，动摩擦力的大小与接触物体间的正压力成正比，即

$$F_k = f_k F_N \tag{3-29}$$

式中，f_k是动摩擦系数，与接触物体的材料和表面情况有关。

一般情况下，动摩擦系数小于静摩擦系数，即 $f_k < f_s$。此外，动摩擦系数还与接触物体间相对滑动的速度大小有关，大多数情况下，动摩擦系数随相对滑动速度的增大而稍微减小。但

当相对滑动速度不大时，动摩擦系数可以近似地认为是个常数。

3.8　考虑摩擦时的平衡问题

求解有摩擦时物体的平衡问题，其方法步骤与前两章所述的相同。新的问题是，在分析物体受力情况时，必须考虑摩擦力。考虑摩擦时摩擦力有以下特点：

1）静摩擦力的方向与相对滑动趋势的方向相反，两个物体相互作用的摩擦力，互为作用力和反作用力。

2）静摩擦力的大小在零与最大值之间，是个未知量。要确定这些新增的未知量，除列出平衡方程外，还需要列出补充方程，$F_s \leqslant f_s F_N$，补充方程的数目应与静摩擦力的数目相同。

3）由于物体平衡时，静摩擦力的大小可在零与最大值之间取值，即 $0 \leqslant F_s \leqslant F_{max}$，因此在考虑摩擦时，物体有一个平衡范围，解题时必须注意分析。

工程实际中有不少问题只需要分析平衡的临界状态，这时静摩擦力等于最大值，补充方程中只取等号。有时为了解题方便，可以先就临界状态计算，求得结果后再进行分析讨论。

【例 3-9】　物体重为 $\boldsymbol{P}$，放在倾角为 θ 的斜面上，它与斜面间的摩擦系数为 f_s，如图 3-28a 所示。当物体处于平衡时，试求水平推力 $\boldsymbol{F}_1$ 的大小。

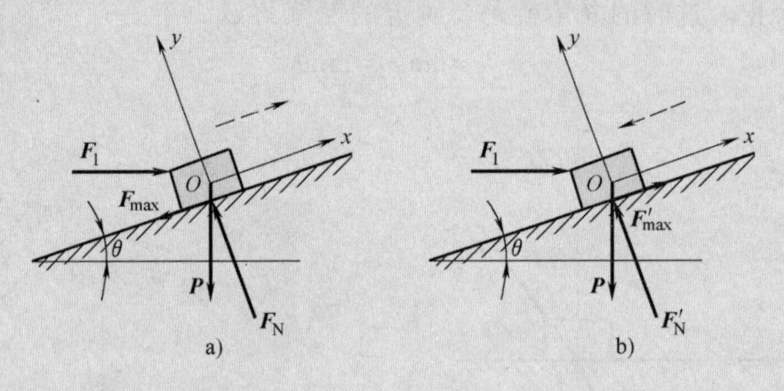

图　3-28

【解】　1）当物体有向上滑动的趋势时，设其处于平衡的临界状态，此时摩擦力沿斜面向下，并达到最大值 F_{max}，如图 3-28a 所示。建立坐标系，列平衡方程

$$\sum F_x = 0 \qquad F_1\cos\theta - P\sin\theta - F_{max} = 0$$

$$\sum F_y = 0 \qquad F_N - F_1\sin\theta - P\cos\theta = 0$$

补充方程

$$F_{max} = f_s F_N$$

解得水平推力 $\boldsymbol{F}_1$ 的最大值为

$$F_{1max} = P\,\frac{\sin\theta + f_s\cos\theta}{\cos\theta - f_s\sin\theta}$$

2）当物体有向下滑动的趋势时，设其处于平衡的临界状态，此时摩擦力沿斜面向上，并达到最大值，记为 F'_{max}，如图 3-28b 所示。建立坐标系，列平衡方程

$$\sum F_x = 0 \qquad F_1\cos\theta - P\sin\theta + F'_{max} = 0$$

$$\sum F_y = 0 \qquad F'_N - F_1\sin\theta - P\cos\theta = 0$$

补充方程

$$F'_{max}=f_s F'_N$$

解得水平推力 $\boldsymbol{F}_1$ 的最小值为

$$F_{1min}=P\frac{\sin\theta-f_s\cos\theta}{\cos\theta+f_s\sin\theta}$$

综上，为使物体静止，力 $\boldsymbol{F}_1$ 的大小必须满足

$$P\frac{\sin\theta-f_s\cos\theta}{\cos\theta+f_s\sin\theta}\leqslant F_1\leqslant P\frac{\sin\theta+f_s\cos\theta}{\cos\theta-f_s\sin\theta}$$

习　　题

一、选择题

1. 图 3-29 所示系统只受力 $\boldsymbol{F}$ 作用而平衡。欲使 A 支座约束力的作用线与 AB 呈 30°角，则斜面的倾角应为（　　）。

A. 0°　　B. 30°

C. 45°　　D. 60°

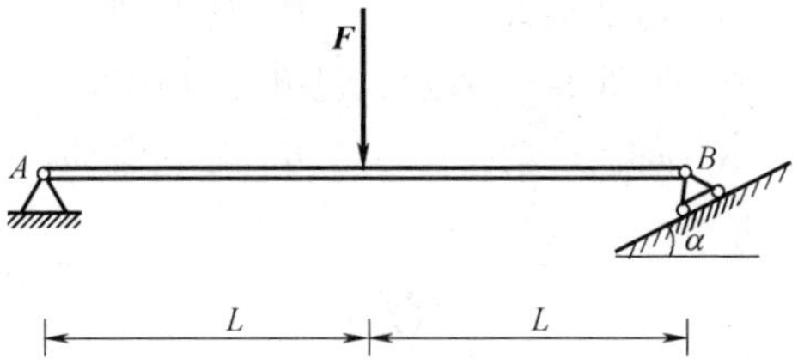

图　3-29

2. 如图 3-30 所示，两直角折杆（重量不计）上各受力偶 M 作用。A_1、A_2处的约束力分别为 $\boldsymbol{F}_1$ 和 $\boldsymbol{F}_2$，则它们的大小应满足条件（　　）。

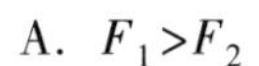

A. $F_1>F_2$　　B. $F_1=F_2$　　C. $F_1<F_2$

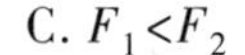

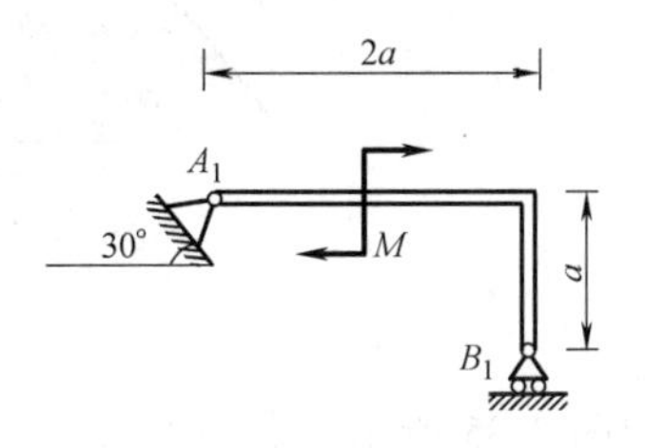

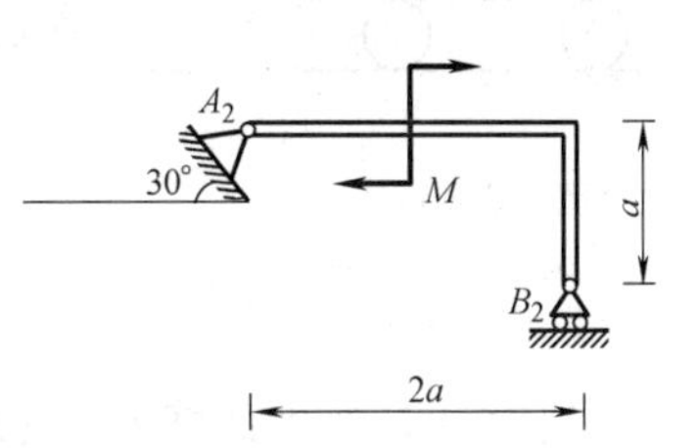

图　3-30

3. 如图 3-31 所示，均质杆 AB 重 $\boldsymbol{P}$，用铅垂绳 CD 吊在顶棚上，A、B 两端分别靠在光滑的铅垂墙面上，则 A、B 两端反力的大小是（　　）。

A. A 点反力大于 B 点反力

B. B 点反力大于 A 点反力

C. A、B 两点反力相等

4. 如图 3-32 所示，已知杆 AB 和 CD 的自重不计，且在 C 处光滑接触，若作用在 AB 杆上的力偶的矩为 M_1，则欲使系统保持平衡，作用在 CD 杆上的力偶的矩 M_2的转向如图，其值为（　　）。

A. $M_2=M_1$　　B. $M_2=4M_1/3$　　C. $M_2=2M_1$

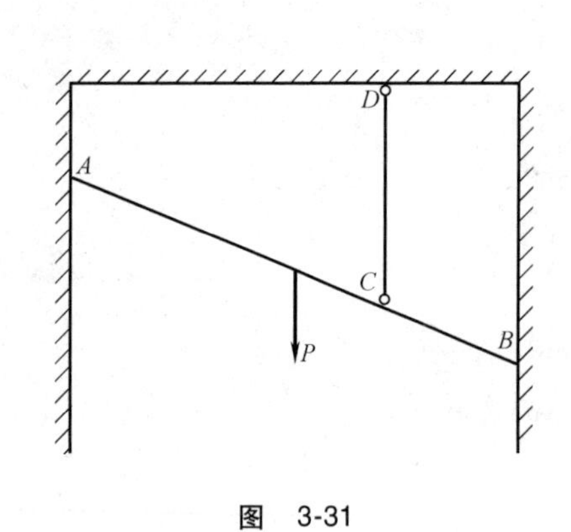

图 3-31

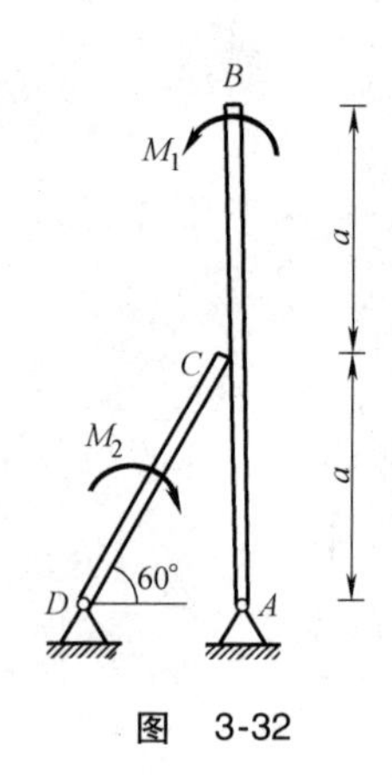

图 3-32

5. 图 3-33 所示系统仅在直杆 OA 与小车接触的 A 点处存在摩擦，在保持系统平衡的前提下，逐步增加拉力 $\boldsymbol{F}$，则在此过程中，A 处的法向反力将（　　）。

A. 越来越大　　B. 越来越小　　C. 保持不变　　D. 不能确定

6. 如图 3-34 所示，已知 $W=100\text{kN}$，$F=80\text{kN}$，摩擦系数 $f_s=0.2$，物体将（　　）。

A. 向上运动　　B. 向下运动　　C. 静止不动

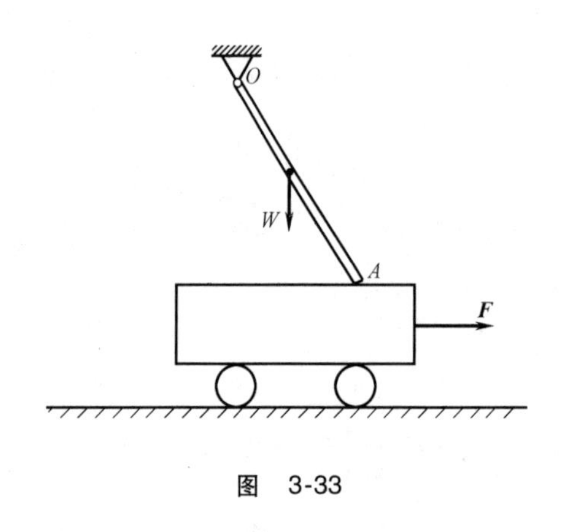

图 3-33

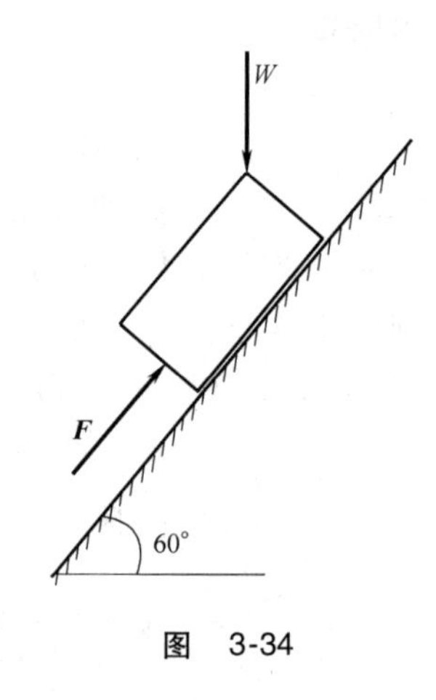

图 3-34

二、填空题

1. 杆 AB 长 l，在其中点 C 处由曲杆 CD 支承如图 3-35 所示。若 $AD=AC$，不计各杆自重及各处摩擦，且受矩为 M 的平面力偶作用，则图中 A 处反力的大小为________。(力的方向请在图 3-35 中画出)

2. 如图 3-36 所示，系统在力偶矩分别为 M_1、M_2 的力偶作用下平衡，不计滑轮和杆件的重量。若 $r=0.5\text{m}$，$M_1=50\text{kN}\cdot\text{m}$，则支座 A 约束力的大小为________，方向________。

3. 图 3-37 所示结构受矩为 $M=10\text{kN}\cdot\text{m}$ 的力偶作用。若 $a=1\text{m}$，各杆自重不计，则固定铰支座 D 的反力的大小为________，方向________。

4. 直角杆 CDA 和 T 字形杆 BDE 在 D 处铰接并支承，如图 3-38 所示。若系统受力偶矩为 M 的力偶作用，不计各杆自重，则 A 支座反力的大小为________，方向________。

5. 图 3-39 所示结构中，静定结构有________，静不定结构有________。

6. 系统受力 $\boldsymbol{W}$、$\boldsymbol{F}$ 作用，在图 3-40 所示平面内处于平衡状态。则系统有________个独立的平衡方程，有________个未知数，是________问题（静定还是静不定?）。

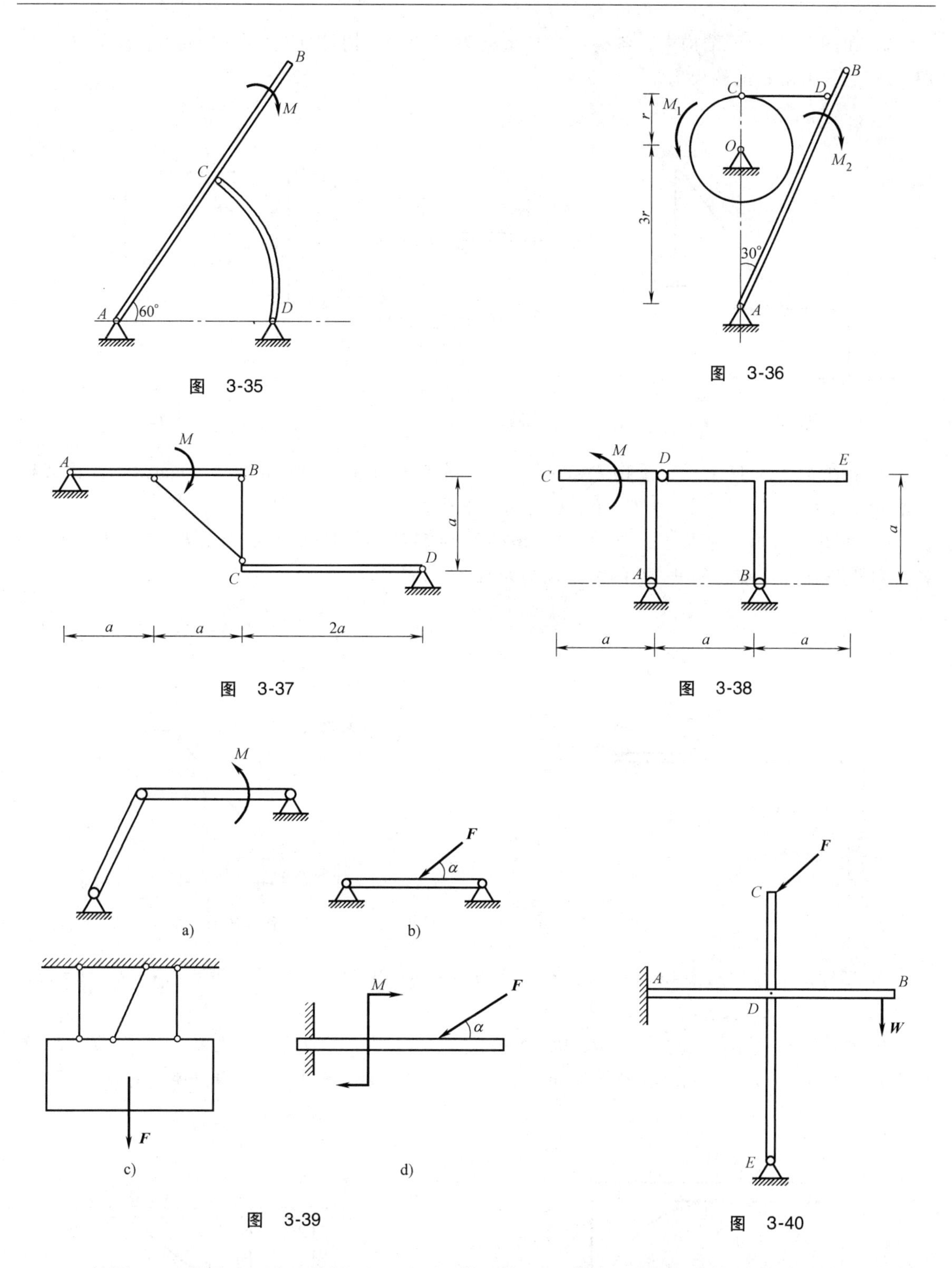

7. 如图 3-41 所示，已知 A 重 100kN，B 重 25kN，A 物与地面间摩擦系数为 0.2，滑轮处摩擦不计，则物体 A 与地面间的摩擦力的大小为________。

三、计算题

1. 支架如图 3-42 所示，已知 $AB=AC=30\text{cm}$，$CD=15\text{cm}$，$F=100\text{N}$，$\alpha=30°$。求 F 对 A、B、C 三点之矩。

2. 在图 3-43 所示结构中，各构件的自重略去不计。在构件 AB 上作用一力偶矩为 M 的力偶，求支座 A 和 C 的约束力。

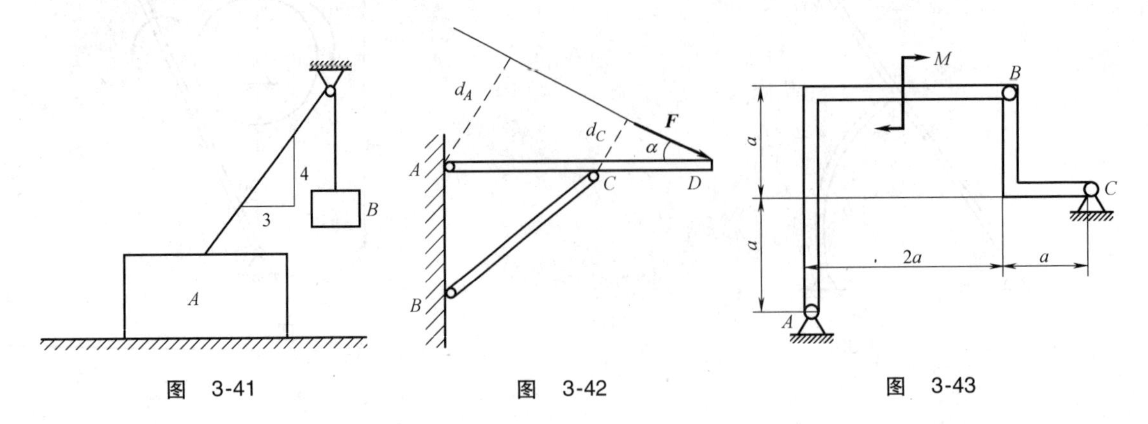

图　3-41　　　图　3-42　　　图　3-43

3. 构架如图 3-44 所示，重物 $P=800\text{N}$，挂于定滑轮 A 上，滑轮直径为 20cm，不计构架杆和滑轮的重量，不计摩擦。求 C、E、B 处的约束反力。

4. 在图 3-45 所示系统中，已知：$F=20\text{kN}$、$q=5\text{kN/m}$、$M=20\text{kN}\cdot\text{m}$，$E$、$C$、$D$ 为铰链，各杆自重不计。试求支座 A、B 的约束反力及杆 1、2 的内力。

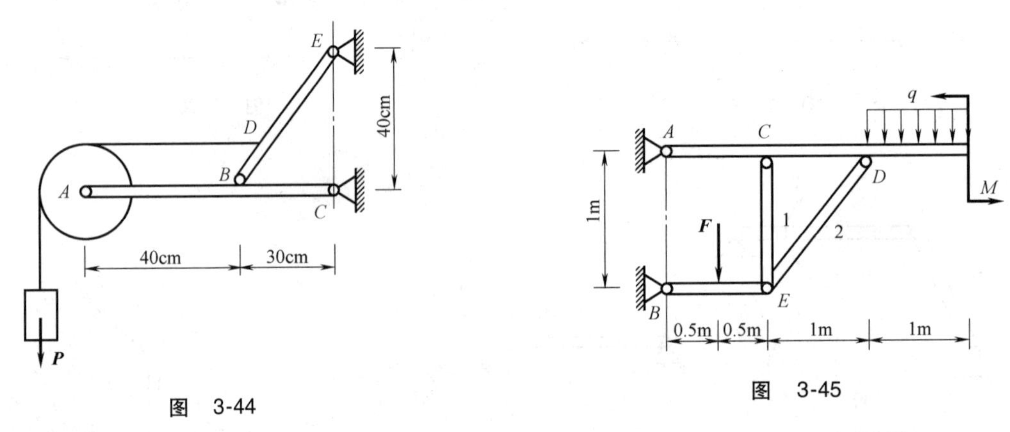

图　3-44　　　图　3-45

5. 三铰拱尺寸如图 3-46 所示。已知：分布荷载 $q=2\text{kN/m}$，力偶矩 $M=4\text{kN}\cdot\text{m}$，$L=2\text{m}$，不计拱自重，求 C 处的反力。

6. 如图 3-47 所示，结构由梁 AB、BC 和杆 1、2、3 组成，A 为固定端约束，B、D、E、F、G 均为光滑铰链。已知：$F=2\text{kN}$，$q=1\text{kN/m}$，梁、杆自重均不计。试求 1、2、3 杆所受的力。

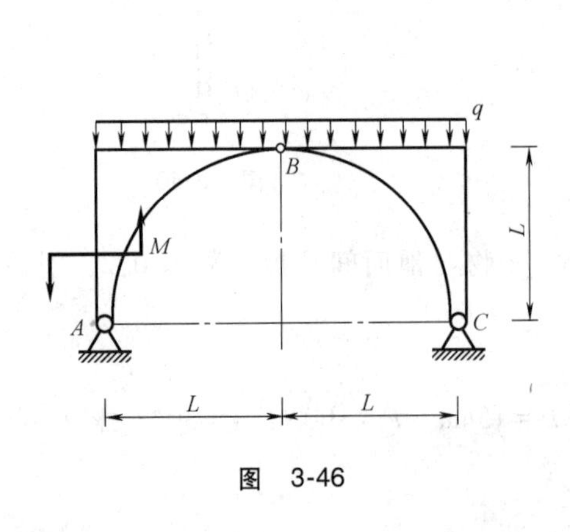

图　3-46

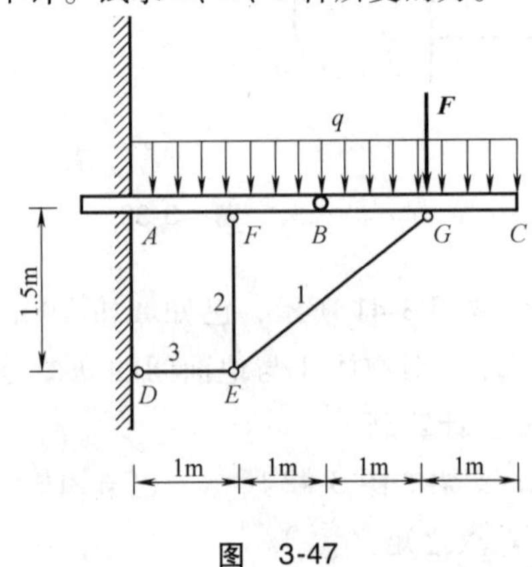

图　3-47

第4章　平面图形的几何性质

4.1　静矩和形心

4.1.1　静矩

静矩为平面图形的面积对某坐标轴的一次矩。

设某已知平面图形如图4-1所示，图形面积为A，在图形平面内取直角坐标系yOz，在坐标为（y，z）处取一微面积dA，则zdA和ydA分别称为微面积dA对y轴和z轴的静矩，则平面图形对y轴和z轴的静矩定义式分别为

$$S_y = \int_A z\mathrm{d}A, S_z = \int_A y\mathrm{d}A \tag{4-1}$$

静矩量纲为长度的三次方，即m^3。由静矩定义式可知，随着所选取坐标系yOz的位置不同，静矩S_y、S_z可能为正、为负或为零。

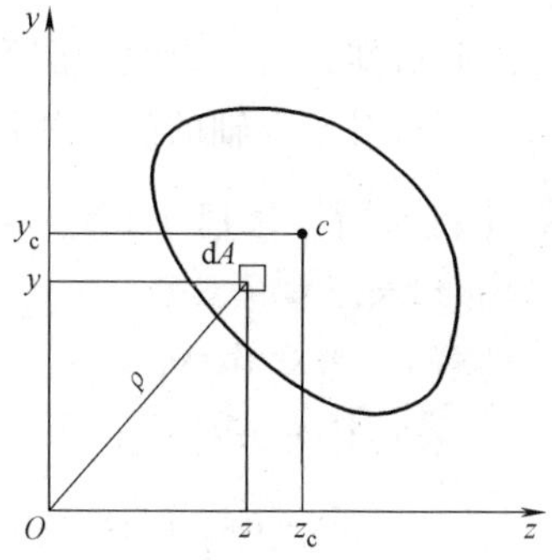

图　4-1

4.1.2　静矩和形心的关系

由于均质薄板的重心与平面图形的形心有相同的坐标，即

$$z_C = \frac{\int_A z\mathrm{d}A}{A} \qquad y_C = \frac{\int_A y\mathrm{d}A}{A}$$

由此可得薄板形心的z_C坐标为

$$z_C = \frac{\int_A z\mathrm{d}A}{A} = \frac{S_y}{A}$$

同理有

$$y_C = \frac{S_z}{A}$$

所以形心坐标为

$$z_C = \frac{S_y}{A} \qquad y_C = \frac{S_z}{A} \tag{4-2}$$

或

$$S_y = A \cdot z_C \qquad S_z = A \cdot y_C$$

由静矩和形心之间的关系可知，平面图形对形心坐标轴的静矩等于零；反之，若平面图形对某一个坐标轴的静矩等于零，则该轴必然通过平面图形的形心。静矩与所选坐标轴有关，其

值可能为正、负或零。

4.1.3 组合截面的形心

如一个平面图形是由几个简单平面图形组成，称为组合平面图形。设第 i 块分图形的面积为 A_i，形心坐标为（y_{Ci}，z_{Ci}），则其静矩和形心坐标分别为

$$S_z = \sum_{i=1}^{n} A_i y_{Ci} \qquad S_y = \sum_{i=1}^{n} A_i z_{Ci} \tag{4-3}$$

$$y_C = \frac{S_z}{A} = \frac{\sum_{i=1}^{n} A_i y_{Ci}}{\sum_{i=1}^{n} A_i} \qquad z_C = \frac{S_y}{A} = \frac{\sum_{i=1}^{n} A_i z_{Ci}}{\sum_{i=1}^{n} A_i} \tag{4-4}$$

式（4-3）表达的含义是，微面积对 z 轴、y 轴静矩的代数和即为整个图形面积对 z 轴、y 轴静矩。

由此可知，当平面组合图形中，形心坐标轴一侧为复杂图形而另一侧为简单图形时，求复杂部分图形对形心轴的静矩就可用简单部分图形对形心轴静矩的负值来表示。

【例 4-1】 求图 4-2 所示半圆形对坐标轴 y 轴、z 轴的静矩及形心位置。

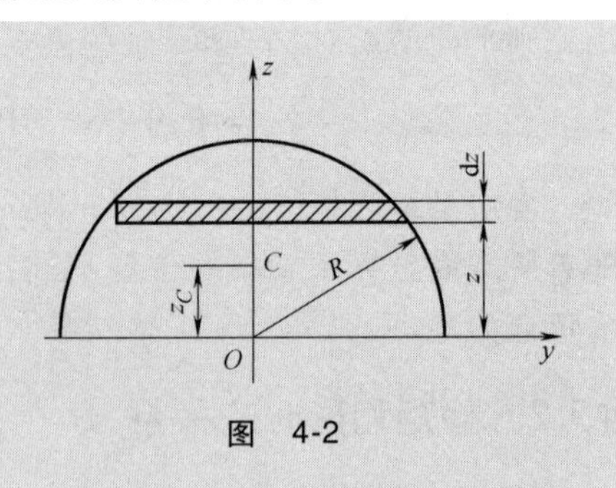

图 4-2

【解】 由对称性，$y_C=0$，$S_z=0$。现取平行于 y 轴的狭长条作为微面积 dA

$$dA = ydz = 2\sqrt{R^2-z^2}\,dz$$

所以

$$S_y = \int_A z dA = \int_0^R z \cdot 2\sqrt{R^2 - z^2}\,dz = \frac{2}{3}R^3$$

$$z_C = \frac{S_y}{A} = \frac{4R}{3\pi}$$

4.2 惯性矩、极惯性矩、惯性积、惯性半径

4.2.1 惯性矩

惯性矩为平面图形对某坐标轴的二次矩。

设某已知平面图形如图 4-1 所示，图形面积为 A，在图形平面内取直角坐标系 yOz，在坐标为（y，z）处取一微面积 dA，则 z^2dA 和 y^2dA 分别称为微面积 dA 对 y 轴和 z 轴的惯性矩，则平面图形对 y 轴和 z 轴的惯性矩定义式分别为

$$I_y = \int_A z^2 dA \qquad I_z = \int_A y^2 dA \tag{4-5}$$

惯性矩量纲为长度的四次方，恒为正，且面积分布离轴越远惯性矩越大。

组合图形的惯性矩：设 I_{yi}、I_{zi} 为分图形的惯性矩，则总图形对同一轴惯性矩为

$$I_y = \sum_{i=1}^{n} I_{yi} \qquad I_z = \sum_{i=1}^{n} I_{zi} \tag{4-6}$$

4.2.2　极惯性矩

若以 ρ 表示微面积 dA 到坐标原点 O 的距离，如图 4-1 所示，则定义图形对坐标原点 O 的极惯性矩为

$$I_{\mathrm{p}} = \int_A \rho^2 \mathrm{d}A \tag{4-7}$$

因为

$$\rho^2 = y^2 + z^2$$

所以极惯性矩与（轴）惯性矩有关系

$$I_{\mathrm{p}} = \int_A (y^2 + z^2) \mathrm{d}A = I_y + I_z \tag{4-8}$$

式（4-8）表明，图形对任意两个互相垂直轴的（轴）惯性矩之和，等于它对该两轴交点的极惯性矩。

4.2.3　惯性积

定义微面积 dA 与它到 y 轴和 z 轴的垂直距离的乘积 $yz\mathrm{d}A$ 为微面积对两正交坐标轴的惯性积，则整个图形对一对正交轴 y 轴、z 轴的惯性积为

$$I_{yz} = \int_A yz\mathrm{d}A \tag{4-9}$$

惯性积量纲是长度的四次方。I_{yz}可能为正，为负或为零。若 y 轴、z 轴中有一个为对称轴，则其惯性积为零。

4.2.4　惯性半径

将惯性矩表示为某截面图形的面积与某一长度二次方的乘积，即

$$I_y = i_y^2 A \qquad I_z = i_z^2 A$$

这两个式子可改写为

$$i_y = \sqrt{\frac{I_y}{A}} \qquad i_z = \sqrt{\frac{I_z}{A}} \tag{4-10}$$

i_y、i_z分别称为图形对 y 轴和 z 轴的惯性半径。

【例 4-2】　求图 4-3 所示半径为 D 的圆形截面的 I_{p}、I_y、I_z、I_{yz}。

【解】　如图所示取 dA，根据极惯性矩的定义得

$$I_{\mathrm{p}} = \int_0^{\frac{D}{2}} \rho^2 2\pi\rho \mathrm{d}\rho = \frac{\pi D^4}{32}$$

根据式（4-9）及对称性得

$$I_y = I_z = \frac{1}{2} I_{\mathrm{p}} = \frac{\pi D^4}{64} \qquad I_{yz} = 0$$

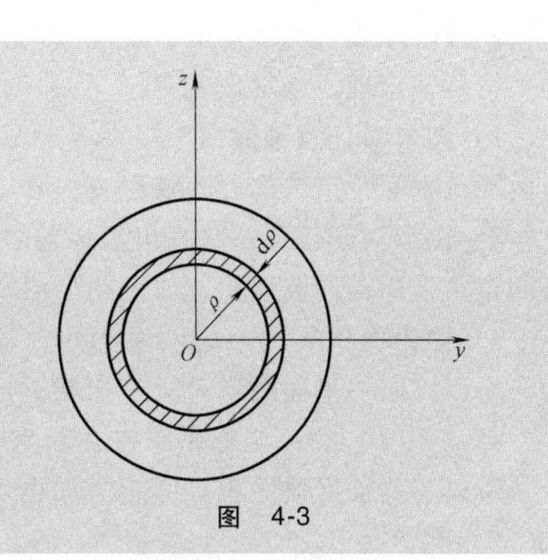

图　4-3

【例 4-3】 求图 4-4 所示矩形对对称轴 y、z 的惯性矩。

【解】 先计算截面对 x 轴的惯性矩 I_y，取平行于 y 轴的狭长条作为微面积，根据式（4-5）的第一式可得

$$I_y=\int_A z^2\mathrm{d}A=\int_{-\frac{h}{2}}^{\frac{h}{2}}bz^2\mathrm{d}z=\frac{bh^3}{12}$$

同理可得

$$I_z=\int_A y^2\mathrm{d}A=\int_{-\frac{b}{2}}^{\frac{b}{2}}hy^2\mathrm{d}y=\frac{b^3h}{12}$$

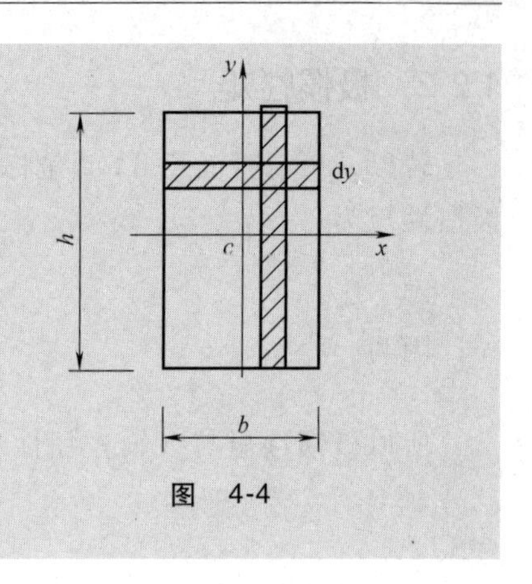

图 4-4

4.3 平行移轴公式

由于同一平面图形对于相互平行的两对直角坐标轴的惯性矩或惯性积并不相同，如果其中一对直角坐标轴是图形的形心轴（y_C，z_C）时，如图 4-5 所示，可得到如下平行移轴公式

$$\left.\begin{aligned}I_y&=I_{y_C}+a^2A\\I_z&=I_{z_C}+b^2A\\I_{yz}&=I_{y_Cz_C}+abA\end{aligned}\right\}\tag{4-11}$$

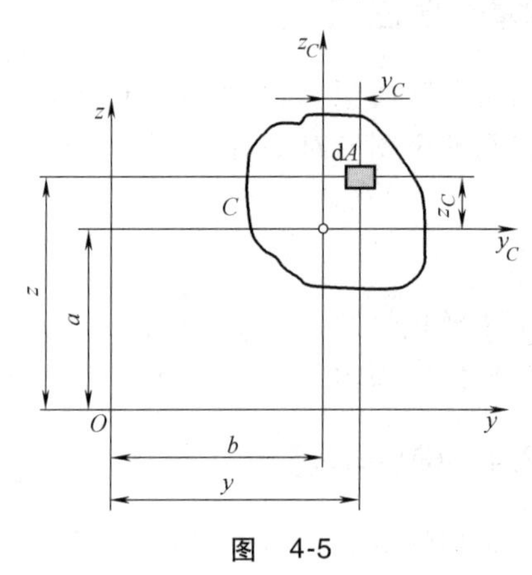

图 4-5

简单证明如下

$$I_y=\int_A z^2\mathrm{d}A=\int_A(z_C+a)^2\mathrm{d}A=\int_A z_C{}^2\mathrm{d}A+2a\int_A z_C\mathrm{d}A+a^2\int_A\mathrm{d}A$$

其中 $\int_A z_C\mathrm{d}A$ 为图形对形心轴 y_C的静矩，其值应等于零，则得

$$I_y=I_{y_C}+a^2A$$

同理可证式（4-11）中的其他两式。这就是平面图形对于平行轴惯性矩与惯性积之间关系的平行移轴定理。该定理表明：

1）图形对任意轴的惯性矩，等于图形对于与该轴平行的形心轴的惯性矩，加上图形面积与两平行轴间距离二次方的乘积。

2）图形对于任意一对直角坐标轴的惯性积，等于图形对于平行于该坐标轴的一对通过形心的直角坐标轴的惯性积，加上图形面积与两对平行轴间距离的乘积。

3）因为面积及 a^2、b^2 项恒为正，故自形心轴移至与之平行的任意轴，惯性矩总是增加的。所以，同一平面图形对所有相互平行的坐标轴的惯性矩，对形心轴的惯性矩为最小。

4）（a，b）为原坐标系原点在新坐标系中的坐标，故两者同号时 ab 为正，异号时 ab 为负。所以，移轴后惯性积有可能增加也可能减少。因此，在使用惯性积移轴公式时应注意 a、b 的正负号。

【例 4-4】 求图 4-6 所示 $r=1\text{m}$ 的半圆形截面对于 x 轴的惯性矩，其中 x 轴与半圆形的底边平行，相距 1m。

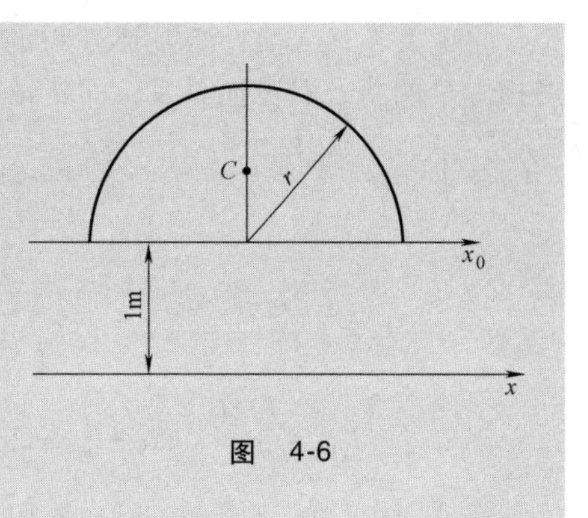

图 4-6

【解】 已知半圆形截面对其底边的惯性矩为

$$I_{x_0}=\frac{1}{2}\times\frac{\pi D^4}{64}=\frac{\pi D^4}{128}=\frac{\pi r^4}{8}$$

用平行移轴定理得截面对形心轴的惯性矩

$$I_{x_C}=\frac{\pi r^4}{8}-\frac{\pi r^2}{2}\left(\frac{4r}{3\pi}\right)^2=\frac{\pi r^4}{8}-\frac{8r^4}{9\pi}$$

再用平行移轴定理，得截面对 x 轴的惯性矩。

$$I_x=I_{x_C}+a^2A=\frac{\pi r^4}{8}-\frac{8r^4}{9\pi}+1^2\times\frac{\pi r^2}{2}=\frac{\pi r^4}{8}-\frac{8r^4}{9\pi}+\frac{\pi r^2}{2}$$

工程计算中应用最广泛的是组合图形对于其形心轴的惯性矩。为此必须首先确定图形的形心以及形心轴的位置。因为组合图形都是由一些简单的图形（例如矩形、正方形、圆形等）所组成，所以在确定其形心时，可将组合图形分解为若干简单图形，并应用式（4-4）确定组合图形的形心位置。以组合图形的形心为坐标原点建立坐标系，坐标轴一般与简单图形的形心主轴平行。确定简单图形对自身形心轴的惯性矩，再利用平行移轴定理确定各个简单图形对组合图形形心轴的惯性矩，相加后便得到整个图形的对于其形心轴的惯性矩。

【例 4-5】 求图 4-7 所示组合截面对形心轴的惯性矩 I_{x_C}，其中腹板和翼缘的厚度均为 20mm。

图 4-7

【解】（1）求截面形心位置

$$y_C=\frac{140\times20\times80+100\times20\times0}{140\times20+100\times20}\text{mm}=46.67\text{mm}$$

（2）求各个简单截面对形心轴的惯性矩

$$I_{x_{C_1}}=\left[\frac{1}{12}\times20\times140^3+(80-46.67)^2\times20\times140\right]\text{mm}^4=7.68\times10^6\text{mm}^4$$

$$I_{x_{C_2}}=\left[\frac{1}{12}\times100\times20^3+46.67^2\times20\times100\right]\text{mm}^4=4.43\times10^6\text{mm}^4$$

（3）求整个截面的惯性矩

$$I_{x_C}=I_{x_{C_1}}+I_{x_{C_2}}=(7.68\times10^6+4.43\times10^6)\text{mm}^4=12.11\times10^6\text{mm}^4$$

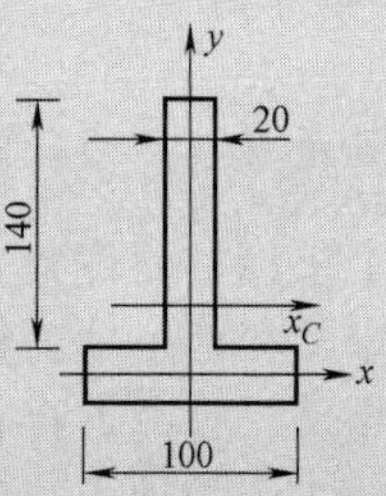

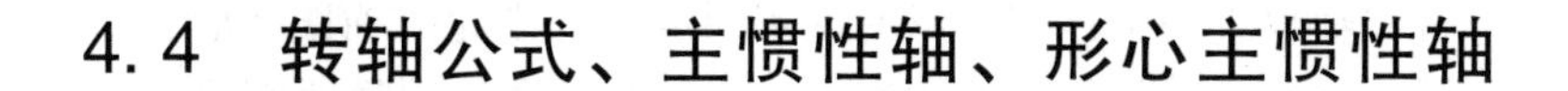

4.4 转轴公式、主惯性轴、形心主惯性轴

4.4.1 惯性矩和惯性积的转轴公式

任意平面图形（图 4-8）对 y 轴和 z 轴的惯性矩和惯性积，可由式（4-5）和式（4-9）求得，若将坐标轴 y、z 绕坐标原点 O 点旋转 α 角，且以逆时针转角为正，则新旧坐标轴之间应有如下关系

$$y_1=y\cos\alpha+z\sin\alpha$$
$$z_1=z\cos\alpha-y\sin\alpha$$

将此关系代入惯性矩及惯性积的定义式，则可得相应量的新、旧转换关系，即转轴公式。

$$I_{y1}=\int_A {z_1}^2\mathrm{d}A=\frac{I_y+I_z}{2}-\frac{I_y-I_z}{2}\cos2\alpha-I_{yz}\sin2\alpha \tag{4-12}$$

$$I_{z1}=\frac{I_y+I_z}{2}-\frac{I_y-I_z}{2}\cos2\alpha+I_{yz}\sin2\alpha \tag{4-13}$$

$$I_{y1z1}=\frac{I_y-I_z}{2}\sin2\alpha+I_{yz}\cos2\alpha \tag{4-14}$$

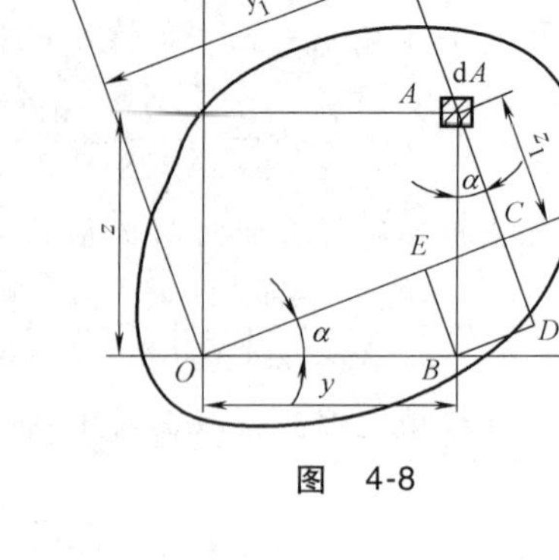

图 4-8

将式（4-12）与式（4-13）相加，得

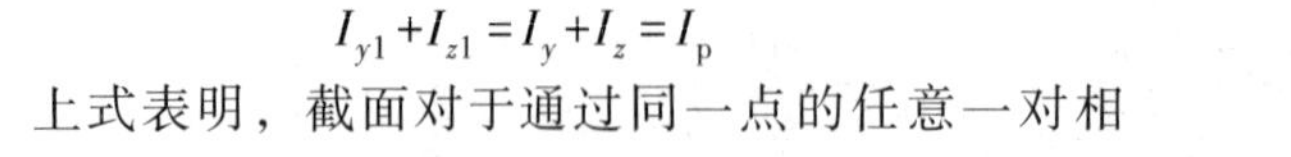

$$I_{y1}+I_{z1}=I_y+I_z=I_\mathrm{p}$$

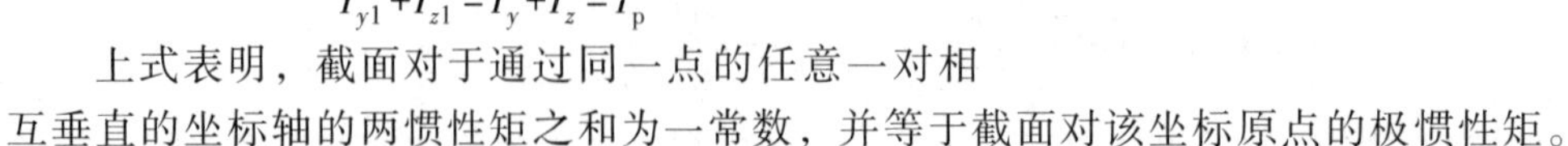

上式表明，截面对于通过同一点的任意一对相互垂直的坐标轴的两惯性矩之和为一常数，并等于截面对该坐标原点的极惯性矩。

4.4.2 截面的主惯性轴和主惯性矩

根据前面的知识可知，当坐标轴绕原点旋转（图 4-8），α 角改变时，I_{y1} 及 I_{z1} 亦相应随之变化，但其和不变。因此，当 I_{y1} 变至极大值时，I_{z1} 必达极小值。将 I_{y1} 的表达式对 α 求导数，令其为零，并用 α_0 表示 I_{y1} 及 I_{z1} 取得极值时的方位角，得

$$\tan2\alpha_0=-\frac{2I_{yz}}{I_y-I_z} \tag{4-15}$$

满足式（4-15）的 α_0 有两个值，即 α_0 和 $\alpha_0+\frac{\pi}{2}$。它们分别对应着惯性矩极大值和极小值的两个坐标轴的位置。将惯性积 I_{y1z1} 的表达式两端同时除以 $\cos2\alpha_0$，再把 $\tan2\alpha_0$ 代入，可得图形对于这样两个轴的惯性积为零。

定义：过一点存在这样一对坐标轴，图形对于其惯性积等于零，这一对坐标轴便称为过这一点的**主惯性轴**，简称主轴。图形对主惯性轴的惯性矩称为主轴惯性矩，简称**主惯性矩**。由式（4-15）求出 $\sin2\alpha_0$，$\cos2\alpha_0$，再代入式（4-12）和式（4-13）即可得到主惯性矩的计算公式为

$$I_{\substack{\max\\ \min}}=\frac{I_y+I_z}{2}\pm\sqrt{\left(\frac{I_y-I_z}{2}\right)^2+{I_{yz}}^2} \tag{4-16}$$

4.4.3 形心主惯性轴

若主惯性轴通过平面图形的形心则称为形心主惯性轴，简称形心主轴。平面图形对形心主惯性轴的惯性矩称为形心主惯性矩。若图形有一根对称轴，则此轴即为形心主惯性轴之一，另一形心主惯性轴为通过形心并与对称轴垂直的轴；若图形有两根对称轴，则此两轴即为形心主惯性轴；若图形有三根对称轴，则通过形心的任一轴均为形心主惯性轴，且主惯性矩相等。

习　　题

一、选择题

1. 如图 4-9 所示，z_C 是形心轴，z_C 轴以下面积对 z_C 轴的静矩 S_{ZC} 为（　　）。

A. $ah_1^2/2$　　　　B. $a^2h_1/2$

C. $ab(h_2+a/2)$　　　　D. $ab(h_2+a)$

2. 工字形截面如图 4-10 所示，I_z为（　　）。

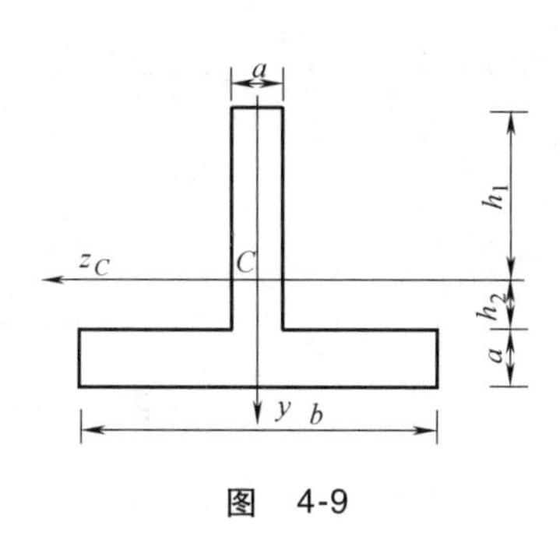

图　4-9

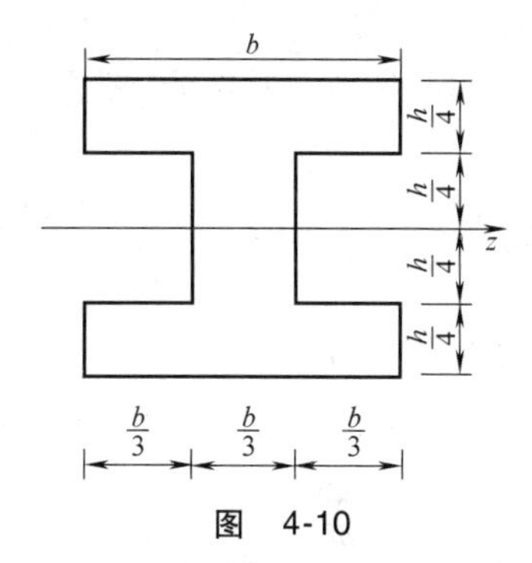

图　4-10

A. $(11/144)bh^3$　　B. $(11/121)bh^3$

C. $bh^3/32$　　D. $(29/144)bh^3$

3. 如图 4-11 所示，已知平面图形的形心为 C，面积为 A，对 z 轴的惯性矩为 I_z，则图形对 z_1 轴的惯性矩为（　　）。

A. I_z+b^2A　　B. $I_z+(a+b)^2A$

C. $I_z+(a^2-b^2)A$　　D. $I_z+(b^2-a^2)A$

4. 如图 4-12 所示的一矩形截面，C 为形心，阴影面积对 z_C 轴的静矩为 $(S_Z)_A$，其余部分面积对 z_C 轴的静矩为 $(S_Z)_B$，$(S_Z)_A$与 $(S_Z)_B$之间的关系为（　　）。

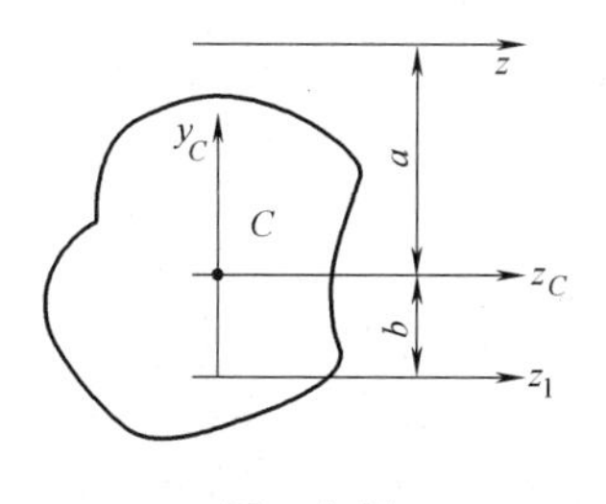

图　4-11

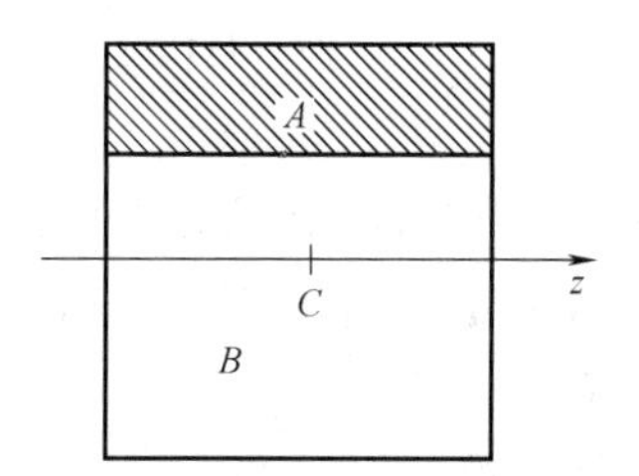

图　4-12

A. $(S_Z)_A>(S_Z)_B$　　B. $(S_Z)_A<(S_Z)_B$

C. $(S_Z)_A=(S_Z)_B$　　D. $(S_Z)_A=-(S_Z)_B$

5. 图 4-13a、b 所示的两截面其惯性矩的关系为（　　）。

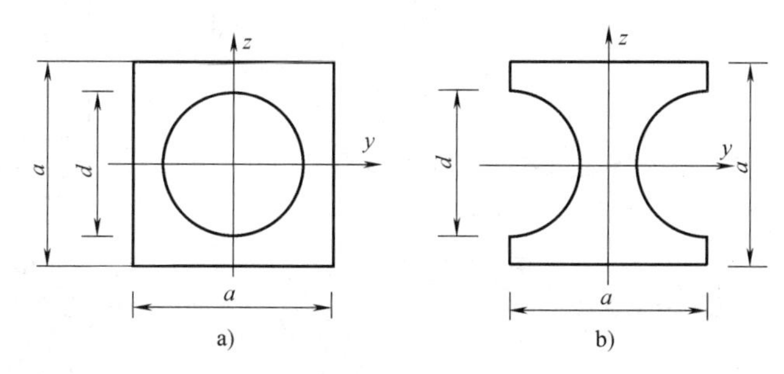

图　4-13

A. $(I_y)_a>(I_y)_b$，$(I_z)_a=(I_z)_b$

B. $(I_y)_a=(I_y)_b$，$(I_z)_a>(I_z)_b$

C. $(I_y)_a=(I_y)_b$，$(I_z)_a<(I_z)_b$

D. $(I_y)_a<(I_y)_b$，$(I_z)_a=(I_z)_b$

6. 图 4-14 所示的 Z 形截面对 y 轴、z 轴的惯性积的大小为(　　)。

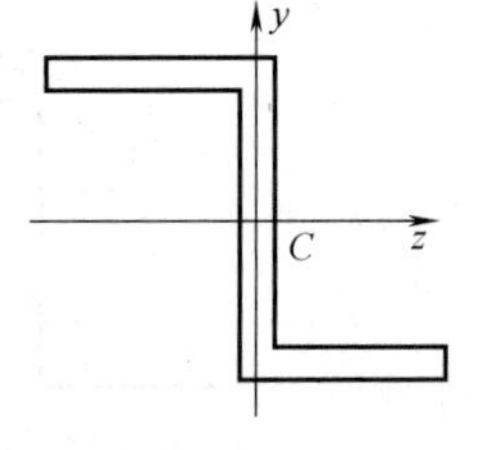

图 4-14

A. $I_{yz}>0$　　B. $I_{yz}=0$

C. $I_{yz}<0$　　D. 不能判定 I_{yz} 与零的关系

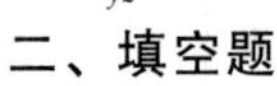

二、填空题

1. 图 4-15 所示的三角形 ABC，已知 $I_{z_1}=bh^3/12$，z_2轴平行 z_1轴，则 I_{z_2}为________。

2. 如图 4-16 所示的截面，已知 z_C为形心轴，则截面对 z_C轴的静矩 $S_{z_C}=$________，z_C轴上下两侧图形对 z_C轴的静矩 S_{z_C}（上）与 S_{z_C}（下）的关系是________。

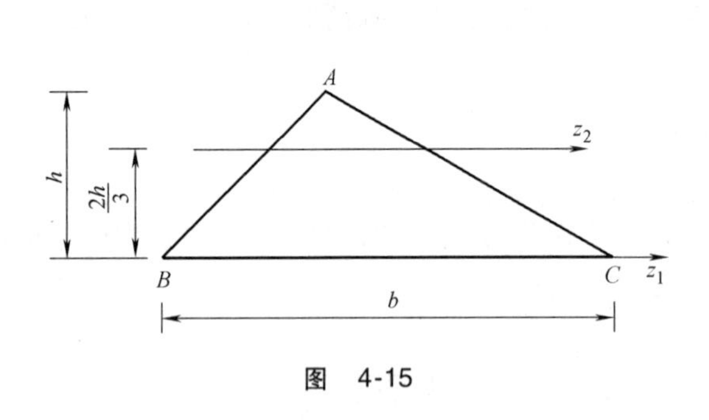

图 4-15

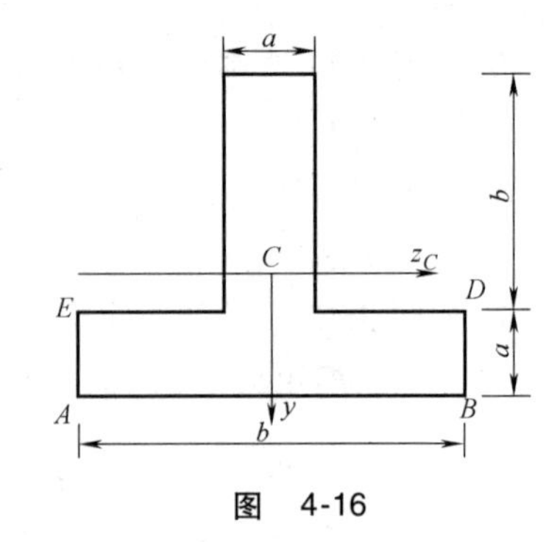

图 4-16

3. 对图 4-17 所示矩形，若已知 I_z、I_y、b、h，则 $I_{z_1}+I_{y_1}=$________。

4. 图 4-18 所示组合图形，由两个直径相等的圆截面组成，此组合图形对形心主惯性轴 y 的惯性矩 I_y为________。

三、计算题

计算图 4-19 所示箱式截面对水平形心轴 z 的惯性矩 I_z。

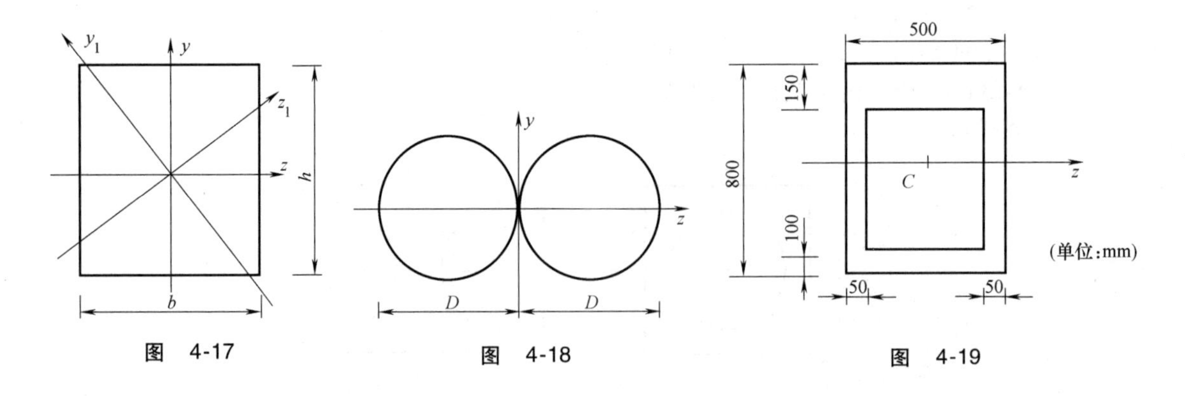

图 4-17　　图 4-18　　图 4-19

第 5 章　杆件的轴向拉伸与压缩

5.1　轴向拉伸与压缩的概念

在实际工程中，承受轴向拉伸或压缩的构件是相当多的，例如起吊重物的钢索、桁架（如图 5-1 所示）中的拉杆和压杆、悬索桥中的拉杆等。这类杆件共同的受力特点是：外力或外力合力的作用线与杆轴线重合。共同的变形特点是：杆件沿着杆轴方向伸长或缩短。这种变形形式就称为**轴向拉伸或压缩**，这类构件称为拉杆或压杆。杆的主要几何因素是横截面和轴线，其中横截面是与轴线垂直的截面；轴线是横截面形心的连线，轴线为直线的杆称为直杆。本章只研究直杆的拉伸与压缩。可将这类杆件的形状和受力情况进行简化，得到轴向拉神与压缩时的力学模型（图 5-2），图中的实线为受力前的形状，双点画线则表示变形后的形状。

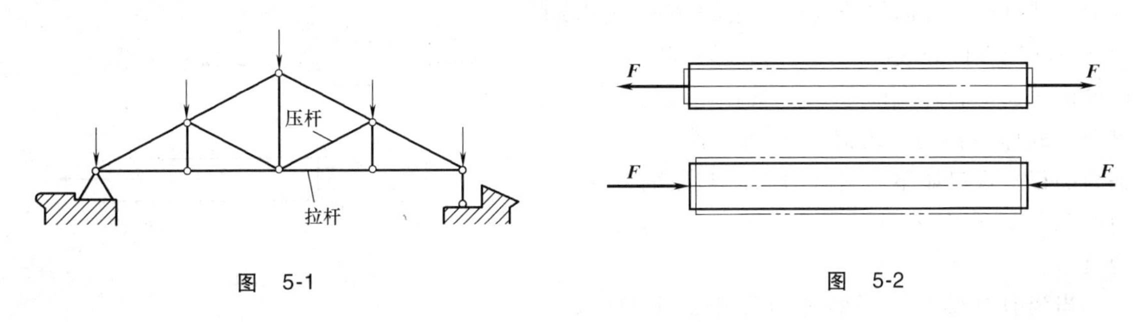

图　5-1　　　图　5-2

5.2　轴向拉压时横截面上的内力与应力

5.2.1　轴向拉压时横截面上的内力

不同学科对于内力的定义是不同的，构件在受外力之前，内部各相邻质点之间已存在相互作用的内力，正是这种内力使各质点保持一定的相对位置，使构件具有一定的几何尺寸和形状。一般情况下，这种内力不会引起构件破坏。在外力作用下，构件各部分材料之间因相对位置发生改变，从而引起相邻部分材料间产生附加的相互作用力，也就是“附加内力”。建筑力学中的内力，是指外力作用下材料反抗变形而引起的附加的作用力（内力的变化量），它与构件所受外力密切相关。求解内力的方法为截面法，截面法对于各种截面形式的杆件，各种内力的求解均适用。

1. 截面法

假想用截面把构件分成两部分，以显示并确定内力的方法。如图 5-3 所示：①截面的两侧必定出现大小相等，方向相反的内力；②被假想截开的任一部分上的内力必定与外力相平衡。

因此用截面法求内力可归纳为四个字：

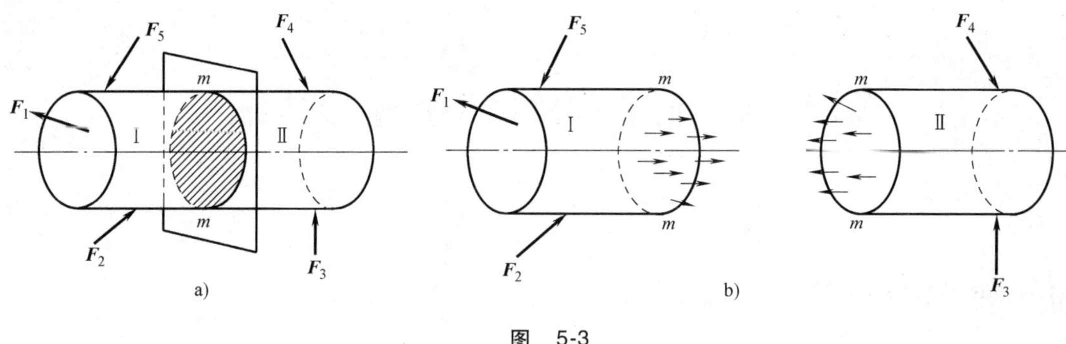

图 5-3

1）截：欲求某一截面的内力，沿该截面将构件假想地截成两部分。

2）取：取其中任意部分为研究对象，而弃去另一部分。

3）代：用作用于截面上的内力，代替弃去部分对留下部分的作用力。

4）平：建立留下部分的平衡条件，由外力确定未知的内力。

2. 轴力和轴力图

取一等截面直杆（图 5-4），在它两端施加一对大小相等、方向相反、作用线与直杆轴线相重合的外力，使其产生轴向拉伸变形。根据截面法用横截面 $m—m$ 把直杆分成两段，并取左段杆为研究对象。杆件横截面上的内力设为 F_N，其作用线与杆轴线相重合，故称为轴力。由静力平衡条件可得 $F_N=F$。轴力的**正负规定如下**：当轴力方向与截面外法线方向一致时，轴力为正，反之为负，即拉为正，压为负。

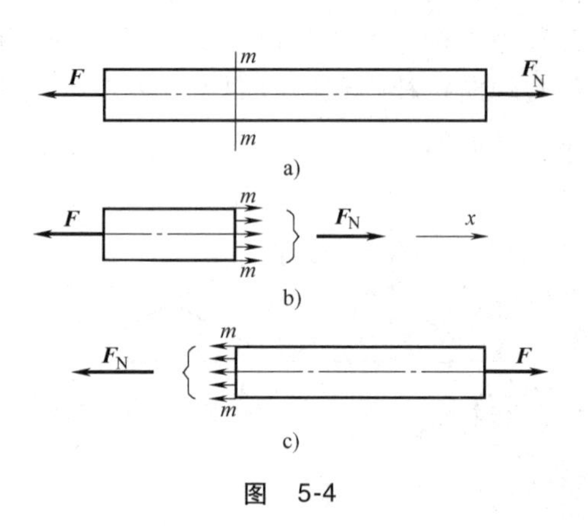

图 5-4

当沿杆件轴线作用的外力多于 2 个时，杆件横截面上的轴力不尽相同，可用轴力图清晰地表示出轴力沿杆件轴线在各个横截面上的变化规律。该图一般以平行于杆件轴线的横坐标 x 轴表示横截面位置，纵坐标 F_N 轴表示对应横截面上轴力的大小。正的轴力画在 x 轴上方，负的轴力画在 x 轴下方，并标上正负号。

【例 5-1】 在图 5-5a 中，沿杆件轴线作用 F_1、F_2、F_3、F_4。已知：$F_1=6\text{kN}$，$F_2=18\text{kN}$，$F_3=8\text{kN}$，$F_4=4\text{kN}$。试求各段横截面上的轴力，并作轴力图。

【解】（1）计算各段轴力

AC 段：以截面 1—1 将杆分为两段，取左段部分，受力如图 5-5b 所示。

由 $\sum F_x=0$ 得 $F_{N1}=F_1=6\text{kN}$ （拉力）

CD 段：以截面 2—2 将杆分为两段，取左段部分，受力如图 5-5b 所示。

由 $\sum F_x=0$ 得 $F_{N2}-F_1+F_2=0$ $F_{N2}=F_1-F_2=-12\text{kN}$（压力）

由此可得出结论：截面上的轴力等于截开截面一侧所有外力的代数和，外力的正负规定仍以拉为正压为负。

DB 段：以截面 3—3 将杆分为两段，取右段部分，受力如图 5-5b 所示。

由 $\sum F_x=0$ 得 $F_{N3}=-F_4=-4\text{kN}$（压力）

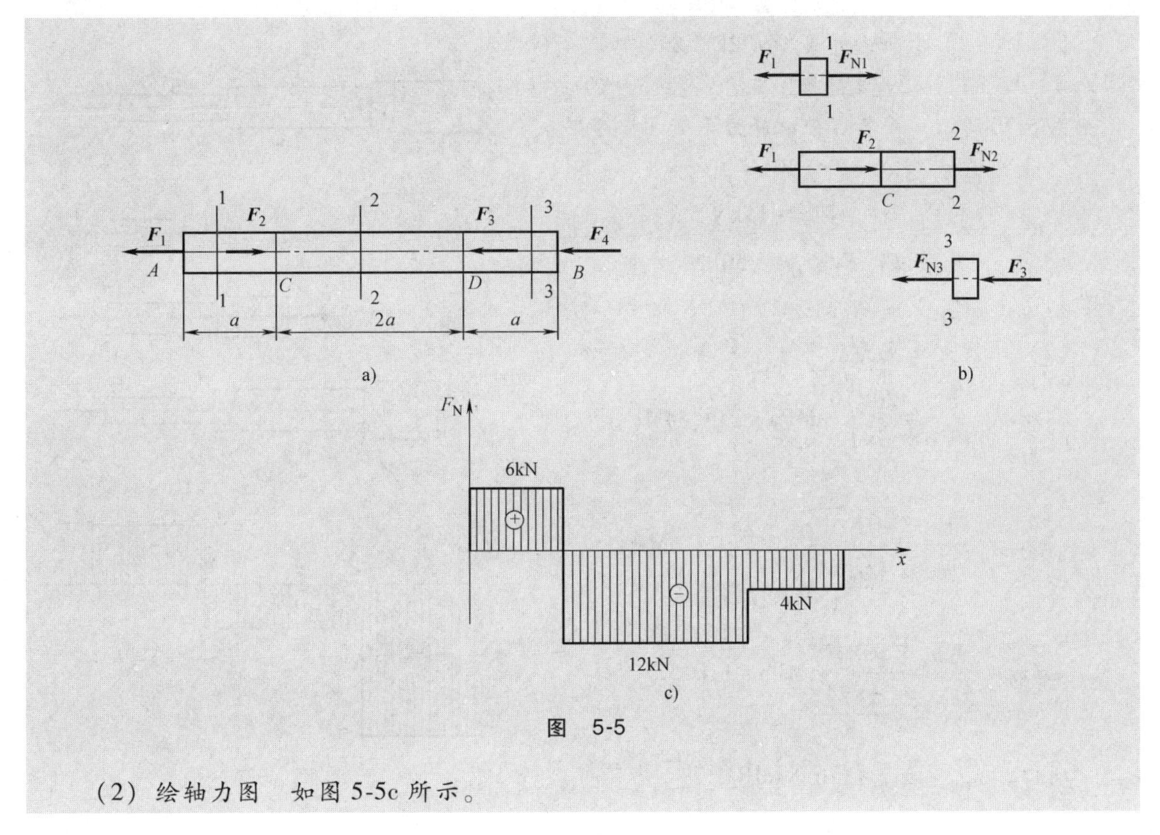

图 5-5

(2) 绘轴力图 如图 5-5c 所示。

5.2.2 轴向拉压时横截面上的应力

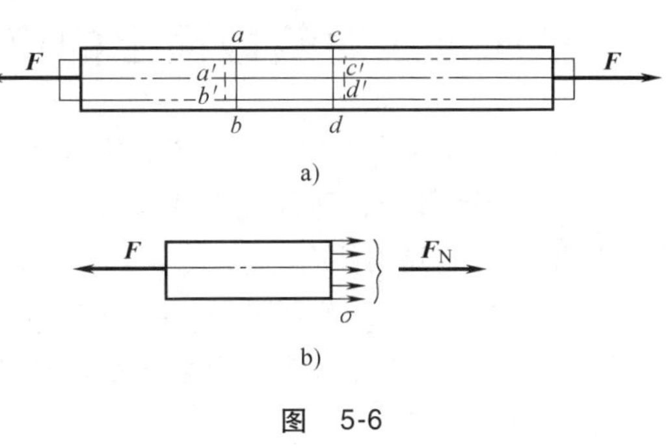

图 5-6

取一等直杆如图 5-6 所示，在其侧面画上垂直于杆轴线的直线段ab和cd，然后在杆件的两端施加拉力 F，使其产生拉伸变形。可以观察到直线段ab和cd在杆件变形后仍然是垂直于杆件轴线的直线段，只是分别平移到$a'b'$和$c'd'$位置。

根据这个现象可做出平截面假设：轴向拉压杆件变形后，其横截面仍然为垂直于杆件轴线的平面。若把杆件看成是由许多纤维所组成的，则两相邻横截面之间的纤维伸长量相同，也就是说，拉压杆件横截面上只有正应力 σ，且横截面上各点处正应力都相等，即正应力为平均分布，其计算公式为

$$\sigma=\frac{F_N}{A} \tag{5-1}$$

式中，F_N 为横截面的轴力；A 为横截面面积。

正应力的正负号规定：拉应力为正，压应力为负。

【例 5-2】 如图 5-7a 所示变截面圆钢杆 $ABCD$，已知 $F_1=20\text{kN}$，$F_2=35\text{kN}$，$F_3=35\text{kN}$，$d_1=12\text{mm}$，$d_2=16\text{mm}$，$d_3=24\text{mm}$。试求：①各截面上的轴力，并作轴力图；②杆的最大正应力。

【解】 (1) 求轴力并画轴力图　分别取三个横截面1—1、2—2、3—3将杆件截开，各部分的受力图如图5-7b所示。由各部分的静力平衡方程可得

$$F_{N1}=F_1=20\text{kN}$$

$$F_{N2}=F_1-F_2=-15\text{kN}$$

$$F_{N3}=F_1-F_2-F_3=-50\text{kN}$$

轴力图如图5-7c所示。

(2) 求最大正应力

$$\sigma_{AB}=\frac{F_{NAB}}{A_{AB}}=\frac{20\times10^3}{\frac{\pi\times12^2}{4}}\text{MPa}=176.84\text{MPa}$$

$$\sigma_{BC}=\frac{F_{NBC}}{A_{BC}}=-\frac{15\times10^3}{\frac{\pi\times16^2}{4}}\text{MPa}=74.6\text{MPa}$$

$$\sigma_{CD}=\frac{F_{NCD}}{A_{CD}}=-\frac{50\times10^3}{\frac{\pi\times24^2}{4}}\text{MPa}=110.52\text{MPa}$$

所以，$\sigma_{max}=\sigma_{AB}=176.84\text{MPa}$

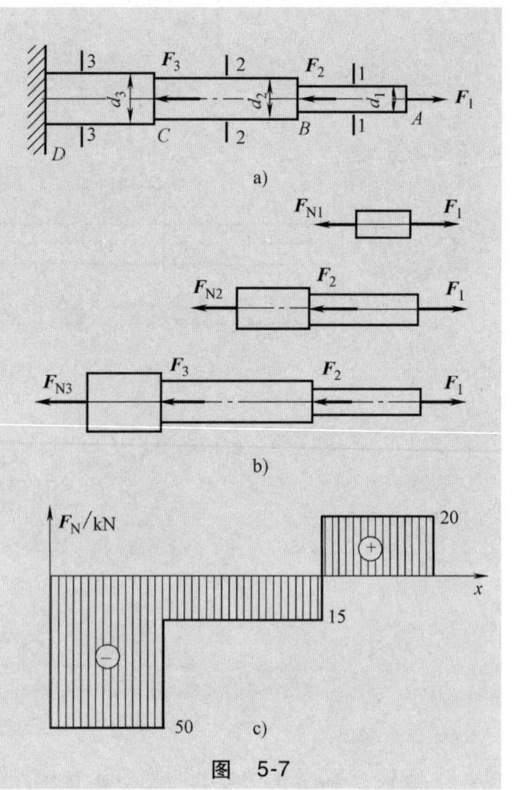

图　5-7

5.3　轴向拉压时斜截面上的应力

取一个受轴向拉力作用的等直杆（图5-8），假想用一个与横截面呈任意角 α 的斜截面 k—k 将杆件截开成两部分，并取左半部分为研究对象，根据静力平衡条件有

$$\sum F_x=0 \qquad F_{N\alpha}-F=0 \Rightarrow F_{N\alpha}=F \quad (5\text{-}2)$$

若以 p_α、A_α 分别表示斜截面上的平均应力和斜截面面积，则有

$$p_\alpha=\frac{F_{N\alpha}}{A_\alpha}=\frac{F}{\frac{A}{\cos\alpha}}=\frac{F}{A}\cos\alpha=\sigma\cos\alpha \quad (5\text{-}3)$$

将平均应力 p_α 分解为与斜截面相垂直的正应力 σ_α 和与斜截面相切的剪应力 τ_α，得

$$\sigma_\alpha=p_\alpha\cos\alpha=\sigma\cos^2\alpha \quad (5\text{-}4)$$

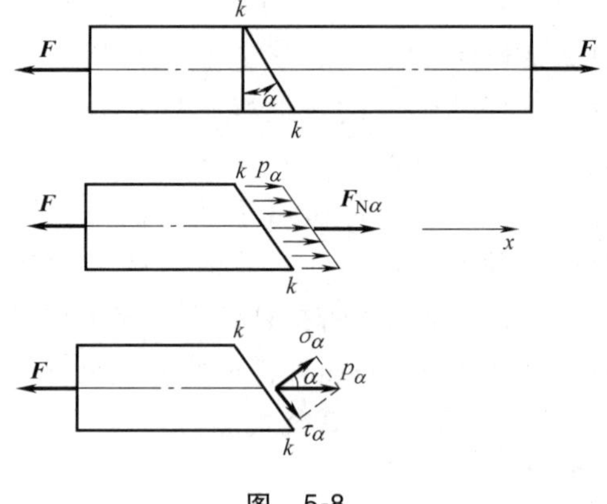

图　5-8

$$\tau_\alpha=p_\alpha\sin\alpha=\frac{1}{2}\sigma\sin2\alpha \quad (5\text{-}5)$$

规定 α 由横截面外法线转至斜截面的外法线，逆时针转向为正，反之为负；σ_α 以拉应力为正，压应力为负；τ_α 以围绕脱离体顺时针转为正，反之为负。此外，由式（5-4）和式（5-5）可得出以下几点结论：

1）当 $\alpha=0°$ 时，即横截面上，σ_α 达到最大值，且 $(\sigma_\alpha)_{max}=\sigma$，而 $\tau_\alpha=0$，说明最大正应力所在的横截面上剪应力为零。

2）当 $\alpha=45°$时，即与杆件轴线呈45°的斜截面上，τ_α 达到最大值，且 $(\tau_\alpha)_{\max}=\frac{1}{2}\sigma$，说明最大剪应力发生在与杆件轴线呈45°的斜截面上，其数值等于横截面上正应力的一半，此时 $\sigma_\alpha=\frac{1}{2}\sigma$，这说明剪应力最大的截面上正应力不为零。

3）当 $\alpha=90°$时，即纵截面上，$\sigma_\alpha=0$，$\tau_\alpha=0$。说明在平行于杆件轴线的纵向截面上没有任何应力作用。

4）把 $\alpha\pm90°$代入到斜截面剪应力计算公式中得，$\tau_{\alpha\pm90°}=-\frac{1}{2}\sigma\sin2\alpha$，即 $\tau_\alpha=-\tau_{\alpha\pm90°}$，这说明在任意两个相互垂直的截面上，剪应力总是大小相等、符号相反。也就是说，通过构件内任一点所作的相互垂直的两个截面上，垂直于两截面交线的剪应力在数值上必相等，这就是剪应力互等定理。

5.4　轴向拉压时材料的力学性能

材料的力学性能也称为材料的机械性能，主要是指材料在外力作用下所表现出来的变形和破坏等方面的特性。不同的材料具有不同的力学性能，同一种材料在不同的工作条件下（如加载速率、温度等）也有不同的力学性能。轴向拉压试验是测定材料力学性能的最基本试验。低碳钢和铸铁是两种不同类型的材料，都是工程实际中广泛使用的材料，它们的力学性能比较典型，因此，以这两种材料为代表来讨论其力学性能。

5.4.1　轴向拉伸时材料的力学性能

1. 低碳钢在拉伸时的力学性能

低碳钢是指碳的质量分数低于0.25%钢材，在工程上的应用十分广泛，它是一种典型的塑性材料。低碳钢拉伸试验所采用的标准试件是圆截面杆件（图5-9），试件等直部分的长度 l 为工作长度，称为标距，对于直径为的 d 杆件通常取 $l=5d$ 或 $l=10d$，直径 d 一般取5mm。

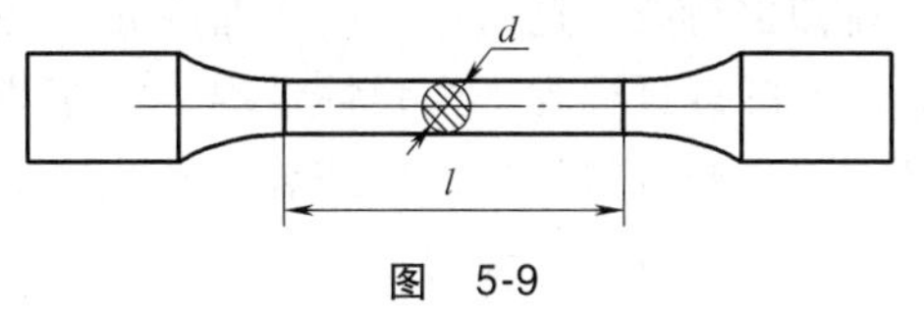

图　5-9

将试件两端装入材料试验机的卡头中，做常温、静载拉伸试验，直到试件被拉断为止。试验机的绘图装置会把试件所受到的轴向拉力 F 和试件的伸长量 Δl 之间的关系自动记录下来，绘出一条 F-Δl 曲线（图5-10），称为拉伸图。它描绘了低碳钢试件从开始加载直至断裂的全过程中拉力与变形之间的关系。但是拉伸图会受到试件几何尺寸的影响，为使试验结果反映材料本身的力学性能，将拉力 F 除以试件横截面面积 A，得到横截面上的正应力 σ，将其作为纵坐标；将伸长量 Δl 除以标距的原始长度 l，得到应变 ε，将其作为横坐标。从而获得的 σ-ε 曲线（图5-11），称为应力-应变曲线。

由低碳钢的 σ-ε 曲线可以看出，低碳钢的整个拉伸过程可大致分为四个阶段：

（1）弹性阶段 oa　这一阶段可分为斜直线 oa'和微弯曲线 $a'a$。在这个阶段内，试件受力以后长度增加产生变形，这时如果将外力卸去，变形就会消失，这种变形称为弹性变形。a 点对应的应力称为弹性极限，记为 σ_e。斜直线 oa'段表示应力与应变成正比例关系，即材料服从胡克定律，a'点对应的应力称为比例极限，记为 σ_p。一般来说，低碳钢的弹性极限和比例极限十分接近，所以通常取 $\sigma_e=\sigma_p$。由图中斜直线 oa'可知

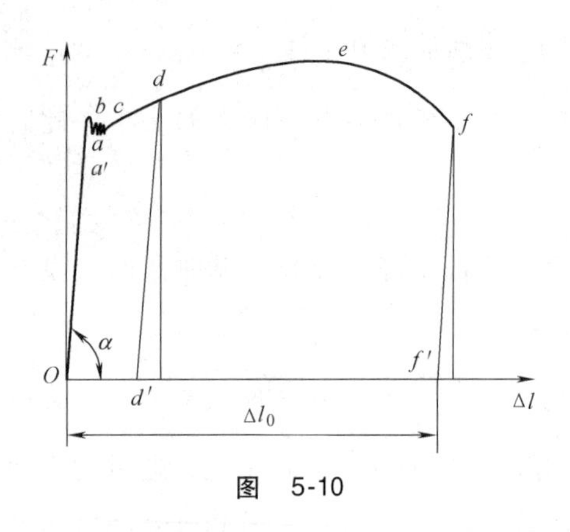

图 5-10

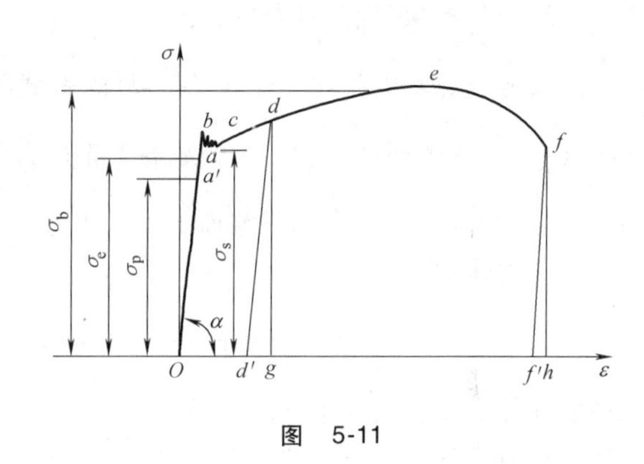

图 5-11

$$\tan\alpha=\frac{\sigma}{\varepsilon}=E \tag{5-6}$$

式（5-6）表明，在单向拉伸或压缩情况下，当正应力不超过材料的比例极限时，正应力与线应变成正比，这一关系我们称为拉压胡克定律。由于斜直线 oa'的斜率就等于低碳钢的弹性模量，所以，在工程上一般都采用常温、静载拉伸试验来测定材料的弹性模量。

（2）屈服阶段 ac　过了弹性阶段后，曲线呈现水平的小锯齿形线段，应力在一个很小的范围内上下波动，这个阶段称为屈服阶段。屈服阶段中应力波动的最高点称为上屈服点，应力波动的最低点称为下屈服点。上屈服点不太稳定，常随着加载速率等原因而改变，下屈服点比较稳定，通常把下屈服点所对应的应力称为材料的屈服极限，用 σ_s 表示。表面磨光的试件，屈服时可在试件表面看见与轴线大致呈 45°倾角的条纹。这是由于材料内部晶格之间相对滑移而形成的，称为滑移线。

（3）强化阶段 ce　过了屈服阶段以后，曲线开始上升，直到最高点 e，试件对变形的抵抗能力又获得增强。e 点对应的应力称强度极限，用 σ_b 表示。如果在这一阶段的任一点 d 处，逐渐卸去荷载，这时应力应变曲线是沿着与斜直线 oa'几乎平行的直线 dd'返回到点 d'，即低碳钢的卸载过程是一个弹性过程。当荷载全部卸去以后，试件所产生的变形一部分消失了，而另一部分却残留下来，把卸载后不能恢复的变形称为塑性变形或残余变形。塑性变形对应的应变称为塑性应变，记为 ε_p，即图中 od'段，$d'g$ 段为消失了的弹性应变，记为 ε_e。

若卸载之后再重新加载，则应力应变曲线基本沿着卸载时的斜直线 $d'd$ 上升到 d 点，然后再沿着曲线 def 变化，直至试件被拉断。比较曲线 $odef$ 和 $d'def$ 可以发现，在第二次加载时，材料的比例极限得到了提高，即构件在弹性阶段的承载能力提高了，但试件被拉断后遗留的塑性变形减小了，这种现象称为**冷作硬化**。工程上常利用冷作硬化来提高某些构件在弹性阶段的承载能力，如起重用的钢丝绳和建筑用的钢筋等，常用冷拔工艺进行加工以提高其强度。但另一方面，冷作硬化又会使材料变脆，给下一步加工造成困难，且使零件容易产生裂纹，这就又需要在适当工序中通过热处理来消除冷作硬化的影响。

（4）局部颈缩阶段 ef　过了强化阶段之后，曲线开始下降，直至到达 f 点曲线终结。在这个阶段变形开始集中于某一小段范围内，截面局部迅速收缩，形同细颈，称为颈缩现象（图 5-12）。颈缩现象出现以后，变形主要集中在细颈附近的局部区域，因此称该阶段为局部颈缩阶段。局部颈缩阶段

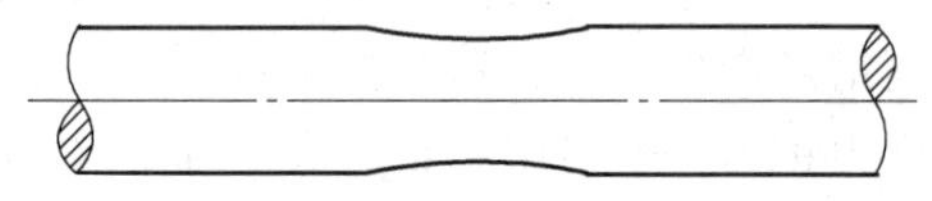

图 5-12

后期，颈缩处的横截面面积急剧减小，最后在颈缩处试件被拉断，试验结束。

从上述的试验现象可知，当应力达到屈服极限 σ_s 时，材料会产生显著的塑性变形，进而影响结构的正常工作；当应力达到强度极限 σ_b 时，材料会由于颈缩而导致断裂。屈服和断裂，均属于破坏现象。因此，σ_s 和 σ_b 是衡量材料强度的两个重要指标。

材料产生塑性变形的能力称为材料的塑性性能。塑性性能是工程中评定材料质量优劣的重要方面，衡量材料塑性性能的两个重要指标是延伸率 δ 和断面收缩率 ψ，延伸率 δ 定义为

$$\delta=\frac{l_1-l}{l}\times 100\% \tag{5-7}$$

式中，l 为试件工作段长度；l_1 为试件断裂后长度。

断面收缩率 ψ 定义为

$$\psi=\frac{A-A_1}{A}\times 100\% \tag{5-8}$$

式中，A 为试件初始横截面面积；A_1 为试件被拉断后断口处横截面面积。

δ 和 ψ 的数值越高，说明材料的塑性越好。工程上把延伸率 $\delta \geqslant 5\%$ 的材料称为塑性材料。如低碳钢 $\delta=25\% \sim 27\%$，$\psi=60\%$，是塑性相当好的材料。延伸率 $\delta \leqslant 5\%$ 的材料称为脆性材料，如铸铁、玻璃、混凝土、陶瓷。

2. 铸铁拉伸时的力学性能

铸铁拉伸时的 σ-ε 曲线如图 5-13 中的实线所示，它是一条微弯的曲线，没有明显的直线部分，也没有屈服和颈缩阶段，在应力不高时就被拉断，只能测到强度极限 σ_b，而且强度极限较低。试件变形很小，断口截面几乎没有颈缩，这种破坏称为脆性断裂，用强度极限 σ_b 作为其强度指标。铸铁是一种典型的脆性材料，抗拉强度差。在工程上这类材料的弹性模量 E 以总应变为 0.1%时的割线斜率来度量，以便应用胡克定律。

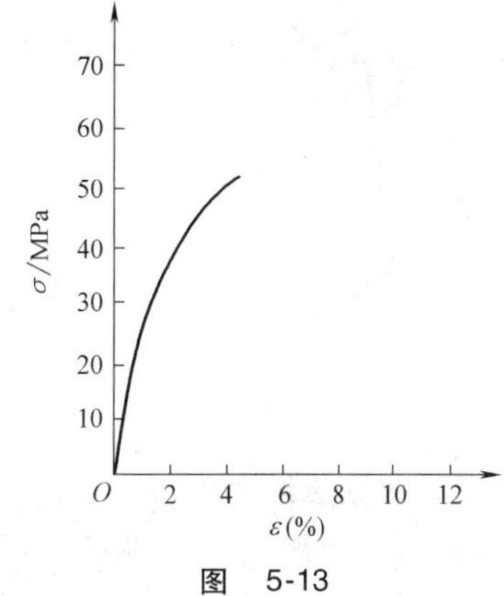

图　5-13

3. 其他材料拉伸时的力学性能

任何材料都可以通过拉伸试验测定它的力学性能，并绘制 σ-ε 曲线，如图 5-14 所示。例如 16 锰钢以及一些高强度低合金钢等都是与低碳钢拉伸时力学行为相类似的塑性材料，断裂前都具有较大的塑性变形。另一些塑性材料，如青铜、黄铜、铝合金等，拉断前则无明显的屈

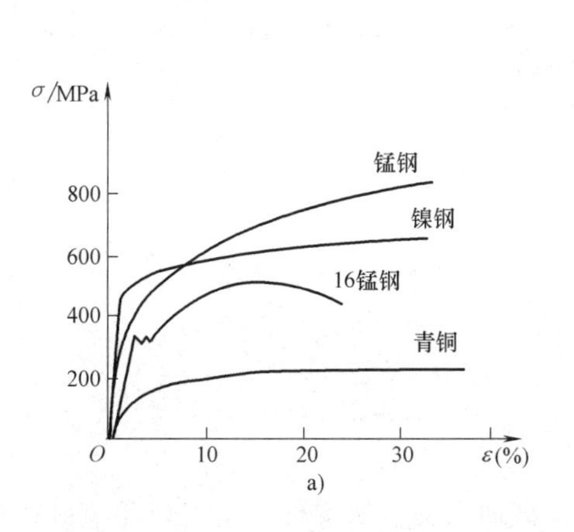

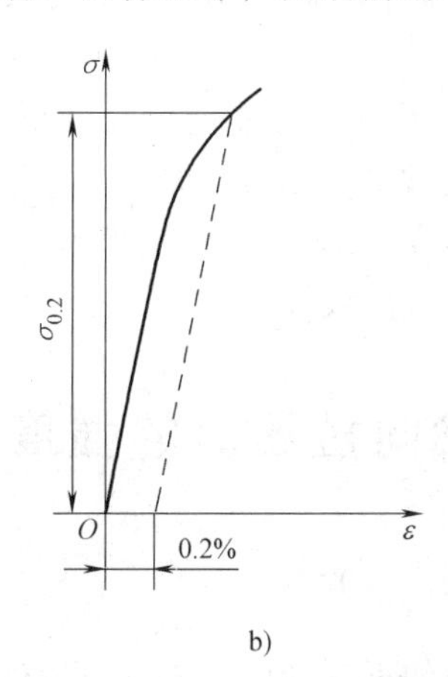

图　5-14

服阶段。对于没有明显屈服阶段的塑性材料，通常用材料产生 0.2%的残余应变时所对应的应力作为屈服强度，并以 $\sigma_{0.2}$表示，称为名义屈服应力。

5.4.2 轴向压缩时材料的力学性能

1. 低碳钢压缩时的力学性能

短圆柱体试件的高度约为直径的 1.5~3 倍。低碳钢压缩时的 σ-ε 曲线如图 5-15 所示，图中虚线为低碳钢拉伸时的 σ-ε 曲线。由图可知，压缩曲线与拉伸曲线主要部分基本重合。试件到达屈服点后，越压越扁，出现显著的塑性变形。由于试件两端面受摩擦限制，故被压成鼓形，测不出其抗压强度（图 5-16）。由于低碳钢压缩时的力学性能与拉伸时基本相同，所以一般通过拉伸试验即可得到其压缩时的主要力学性能，因此对于低碳钢来说拉伸试验是基本试验。

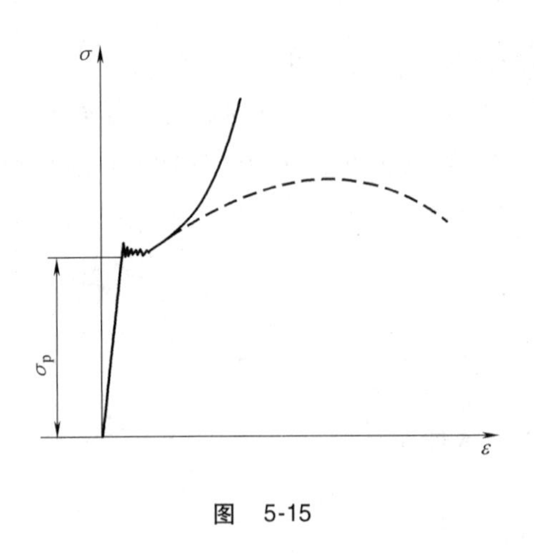

图 5-15

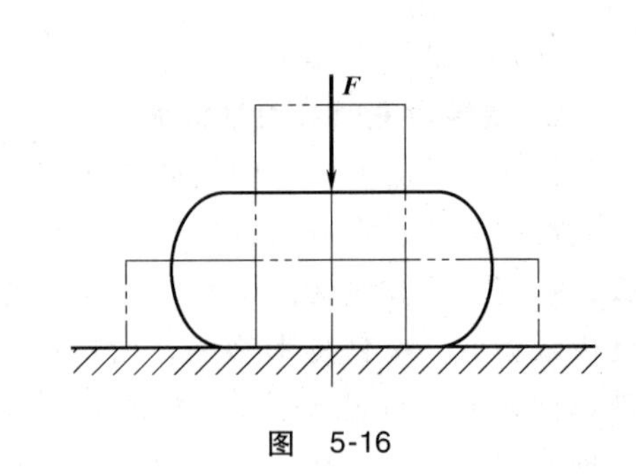

图 5-16

2. 铸铁压缩时的力学性能

铸铁压缩时的 σ-ε 曲线如图 5-17 中的虚线所示。试件在较小的变形下就突然破坏，与拉伸曲线一样没有明显的直线部分，也没有屈服极限。试件最后沿 45°左右的斜面断裂。由图 5-17可知，铸铁的抗压强度远比抗拉强度高，约为 2~5 倍，因此铸铁宜于做抗压构件。混凝土、石料试样用立方块，其抗压强度也远大于抗拉强度，只是破坏形式不同而已。一般脆性材料的抗压强度都明显高于抗拉强度。因此，脆性材料适宜做承压构件。

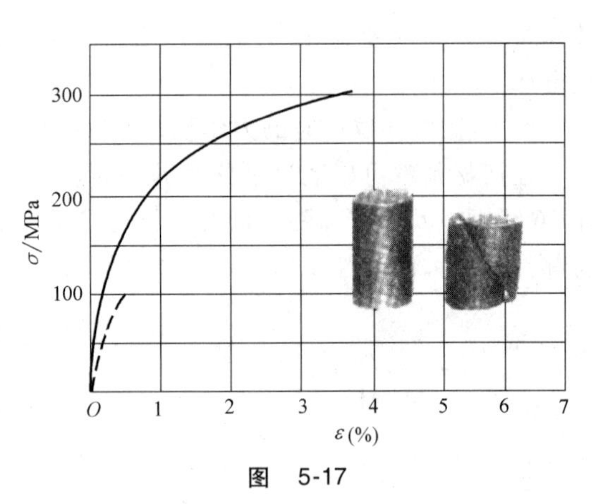

图 5-17

5.5 轴向拉压时的强度计算

5.5.1 许用应力

构件所能承受的应力不仅与构件的形状、截面尺寸、所受外力有关，还与材料有直接的关系。任何一种材料所能承受的最大应力都是有一定限度的，超过这一限度，材料就会发生塑性屈服或脆性断裂，称为材料失效，把材料失效时的应力称为**极限应力**，用 σ_u 表示。不同的材料极限应力是不同的，极限应力可由材料试验测得。为保证构件安全正常地工作，应使构件的实际**工作应力**小于所用材料的极限应力，同时考虑一定的安全储备，将极限应力降低后作为构件所容许采用的最大应力，并把这个最大应力称为**许用应力**。许用应力一般用下式确定

$$[\sigma]=\frac{\sigma_u}{n} \tag{5-9}$$

式中，σ_u 为材料的极限应力；n 为安全系数。

对于塑性材料，当其屈服时产生较大的塑性变形，影响构件的正常工作，所以极限应力取为屈服极限 σ_s；对于脆性材料，直至断裂也无明显的塑性变形，所以极限应力取为强度极限 σ_b。屈服极限和强度极限见材料拉伸试验的介绍。安全系数的选择，不仅与材料有关，同时还必须考虑构件所处的具体工作条件。安全系数过大会造成浪费，并使构件笨重，过小又保证不了安全，可能导致破坏事故，因此要综合多方面的考虑，具体情况具体分析。一般在常温、静载时，对于塑性材料取 $n=1.2\sim2.5$，对脆性材料取 $n=2.0\sim3.5$。具体选用时可查阅有关的工程手册。

5.5.2 强度条件

为保证杆件在轴向拉（压）时安全正常地工作，必须使杆件的最大工作应力不超过杆件材料在轴向拉（压）时的许用应力，即

$$\sigma_{max}=\left(\frac{F_N}{A}\right)_{max}\leqslant[\sigma] \tag{5-10}$$

式（5-10）称为杆件在轴向拉（压）时的**强度条件**，应用该强度条件可进行以下三种类型的强度计算。

1）校核杆的强度：已知杆件所受荷载、横截面面积和材料的许用应力，验算杆件是否满足强度条件，从而确定杆件是否安全。如果最大工作应力 σ_{max} 略微大于许用应力，且不超过许用应力的5%，在工程上仍然被认为是允许的。

2）设计截面：已知杆件所受荷载和材料的许用应力，根据强度条件设计杆件的横截面面积和尺寸。

3）确定许可荷载：已知杆件的横截面面积和材料的许用应力，根据强度条件确定杆件的许可荷载。

【例5-3】 图5-18所示为起重机起吊钢管时的情况。若已知钢管的重量为 $W=10\text{kN}$，绳索的直径 $d=40\text{mm}$，许用应力 $[\sigma]=10\text{MPa}$，试校核绳索的强度。

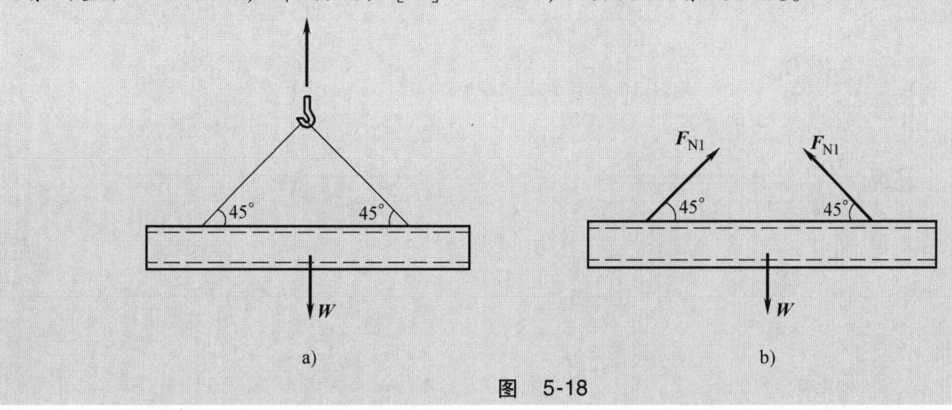

图 5-18

【解】 (1) 求绳索中的轴力 F_N 以混凝土管为研究对象，画出其受力图，如图 5-18b 所示。由对称性可知两侧轴力相等，列平衡方程得

$$\sum F_y=0 \qquad W-2F_N\cos 45°=0$$

得绳索的轴力为

$$F_N=\frac{W}{2\cos 45°}=\frac{10}{\sqrt{2}}\text{kN}=7.07\text{kN}$$

(2) 求绳索横截面上的正应力

$$A=\frac{\pi d^2}{4}=\frac{3.14\times40^2}{4}\text{mm}^2=1256\text{mm}^2$$

$$\sigma=\frac{F_N}{A}=\frac{7.07\times10^3}{1256}\text{N/m}^2=5.63\text{N/mm}^2=5.63\text{MPa}$$

(3) 校核强度

$$\sigma=5.63\text{MPa}<[\sigma]=10\text{MPa}$$

满足强度条件，故绳索安全。

【例 5-4】 如图 5-19 所示的三角形托架，其杆 AB 是由两根等边角钢组成，已知 $F=75\text{kN}$，$[\sigma]=160\text{MPa}$，试选择等边角钢的型号。

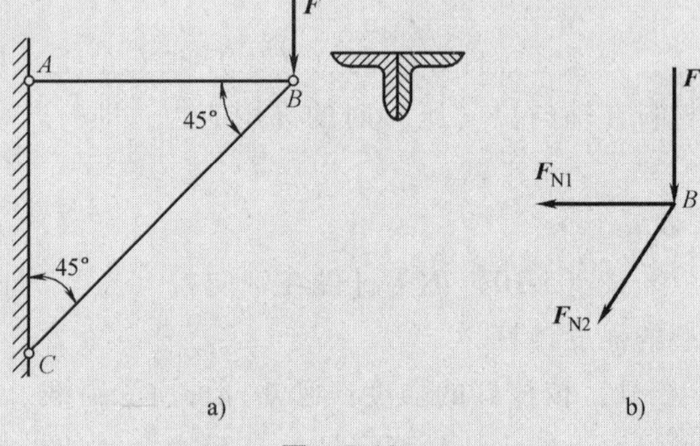

图 5-19

【解】 (1) 求杆 AB 中的轴力 F_{N1}

$$\sum F_x=0 \qquad -F_{N1}-F_{N2}\cos 45°=0$$

$$\sum F_y=0 \qquad -F-F_{N2}\sin 45°=0$$

得

$$F_{N1}=75\text{kN}$$

(2) 设计截面

$$A\geqslant\frac{F_{N1}}{[\sigma]}=\frac{75\times10^3}{160\times10^6}\text{cm}^2=4.687\text{cm}^2$$

所以可选边厚为 3mm 的 4 号等边角钢，其 $A=2.359\text{ cm}^2$，$2A=4.718\text{ cm}^2$

【例 5-5】 简易起重设备如图 5-20 所示，杆 AB 和 BC 均为圆截面钢杆，直径均为 = 36mm ，钢的许用应力 $[\sigma]$ =160MPa，试确定吊车的最大许可起重量 $[W]$。

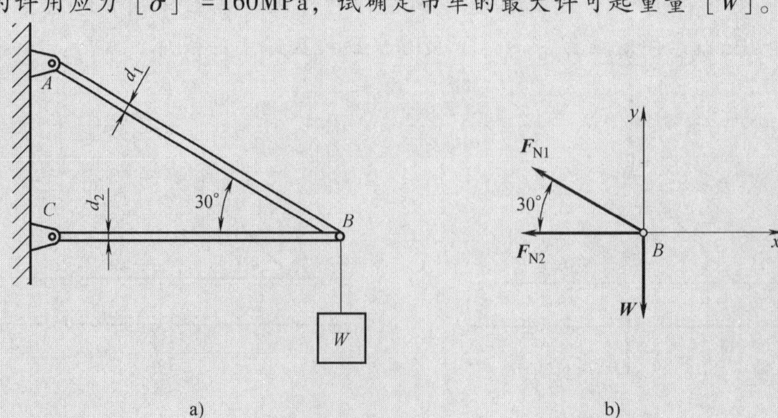

图 5-20

【解】（1）由平衡条件计算实际轴力

$$\sum F_x = 0 \qquad -F_{N1}\cos 30° - F_{N2} = 0$$

$$\sum F_y = 0 \qquad F_{N1}\sin 30° - W = 0$$

解得各杆轴力与结构荷载 W 应满足的关系式为

$$F_{N1} = 2W \qquad F_{N2} = -\sqrt{3}W$$

（2）计算结构的许可荷载 $[W]$　根据各杆件的强度条件，即

$$2W \leqslant [F_{N1}] = A[\sigma] = 170.3\text{kN}$$

得

$$[W_1] \leqslant 86.5\text{kN}$$

$$\sqrt{3}W \leqslant [F_{N2}] = A[\sigma] = 170.3\text{kN}$$

得

$$[W_2] \leqslant 99.9\text{kN}$$

要保证 AB、BC 杆的强度，应取 $[W] = 86.5\text{kN}$

5.6　轴向拉压时的变形和胡克定律

5.6.1　轴向拉压变形

杆件在轴向拉伸或压缩时，其轴线方向的尺寸和横向尺寸都将发生改变。杆件沿轴线方向的变形称为纵向变形，杆件沿垂直于轴线方向的变形称为横向变形。设一根等直杆件原长为 l，横截面尺寸为 $a \times b$，在轴向拉力 F 的作用下变形如图 5-21 所示。纵向线应变定义为纵向绝对变形与原纵向尺寸之比，即

$$\varepsilon = \frac{\Delta l}{l} \tag{5-11}$$

横向线应变定义为横向绝对变形与原横向尺寸之比，即

$$\varepsilon' = \frac{\Delta a}{a} = \frac{\Delta b}{b} \tag{5-12}$$

显然，纵向线应变 ε 和横向线应变 ε' 的符号总是相反。

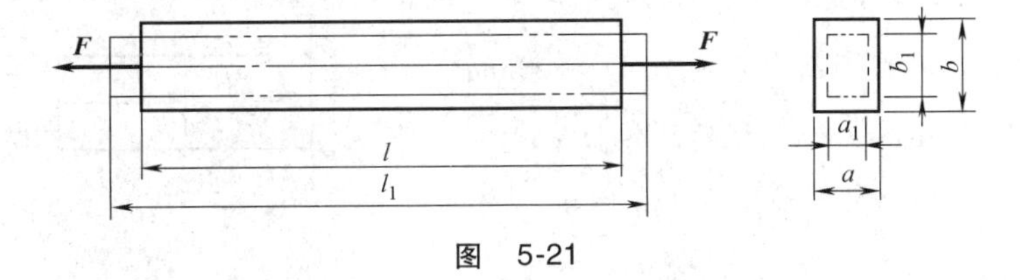

图　5-21

5.6.2　泊松比

试验证明，当应力不超过材料的比例极限时，横向线应变与纵向线应变之比的绝对值为一常数，若用 υ 表示这个常数，则有

$$\upsilon = \left| \frac{\varepsilon'}{\varepsilon} \right| \tag{5-13}$$

常数 υ 称为泊松比，或称为横向变形系数，它是材料的弹性常数，随材料的不同而不同，

是一个无量纲的量，其值可由试验测定。泊松比反映了横向变形与纵向变形之间的关系。由于 ε 和 ε' 的符号总是相反的，所以两者的关系又可以写成

$$\varepsilon' = -\upsilon\varepsilon \tag{5-14}$$

5.6.3 胡克定律

材料的力学性能试验表明，当应力不超过某一限度时，应力与应变之间存在正比关系，称这一关系为胡克定律，即

$$\sigma = E\varepsilon$$

其中 E 为正比系数，称 E 为弹性模量，其量纲与应力量纲相同，数值可由试验测定。

5.6.4 轴向拉伸与压缩变形计算

设杆的横截面面积为 A，轴力为 F_N，则横截面上的正应力可根据式（5-1）来计算，杆沿轴线方向的线应变可根据式（5-11）来计算，把正应力与线应变的表达式代入轴向拉压胡克定律，得到轴向拉伸或压缩时杆件的变形量计算公式，即

$$\Delta l = \frac{F_N l}{EA} \tag{5-15}$$

式中 EA 称为杆件的抗拉（压）刚度，是表征杆件抵抗拉压弹性变形能力的量。变形量正负号规定：伸长为正，缩短为负。应用式（5-15）时应注意以下几点：

1）材料在线弹性范围，即 $\sigma \leqslant \sigma_p$。

2）在长度 l 内，轴力 F_N，弹性模量 E，横截面面积 A 均为常量。当以上参数沿杆轴线分段变化时，则应分段计算变形，然后求各段变形的代数和即得总变形为

$$\Delta l = \sum_{i=1}^{n} \frac{F_{N_i} l_i}{E_i A_i} \tag{5-16}$$

3）当轴力 F_N，弹性模量 E，横截面面积 A 沿杆轴线连续变化时，变形量计算公式写为

$$\Delta l = \int_0^l \frac{F_N(x)}{E(x)A(x)} dx \tag{5-17}$$

【例 5-6】 变截面钢杆受轴向载荷作用如图 5-22a所示，若已知 $F_1 = 30\text{kN}$，$F_2 = 10\text{kN}$，杆长 $l_1 = l_2 = l_3 = 100\text{mm}$，杆各横截面面积分别为 $A_1 = 500\text{mm}^2$，$A_2 = 200\text{mm}^2$，$E = 200\text{GPa}$，试求杆的总伸长量。

【解】 先作出轴力图，如图 5-22b 所示。杆的总伸长量为

$$\Delta l_{AD} = \Delta l_{AB} + \Delta l_{BC} + \Delta l_{CD} = \frac{F_{NAB} l_1}{EA_1} + \frac{F_{NBC} l_2}{EA_1} + \frac{F_{NCD} l_3}{EA_2}$$

$$= \frac{20\times10^3\times100}{200\times10^3\times500}\text{mm} + \frac{-10\times10^3\times100}{200\times10^3\times500}\text{mm} + \frac{-10\times10^3\times100}{20\times10^4\times200}\text{mm}$$

$$= -0.015\text{mm}$$

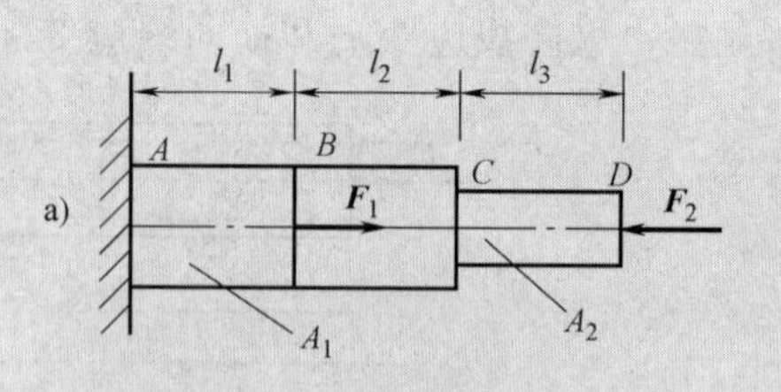

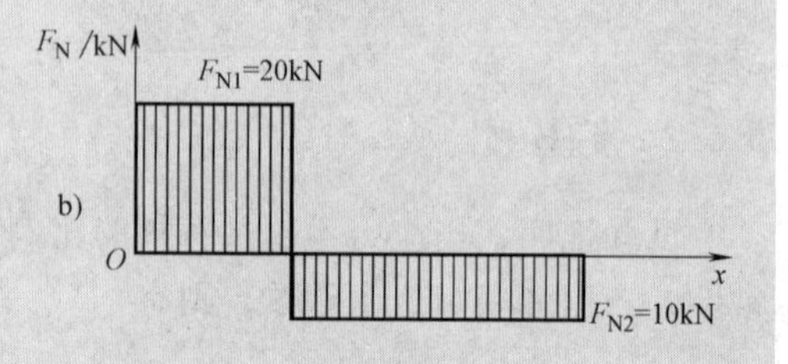

图 5-22

习　题

一、选择题

1. 低碳钢拉伸经过冷作硬化后，以下四种指标中的（　　）得到提高。

A. 强度极限　　B. 比例极限　　C. 断面收缩率　　D. 伸长率（延伸率）

2. 脆性材料具有以下哪种力学性能：（　　）。

A. 试件拉伸过程中出现屈服现象　　B. 压缩强度极限比拉伸强度极限大得多

C. 抗冲击性能比塑性材料好　　D. 试件拉伸过程中发生局部颈缩现象

3. 当低碳钢试件的试验应力 $\sigma=\sigma_s$ 时，试件将（　　）。

A. 完全失去承载能力　　B. 破断

C. 发生局部颈缩现象　　D. 产生很大的塑性变形

4. 拉（压）杆应力公式 $\sigma=F_N/A$ 的应用条件是（　　）。

A. 应力在比例极限内　　B. 外力合力作用线必须沿着杆的轴线

C. 应力在屈服极限内　　D. 杆件必须为矩形截面杆

5. 等截面直杆受轴向拉力 P 作用而产生弹性伸长，已知杆长为 l，截面面积为 A，材料弹性模量为 E，泊松比为 ν。拉伸理论告诉我们，影响该杆横截面上应力的因素是（　　）。

A. E、ν、P　　B. l、A、P　　C. l、A、E、ν、P　　D. A、P

6. 从轴向拉杆中取出的单元体如图 5-23 所示。已知 $\sigma_x<\sigma_p$，沿 x、y、z 方向的线应变分别为 ε_x、ε_y 和 ε_z，材料属各向同性。那么根据泊松比 ν 的定义可知 ν 应等于（　　）。

A. $|\varepsilon_x/\varepsilon_y|$　　B. $|\varepsilon_y/\varepsilon_x|$

C. $|\varepsilon_y/\varepsilon_z|$　　D. $|\varepsilon_z/\varepsilon_y|$

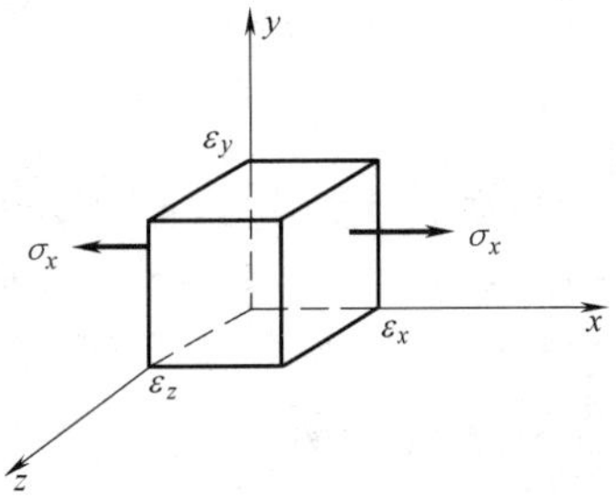

图 5-23

7. 为提高某种钢制拉（压）杆件的刚度，正确的措施是（　　）。

A. 将杆件材料改为高强度合金钢

B. 将杆件的表面进行强化处理（如淬火等）

C. 增大杆件的横截面面积

D. 将杆件的横截面改为合理的形状

8. 甲、乙两杆，几何尺寸相同，轴向拉力 F 相同，材料不同，它们的应力和变形为（　　）。

A. 应力 σ 和变形 Δl 都相同　　B. 应力 σ 不同，变形 Δl 相同

C. 应力 σ 相同，变形 Δl 不同　　D. 应力 σ 不同，变形 Δl 不同

二、填空题

1. 对于没有明显屈服阶段的塑性材料，通常用 $\sigma_{0.2}$ 表示其屈服极限。$\sigma_{0.2}$ 是塑性应变等于________时的应力值。

2. 低碳钢的应力-应变曲线如图 5-24 所示。试在图中标出 D 点的弹性应变 ε_e、塑性应变 ε_p 及材料的伸长率（延伸率）δ。

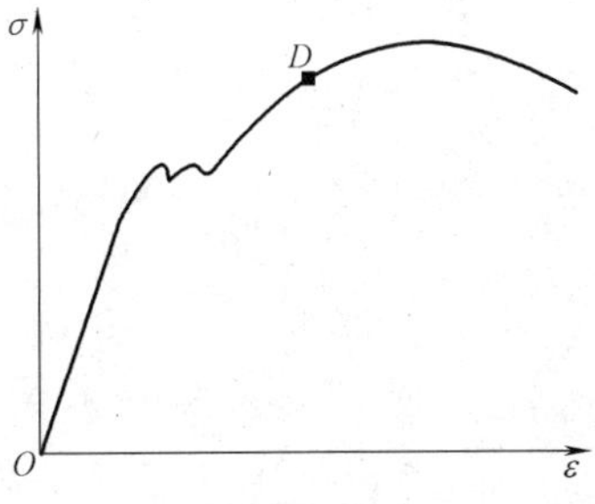

图 5-24

3. a、b、c 三种材料的应力-应变曲线如图 5-25 所示。其中强度最高的材料是__________，弹性模量最小的材料

是__________，塑性最好的材料是__________。

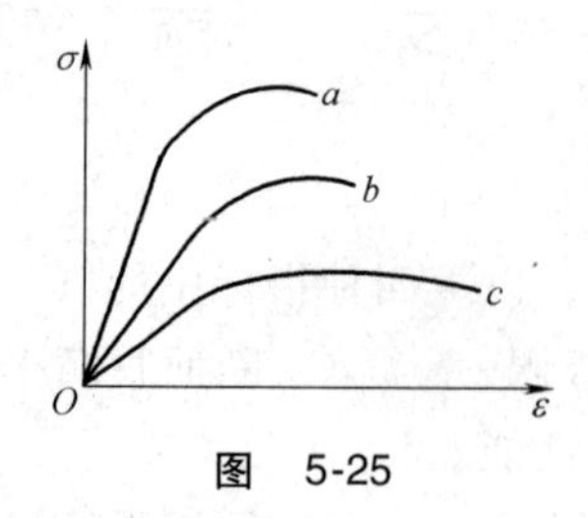

图 5-25

4. 钢杆在轴向拉力作用下，横截面上的正应力 σ 超过了材料的屈服极限，此时轴向线应变为 ε_1。现开始卸载，轴向拉力全部卸掉后，轴向残余应变为 ε_2。该钢材的弹性模量 $E=$__________。

三、计算、作图题

1. 绘出图 5-26 所示杆件的轴力图。已知 $q=10\text{kN/m}$。

2. 杆件的受力情况如图 5-27 所示，试绘出轴力图。

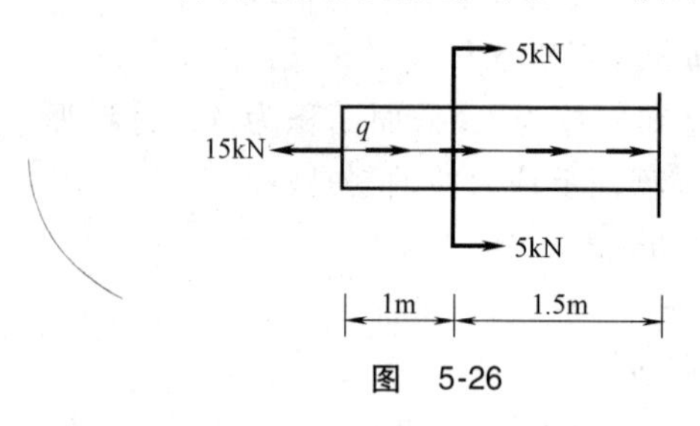

图 5-26

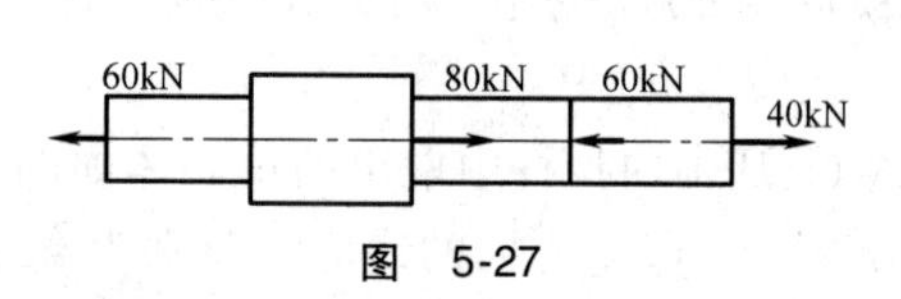

图 5-27

3. 如图 5-28 所示重度 $\gamma=24\ \text{kN/m}^3$ 的等截面矩形杆受轴向荷载和自重共同作用。材料的 $E=1.4\times10^4\text{MPa}$。求全杆的总伸长量。当材料的 $[\sigma]=0.5\text{MPa}$ 时，试校核杆的强度。

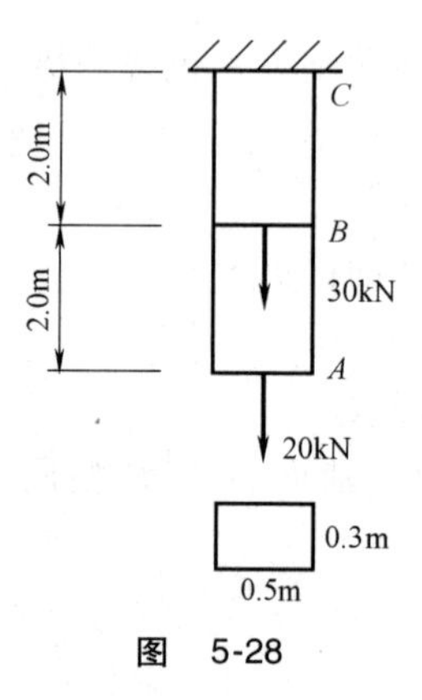

图 5-28

第 6 章　杆件的剪切与扭转

6.1　剪切的概念

6.1.1　剪切的实例和概念

剪切变形的主要受力特点是构件受到与其轴线相垂直的大小相等、方向相反、作用线相距很近的两个外力的作用，构件的变形主要是沿着外力作用线平行的受剪面发生相对错动，如图 6-1 所示。

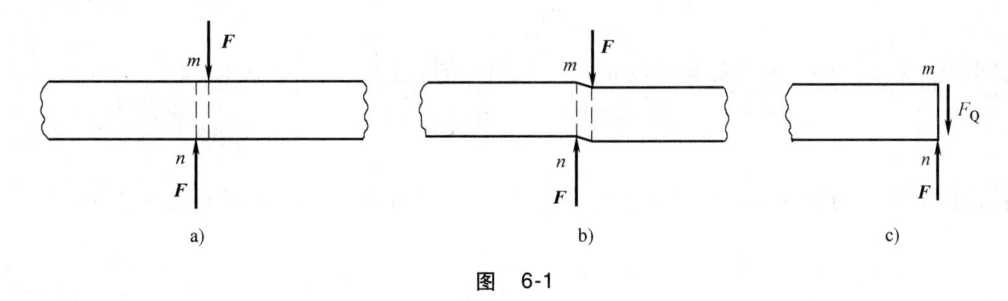

图　6-1

工程实际中的一些联接件，如螺栓、铆钉、键、销等都是受剪构件。

构件受剪面上的内力可用截面法求得。假想将构件沿受剪面 m—n 截开，保留左部分考虑其平衡，可知受剪面上必有与外力平行并与横截面相切的内力 F_Q 作用，如图 6-1c 所示，称 F_Q 为剪力。根据平衡条件 $\sum F_y=0$，可求得：$F_Q=F$。

构件在外力作用下，只有一个剪切面的情况称为**单剪切**，如图 6-1 所示。

图 6-2 所示是一种铆钉连接的工作情形。当荷载 F 增大到破坏荷载 F_b 时，铆钉将在 m—m 及 n—n 处被剪断。这种具有两个剪切面的情况，称为**双剪切**。

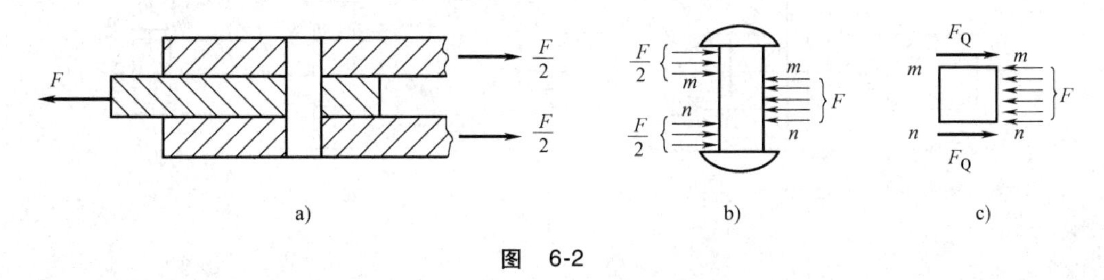

图　6-2

显然，在双剪切中，每个剪切面上的剪力为 $F_Q=\dfrac{F}{2}$。

6.1.2　挤压现象

联接件除了受剪切作用，在联接件与被联接件之间传递压力的接触面上还发生局部受压的现象，称为**挤压**，如图6-2b所示，销钉承受挤压作用，挤压力以F_{bs}表示，当挤压力超过一定限度时，联接件和被联接件在挤压面附近产生明显的塑性变形，称为挤压破坏。在有些情况下，构件在发生剪切破坏之前可能首先发生挤压破坏，所以在研究剪切问题的时候，一定要同时考虑是否发生挤压破坏。

6.2 剪切和挤压的实用计算

6.2.1 剪切的实用计算

当荷载F逐渐增大至破坏荷载F_b时，构件将在剪切面处被剪断。对于单剪切，破坏剪力$F_{Qb}=F_b$，对于双剪切，破坏剪力$F_{Qb}=\frac{F_b}{2}$。将破坏剪力除以剪切面面积A，构件的剪切极限应力为

$$\tau_b=\frac{F_{Qb}}{A}$$

将剪切极限应力τ_b除以安全系数n，即得到**许用剪应力**

$$[\tau]=\frac{\tau_b}{n}$$

若构件的工作荷载为P，剪切面上的剪力为F_Q，则可建立剪切计算的强度条件，即

$$\tau=\frac{F_Q}{A}\leqslant[\tau] \tag{6-1}$$

式中，τ为剪切面上的平均剪应力。由于剪应力在截面上不是平均分布的，故τ是**名义剪应力**。当荷载接近极限荷载时，这种计算方法与试验结果较吻合。

【例6-1】 电瓶车挂钩由插销联接，如图6-3a所示。插销材料为20钢，$[\tau]=30\text{MPa}$，直径$d=20\text{mm}$。挂钩及被联接的板件的厚度分别为$t=8\text{mm}$和$1.5t=12\text{mm}$。牵引力$F=15\text{kN}$。试校核插销的剪切强度。

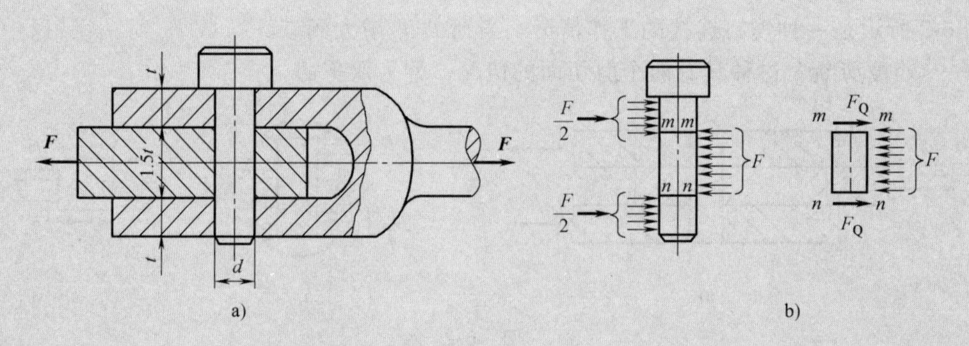

图 6-3

【解】 插销受力如图6-3b所示。根据受力情况，插销中段相对于上、下两段，沿m—m和n—n两个面向左错动，故为双剪切。由平衡方程容易求出

$$F_Q=\frac{F}{2}$$

插销横截面上的剪应力为

$$\tau=\frac{F_Q}{A}=\frac{15\times10^3}{2\times\frac{\pi}{4}\times(20\times10^{-3})^2}\text{MPa}=23.9\text{MPa}<[\tau]$$

故插销满足剪切强度要求。

6.2.2 挤压的实用计算

以销钉为例（图 6-4），销钉与被联接件的实际挤压面积为半个圆柱面，其上的挤压应力也不是平均分布的。销钉与被联接件的挤压应力分布情况在弹性范围内如图 6-4b 所示。

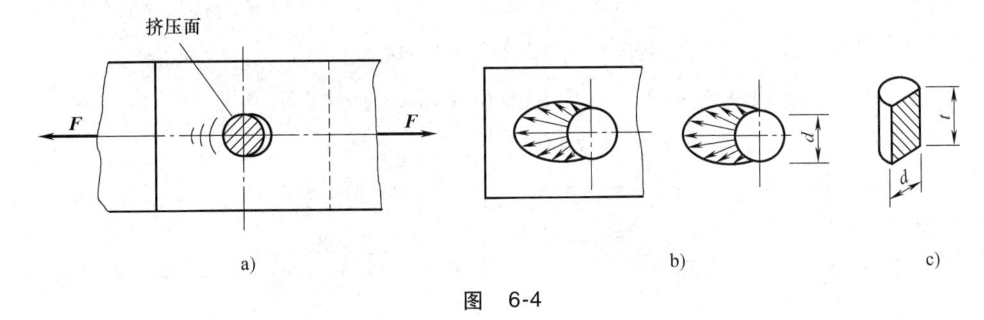

图 6-4

同上面解决剪切强度计算方法一样，按构件的**名义挤压应力**建立挤压强度条件

$$\sigma_{bs}=\frac{P_{bs}}{A_{bs}}\leqslant[\sigma_{bs}] \tag{6-2}$$

式中，A_{bs}为**计算挤压面积**，等于实际挤压面的面积在垂直于总挤压力作用线平面上的投影，如图 6-4 所示；σ_{bs}为挤压应力；$[\sigma_{bs}]$ 为**许用挤压应力**。

许用应力值通常可根据材料、联接方式和荷载情况等实际工作条件在有关设计规范中查得。一般地，许用剪应力 $[\tau]$ 要比同样材料的许用拉应力 $[\sigma]$ 要小，而许用挤压应力 $[\sigma_{bs}]$ 则比 $[\sigma]$ 要大。对于钢材，一般可取 $[\sigma_{bs}]=(1.7\sim2.0)[\sigma]$。

【例 6-2】 挖掘机减速器的一轴上装一齿轮，齿轮与轴通过平键联结，已知键所受的力为 $F=12.1\text{kN}$。平键的尺寸为：$b=28\text{mm}$，$h=16\text{mm}$，$l_2=70\text{mm}$，圆头半径 $R=14\text{mm}$，如图 6-5 所示。键的许用切应力 $[\tau]=87\text{MPa}$，轮毂的许用挤压应力取 $[\sigma_{bs}]=100\text{MPa}$，试校核键联结的强度。

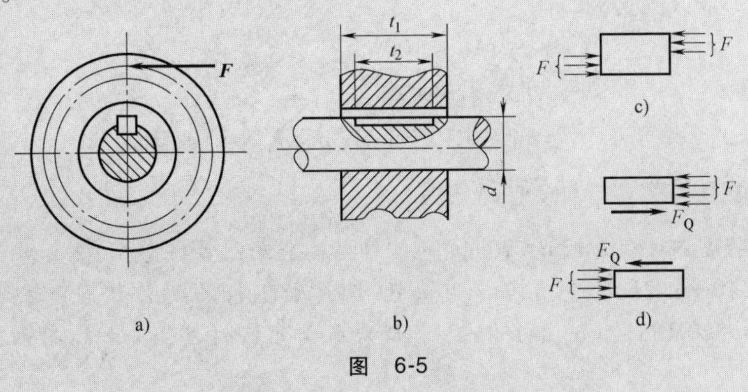

图 6-5

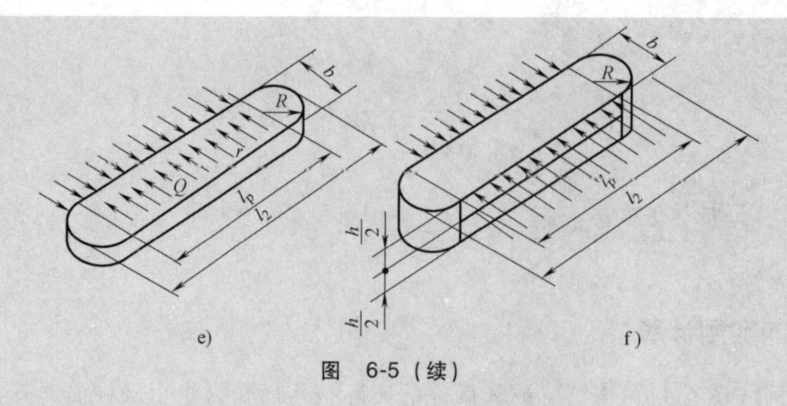

图 6-5（续）

【解】 (1) 校核剪切强度 键的受力情况如图 6-5c 所示，此时剪切面上的剪力（图 6-5d）为

$$F_Q = F = 12.1\text{kN} = 12100\text{N}$$

对于圆头平键，其圆头部分略去不计（图 6-5e），故剪切面面积为

$$\begin{aligned} A &= bl_p = b(l_2 - 2R) \\ &= 2.8 \times (7 - 2 \times 1.4)\text{cm}^2 \\ &= 11.76\text{cm}^2 = 11.76 \times 10^{-4}\text{m}^2 \end{aligned}$$

所以，平键的工作切应力为

$$\begin{aligned} \tau &= \frac{F_Q}{A} = \frac{12100}{11.76 \times 10^{-4}}\text{Pa} \\ &= 10.3 \times 10^6\text{Pa} = 10.3\text{MPa} < [\tau] = 87\text{MPa} \end{aligned}$$

满足剪切强度条件。

(2) 校核挤压强度 与轴和键比较，通常轮毂抵抗挤压的能力较弱。轮毂挤压面上的挤压力为

$$F = 12100\text{N}$$

挤压面的面积与键的挤压面相同，设键与轮毂的接触高度为$\frac{h}{2}$，则挤压面面积（图 6-5f）为

$$\begin{aligned} A_{bs} &= \frac{h}{2} \cdot l_p = \frac{1.6}{2} \times (7.0 - 2 \times 1.4)\text{cm}^2 \\ &= 3.36\text{cm}^2 = 3.36 \times 10^{-4}\text{m}^2 \end{aligned}$$

故轮毂的工作挤压应力为

$$\begin{aligned} \sigma_{bs} &= \frac{F}{A_{bs}} = \frac{12100}{3.36 \times 10^{-4}}\text{Pa} \\ &= 36 \times 10^6\text{Pa} = 36\text{MPa} < [\sigma_{bs}] = 100\text{MPa} \end{aligned}$$

也满足挤压强度条件。所以，此键安全。

【例 6-3】 两块钢板用直径 $d = 20\text{mm}$ 的铆钉搭接，如图 6-6a 所示。已知 $F = 160\text{kN}$，板的厚度相同，$t = 10\text{mm}$，板的宽度 $b = 120\text{mm}$，铆钉和钢板的材料相同，许用应力 $[\tau] = 140\text{MPa}$，$[\sigma_{bs}] = 320\text{MPa}$，$[\sigma] = 160\text{MPa}$。试求所需的铆钉数，并加以排列，然后检查板的拉伸强度。

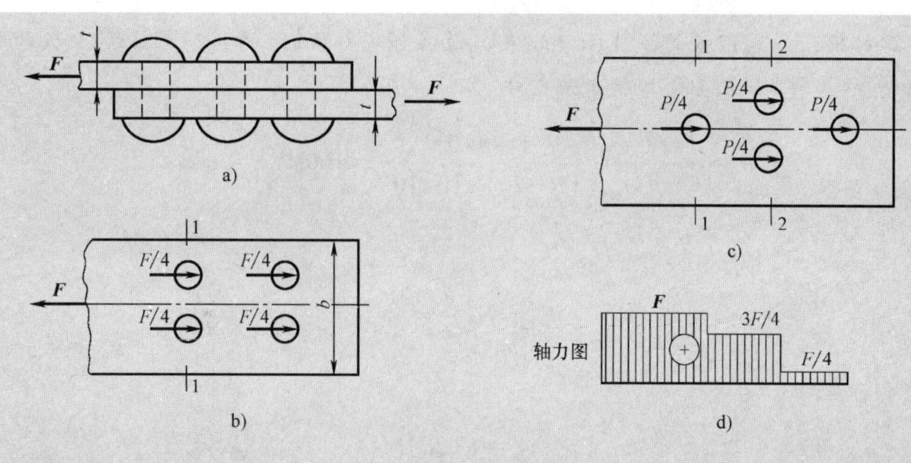

图　6-6

【解】　设所需的铆钉数为 n，铆钉受单剪切作用。假设铆钉所受的剪力沿剪切面平均分布，由于铆钉横截面面积相同，则每个铆钉所受的剪力为

$$F_Q=\frac{F}{n}$$

按剪切强度条件

$$\tau=\frac{F_Q}{A}=\frac{4F}{n\pi d^2}\leqslant[\tau]$$

得

$$n\geqslant\frac{4F}{\pi d^2[\tau]}=\frac{4\times160\times10^3}{\pi\times20^2\times140}=3.64$$

每个销钉所受的挤压力为

$$F_{bs}=\frac{F}{n}$$

挤压面积为

$$A_{bs}=td$$

按挤压强度条件

$$\sigma_{bs}=\frac{F_{bs}}{A_{bs}}=\frac{F}{ntd}\leqslant[\sigma_{bs}]$$

得

$$n\geqslant\frac{F}{td[\sigma_{bs}]}=\frac{160\times10^3}{10\times20\times320}=2.5$$

故应按剪切强度选取铆钉数目，取 $n=4$。

如将铆钉按图 6-6b 排列，上板 1—1 截面上的轴力为 F，截面面积为

$$A_1=(b-2d)t$$

该截面为危险截面，其上拉力为

$$\sigma_1=\frac{F}{A_1}=\frac{F}{(b-2d)t}=\frac{160\times10^3}{(120-2\times20)\times10\times10^{-6}}\text{Pa}=200\text{MPa}>[\sigma]$$

因此这种排列方式钢板的拉伸强度不足，改按图 6-6c 所示的排列方式，上板的轴力图如图 6-6d 所示，则 1—1 截面上的拉应力为

$$\sigma_1=\frac{F}{(b-d)t}=\frac{160\times10^3}{(120-20)\times10\times10^{-6}}=160\text{MPa}=[\sigma]$$

在 2—2 截面处，轴力为

$$F_{N2}=F-\frac{F}{4}=\frac{3F}{4}$$

板的截面面积为

$$A_2=(b-2d)t$$

拉应力为

$$\sigma_2=\frac{F_{N2}}{A_2}=\frac{3F}{4(b-2d)t}=\frac{3\times160\times10^3}{4\times(120-2\times20)\times10\times10^{-6}}\text{Pa}=150\text{MPa}<[\sigma]$$

所以满足板的拉伸强度要求，按图 6-6c 所示的铆钉排列方式是可以的。

6.3 扭转的概念

工程上的轴是承受扭转变形的典型构件，如图 6-7 所示的攻螺纹丝锥，图 6-8 所示的桥式起重机的传动轴以及齿轮轴等。其受力情况特点和变形特点如下：

1）受力特点：在杆件两端垂直于杆轴线的平面内作用一对大小相等，方向相反的外力偶——扭转力偶。

2）变形特点：横截面绕轴线发生相对转动的变形。

这种变形称为扭转变形。若杆件横截面上只存在扭转变形，则这种受力形式又称为纯扭转。工程实际中，还有一些构件，如车床主轴，水轮机主轴等，除扭转变形外还有弯曲变形，属于组合变形。

本章主要研究圆截面等直杆的扭转，这是工程中最常见的情况，对非圆截面杆的扭转只作简单介绍。

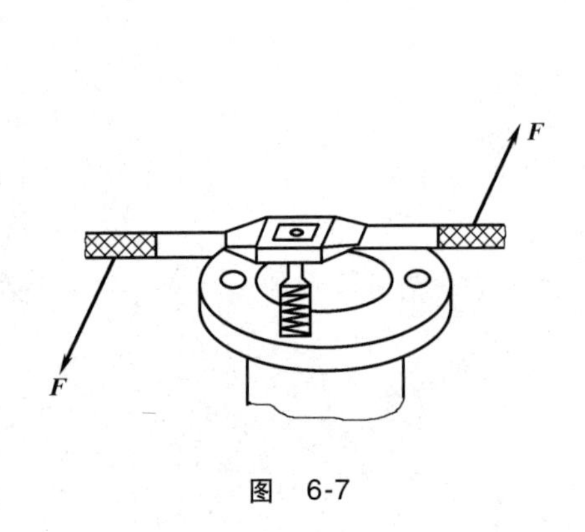

图 6-7

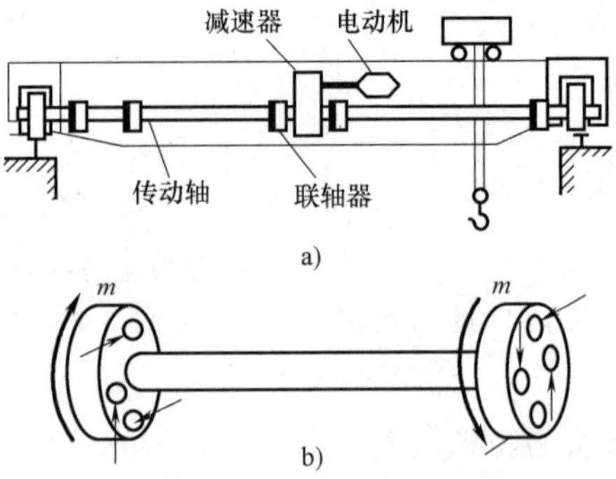

图 6-8

6.4　外力偶矩与扭矩的计算

6.4.1　外力偶矩

如图6-9所示的传动机构，通常外力偶矩 m 不是直接给出的，而是通过轴所传递的功率 p 和转速 n 由下列关系计算得到的。

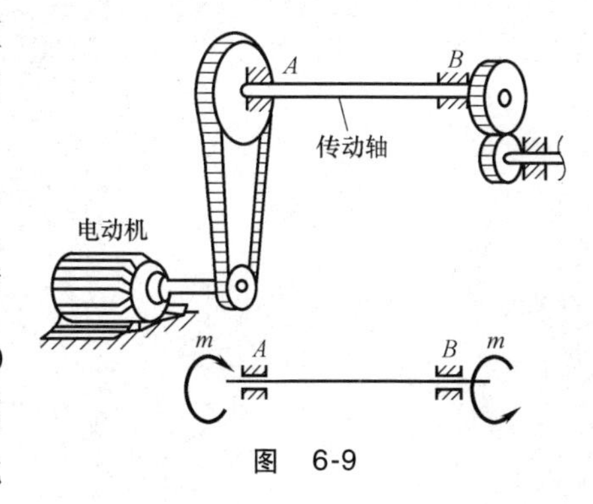

图　6-9

如轴在 m 作用下匀速转动 ϕ 角，则力偶做功为 $W=m\phi$，由功率定义 $P=\dfrac{\mathrm{d}W}{\mathrm{d}t}=m\cdot\dfrac{\mathrm{d}\phi}{\mathrm{d}t}=m\omega$。角速度 ω 与转速 n（单位为转/分，即 r/min）的关系为 $\omega=2\pi n/60$（单位为弧度/秒，rad/s）。由于 1kW=1000N·m/s，则单位为 kW 的功率 P 相当于每秒钟做功 $W=1000\times P$，此时单位为 N·m；而外力偶在1秒钟内所做的功为

$$W=m\cdot\omega=2\pi n\cdot m/60\qquad(\mathrm{N\cdot m})$$

由于两者做的功应该相等，则有

$$P\times1000=2\pi n\cdot m/60$$

$$m=9550\frac{P}{n}\qquad(\mathrm{N\cdot m})\tag{6-3a}$$

式中，P 为传递功率（kW）；n 为转速（r/min）。

如果传递功率单位是马力（PS），由于 1PS=735.5N·m/s，则有

$$m=7024\frac{P}{n}(\mathrm{N\cdot m})\tag{6-3b}$$

式中，P 为传递功率（PS）；n 为转速（r/min）。

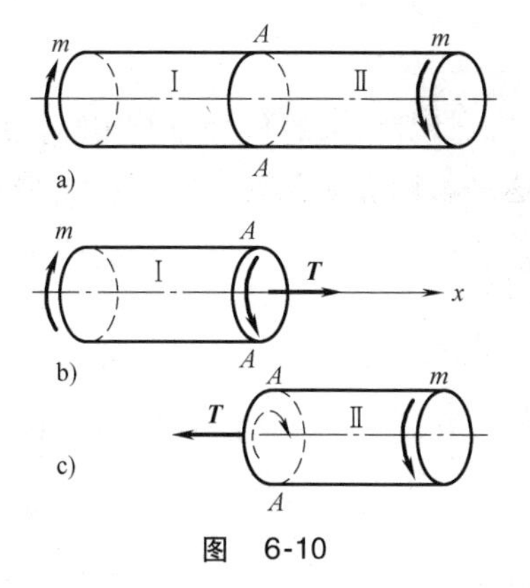

图　6-10

6.4.2　扭矩

求出外力偶矩 m 后，可进而用截面法求扭转内力——扭矩。如图6-10所示圆轴，由 $\sum m_x=0$，从而可得 A—A 截面上扭矩 T 为

$$T-m=0\qquad T=m$$

T 称为截面 A—A 上的扭矩。扭矩的正负号规定为：按右手螺旋法则，T 矢量离开截面为正，指向截面为负；或矢量与横截面外法线方向一致为正，反之为负。

【例6-4】 传动轴如图6-11a所示，主动轮 A 输入功率 $P_A=50\mathrm{PS}$，从动轮 B、C、D 输出功率分别为 $P_B=P_C=15\mathrm{PS}$，$P_D=20\mathrm{PS}$，轴的转速为 $n=300\mathrm{r/min}$。试画出轴的扭矩图。

【解】 按外力偶矩公式计算出各轮上的外力偶矩

$$m_A=7024\frac{P_A}{n}=1170\mathrm{N\cdot m}$$

$$m_B=m_C=7024\frac{P_B}{n}=351\mathrm{N\cdot m}$$

$$m_D = 7024\frac{P_D}{n} = 468\text{N}\cdot\text{m}$$

从受力情况看出，轴在 BC、CA、AD 三段内，各截面上的扭矩是不相等的。现在用截面法，根据平衡方程计算各段内的扭矩。

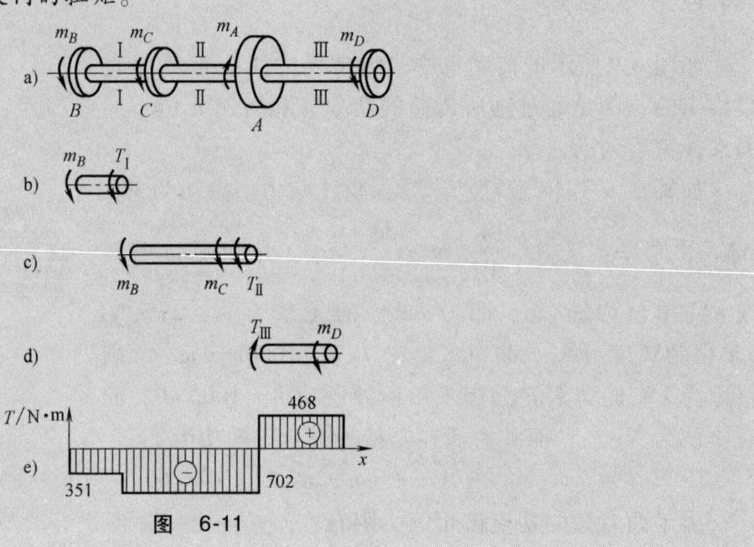

图 6-11

在 BC 段内，以 $T_Ⅰ$ 表示截面Ⅰ—Ⅰ上的扭矩，并任意地把 $T_Ⅰ$ 的方向假设为图 6-11b 所示的方向。由平衡方程 $\sum m_x = 0$，有

$$T_Ⅰ + m_B = 0$$

得

$$T_Ⅰ = -m_B = -351\text{N}\cdot\text{m}$$

计算结果的负号说明实际扭矩转向与所设相反。在 BC 段内各截面上的扭矩不变，所以在这一段内扭矩图为一水平线（图 6-11e）。同理，在 CA 段内，由图 6-11c，得

$$T_Ⅱ + m_C + m_B = 0$$

$$T_Ⅱ = m_C - m_B = -702\text{N}\cdot\text{m}$$

在 AD 段内（图 6-11d），有

$$T_Ⅲ - m_D = 0$$

$$T_Ⅲ = m_D = 468\text{N}\cdot\text{m}$$

与轴力图相类似，最后画出扭矩图，如图 6-11e 所示，其中最大扭矩发生于 CA 段内，且 $T_{max} = 702\text{N}\cdot\text{m}$。

对上述传动轴，若把主动轮 A 安置于轴的一端（现为右端），则轴的扭矩图如图 6-12 所示。这时，轴的最大扭矩 $T_{max} = 1170\text{N}\cdot\text{m}$。显然单从受力角度，图 6-11 所示轮子布局比图 6-12 合理。

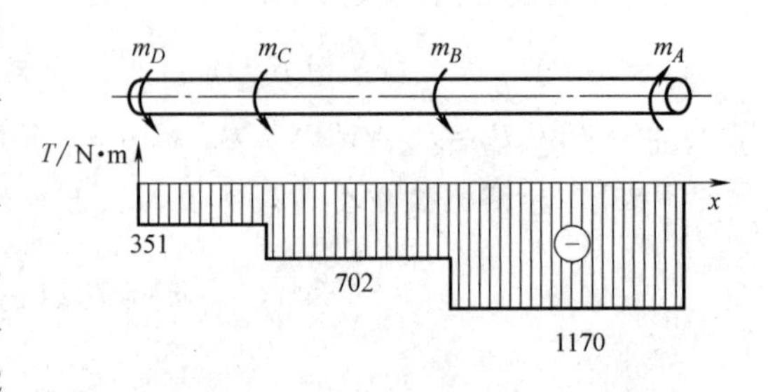

图 6-12

6.5　圆轴扭转时横截面上的应力和强度计算

6.5.1　薄壁圆筒的扭转

当空心圆筒的壁厚 t 与平均直径 D（即 $2r$）之比 $t/D \leqslant 1/20$ 时，此筒称为薄壁圆筒。

1. 剪应变与剪应力互等定理

若在薄壁圆筒的外表面画上一系列互相平行的纵向直线和横向圆周线，将其分成一个个小方格，其中代表性的一个小方格如图 6-13a 所示。这时使筒在外力偶 m 作用下扭转，扭转后相邻圆周线绕轴线相对转过一微小转角。纵线均倾斜一微小倾角 γ 从而使方格变成菱形（图 6-13b），但圆筒沿轴线及周线的长度都没有变化。这表明，当薄壁圆筒扭转时，其横截面和包含轴线的纵向截面上都没有**正应力**，横截面上只有切于截面的**剪应力** τ，因为筒壁的厚度 t 很小，可以认为沿筒壁厚度剪应力不变，又根据圆截面的轴对称性，横截面上的剪应力 τ 沿圆环处处相等。根据图 6-13c 所示部分的平衡方程 $\sum m_x = 0$，有

$$m = 2\pi r t \tau r$$

$$\tau = \frac{m}{2\pi r^2 t} \tag{6-4}$$

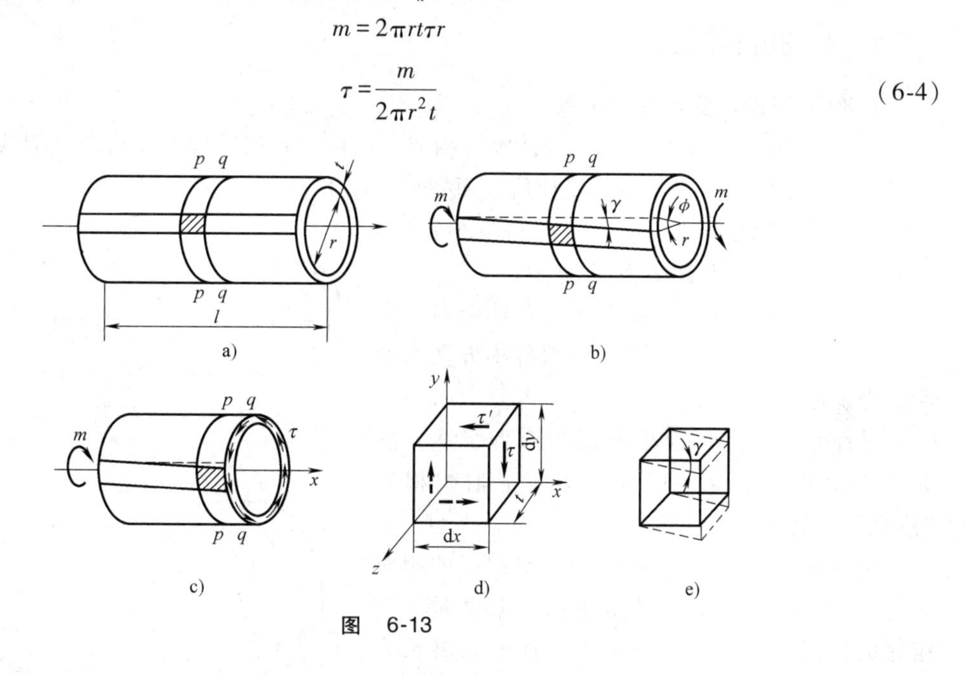

图　6-13

图 6-13d 所示的是从薄壁圆筒上取出的相应于图 6-13a 上小方块的单元体，它的厚度为壁厚 t，宽度和高度分别为 $\mathrm{d}x$、$\mathrm{d}y$。当薄壁圆筒受扭时，此单元体的左、右侧面分别相应于 p—p、q—q 圆周面的一部分，左、右侧面上有剪应力 τ，因此在这两个侧面上有剪力 $\tau t \mathrm{d}y$，而且这两个侧面上剪力大小相等而方向相反，形成一个力偶，其力偶矩为（$\tau t \mathrm{d}y$）$\mathrm{d}x$。为了平衡这一力偶，上、下水平面上也必须有一对剪应力 τ' 作用（据 $\sum F_y = 0$，也应大小相等，方向相反）。对整个单元体，必须满足 $\sum m_z = 0$，即

$$(\tau t \mathrm{d}y)\mathrm{d}x = (\tau' t \mathrm{d}x)\mathrm{d}y$$

所以

$$\tau = \tau' \tag{6-5}$$

式（6-5）表明，在一对相互垂直的微面上，垂直于交线的剪应力应大小相等，方向共同指向或背离交线。这就是剪应力互等定理。图 6-13d 所示单元体称纯剪切单元体。

2. 剪应变与剪切胡克定律

与图 6-13b 中小方格（平行四边形）相对应，图 6-13e 中单元体的相对两侧面发生微小的相对错动，使原来互相垂直的两个棱边的夹角改变了一个微量 γ，此直角的改变量称为剪应变或角应变。如图 6-13b 所示，若 ϕ 为圆筒两端的相对扭转角，l 为圆筒的长度，则剪应变 γ 为

$$\gamma=\frac{r\phi}{l} \tag{6-6}$$

薄圆筒扭转试验表明（图 6-14），在弹性范围内，剪应变 γ 与剪应力 τ 成正比，即

$$\tau=G\gamma \tag{6-7}$$

式（6-7）为剪切胡克定律。G 为材料剪切弹性模量（也称切变模量），单位为 GPa。

对各向同性材料，弹性常数 E、ν、G 三者的关系为

$$G=\frac{E}{2(1+\nu)} \tag{6-8}$$

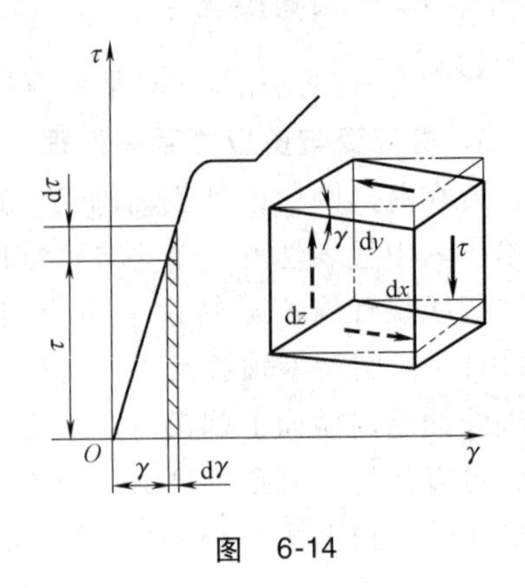

图 6-14

6.5.2 圆轴扭转时的应力

1. 平面假设及变形几何关系

如图 6-15a 所示受扭圆轴，与薄圆筒相似，如用一系列平行的纵线与圆周线将圆轴表面分成一个个小方格，可以观察到受扭后表面变形有以下规律：

1）各圆周线绕轴线相对转动一微小转角，但大小、形状及相互间距不变。

2）由于是小变形，各纵线平行地倾斜一个微小角度 γ，认为仍为直线；因而各小方格变形后成为菱形。

平面假设：变形前横截面为圆形平面，变形后仍为圆形平面，只是各截面绕轴线相对"刚性"地转了一个角度。

在图 6-15a 中，ϕ 表示圆轴两端截面的相对转角，称为扭转角。扭转角用弧度来度量。用相邻的横截面 p—p 和 q—q 从长轴中取出长为 dx 的微段，并放大如图 6-15b 所示。若截面 p—p 对截面 q—q 的相对扭转角为 $d\phi$，则根据平截面假设，横截面 q—q 像刚性平面一样，相对于截面 p—p 绕轴线旋转了一个角度 $d\phi$，半径 Oa 转到了 Oa'。于是表面方格 $abcd$ 的 cd 边产生了微小的错动，错动的距离是

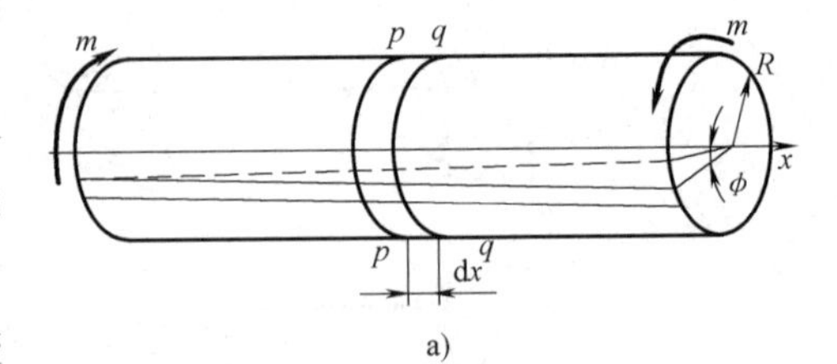

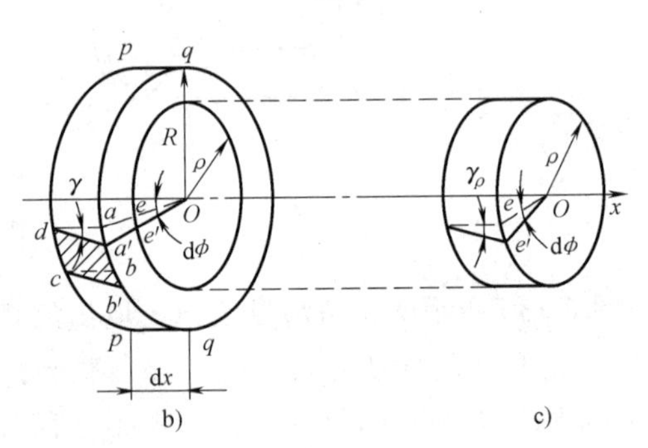

图 6-15

$$aa'=Rd\phi$$

因而引起原为直角的$\angle adc$ 发生角度改变，改变量为

$$\gamma=\frac{aa'}{ad}=R\frac{d\phi}{dx} \tag{a}$$

这就是圆截面边缘上 a 点的切应变。显然，γ 发生在垂直于半径 Oa 的平面内。根据"变

形后横截面仍为平面，半径仍为直线”的假设，用相同的方法，并参考图 6-15c，可以求得距圆心为 ρ 处的切应变为

$$\gamma_\rho=\rho\frac{\mathrm{d}\phi}{\mathrm{d}x} \tag{b}$$

2. 物理关系

由剪切胡克定理和式（a）得

$$\tau_\rho=\gamma_\rho G=G\rho\frac{\mathrm{d}\phi}{\mathrm{d}x} \tag{c}$$

这表明横截面上任意点的**剪应力** τ_ρ 与该点到圆心的距离 ρ 成正比，即

$$\tau_\rho\propto\rho$$

当 $\rho=0$ 时，$\tau_\rho=0$；当 $\rho=R$ 时，τ_ρ 取最大值。由**剪应力互等定理**，则在径向截面和横截面上，剪应力沿半径的分布如图 6-16 所示。

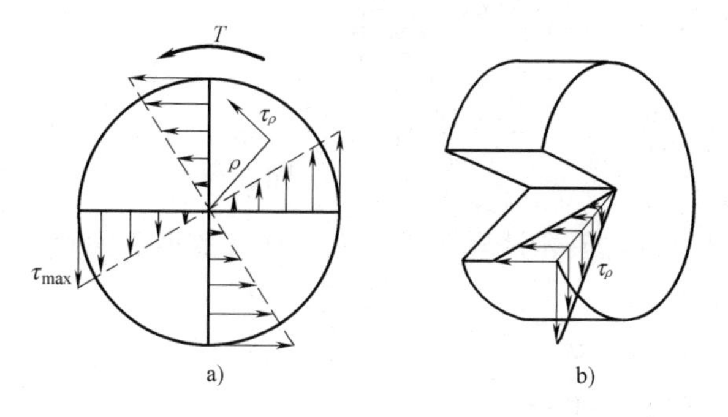

图　6-16

3. 静力平衡关系

在图 6-17 所示平衡对象的横截面内，有 $\mathrm{d}A=2\pi\rho\cdot\mathrm{d}\rho$，扭矩 $T=\int_A\rho\tau_\rho\mathrm{d}A$，由力偶矩平衡条件 $\sum m_O=0$，得

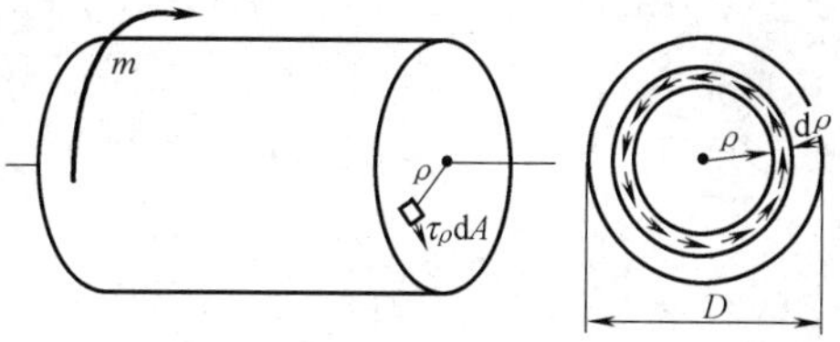

$$T=m=\int_A\rho\tau_\rho\mathrm{d}A=\int_A\rho^2G\frac{\mathrm{d}\phi}{\mathrm{d}x}\mathrm{d}A=G\frac{\mathrm{d}\phi}{\mathrm{d}x}\int_A\rho^2\mathrm{d}A$$

图　6-17

$$令\ I_p=\int_A\rho^2\mathrm{d}A \tag{6-9}$$

此处 $\mathrm{d}\phi/\mathrm{d}x$ 为单位长度上的相对扭角，对同一横截面，它应为不变量。I_p 为极惯性矩，属于几何性质的量，只与圆截面的尺寸有关，单位为 m^4 或 mm^4。

则

$$T=G\frac{\mathrm{d}\phi}{\mathrm{d}x}I_\mathrm{p}\quad 或\quad \frac{\mathrm{d}\phi}{\mathrm{d}x}=\frac{T}{GI_\mathrm{p}} \tag{6-10}$$

将式（6-10）代回式（c），得

$$\tau_\rho=\frac{T}{I_\mathrm{p}}\rho \tag{6-11}$$

则在圆截面边缘上，ρ 为最大值 R 时，得最大剪应力为

$$\tau_{max}=\frac{TR}{I_p}=\frac{T}{W_t} \tag{6-12}$$

此处

$$W_t=\frac{I_p}{R} \tag{6-13}$$

W_t 称为抗扭截面系数，单位为 m^3 或 mm^3。

6.5.3 强度条件

根据轴的扭矩图，求出最大扭矩 T_{max}，按式（6-12）算出最大剪应力 τ_{max}，并限制 τ_{max} 不能超过许用应力［τ］，由此得圆轴扭转强度条件为

$$\tau_{max}=\frac{T_{max}}{W_t}\leqslant[\tau] \tag{6-14}$$

须注意，此处许用剪应力［τ］不同于剪切件计算中的剪切许用应力，它由扭转的危险剪应力 τ_0 除以安全系数 n 得到，与拉伸时相类似：

$$[\tau]=\frac{\tau_0}{n}=\begin{cases}\tau_s/n_s & \text{塑性材料}\\ \tau_b/n_b & \text{脆性材料}\end{cases}$$

τ_s、τ_b 由相应材料的扭转破坏试验获得，大量试验数据表明，它与相同材料的拉伸强度指标有如下统计关系：

塑性材料：$\tau_s=(0.5\sim0.6)\sigma_s$。

脆性材料：$\tau_b=(0.8\sim1.0)\sigma_b$。

【例 6-5】 *AB* 轴传递的功率为 $P=7.5\text{kW}$，转速 $n=360\text{r/min}$。如图 6-18 所示，轴 *AC* 段为实心圆截面，*CB* 段为空心圆截面。已知 $D=3\text{cm}$，$d=2\text{cm}$。试计算 *AC* 段以及 *CB* 段的最大与最小剪应力。

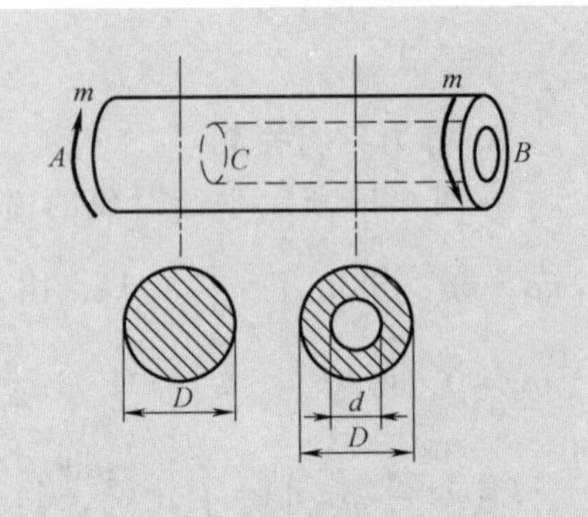

图 6-18

【解】（1）计算扭矩轴所受的外力偶矩

$$m=9550\frac{P}{n}=9550\times\frac{7.5}{360}=199\text{N}\cdot\text{m}$$

由截面法

$$T=m=199\text{N}\cdot\text{m}$$

（2）计算极惯性矩 *AC* 段和 *CB* 段轴横截面的极惯性矩分别为

$$I_{p1}=\frac{\pi D^4}{32}=7.95\text{cm}^4$$

$$I_{p2}=\frac{\pi}{32}(D^4-d^4)=6.38\text{cm}^4$$

（3）计算应力 *AC* 段轴在横截面边缘处的剪应力为

$$\tau_{AC\max}=\tau_{AC外}=\frac{T}{I_{p1}}\cdot\frac{D}{2}=37.5\times10^6\text{Pa}=37.5\text{MPa}$$

$$\tau_{AC\min}=0$$

CB 段轴横截面内、外边缘处的剪应力分别为

$$\tau_{CB\max}=\tau_{CB外}=\frac{T}{I_{p2}}\cdot\frac{D}{2}=46.8\times10^6\text{Pa}=46.8\text{MPa}$$

$$\tau_{CB\min}=\tau_{CB内}=\frac{T}{I_{p2}}\cdot\frac{d}{2}=31.2\times10^6\text{Pa}=31.2\text{MPa}$$

6.6　圆轴扭转时的变形和刚度计算

扭转角是指受扭构件上两个横截面绕轴线的相对转角。对于圆轴，由式（6-10）得

$$\mathrm{d}\varphi=\frac{T\mathrm{d}x}{GI_p}$$

所以

$$\varphi=\int_l \mathrm{d}\varphi=\int_0^l \frac{T}{GI_p}\mathrm{d}x \qquad (\text{rad}) \tag{6-15a}$$

当同一种材料制成的等截面圆轴两个横截面间扭矩 T 为常量时，上式可写为

$$\varphi=\frac{Tl}{GI_p} \qquad (\text{rad}) \tag{6-15b}$$

式中，GI_p 称为圆轴的抗扭刚度，它为剪切模量与极惯性矩乘积。GI_p 越大，则扭转角 ϕ 越小。

让 $\varphi=\frac{\mathrm{d}\phi}{\mathrm{d}x}$作为单位长度相对扭角，则有

$$\varphi=\frac{T}{GI_p} \qquad (\text{rad/m})$$

扭转的刚度条件：

$$\varphi_{\max}=\frac{T}{GI_p}\leqslant[\varphi] \qquad (\text{rad/m}) \tag{6-16}$$

$$\text{或}\ \varphi_{\max}=\frac{T}{GI_p}\times\frac{180°}{\pi}\leqslant[\varphi] \qquad (°/\text{m}) \tag{6-17}$$

式中，$[\varphi]$ 为许用的单位长度扭转角，数据可查有关手册。

【例 6-6】 某传动轴计算简图如图 6-19a 所示，已知圆轴的直径 $d=40\text{mm}$；剪切弹性模量 $G=80\text{GPa}$，许用单位长度扭转角 $[\varphi]=1°/\text{m}$，许用剪应力 $[\tau]=80\text{MPa}$。①试画出该轴的扭矩图；②试校核该轴的强度和刚度。

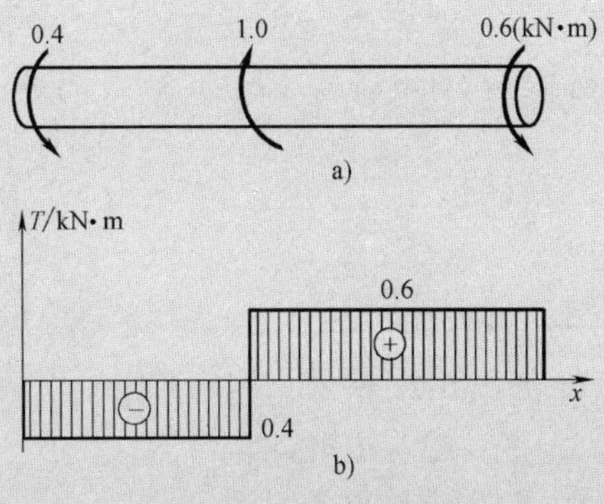

图　6-19

【解】 1）作扭矩图如图 6-19b 所示，最大扭矩为

$$T_{\max}=0.6\text{kN}\cdot\text{m}$$

2）按式（6-14）校核强度，则有

$$\tau=\frac{T_{\max}}{W_\rho}=\frac{16T_{\max}}{\pi d^3}=47.8\text{MPa}<[\tau]$$

强度满足要求。

3）按式（6-17）校核刚度，则有

$$\varphi_{\max}=\frac{T_{\max}}{GI_{\rho}}\times\frac{180°}{\pi}=1.71°/\text{m}>[\varphi]$$

刚度不满足要求。

【例 6-7】 如图 6-20 所示的传动轴，$n=500\text{r/min}$，$P_1=500\text{PS}$，$P_2=200\text{PS}$，$P_3=300\text{PS}$，已知 $[\tau]=70\text{MPa}$，$[\varphi]=1°/\text{m}$，$G=80\text{GPa}$。试确定传动轴直径。

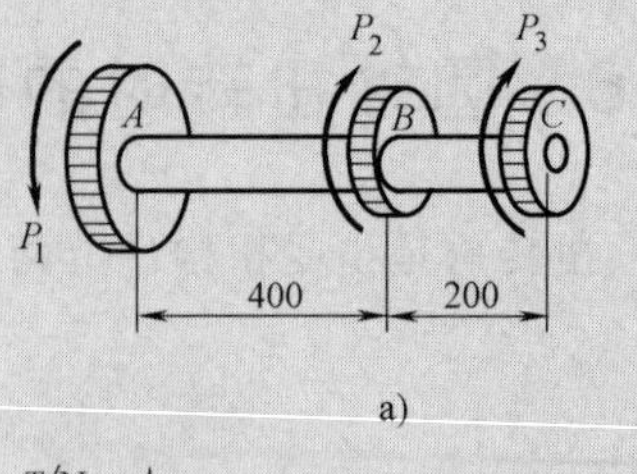

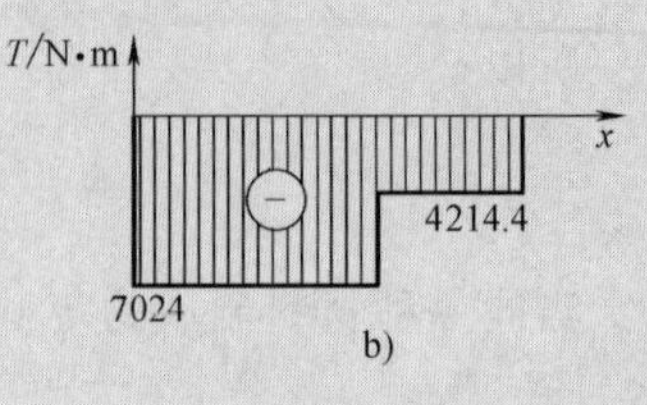

图 6-20

【解】（1）计算外力偶矩

$$m_A=7024\frac{P_1}{n}=7024\text{N}\cdot\text{m}$$

$$m_B=7024\frac{P_2}{n}=2809.6\text{N}\cdot\text{m}$$

$$m_C=7024\frac{P_3}{n}=4214.4\text{N}\cdot\text{m}$$

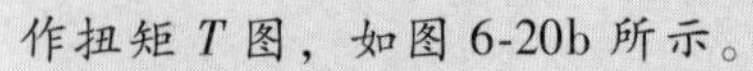

作扭矩 T 图，如图 6-20b 所示。

（2）计算直径 d

由强度条件 $$\tau_{\max}=\frac{T}{W_t}=\frac{16T}{\pi d_1^3}\leqslant[\tau]$$

得 $$d_1\geqslant\sqrt[3]{\frac{16T}{\pi[\tau]}}=\sqrt[3]{\frac{16\times7024}{\pi\times70\times10^6}}\text{m}\approx80\text{mm}$$

由刚度条件

$$\varphi=\frac{T}{G\frac{\pi d_1^4}{32}}\times\frac{180°}{\pi}\leqslant[\varphi]$$

得 $$d_1\geqslant\sqrt[4]{\frac{32T\times180}{G\pi^2[\varphi]}}=\sqrt[4]{\frac{32\times7024\times180}{80\times10^9\times\pi^2\times1}}\text{m}=84.6\text{mm}$$

取 $d_1=84.6\text{mm}$

习　　题

一、选择题

1. 如图 6-21 所示，等截面圆轴上装有四个带轮，合理的安排方式为（　　）。

A. 将 C 轮与 D 轮对调

B. 将 B 轮与 D 轮对调

C. 将 B 轮与 C 轮对调

D. 将 B 轮与 D 轮对调，然后再将 B 轮与 D 轮对调

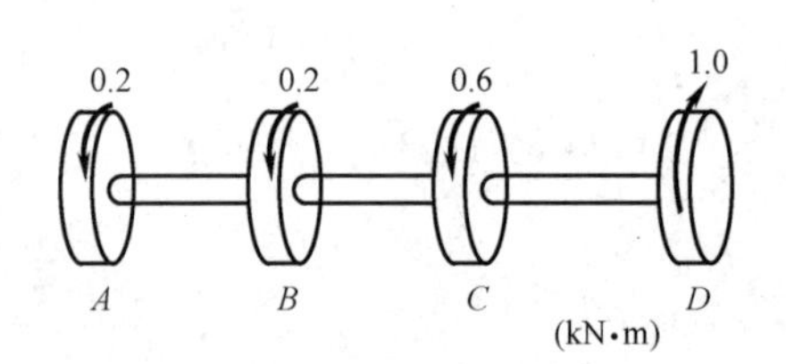

图 6-21

2. 如图 6-22a、b 所示，两圆轴材料相同，外表面上与轴线平行的直线 AB 在轴变形后移到 AB' 位置，已

知 $\alpha_a=\alpha_b$，则图 6-22a、b 所示两轴横截面上的最大剪应力为（　　）。

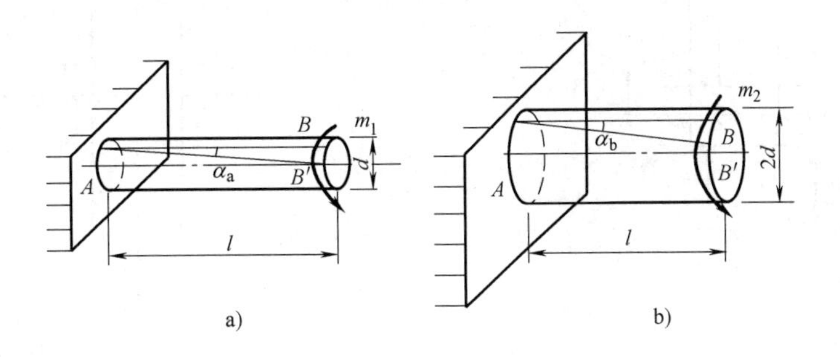

a)　　b)

图　6-22

A. $\tau_a>\tau_b$　　B. $\tau_a<\tau_b$　　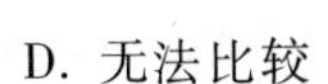
C. $\tau_a=\tau_b$　　D. 无法比较

3. 长为 l、半径为 r、抗扭刚度为 GI_p 的圆轴如图 6-23所示。受扭转时，表面的纵向线倾斜 γ 角，在小变形情况下，此轴横截面上的扭矩 T 及两端截面的扭转角 ϕ 为（　　）。

A. $T=GI_p\gamma/r$，$\phi=lr/\gamma$

B. $T=l\gamma/(GI_p)$，$\phi=l\gamma/r$

C. $T=GI_p\gamma/r$，$\phi=l\gamma/r$

D. $T=GI_pr/\gamma$，$\phi=r\gamma/l$

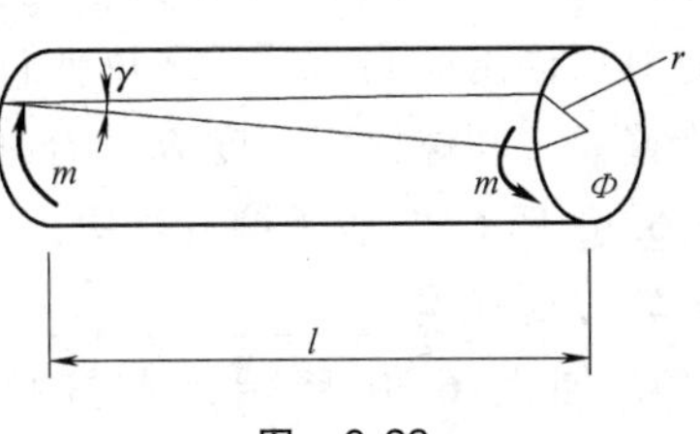

图　6-23

4. 空心圆轴受集度为 m_q 的均布扭转力偶矩作用，如图 6-24 所示。则该轴的刚度条件为（　　）。

A. $m_q/(GI_p)\leqslant[\varphi]$

B. $m_ql/(GI_p)\leqslant[\varphi]$

C. $m_ql/(2GI_p)\leqslant[\varphi]$

D. $2m_ql/(GI_p)\leqslant[\varphi]$

图　6-24

二、填空题

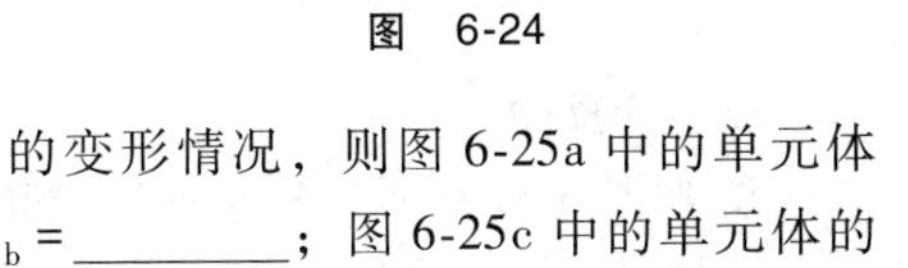
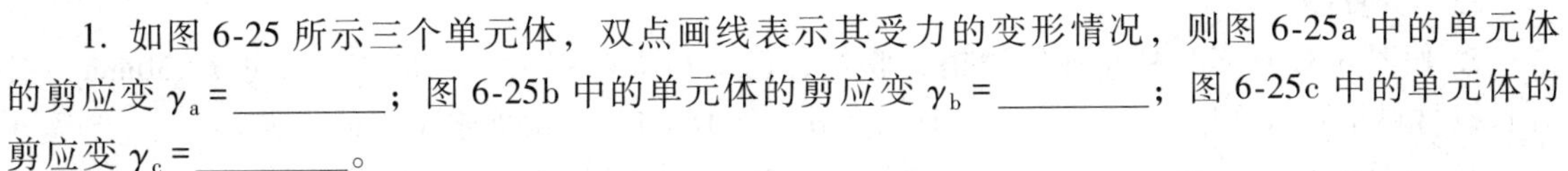
1. 如图 6-25 所示三个单元体，双点画线表示其受力的变形情况，则图 6-25a 中的单元体的剪应变 γ_a=________；图 6-25b 中的单元体的剪应变 γ_b=________；图 6-25c 中的单元体的剪应变 γ_c=________。

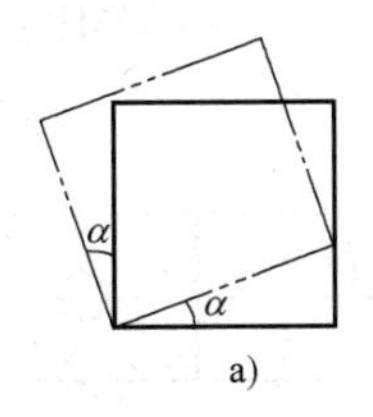

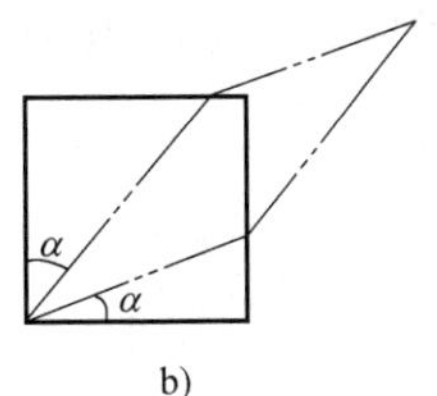

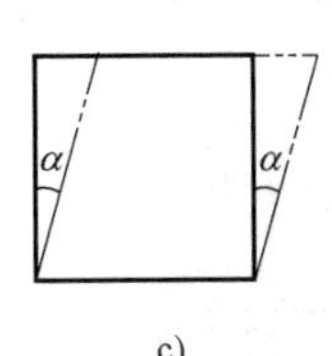

a)　　b)　　c)

图　6-25

2. 拉伸试件的夹头如图 6-26 所示，试件端部的挤压面面积等于________，受剪面面积等于________。

3. 销钉接头如图 6-27 所示。销钉的剪切面面积为________，挤压面面积为________。

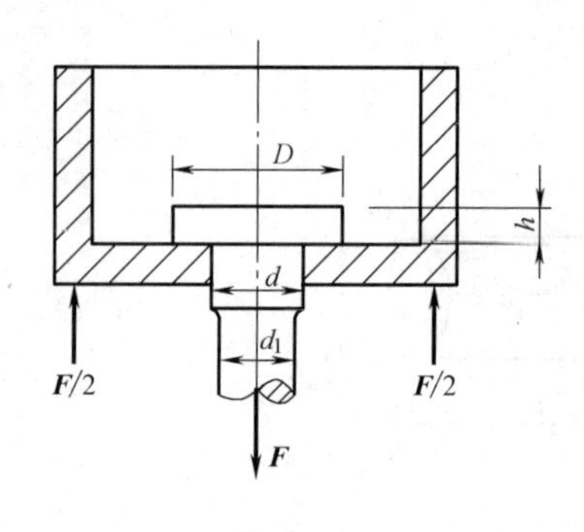

图　6-26

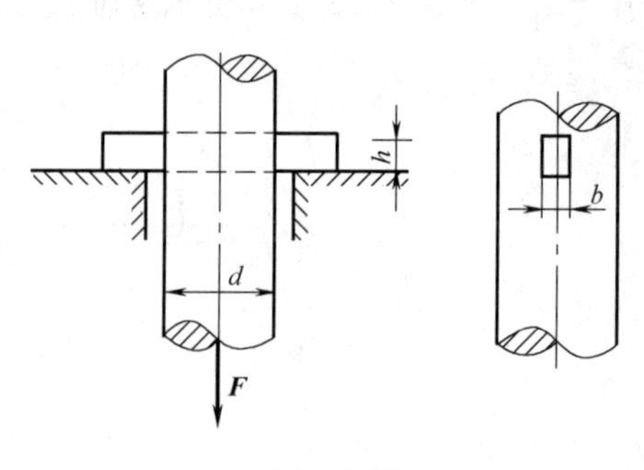

图　6-27

4. 挤压应力 σ_{bs} 与压应力 σ_c 比较，其相同之处是________，不同之处是________。

5. 图 6-28 所示为在拉力 F 的作用下的螺栓。已知材料的剪切许用应力［τ］是拉伸许用应力的 0.6 倍，则螺栓直径 d 和螺栓头高度 H 的合理比值是________。

6. 如图 6-29 所示铆钉结构，在外力作用下可能产生的破坏方式有________________________________。

7. 如图 6-30 所示，木榫接头的剪切面面积为________，挤压面面积为________。

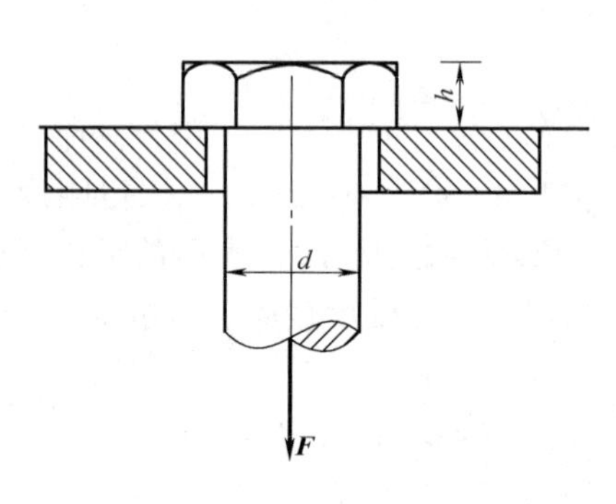

图　6-28

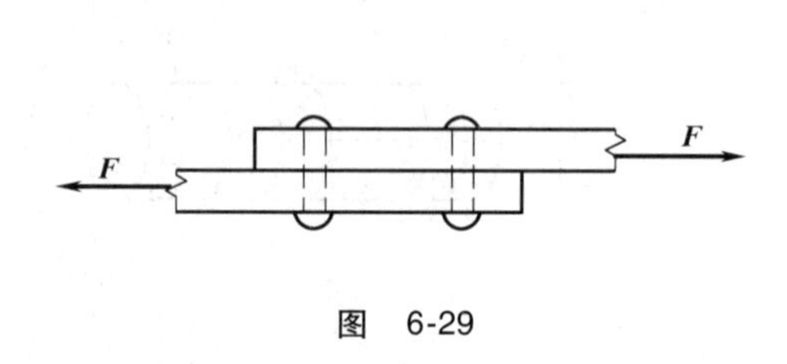

图　6-29

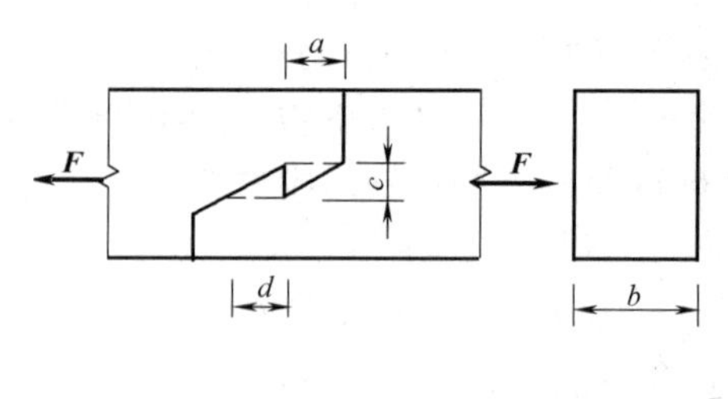

图　6-30

三、计算题

1. 如图 6-31 所示，拖车挂钩用销钉联接，已知最大牵引力 $F=85\text{kN}$，尺寸 $t=30\text{mm}$，销钉和板材料相同，许用应力［τ］$=80\text{MPa}$，［σ_{bs}］$=180\text{MPa}$，试确定销钉的直径。

2. 如图 6-32 所示接头，承受轴向载荷 $F=80\text{kN}$，板宽 $b=80\text{mm}$，板厚 $t=10\text{mm}$，铆钉直径 $d=16\text{mm}$，板与铆钉材料相同，许用应力［σ］$=160\text{MPa}$，［τ］$=160\text{MPa}$，［σ_{bs}］$=320\text{MPa}$。试校核接头的强度。

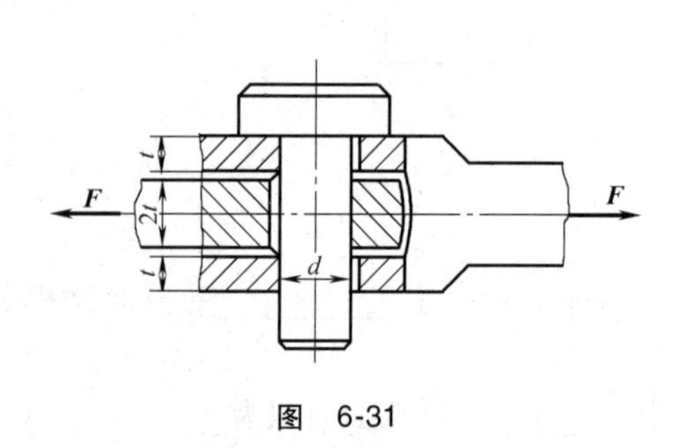

图　6-31

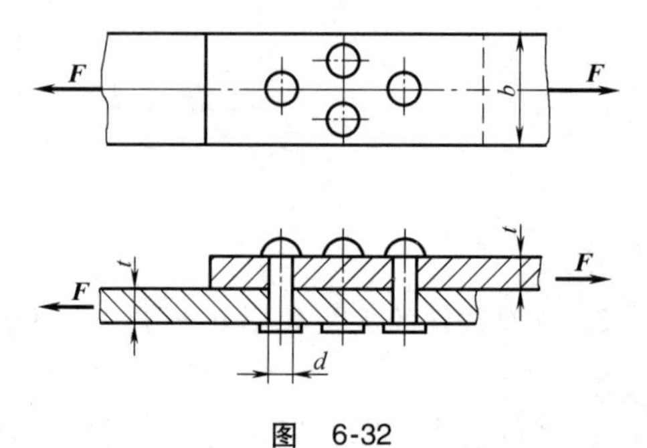

图　6-32

3. 如图 6-33 所示的接头，已知：$F=60\text{kN}$，$t=5\text{cm}$，$d=5\text{cm}$，$b=12\text{cm}$。试求接头的剪切应力和挤压应力。

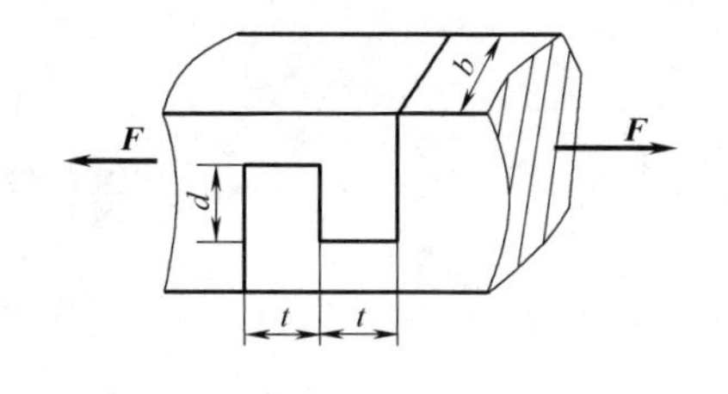

图　6-33

4. 某传动轴如图 6-34 所示，转速 $n=300\text{r/min}$，轮 1 为主动轮，输入功率 $P_1=50\text{kW}$，轮 2、3、4 为从动轮，输出功率分别为 $P_2=10\text{kW}$，$P_3=P_4=20\text{kW}$。

1）试绘制该轴的扭矩图。

2）若将轮 1 与轮 3 的位置对调，试分析对轴的受力是否有利。

3）$[\tau]=80\text{MPa}$。试确定实心轴的直径 d。

5. 如图 6-35 所示的阶梯圆轴，大小段直径分别为 36mm 和 30mm，$[\tau]=40\text{MPa}$，试校核轴的强度。

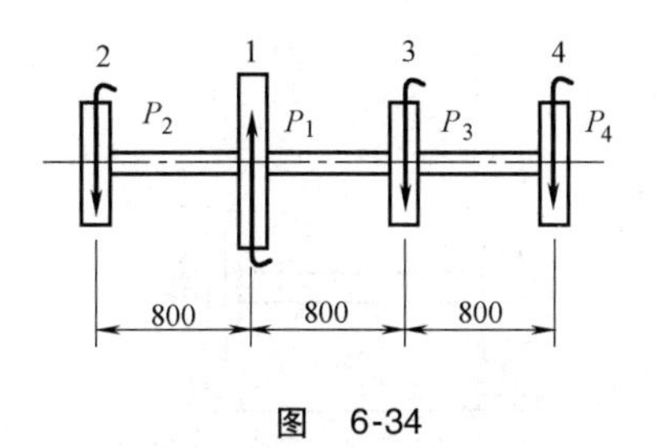

图　6-34

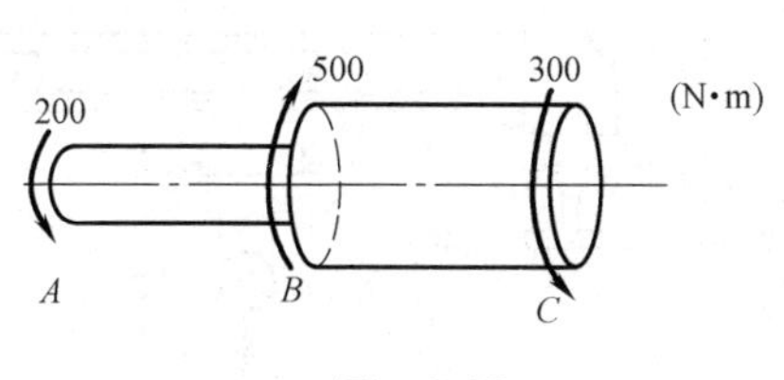

图　6-35

6. 某阶梯轴如图 6-36 所示。已知：$d_1=40\text{mm}$，$d_2=70\text{mm}$，输入功率 $P_3=30\text{kW}$，输出功率 $P_1=13\text{kW}$，$P_2=17\text{kW}$，$n=200\text{r/min}$。剪变模量 $G=80\text{GPa}$，$[\varphi]=1°/\text{m}$，试校核轴的抗扭刚度。

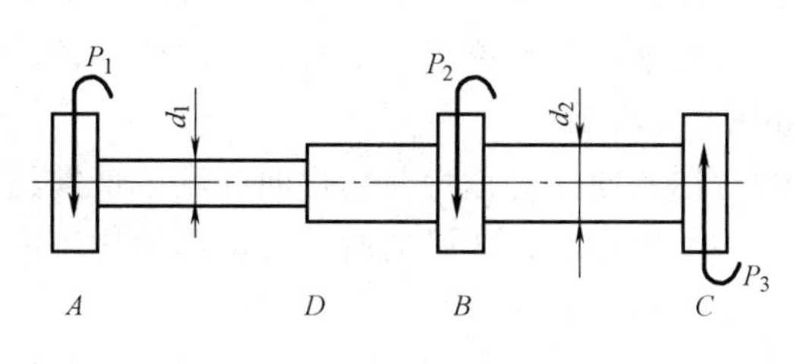

图　6-36

第7章　梁的弯曲

7.1　平面弯曲的概念和梁的计算简图

图7-1所示为工程中常见的桥式起重机大梁和火车轮轴，作用于这些构件上的外力垂直于杆件的轴线，使原为直线的轴线变形后成为曲线。这种形式的变形称为弯曲变形。通常将承受弯曲变形的构件称为梁。

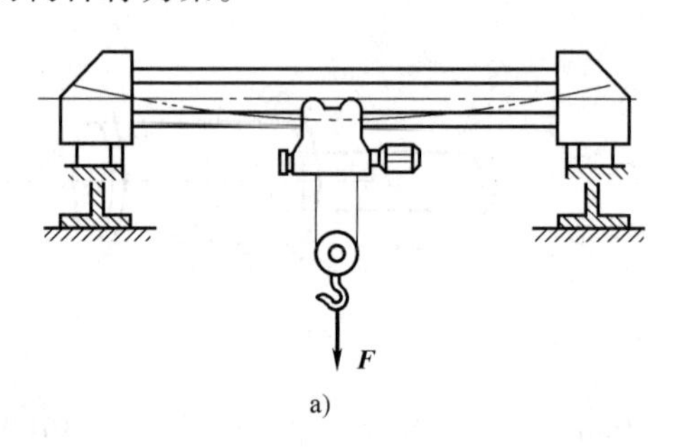

a)

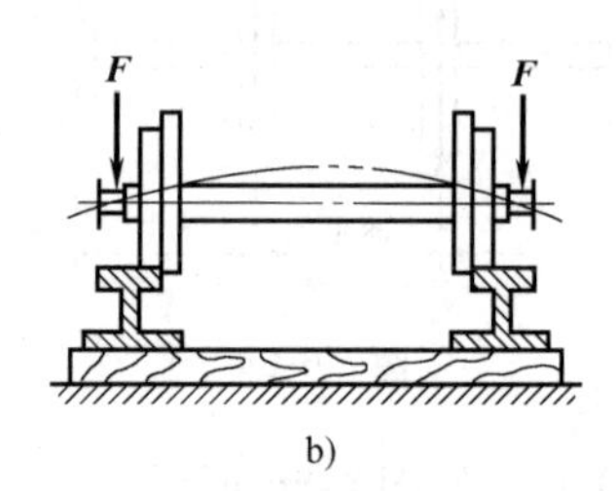

b)

图　7-1

工程中绝大多数的梁横截面都有一根对称轴，这些对称轴构成对称面。所有外力都作用在其对称面内时，梁弯曲变形后的轴线将是位于这个对称面内的一条曲线，这种弯曲形式称为对称弯曲（或平面弯曲），如图7-2所示。

弯曲基本变形是指这种对称弯曲。对称弯曲是弯曲问题中最常见的情况。

工程中梁的约束形式是多种多样的，若梁的所有支座反力均可由静力平衡方程确定时，这种梁称为静定梁。静定梁的基本形式有：

1）简支梁：一端为固定铰支座，而另一端为可动铰支座的梁，如图7-3a所示。

2）悬臂梁：一端为固定端，另一端为自由端的梁，如图7-3b所示。

3）外伸梁：一端或两端伸出支座之外的梁，如图7-3c所示。

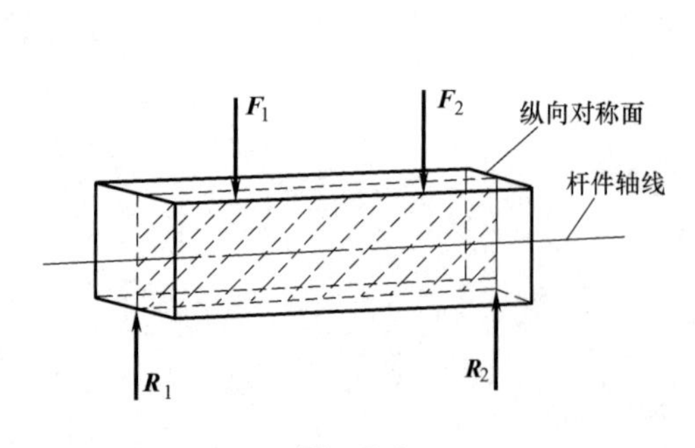

图　7-2

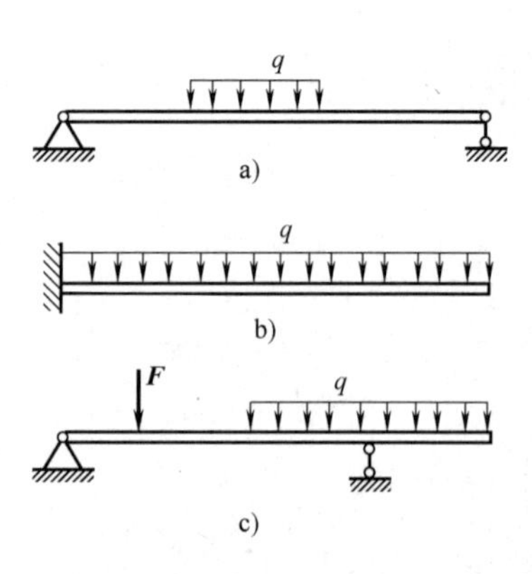

图　7-3

7.2　梁弯曲时横截面上的剪力和弯矩

7.2.1　剪力和弯矩

如图 7-4a 所示的简支梁，其两端的支座反力 F_{RA}、F_{RB} 可由梁的静力平衡方程求得。用假想截面将梁分为两部分，并以左段为研究对象（图 7-4b）。由于梁的整体处于平衡状态，因此其各个部分也应处于平衡状态。据此，截面Ⅰ—Ⅰ上将产生内力，这些内力将与外力 F_1、F_{RA}，在梁的左段构成平衡力系。

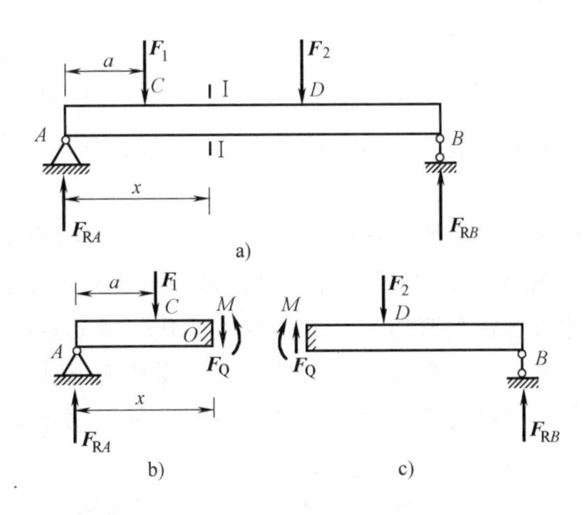

图　7-4

由平衡方程 $\sum F_y=0$，得

$$F_{RA}-F_1-F_Q=0$$

$$F_Q=F_{RA}-F_1$$

这一与横截面相切的内力 F_Q 称为横截面Ⅰ—Ⅰ上的剪力，它是与横截面相切的分布内力系的合力。

根据平衡条件，若把左段上的所有外力和内力对截面Ⅰ—Ⅰ的形心 O 取矩，其力矩总和应为零，即 $\sum m_O=0$，则

$$M+F_1(x-a)-F_{RA}x=0$$

$$M=F_{RA}x-F_1(x-a)$$

这一内力偶矩 M 称为横截面Ⅰ—Ⅰ上的弯矩。它是与横截面垂直的分布内力系的合力偶矩。

剪力和弯矩均为梁横截面上的内力，它们可以通过梁的局部平衡来确定。

剪力、弯矩的正负号规定：使梁产生顺时针方向转动的剪力规定为正，反之为负，如图 7-5 所示；使梁的下部产生拉伸而上部产生压缩的弯矩规定为正，反之为负，如图 7-6 所示。

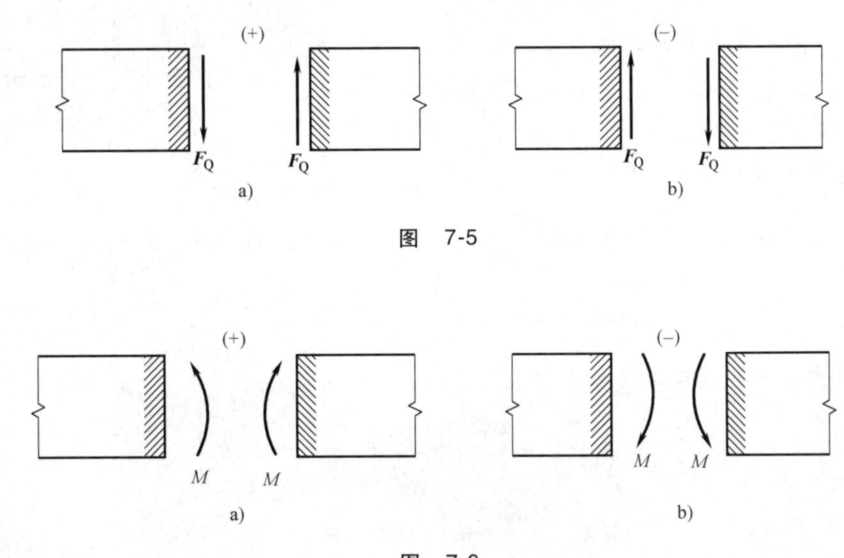

图　7-5

图　7-6

7.2.2 剪力方程和弯矩方程的剪力图和弯矩图

一般情况下，梁横截面上的剪力和弯矩随截面位置不同而变化，将剪力和弯矩沿梁轴线的变化情况用图形表示出来，这种图形分别称为剪力图和弯矩图。下面介绍画剪力图和弯矩图的方程法。

若以横坐标 x 表示横截面在梁轴线上的位置，则各横截面上的剪力和弯矩可以表示为 x 的函数，即

$$F_Q = F_Q(x)$$
$$M = M(x)$$

上述函数表达式称为梁的剪力方程和弯矩方程。根据剪力方程和弯矩方程即可画出剪力图和弯矩图。

画剪力图和弯矩图时，一般取梁的左端作为 x 坐标的原点，然后根据荷载情况分段列出 $F_Q(x)$ 和 $M(x)$ 方程。由截面法和平衡条件可知，在集中力、集中力偶和分布荷载的起止点处，剪力方程和弯矩方程可能发生变化，所以这些点均为剪力方程和弯矩方程的分段点。分段点截面也称控制截面。求出分段点处横截面上剪力和弯矩的数值（包括正负号），并将这些数值标在相应位置处。分段点之间的图形可根据剪力方程和弯矩方程绘出。最后注明 $|F_Q|_{max}$ 和 $|M|_{max}$ 的数值。

在土木工程问题中，内力图上一般不画坐标轴，而是以杆轴线作为基线，竖向坐标表示内力的值。但是要标明内力图的名称，要在内力图上标明内力的正或负，要将弯矩图画在杆件的受拉侧（下侧受拉为正，弯矩图不必标明正或负）。

【例 7-1】 图 7-7a 所示简支梁是齿轮传动轴的计算简图。已知 F、l、a、b。试列出它的剪力方程和弯矩方程，并作剪力图和弯矩图。

【解】 1）由平衡方程 $\sum m_B = 0$ 和 $\sum m_A = 0$，分别求得 $F_{RA} = \frac{Fb}{l}$、$F_{RB} = \frac{Fa}{l}$

2）以梁的左端为坐标原点，建立 x 坐标，如图 7-7a 所示。

因集中荷载 F 作用在 C 点处，梁在 AC 和 CB 两段的剪力或弯矩不能用同一方程式来表示，故应分成两段来建立剪力方程和弯矩方程。

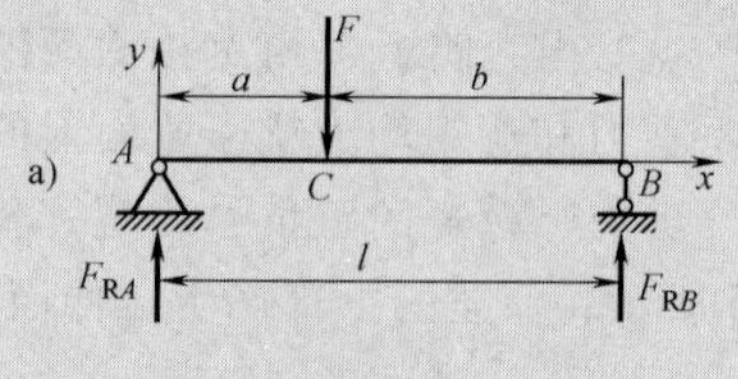

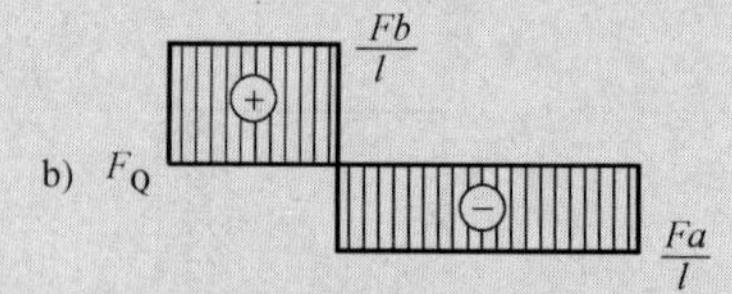

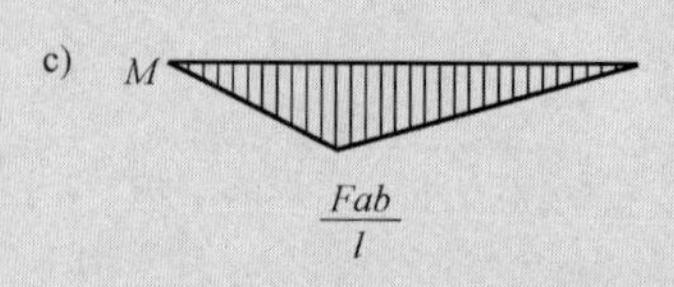

图 7-7

AC 段剪力方程和弯矩方程

$$F_{Q1}(x) = \frac{Fb}{l} (0 \leq x \leq a)$$

$$M_1(x) = \frac{Fb}{l} x (0 \leq x \leq a)$$

CB 段剪力方程和弯矩方程

$$F_{Q2}(x) = \frac{Fb}{l} - F = -\frac{Fa}{l} (a \leq x \leq l)$$

$$M_2(x) = \frac{Fb}{l} x - F(x-a) (a \leq x \leq l)$$

3）根据方程绘 F_Q、M 图。

先作 F_Q 图。AC 段内，剪力方程为正常数$\frac{Fb}{l}$，在 F_Q-x 坐标中剪力图为数值等于$\frac{Fb}{l}$的水平直线段。CB 段内，剪力方程为常数$\left(-\frac{Fa}{l}\right)$，连接一条数值等于$\left(-\frac{Fa}{l}\right)$的水平直线段即为该段剪力图。梁 AB 的剪力图如图 7-7b 所示。从剪力图中可以看出，在集中力作用处剪力图有突变值，突变值等于集中力 F；当 $a<b$ 时，最大剪力为$|F_Q|_{max}=\frac{Fb}{l}$。

再作 M 图。AC 段内，弯矩方程 $M_1(x)$ 是 x 的一次函数，分别求出两个端点的弯矩，标在 M-x 坐标中，并连成直线。CB 段内弯矩方程 $M_2(x)$ 也是 x 的一次函数，分别求出两个端点的，标在 M-x 坐标中，并连成直线。AB 梁的弯矩图如图 7-7c 所示。从弯矩图中可以看出，在集中力作用处弯矩图有折点（即连续但不光滑）。

【例 7-2】 图 7-8a 所示为简支梁计算简图。已知 m、l、a、b。试列出它的剪力方程和弯矩方程，并作剪力图和弯矩图。

【解】 1）由平衡方程 $\sum m_B=0$ 和 $\sum m_A=0$，分别求得 $F_{RA}=\frac{m}{l}$、$F_{RB}=-\frac{m}{l}$。

2）因集中力偶 m 作用在 C 点处，梁在 AC 和 CB 两段的剪力或弯矩不能用同一方程式来表示，故应分两段建立剪力方程和弯矩方程。

AC 段剪力方程和弯矩方程

$$F_{Q1}(x)=\frac{m}{l}(0\leqslant x\leqslant a)$$

$$M_1(x)=\frac{m}{l}x(0\leqslant x\leqslant a)$$

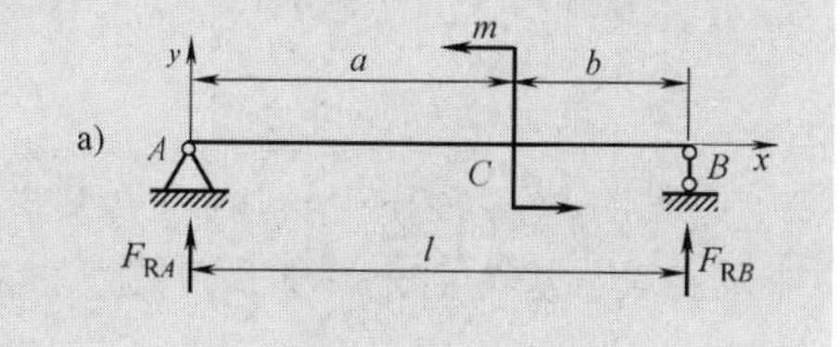

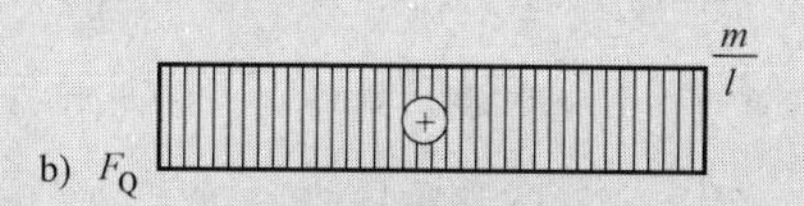

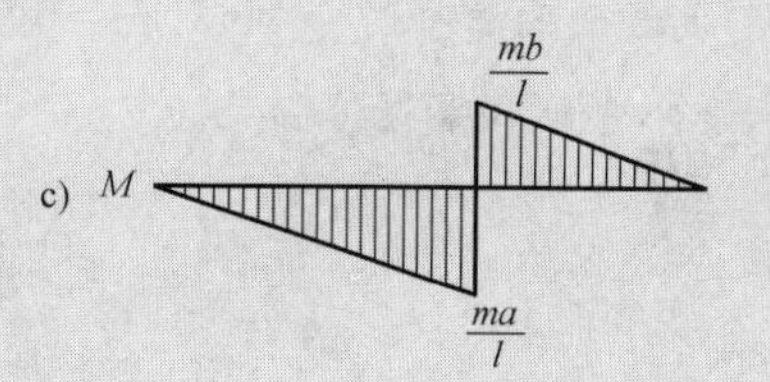

图 7-8

CB 段剪力方程和弯矩方程

$$F_{Q2}(x)=\frac{m}{l}(a\leqslant x\leqslant l)$$

$$M_2(x)=\frac{m}{l}x-m=-\frac{m}{l}(l-x)(a\leqslant x\leqslant l)$$

3）根据方程作 F_Q、M 图。

先作 F_Q 图。AC 段内，剪力方程为正常数$\frac{m}{l}$，在 F_Q-x 坐标中剪力图为数值等于$\frac{m}{l}$的水平直线段。CB 段内，剪力图也为数值等于$\frac{m}{l}$的水平直线段。梁 AB 的剪力图如图 7-8b 所示。从剪力图中可以看出，在集中力偶作用处剪力图无变化，最大剪力为$|F_Q|_{max}=F_Q=\frac{m}{l}$。

再作 M 图。AC 段内，弯矩方程 $M_1(x)$ 是 x 的一次函数，分别求出两个端点的弯矩，标在 M-x 坐标中，并连成直线。CB 段内弯矩方程 $M_2(x)$ 也是 x 的一次函数，分别求出两个端点的，标在 M-x 坐标中，并连成直线。AB 梁的 M 图如图 7-8c 所示。从弯矩图中可以看出，在集中力偶作用处弯矩图有突变，突变值等于外力偶 m 值。

【例 7-3】 简支梁如图 7-9a 所示，已知 q_0、L，求内力方程并画出内力图。

【解】 (1) 求支反力。由平衡方程 $\sum m_B=0$ 和 $\sum m_A=0$，分别求得 $F_{RA}=\dfrac{q_0L}{2}$、$F_{RB}=\dfrac{q_0L}{2}$。

(2) 内力方程 以梁的左端为坐标原点，建立 x 坐标，如图 7-9a 所示。

$$F_Q(x)=\frac{q_0}{2}L-q_0x \qquad (0\leqslant x<L)$$

$$M(x)=\frac{q_0L}{2}x-\frac{1}{2}q_0x^2 \qquad (0\leqslant x\leqslant L)$$

(3) 根据方程画内力图

1) F_Q 图。AB 段内，剪力方程 $F_Q(x)$ 是 x 的一次函数，剪力图为斜直线，故求出两个端截面的剪力值，$F_{QA右}=\dfrac{1}{2}qL$，$F_{QB左}=-\dfrac{1}{2}qL$，将这两值分别标在 F_Q-x 坐标中，连接 A、B 处剪力值的直线即得该段的剪力图。梁 AB 的剪力图如图7-9b所示。

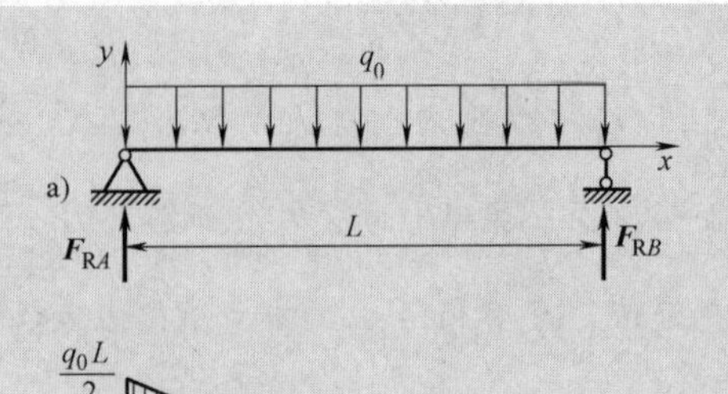

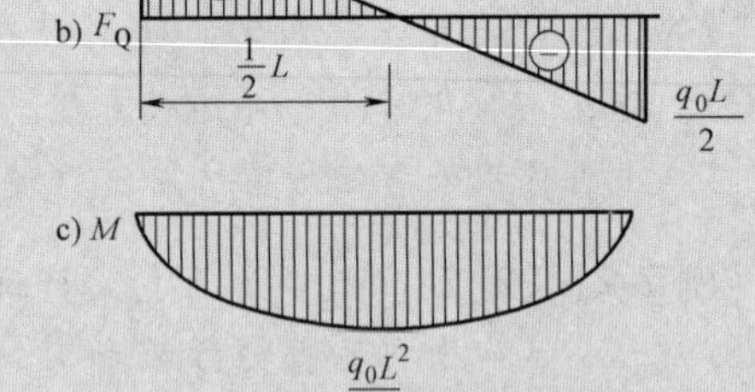

图 7-9

2) M 图。AB 段内，弯矩方程 $M(x)$ 是 x 的二次函数，表明弯矩图为二次曲线，求出两个端截面的弯矩，分别以 $M_A=0$、$M_B=0$ 标在 M-x 坐标中。由剪力图可知，在 C 点处 $F_Q=0$，该处弯矩取得极值。

令
$$\frac{dM(x)}{dx}=\frac{q_0L}{2}-q_0x=F_Q(x)=0$$

解得 $x=\dfrac{L}{2}$，并求得 $M_{max}=\dfrac{q_0L^2}{8}$（下侧受拉）

将 $M_C=M_{max}=\dfrac{q_0L^2}{8}$标在 M-x 坐标中。据在 A、C、B 三点 M 值绘出该段的弯矩图。梁 AB 的弯曲图如图 7-9c 所示。

7.3 外力与剪力和弯矩的关系及应用

7.3.1 荷载集度与剪力和弯矩间的微分关系

通过前面例题发现将弯矩方程 $M(x)$ 对 x 取导数得剪力方程 $F_Q(x)$，若将剪力方程 $F_Q(x)$ 对 x 取导数，就得到荷载集度 $q(x)$。这种关系是普遍存在的。下面导出 $q(x)$、$F_Q(x)$ 及 $M(x)$之间的微分关系。

考察图 7-10a 所示的承受任意荷载的梁。从梁上受分布荷载的段内截取 dx 微段，其受力如图 7-10b 所示。作用在微段上的分布荷载可以认为是均布的，并设向上为正。微段两侧截面上的内力均设为正方向。若截面上的内力为 $F_Q(x)$、$M(x)$，则 $x+dx$ 截面上的内力为 $F_Q(x)+dF_Q(x)$、$M(x)+dM(x)$。因为梁整体是平衡的，dx 微段也应处于平衡。根据平衡条件 $\sum F_y=0$ 和 $\sum m_O=0$，得到

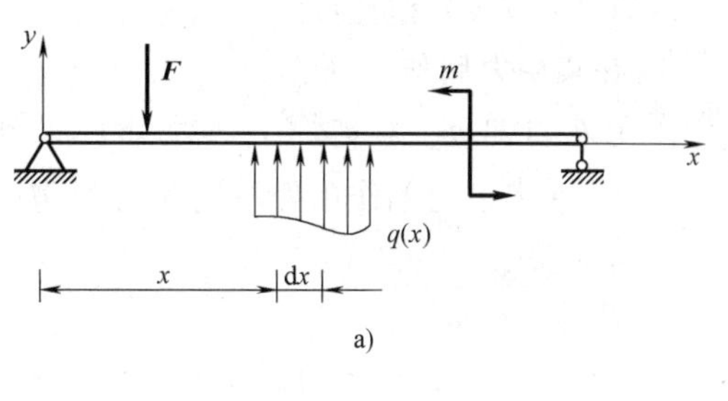

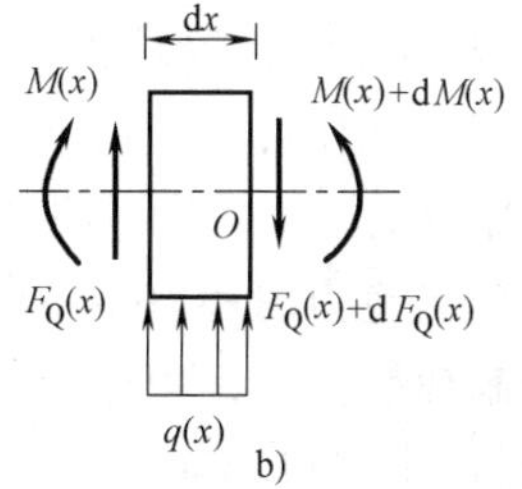

图　7-10

$$F_Q(x)+q(x)dx-[F_Q(x)+dF_Q(x)]=0$$

$$M(x)+dM(x)-M(x)-F_Q(x)dx-q(x)\frac{dx^2}{2}=0$$

略去其中的高阶微量后得到

$$\frac{dF_Q(x)}{dx}=q(x) \tag{7-1}$$

$$\frac{dM(x)}{dx}=F_Q(x) \tag{7-2}$$

利用式（7-1）和式（7-2）可进一步得出

$$\frac{d^2M(x)}{dx^2}=q(x) \tag{7-3}$$

式（7-1）、式（7-2）和式（7-3）是剪力、弯矩和分布荷载集度 q 之间的微分关系。

7.3.2　利用外力与剪力和弯矩之间的关系绘制剪力图和弯矩图

在右手坐标系下，按上述正负号的规定，从杆左端至右端有以下结论：

1. 若在直杆某一段内无集中力或集中力偶

1）若某段梁上无分布荷载，即 $q(x)=0$，则该段梁的剪力 $F_Q(x)$ 为常量，剪力图为平行于 x 轴的直线；而弯矩 $M(x)$ 为 x 的一次函数，弯矩图为斜直线。

2）若某段梁上的分布荷载 $q(x)=q$（常量），则该段梁的剪力 $F_Q(x)$ 为 x 的一次函数，剪力图为斜直线；而 $M(x)$ 为 x 的二次函数，弯矩图为抛物线。

总结其规律有 $q(x)$、$F_Q(x)$、$M(x)$ 依次比前项高一次幂，利用上下图位置关系，且有上图坐标为下图曲线的斜率；上图面积为下图曲线坐标的增量（有正负）。

3）若某截面的剪力 $F_Q(x)=0$，根据 $\frac{dM(x)}{dx}=0$，该截面的弯矩为极值。

当 $\frac{d^2M(x)}{dx^2}=q(x)>0$（$q$ 向下）时，$M(x)$ 有极小值，弯矩图为向下凸的曲线。

当 $\frac{d^2M(x)}{dx^2}=q(x)<0$（$q$ 向上）时，$M(x)$ 有极大值，弯矩图为向上凸的曲线。

2. 在集中力作用处

$F_Q(x)$ 取决于平衡方程 $\sum F_y=0$，在集中力作用处左侧和右侧 $F_Q(x)$ 相差外力值 F_e，数值正负与外力作用方向有对应关系。既有 $F_Q(x)$ 图有顺力方向的突变，突变值等于外力值 F_e。

$M(x)$ 取决于平衡方程 $\sum M_C=0$，在集中力作用处左侧和右侧 $M(x)$ 值不变，但斜率不

同。既有 $M(x)$ 图有折点。

3. 在集中力偶作用处

由于外力偶 m_e 对剪力方程无影响，既有 $F_Q(x)$ 图无变化；$M(x)$ 取决于平衡方程 $\sum M_C=0$，在集中力偶作用处左侧和右侧 $M(x)$ 值相差外力偶值 m_e，数值正负与外力偶作用转向有对应关系。

4. 杆件端点处

在杆件端点处无集中力偶作用时，既有该点处 $M\ (x)$ 图的值为零。

利用以上各点结论，除可以校核已作出的剪力图和弯矩图是否正确外，还可以利用微分关系绘制剪力图和弯矩图，而不必再建立剪力方程和弯矩方程，其步骤如下：

1）求支座反力。

2）分段确定剪力图和弯矩图的形状。

3）求控制截面内力，根据微分关系绘剪力图和弯矩图。

4）确定 $|F_Q|_{max}$ 和 $|M|_{max}$。

【例 7-4】 悬臂梁如图 7-11a 所示，已知 F、l，试利用微分关系作梁的内力图。

【解】（1）作剪力图　由于在 A 点处集中荷载 F 作用，该点处产生顺力（向下）方向的突变值 F，在 AB 段内无分布力 $[q\ (x)=0]$ 作用，据此可做出该段 F_Q 图的水平线。在 B 点处有向上的约束反力 $F_B=F$，产生向上突变值 $F_B=F$。$F_Q(x)$ 图如图 7-11b 所示。

（2）作弯矩图　由于在端点 A 点处无集中力偶作用，该点处 $M_A=0$，在 AB 段内无分布力 $[q(x)=0]$ 作用，据此可已做出 AB 段弯矩图的斜直线，且有 $M_{B左}=-Fl$（上侧受拉），画在受拉一侧，在 B 点处有顺时针约束反力偶 $M_B=Fl$，产生突变值 $M_B=Fl$。M 图如图 7-11c 所示。

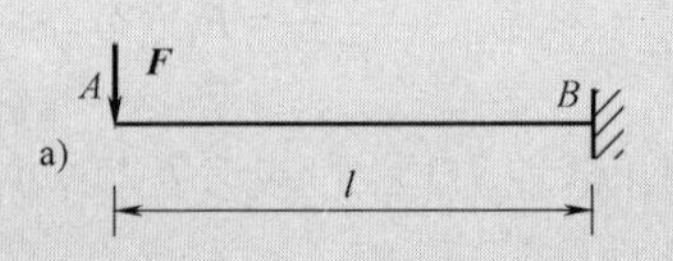

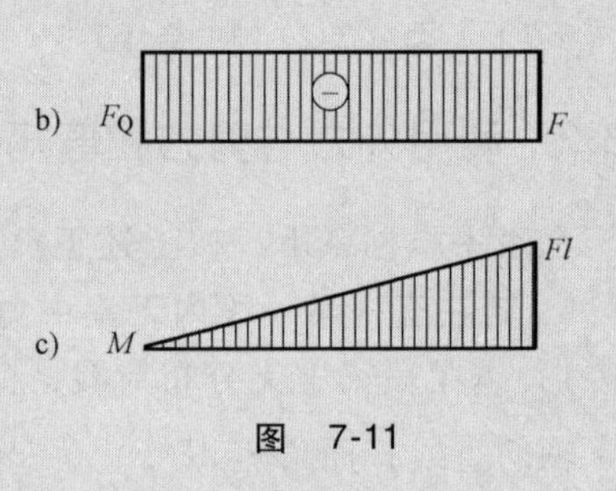

图 7-11

【例 7-5】 梁的受力如图 7-12a 所示，试利用微分关系作梁的内力图。

【解】（1）求支反力　由平衡方程 $\sum M_B(\boldsymbol{F})=0$ 和 $\sum M_A(\boldsymbol{F})=0$，求得 $F_A=10\text{kN}$、$F_B=5\text{kN}$。

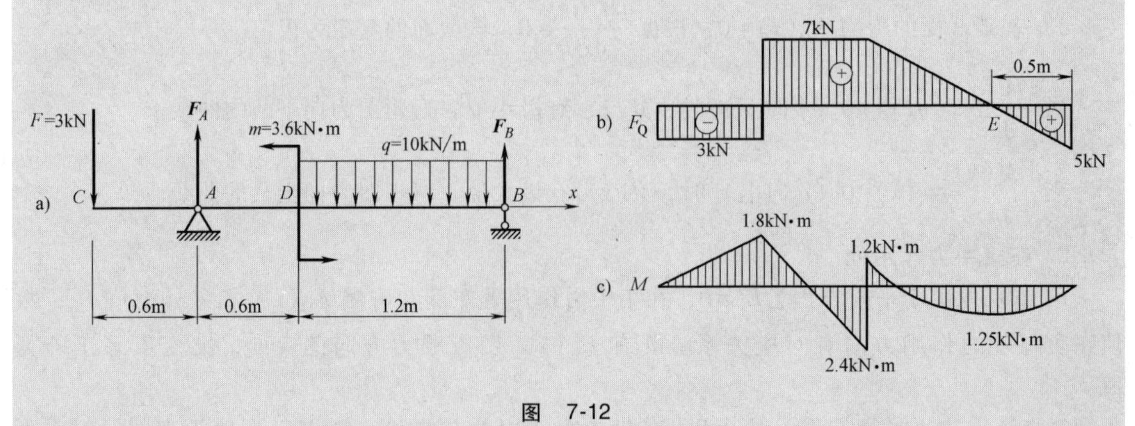

图 7-12

（2）分段确定曲线形状　由于荷载在 A、D 处不连续，应将梁分为三段绘内力图。根据微分关系

$$\frac{dQ(x)}{dx}=q(x) \qquad \frac{dM(x)}{dx}=Q(x) \qquad \frac{d^2M(x)}{dx^2}=\frac{dQ(x)}{dx}=q(x)$$

在 CA 和 AD 段内，$q=0$，剪力图为水平线，弯矩图为斜直线；DB 段内，$q=$常数，且为负值，剪力图为斜直线，M 图为向下凸的抛物线。

（3）求控制截面的内力值，绘内力图

1）F_Q 图。$F_{QC右}=-3\text{kN}$，$F_{QA右}=-3\text{kN}+F_A=7\text{kN}$，据此可作出 CA 和 AD 两段 F_Q 图的水平线。$F_{QD右}=7\text{kN}$，$F_{QB左}=-5\text{kN}$，据此作出 DB 段 F_Q 图的斜直线。

2）M 图。$M_C=0$，$M_{A左}=-1.8\text{kN}\cdot\text{m}$（上侧受拉），据此可以作出 CA 段弯矩图的斜直线。A 支座的约束反力 F_A 只会使截面 A 左右两侧剪力发生突变，不改变两侧的弯矩值。$M_{D左}=-3\text{kN}\times1.2\text{m}+F_A\times0.6\text{m}=2.4\text{kN}\cdot\text{m}$（下侧受拉），据此可作出 AD 段弯矩图的斜直线。D 处的集中力偶会使 D 截面左右两侧的弯矩发生突变。

$M_{D右}=-3\text{kN}\times1.2\text{m}+F_A\times0.6\text{m}-3.6\text{kN}\cdot\text{m}=-1.2\text{kN}\cdot\text{m}$（上侧受拉），$M_B=0$。由 DB 段的剪力图可知，在 E 处 $F_Q=0$，该处弯矩为极值。根据 BE 段的平衡条件 $\sum F_y=0$，知 BE 段的长度为 0.5m，于是求得 $M_E=1.25\text{kN}\cdot\text{m}$（下侧受拉）。根据上述三个截面的弯矩值可作出 DB 段的 M 图。

7.4　纯弯曲时梁横截面上的正应力

梁的横截面上同时存在剪力和弯矩时，这种弯曲称为横力弯曲。剪力 F_Q 是横截面切向分布内力的合力；弯矩 M 是横截面法向分布内力的合力偶矩。所以横弯梁横截面上将同时存在剪应力 τ 和正应力 σ。实践和理论都证明，其中弯矩是影响梁的强度和变形的主要因素。因此，先讨论 $F_Q=0$ 和 $M=$常数的弯曲问题，这种弯曲称为纯弯曲。如图 7-13 所示梁的 CD 段为纯弯曲；其余部分则为横力弯曲。

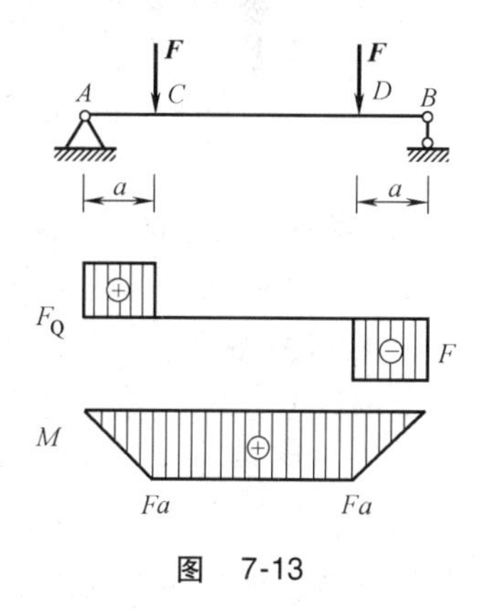

图　7-13

与扭转相似，分析纯弯梁横截面上的正应力，同样需要综合考虑变形、物理和静力三方面的关系。

1. 变形关系——平面假设

考察等截面直梁。加载前在梁表面上画上与轴线垂直的横线，和与轴线平行的纵线，如图 7-14a 所示。然后在梁的两端纵向对称面内施加一对力偶，使梁发生弯曲变形，如图 7-14b 所示。可以发现梁表面变形具有如下特征：

1）横线（mm 和 nn）仍是直线，只是发生相对转动，但仍与纵线（如 aa，bb）正交。

2）纵线（aa 和 bb）弯曲成曲线，且梁的一侧伸长，另一侧缩短。

根据上述梁表面变形的特征，可以做出以下假设：梁变形后，其横截面仍保持平面，并垂直于变形后梁的轴线，只是绕着梁上某一轴转过一个角度。与扭转时相同，这一假设也称平面假设。

此外，还假设：梁的各纵向层互不挤压，即梁的纵截面上无正应力作用。

根据上述假设，梁弯曲后，其纵向层一部分产生伸长变形，另一部分则产生缩短变形，二者交界处存在既不伸长也不缩短的一层，这一层称为中性层，如图 7-15 所示。中性层与横截面的交线为截面的中性轴。

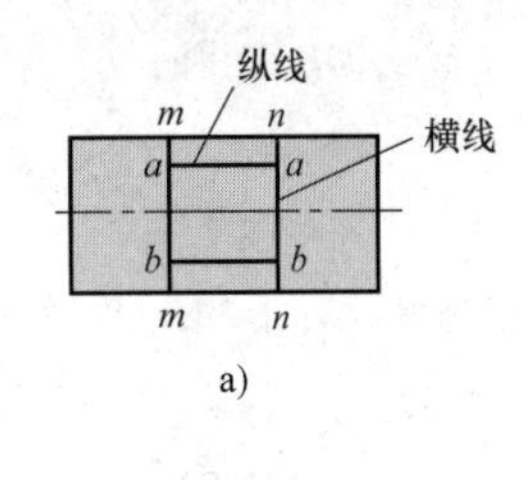

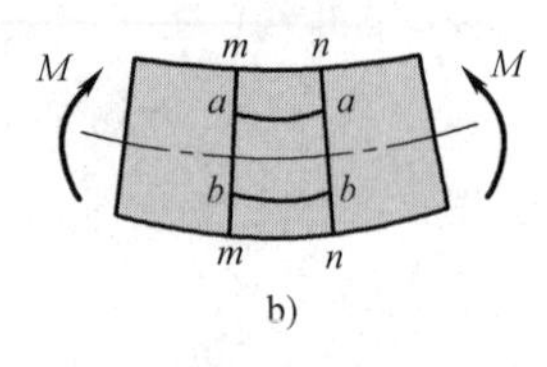

图　7-14

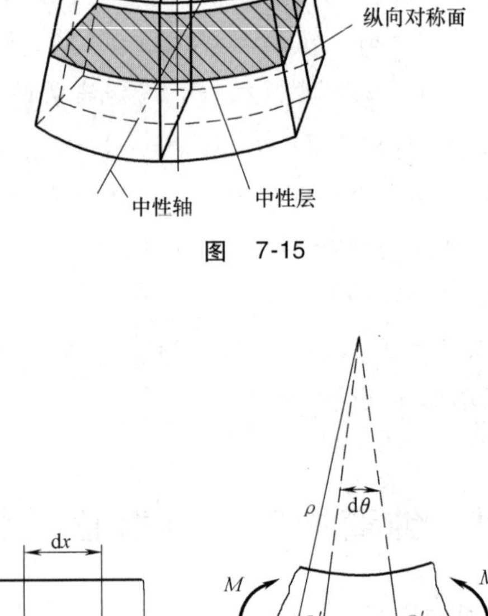

图　7-15

横截面上位于中性轴两侧的各点分别承受拉应力或压应力；中性轴上各点的应力为零。下面根据平面假设找出纵向线应变沿截面高度的变化规律。

考察梁上相距为 dx 的微段（图 7-16a），其变形如图 7-16b 所示。其中 x 轴沿梁的轴线，y 轴与横截面的对称轴重合，z 轴为中性轴。则距中性轴为 y 处的纵向层 bb 弯曲后的长度为 $(\rho+y)\mathrm{d}\theta$，其纵向正应变为

$$\varepsilon=\frac{(\rho+y)\mathrm{d}\theta-\rho\mathrm{d}\theta}{\rho\mathrm{d}\theta}=\frac{y}{\rho} \qquad \text{(a)}$$

式（a）表明：纯弯曲时梁横截面上各点的纵向线应变沿截面高度线性分布。

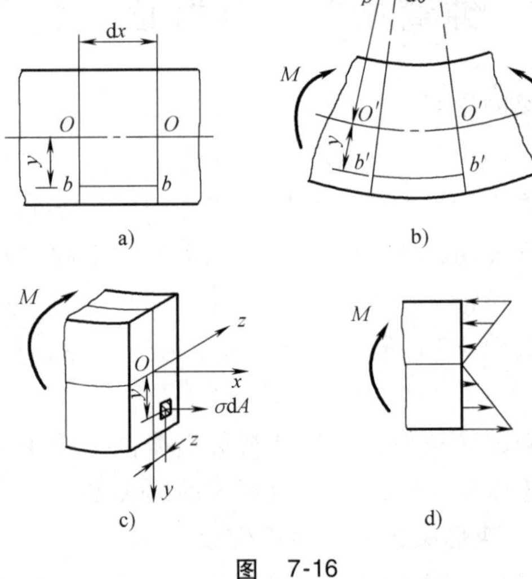

图　7-16

2. 物理关系

根据以上分析，梁横截面上各点只受正应力作用。再考虑到纵向层之间互不挤压的假设，所以纯弯梁各点处于单向应力状态。对于线弹性材料，根据胡克定律

$$\sigma=E\varepsilon$$

于是有

$$\sigma=\frac{E}{\rho}y \qquad \text{(b)}$$

式中，E、ρ 均为常数。

式（b）表明：纯弯梁横截面上任一点处的正应力与该点到中性轴的垂直距离 y 成正比。即正应力沿着截面高度按线性分布，如图 7-16d 所示。式（b）还不能直接用以计算应力，因

为中性层的曲率半径ρ以及中性轴的位置尚未确定。这要利用静力关系来解决。

3. 静力关系

弯矩M作用在xy平面内。截面上坐标为y、z的微面积dA上有作用力σdA。横截面上所有微面积上的这些力将组成轴力F_N以及对y轴、z轴的力矩M_y和M_z：

$$F_N = \int_A \sigma dA \tag{c}$$

$$M_y = \int_A z\sigma dA \tag{d}$$

$$M_z = \int_A y\sigma dA \tag{e}$$

在纯弯情况下，梁横截面上只有弯矩$M_z = M$，而轴力F_N和M_y皆为零。

将式（b）代入式（c），因为$F_N = 0$，故有

$$F_N = \int_A \frac{E}{\rho} y dA = \frac{E}{\rho} \int_A y dA = \frac{E}{\rho} S_z = 0$$

其中

$$S_z = \int_A y dA$$

S_z称为截面对z轴的静矩。因为$\frac{E}{\rho} \neq 0$，故有$S_z = 0$，这表明中性轴z通过截面形心。

将式（b）代入式（d），有

$$M_y = \int_A \frac{E}{\rho} yz dA = \frac{E}{\rho} \int_A yz dA = \frac{E}{\rho} I_{yz} = 0$$

其中

$$I_{yz} = \int_A yz dA$$

I_{yz}称为截面对y轴、z轴的惯性积。使$I_{yz} = 0$的一对互相垂直的轴称为主轴。由于y轴为横截面的对称轴，对称轴必为主轴，而z轴又通过横截面形心，所以y轴、z轴为形心主轴。

将式（b）代入式（e），有

$$M_z = \int_A \frac{E}{\rho} y^2 dA = \frac{E}{\rho} \int_A y^2 dA = \frac{E}{\rho} I_z = M$$

得到

$$\frac{1}{\rho} = \frac{M}{EI_z} \tag{7-4}$$

其中

$$I_z = \int_A y^2 dA$$

I_z称为截面对z轴的惯性矩；EI_z称为截面的抗弯刚度。式（7-4）表明，梁弯曲的曲率与弯矩成正比，而与抗弯刚度成反比。

将式（7-4）代入式（b），得到纯弯曲情况下的正应力计算公式，即

$$\sigma = \frac{My}{I_z} \tag{7-5}$$

式（7-5）中正应力 σ 的正负号与弯矩 M 及点的坐标 y 的正负号有关。实际计算中，可根据截面上弯矩 M 的方向，直接判断中性轴的哪一侧产生拉应力，哪一侧产生压应力，而不必计及 M 和 y 的正负。

梁的最大正应力在距中性轴最远的点处

$$\sigma_{max}=\frac{M_{max}y_{max}}{I_z}=\frac{M_{max}}{W_z} \tag{7-6}$$

其中

$$W_z=\frac{I_z}{y_{max}} \tag{7-7}$$

W_z 称为抗弯截面系数（或抗弯截面模量），其量纲为［长度］^{3}，国际单位用 m^3 或 mm^3。

对于宽度为 b、高度为 h 的矩形截面，抗弯截面系数为

$$W_z=\frac{\frac{bh^3}{12}}{\frac{h}{2}}=\frac{bh^2}{6} \tag{7-8}$$

直径为 d 的圆截面，抗弯截面系数为

$$W_z=\frac{\frac{\pi}{64}d^4}{\frac{d}{2}}=\frac{\pi d^2}{32} \tag{7-9}$$

内径为 d，外径为 D 的空心圆截面，抗弯截面系数为

$$W_z=\frac{\frac{\pi D^4}{64}(1-\alpha^4)}{\frac{D}{2}}=\frac{\pi D^3}{32}(1-\alpha^4)\text{，}\alpha=\frac{d}{D} \tag{7-10}$$

轧制型钢（工字钢、槽钢等）的 W_z 可从型钢表中查得。

7.5 横力弯曲时梁横截面上的正应力及强度条件

7.5.1 横力弯曲梁横截面上的正应力

梁在横力弯曲作用下，其横截面上不仅有正应力，还有剪应力。由于存在剪应力，横截面不再保持平面，而发生“翘曲”现象。进一步的分析表明，对于细长梁（例如矩形截面梁，$l/h\geqslant 5$，l 为梁长，h 为截面高度），剪应力对正应力和弯曲变形的影响很小，可以忽略不计，式（7-4）和式（7-5）仍然适用。当然式（7-4）和式（7-5）只适用于材料在线弹性范围，并且要求外力满足平面弯曲的加载条件：对于横截面具有对称轴的梁，只要外力作用在对称平面内，梁便产生平面弯曲；对于横截面无对称轴的梁，只要外力作用在形心主轴平面内，实心截面梁便产生平面弯曲。

上述公式是根据等截面直梁导出的。对于缓慢变化的变截面梁，以及曲率很小的曲梁（$h/\rho_0\leqslant 0.2$，ρ_0 为曲梁轴线的曲率半径）也可近似适用。

7.5.2 弯曲强度计算

根据前节的分析，对细长梁进行强度计算时，主要考虑弯矩的影响，因截面上的最大正应力作用点处，弯曲剪应力为零，故该点为单向应力状态。为保证梁的安全，梁的最大正应力点应满足强度条件

$$\sigma_{\max}=\frac{M_{\max}y_{\max}}{I_z}\leqslant[\sigma] \tag{7-11a}$$

式中，$[\sigma]$ 为材料的许用应力。

对于等截面直梁，若材料的拉、压强度相等，则最大弯矩的所在截面称为危险截面，危险截面上距中性轴最远的点称为危险点。此时强度条件可表达为

$$\sigma_{\max}=\frac{M_{\max}}{W_z}\leqslant[\sigma] \tag{7-11b}$$

对于由脆性材料制成的梁，由于其抗拉强度和抗压强度相差甚大，所以要对最大拉应力点和最大压应力点分别进行强度计算。此时强度条件可表达为

$$\sigma_{\text{tmax}}=\frac{M_{\max}y_{\text{tmax}}}{I_z}\leqslant[\sigma_{\text{t}}] \tag{7-11c}$$

$$\sigma_{\text{cmax}}=\frac{M_{\max}y_{\text{cmax}}}{I_z}\leqslant[\sigma_{\text{c}}] \tag{7-11d}$$

根据式（7-11），可以解决三类强度问题，即强度校核、截面设计和许可荷载计算。

【例7-6】 钢梁如图7-17a所示，已知 $F=20\text{kN}$，$l=4\text{m}$，$[\sigma]=160\text{MPa}$，试按正应力强度条件确定工字钢型号（自重不计）。

【解】 1）作弯矩图（图7-17b），确定危险截面上的弯矩为

$$M_{\max}=2F=40\text{kN}\cdot\text{m}$$

2）按正应力强度条件 $\sigma_{\max}=\dfrac{M_{\max}}{W_z}\leqslant[\sigma]$

求得

$$W_Z=\frac{M_{\max}}{[\sigma]}=\frac{40\times10^3}{160\times10^6}\text{m}^3=250\times10^{-6}\text{m}^3=250\text{cm}^3$$

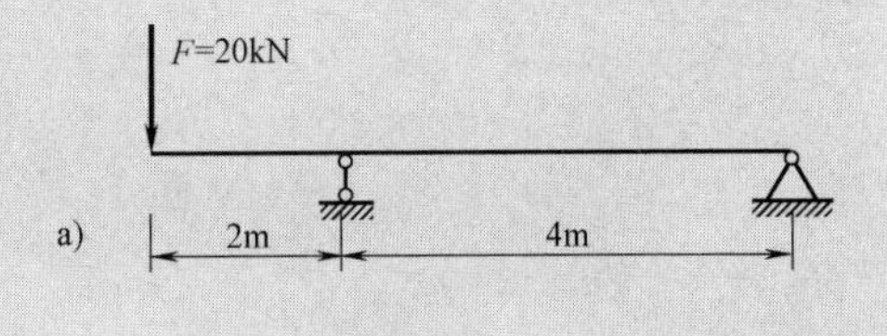

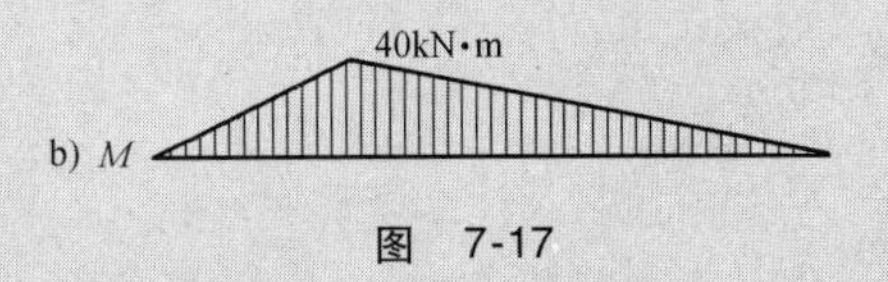

图 7-17

查表采用20b型号的工字钢（$W_z=250\text{cm}^3$）其截面尺寸见附录表。

【例7-7】 T字形截面的铸铁梁受力如图7-18a所示，铸铁的 $[\sigma_{\text{t}}]=30\text{MPa}$，$[\sigma_{\text{c}}]=60\text{MPa}$，其截面形心位于 C 点，$y_1=52\text{mm}$，$y_2=88\text{mm}$，$I_z=763\text{cm}^4$，试校核此梁的强度。并说明T字梁怎样放置更合理。

【解】 1）画弯矩图并求危险截面内力。由平衡方程 $\sum m_B=0$ 和 $\sum m_A=0$ 分别求得

$$F_{RA}=2.5\text{kN}(\uparrow) \qquad F_{RB}=10.5\text{kN}(\uparrow)$$

利用微分关系作弯矩图如图7-18b所示，可得

$$M_B=-4\text{kN}\cdot\text{m}(\text{上拉、下压}) \qquad M_C=2.5\text{kN}\cdot\text{m}(\text{下拉、上压})$$

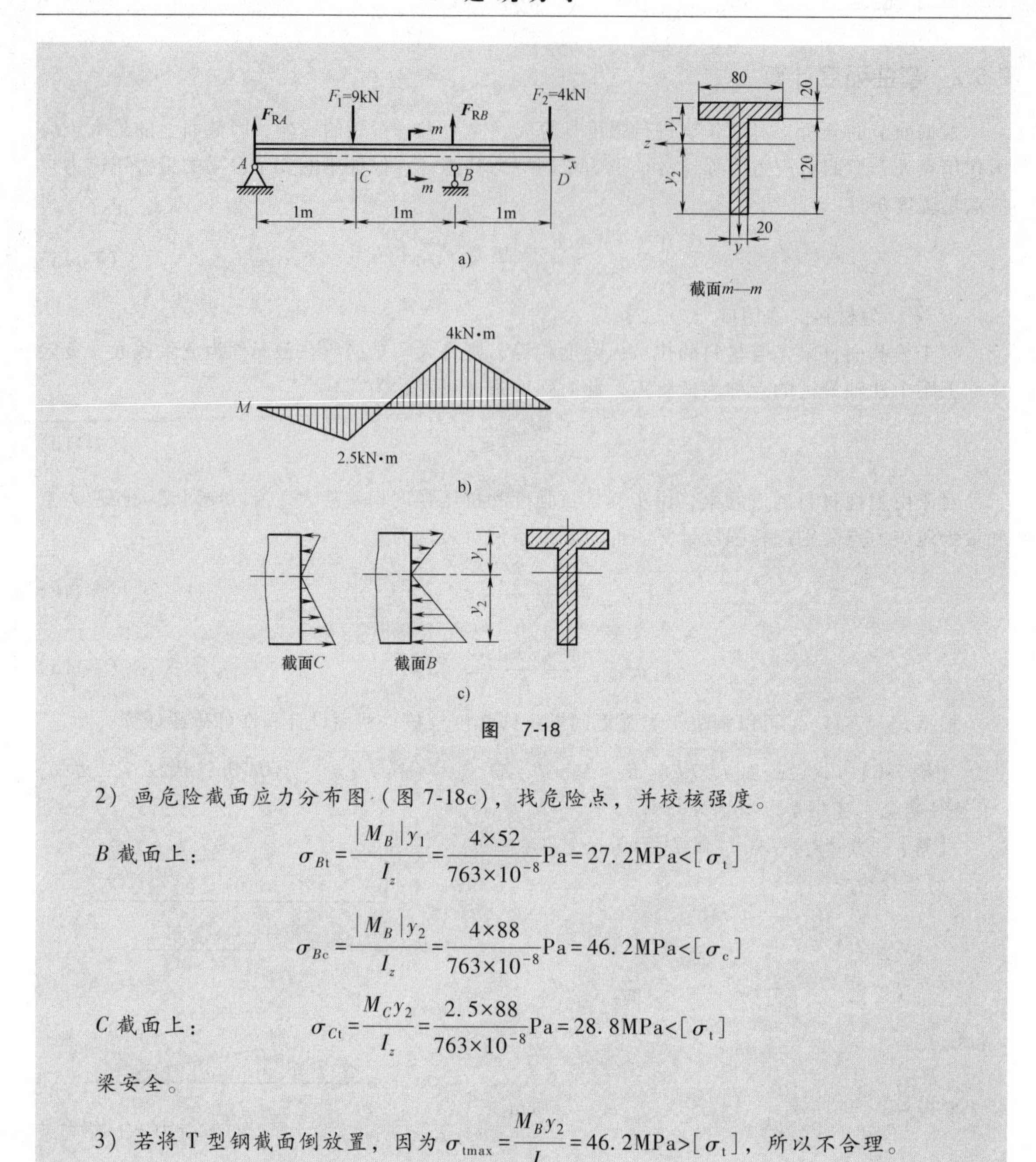

图 7-18

2）画危险截面应力分布图（图 7-18c），找危险点，并校核强度。

B 截面上：

$$\sigma_{Bt}=\frac{|M_B|y_1}{I_z}=\frac{4\times52}{763\times10^{-8}}\mathrm{Pa}=27.2\mathrm{MPa}<[\sigma_t]$$

$$\sigma_{Bc}=\frac{|M_B|y_2}{I_z}=\frac{4\times88}{763\times10^{-8}}\mathrm{Pa}=46.2\mathrm{MPa}<[\sigma_c]$$

C 截面上：

$$\sigma_{Ct}=\frac{M_C y_2}{I_z}=\frac{2.5\times88}{763\times10^{-8}}\mathrm{Pa}=28.8\mathrm{MPa}<[\sigma_t]$$

梁安全。

3）若将 T 型钢截面倒放置，因为 $\sigma_{tmax}=\frac{M_B y_2}{I_z}=46.2\mathrm{MPa}>[\sigma_t]$，所以不合理。

7.6 横力弯曲时梁横截面上的剪应力及强度条件

梁受横力弯曲时，虽然横截面上既有正应力 σ，又有剪应力 τ。但一般情况下，剪应力对梁的强度和变形的影响属于次要因素，因此对由剪力引起的剪应力，不再用变形、物理和静力关系进行推导，而是在承认正应力公式（7-5）仍然适用的基础上，假设剪应力在横截面上的分布规律，然后根据平衡条件导出剪应力的计算公式。

1. 矩形截面梁

如图 7-19 所示的矩形截面梁，横截面上作用剪力 F_Q，现分析距中性轴 z 为 y 的横线 aa_1

上的剪应力分布情况。根据剪应力互等定理，横线 aa_1 两端的剪应力必与截面两侧边相切，即与剪力 F_Q 的方向一致。由于对称的关系，横线 aa_1 中点处的剪应力也必与 F_Q 的方向相同。根据这三点剪应力的方向，可以设想 aa_1 线上各点剪应力的方向皆平行于剪力 F_Q。又因截面高度 h 大于宽度 b，剪应力的数值沿横线 aa_1 不可能有太大变化，可以认为是均匀分布的。基于上述分析，可做如下假设：

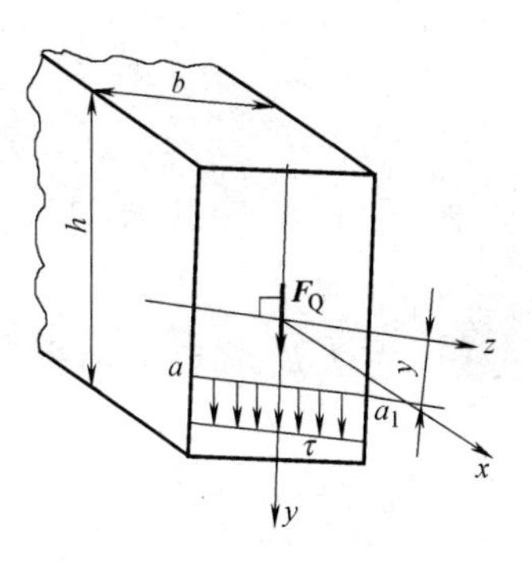

图 7-19

1）横截面上任一点处的剪应力方向均平行于剪力 F_Q。

2）剪应力沿截面宽度均匀分布。

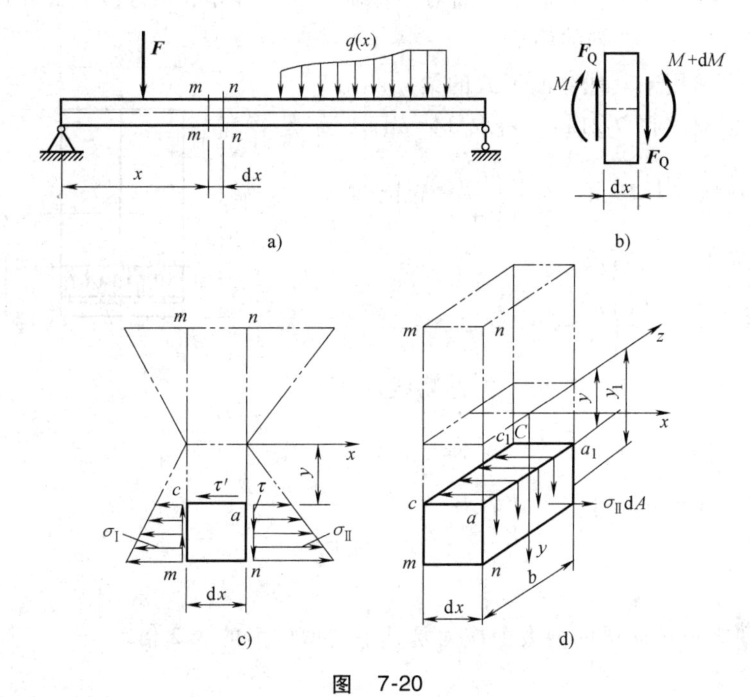

图 7-20

基于上述假设得到的解，与精确解相比有足够的精确度。从图 7-20a 的横力弯曲梁中截出 dx 微段，其左右截面上的内力如图 7-20b 所示。梁的横截面尺寸如图 7-20c 所示，现欲求距中性轴 z 为 y 的横线 aa_1处的剪应力 τ。过 aa_1用平行于中性层的纵截面 aa_1cc_1 自 dx 微段中截出一微块（图 7-20d）。根据剪应力互等定理，微块的纵截面上存在均匀分布的剪应力 τ'。微块左右侧面上正应力的合力分别为 F_{N1}和 F_{N2}，其中

$$F_{N1}=\int_{A^*}\sigma_{Ⅰ}\mathrm{d}A=\int_{A^*}\frac{My_1}{I_z}\mathrm{d}A=\frac{M}{I_z}S_z^* \tag{a}$$

$$F_{N2}=\int_{A^*}\sigma_{Ⅱ}\mathrm{d}A=\int_{A^*}\frac{(M+\mathrm{d}M)y_1}{I_z}\mathrm{d}A=\frac{(M+\mathrm{d}M)}{I_z}S_z^* \tag{b}$$

式中，A^* 为微块的侧面面积；$\sigma_{Ⅰ}(\sigma_{Ⅱ})$ 为面积 A^* 中距中性轴为 y_1处的正应力；$S_z^*=\int_{A^*}y_1\mathrm{d}A$。

由微块沿 x 方向的平衡条件 $\sum F_x=0$，得

$$-F_{N1}+F_{N2}-\tau' b\mathrm{d}x=0 \tag{c}$$

将式（a）和式（b）代入式（c），得

$$\frac{\mathrm{d}M}{I_z}S_z^* - \tau' b\mathrm{d}x = 0$$

故
$$\tau' = \frac{\mathrm{d}M}{\mathrm{d}x}\frac{S_z^*}{bI_z}$$

因$\frac{\mathrm{d}M}{\mathrm{d}x}=F_Q$，$\tau'=\tau$，故求得横截面上距中性轴为 y 处横线上各点的剪应力 τ 为

$$\tau = \frac{F_Q S_z^*}{bI_z} \tag{7-12}$$

式中，F_Q为截面上的剪力；I_z为整个截面对中性轴 z 的惯性矩；b 为横截面在所求应力点处的宽度；S_z^* 为面积 A^* 对中性轴的静矩。

式（7-12）也适用于其他截面形式的梁。

对于矩形截面梁（图 7-21a），可取 $\mathrm{d}A=b\mathrm{d}y_1$，于是

$$S_z^* = \int_A y_1 \mathrm{d}A = \int_y^{\frac{h}{2}} by_1 \mathrm{d}y_1 = \frac{b}{2}\left(\frac{h^2}{4} - y^2\right)$$

这样，式（7-12）可写成

$$\tau = \frac{F_Q}{2I_z}\left(\frac{h^2}{4} - y^2\right)$$

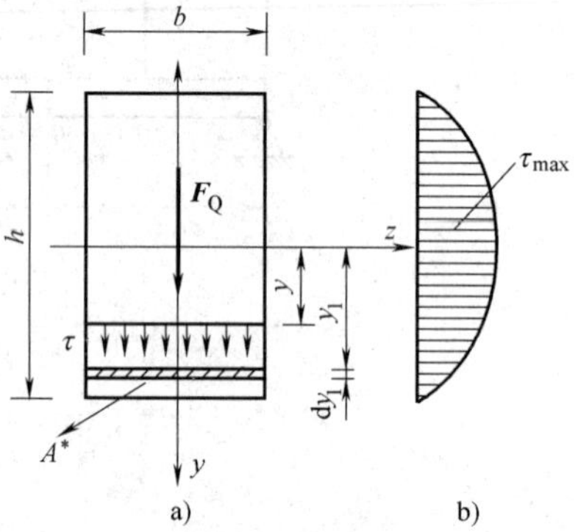

图 7-21

上式表明，沿截面高度剪应力 τ 按抛物线规律变化（图 7-21b）。在截面上、下边缘处，$y=\pm\frac{h}{2}$，$\tau=0$；在中性轴上，$z=0$，剪应力值最大，其值为

$$\tau_{\max} = \frac{3}{2}\frac{F_Q}{A} \tag{7-13}$$

式中，$A=bh$，即矩形截面梁的最大剪应力是其平均剪应力的 3/2 倍。

2. 圆形截面梁

在圆形截面上（图 7-22），任一平行于中性轴的横线 aa_1两端处，剪应力的方向必切于圆周，并相交于 y 轴上的 c 点。因此，横线上各点剪应力方向是变化的。但在中性轴上各点剪应力的方向皆平行于剪力 F_Q，设为均匀分布，其值为最大。由式（7-12）求得

$$\tau_{\max} = \frac{4}{3}\frac{F_Q}{A} \tag{7-14}$$

式中，$A=\frac{\pi}{4}d^2$，即圆截面的最大剪应力为其平均剪应力的 4/3 倍。

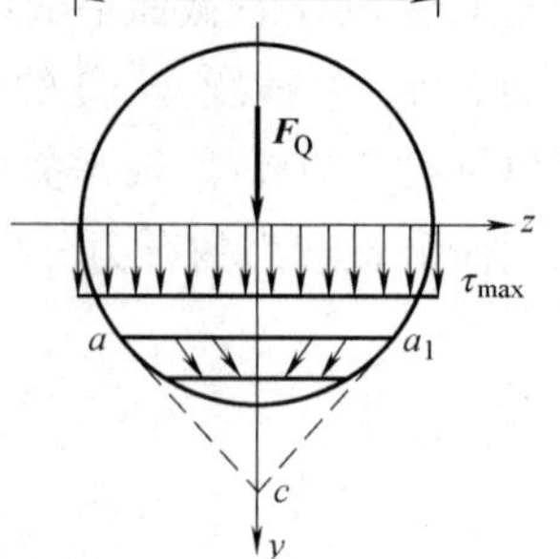

图 7-22

3. 工字形截面梁

工字形截面梁由腹板和翼缘组成。式（7-12）的计算结果表明，在翼缘上剪应力很小，在腹板上剪应力沿腹板高度按抛物线规律变化，如图 7-23 所示。最大剪应力在中性轴上，其值为

$$\tau_{\max} = \frac{F_Q (S_z^*)_{\max}}{dI_z}$$

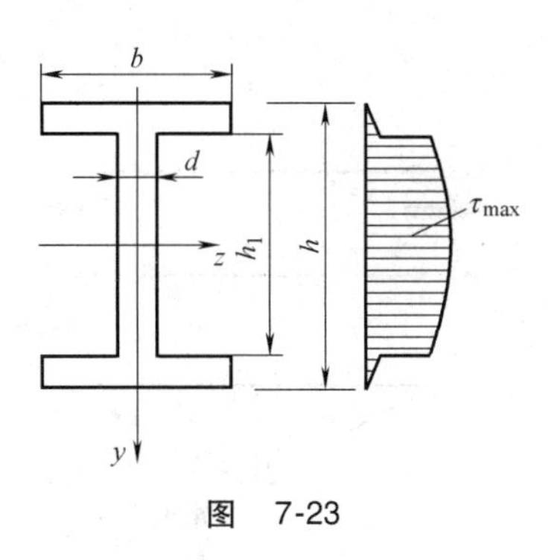

图　7-23

式中，$(S_z^*)_{max}$为中性轴一侧截面面积对中性轴的静矩。对于轧制的工字钢，式中的$I_z/(S_z^*)_{max}$可以从附录的型钢表中查得。

计算结果表明，腹板承担的剪力约为（0.95～0.97）F_Q，因此也可用下式计算τ_{max}的近似值

$$\tau_{max} \approx \frac{F_Q}{h_1 d}$$

式中，h_1为腹板的高度；d为腹板的宽度。

需要指出的是，对于某些特殊情形，如梁的跨度较小或荷载靠近支座时，焊接或铆接的壁薄截面梁，或梁沿某一方向的抗剪能力较差（木梁的顺纹方向，胶合梁的胶合层）等，还需进行弯曲剪应力强度校核。等截面直梁的τ_{max}一般发生在$|F_Q|_{max}$截面的中性轴上，此处弯曲正应力$\sigma=0$，微元体处于纯剪应力状态，其强度条件为

$$\tau_{max} = \frac{F_{Q\max}(S_z^*)_{max}}{bI_z} \leqslant [\tau] \tag{7-15}$$

式中，$[\tau]$为材料的许用剪应力。

此时，一般先按正应力的强度条件选择截面的尺寸和形状，然后按剪应力强度条件校核。

7.7　提高梁弯曲强度的措施

如前所述，弯曲正应力是影响弯曲强度的主要因素。根据弯曲正应力的强度条件

$$\sigma_{max} = \frac{M_{max}}{W_z} \leqslant [\sigma] \tag{a}$$

上式可以改写成内力的形式

$$M_{max} \leqslant [M] = W_z[\sigma] \tag{b}$$

式（b）的左侧是构件受到的最大弯矩，式（b）的右侧是构件所能承受的许用弯矩。

由式（a）和式（b）可以看出，提高弯曲强度的措施主要是从三方面考虑：减小最大弯矩、提高抗弯截面系数和提高材料的力学性能。

1. 减小最大弯矩

1）改变加载的位置或加载方式。首先，可以通过改变加载位置或加载方式达到减小最大弯矩的目的。如当集中力作用在简支梁跨度中间时（7-24a），其最大弯矩为$\frac{1}{4}Fl$；当荷载的作用点移到梁的一侧，如距左侧$\frac{1}{6}l$处（图7-24b），则最大弯矩变为$\frac{5}{36}Fl$，是原最大弯矩的0.56倍。当荷载的位置不能改变时，可以把集中力分散成较小的力，或者改变成分布荷载，从而减小最大弯矩。例如利用副梁把作用于跨中的集中力分散为两个集中力（图7-24c），而使最大弯矩降低为$\frac{1}{8}Fl$。利用副梁来达到分散荷载，减小最大弯矩是工程中经常采用的方法。

2）改变支座的位置。其次，可以通过改变支座的位置来减小最大弯矩。例如图7-25a所示受均布荷载的简支梁，$M_{max}=\frac{1}{8}ql^2=0.125ql^2$。若将两端支座各向里移动0.2$l$（图7-25b），

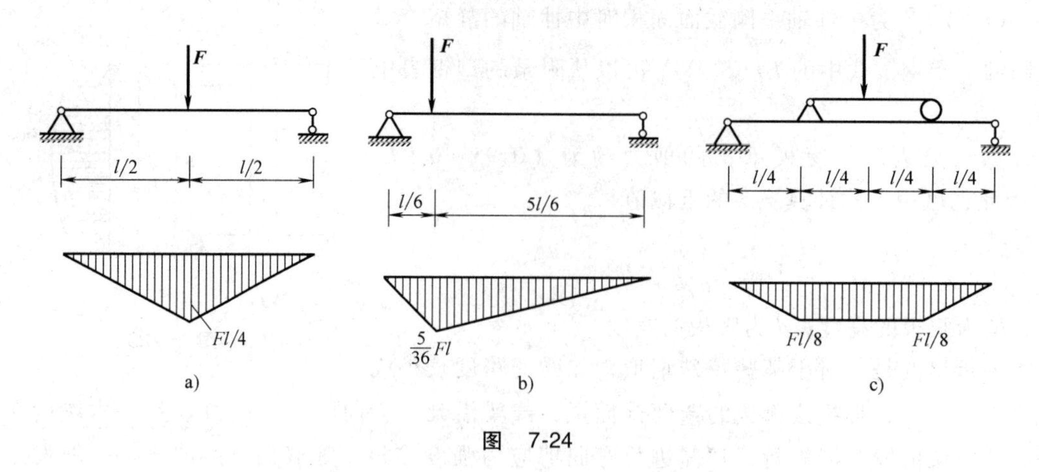

图 7-24

则最大弯矩减小为$\frac{1}{40}ql^2$，即$M_{\max}=\frac{1}{40}ql^2=0.025ql^2$，只有前者的$\frac{1}{5}$。

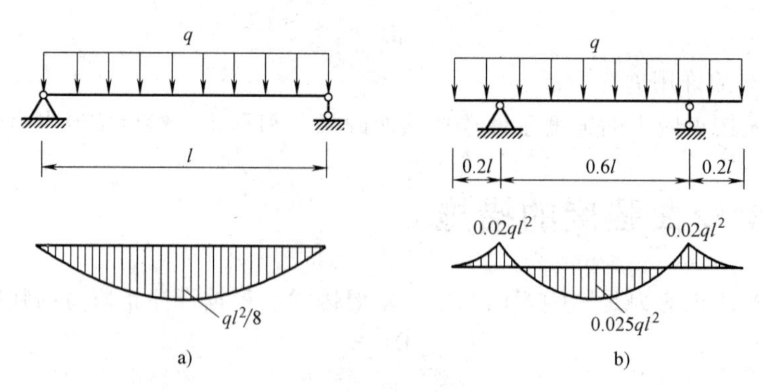

图 7-25

2. 提高抗弯截面系数

1）选用合理的截面形状。在截面面积A相同的条件下，抗弯截面系数W越大，则梁的承载能力就越高。例如对截面高度h大于宽度b的矩形截面梁，梁竖放时$W_1=\frac{1}{6}bh^2$，而梁平放时$W_2=\frac{1}{6}hb^2$，两者之比是$\frac{W_1}{W_2}=\frac{h}{b}>1$，所以竖放比平放有较高的抗弯能力。当截面的形状不同时，可以用比值$\frac{W}{A}$来衡量截面形状的合理性和经济性。常见截面的$\frac{W}{A}$值见表 7-1。

表 7-1 常见截面的 W/A 值

	矩形	圆形	环形	槽钢	工字钢
截面	h b	h	d h 内径$d=0.8h$	h	h
W/A值	$0.167h$	$0.125h$	$0.205h$	$(0.27\sim0.31)h$	$(0.29\sim0.31)h$

表中的数据表明，材料远离中性轴的截面（如圆环形、工字形等）比较经济合理。这是因为弯曲正应力沿截面高度线性分布，中性轴附近的应力较小，该处的材料不能充分发挥作用，将这些材料移置到离中性轴较远处，则可使它们得到充分利用，形成“合理截面”。工程中的吊车梁、桥梁常采用工字形、槽形或箱形截面，房屋建筑中的楼板采用空心圆孔板，道理就在于此。需要指出的是，对于矩形，工字形等截面，增加截面高度虽然能有效地提高抗弯截面系数；但若高度过大，宽度过小，则在荷载作用下梁会发生扭曲，从而使梁过早地丧失承载能力。

对于拉、压许用应力不相等的材料（例如大多数脆性材料），采用T字形等中性轴距上下边不相等的截面较合理。设计时使中性轴靠近拉应力的一侧，以使危险截面上的最大拉应力和最大压应力尽可能同时达到材料的许用应力。

2）用变截面梁。对于等截面梁，除M_{max}所在截面的最大正应力达到材料的许用应力外，其余截面的应力均小于，甚至远小于许用应力。因此，为了节省材料，减轻结构的重量，可在弯矩较小处采用较小的截面，这种截面尺寸沿梁轴线变化的梁称为变截面梁。若使变截面梁每个截面上的最大正应力都等于材料的许用应力，则这种梁称为等强度梁。考虑到加工的经济性及其他工艺要求，工程实际中只能做成近似的等强度梁，例如机械设备中的阶梯轴（图7-26a），工业厂房中的鱼腹梁（图7-26b）及摇臂钻床的摇臂（图7-26c）等。

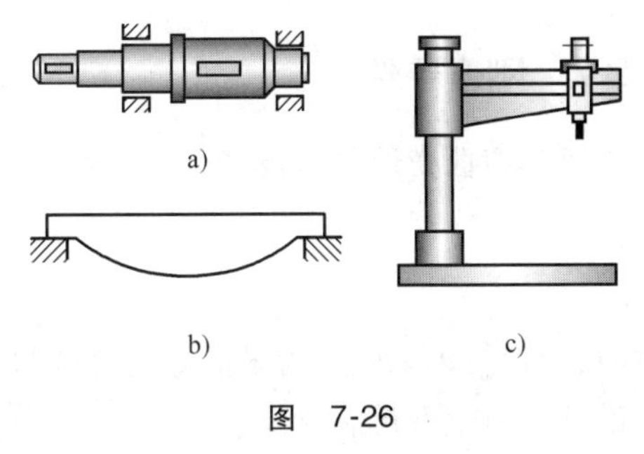

图　7-26

3. 提高材料的力学性能

构件选用何种材料，应综合考虑安全、经济等因素。近年来低合金钢生产发展迅速，如16Mn、15MnTi钢等。这些低合金钢的生产工艺和成本与普通钢相近，但强度高、韧性好。南京长江大桥广泛的采用了16Mn钢，与低碳钢相比节约了15%的钢材。铸铁抗拉强度较低，但价格低廉。铸铁经球化处理成为球墨铸铁后，提高了强度极限和塑性性能。不少工厂用球墨铸铁代替钢材制造曲轴和齿轮，取得了较好的经济效益。

7.8　梁的变形和位移

7.8.1　挠度、转角、挠曲线

梁弯曲时，变形后的轴线称为挠曲轴线，简称**挠曲线**。如图7-27所示，取梁的轴线为x轴，处于挠曲平面内并与x轴相垂直的轴为v轴。

挠曲线上任意点的纵坐标v可以认为就是截面形心的线位移。截面形心垂直于轴线方向的线位移称为挠度。一般来说，挠度是随截面位置而变化的，即挠度v是坐标x的函数

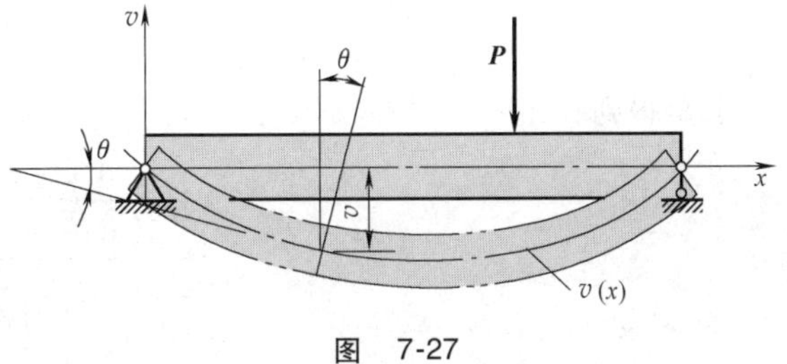

图　7-27

$$v=f(x)$$

上式表示的函数关系称为挠曲线方程。

弯曲变形时，横截面绕中性轴转动，称为角位移。横截面转动的角度，称为转角，用 θ 表示。一般情况下，转角也随截面位置而变化。转角和坐标之间的函数关系为

$$\theta=\theta(x)$$

上式称为转角方程式。

梁弯曲时，若不计剪力影响，横截面在变形后仍保持平面，并仍与挠曲线相正交。所以，横截面的转角 θ 与该截面处挠曲线的倾角相等，在小变形下，倾角 θ 很小，故有

$$\theta\approx\tan\theta=\frac{\mathrm{d}v}{\mathrm{d}x}$$

可见，在小变形下横截面的转角与挠曲线在该截面处的斜率近似相等，即挠曲线方程的一阶导函数为转角方程。

7.8.2 刚度条件

梁的弯曲变形是由挠度与转角这两个量共同描述的，因此梁弯曲的刚度条件可表示为

$$\left.\begin{aligned}|v|_{\max}\leqslant[v]\\|\theta|_{\max}\leqslant[\theta]\end{aligned}\right\}\tag{7-16}$$

式中，$|v|_{\max}$和$|\theta|_{\max}$为梁的最大挠度与最大转角；$[v]$ 与 $[\theta]$ 为许用挠度和许用转角，可从有关设计手册中查得。

7.8.3 挠曲线的近似微分方程

忽略剪力对变形的影响，梁平面弯曲的曲率公式为

$$\frac{1}{\rho}=\frac{M}{EI_z}$$

该式表明纯弯曲梁轴线上任一点的曲率与该点处横截面上的弯矩成正比，而与该截面的抗弯刚度成反比。

若不计剪力对弯曲变形的影响，上式可推广到横力弯曲情况。横力弯曲时，弯矩 M 及曲率半径 ρ 均为坐标 x 的函数，因而梁轴线上任一点的曲率与挠曲线方程之间的关系为

$$\frac{1}{\rho(x)}=\frac{M(x)}{EI_z}\tag{7-17}$$

另一方面，由曲率公式

$$\frac{1}{\rho(x)}=\pm\frac{\dfrac{\mathrm{d}^2v}{\mathrm{d}x^2}}{\left[1+\left(\dfrac{\mathrm{d}v}{\mathrm{d}x}\right)^2\right]^{\frac{3}{2}}}\tag{7-18}$$

于是得到

$$\pm\frac{\dfrac{\mathrm{d}^2v}{\mathrm{d}x^2}}{\left[1+\left(\dfrac{\mathrm{d}v}{\mathrm{d}x}\right)^2\right]^{\frac{3}{2}}}=\frac{M(x)}{EI_z}\tag{7-19}$$

在小变形条件下，$\dfrac{\mathrm{d}v}{\mathrm{d}x}=\theta\ll1$，式（7-19）可简化为

$$\pm\frac{d^2v}{dx^2}=\frac{M(x)}{EI_z} \tag{7-20}$$

在图 7-28 所示的坐标系中，正弯矩对应着$\frac{d^2v}{dx^2}$的正值（图 7-28a），负弯矩对应着$\frac{d^2v}{dx^2}$的负值（图 7-28b），故式（7-20）左边的符号取正值，简化为

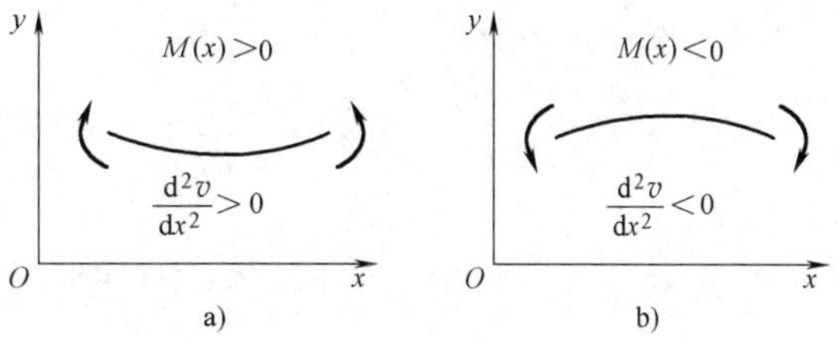

图 7-28

$$\frac{d^2v}{dx^2}=\frac{M(x)}{EI_z} \tag{7-21}$$

式（7-21）称为挠曲线近似微分方程，显然，它仅适用于线弹性范围内的平面弯曲问题。

7.9 梁弯曲变形计算的积分法

将式（7-21）分别对 x 积分一次和二次，便得到梁的转角方程和挠曲线方程，即

$$\theta(x)=\frac{dv(x)}{dx}=\int\frac{M(x)}{EI_z}dx+C \tag{7-22}$$

$$v(x)=\iint\frac{M(x)}{EI_z}dxdx+Cx+D \tag{7-23}$$

式中，C、D 为积分常数，由边界条件和连续条件确定。

对于荷载无突变的情形，梁上的弯矩可以用一个函数来描述，则式（7-22）和式（7-23）中将仅有两个积分常数。确定积分常数时，可以作为定解条件的已知变形条件包括两类：一类是位于梁支座处的截面，其挠度或转角常为零或已知，这类条件称为边界条件；另一类是位于梁的中间截面处，其左右极限截面的挠度与转角均相等，这类条件一般称为光滑、连续条件。一般来说，在梁上总能找出足够的边界条件及光滑、连续条件来确定积分常数。

挠曲线近似微分方程式通解中的积分常数确定以后，就得到了挠曲线方程式，并可得到转角方程。上述求梁变形的方法称为积分法。

【例 7-8】 如图 7-29 所示悬臂梁，在自由端受集中力 F 作用，若梁的抗弯刚度 EI_z 为常量，试求梁的最大挠度与最大转角。

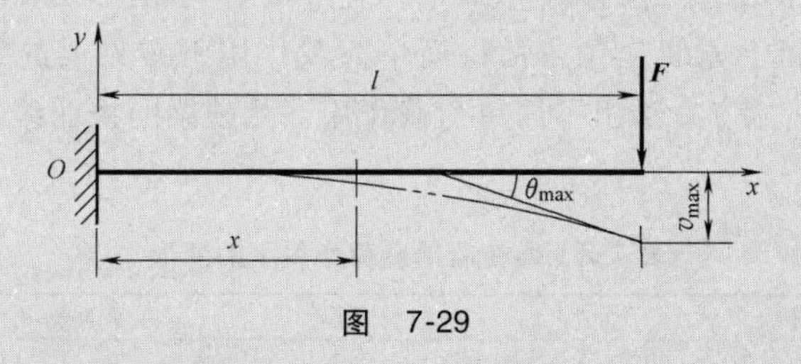

图 7-29

【解】（1）建立挠曲线近似微分方程式 梁弯矩方程为

$$M(x)=-F(l-x)=F(x-l)$$

得挠曲线近似微分方程式

$$\frac{d^2v}{dx^2}=\frac{F(x-l)}{EI_z}$$

（2）积分求通解

$$\theta(x)=\int\frac{F}{EI_z}(x-l)\,\mathrm{d}x=\frac{F}{EI_z}\left(\frac{x^2}{2}-lx\right)+C$$

$$v(x)=\iint\frac{F}{EI_z}(x-l)\,\mathrm{d}x\mathrm{d}x=\frac{F}{EI_z}\left(\frac{x^3}{6}-\frac{lx^2}{2}\right)+Cx+D$$

（3）确定积分常数　由边界条件

$$\theta|_{x=0}=0\qquad v|_{x=0}=0$$

解得

$$C=0\qquad D=0$$

（4）确定转角方程式及挠曲线方程式　将 C、D 代入前式，即得梁的转角方程与挠曲线方程

$$\theta(x)=\frac{F}{EI_z}\left(\frac{x^2}{2}-lx\right)$$

$$v(x)=\frac{F}{EI_z}\left(\frac{x^3}{6}-\frac{lx^2}{2}\right)$$

（5）求最大挠度及最大转角　最大挠度及最大转角发生在自由端。将 $x=l$ 代入，可得

$$\theta_{\max}=-\frac{Fl^2}{2EI_z}$$

$$v_{\max}=-\frac{Fl^3}{3EI_z}$$

7.10　梁弯曲变形计算的叠加法

在材料服从胡克定律和小变形的条件下，导出的挠曲线近似微分方程式是线性方程。根据初始尺寸进行计算，弯矩 $M(x)$ 与外力之间也呈线性关系。因此按式（7-21）求得的挠度以及转角与外力之间也存在线性关系。因此，当梁承受复杂荷载时，可将其分解成几种简单荷载，利用梁在简单荷载作用下的位移计算结果，叠加后得到梁在复杂荷载作用下的挠度和转角，这就是叠加法。工程上方便起见，常将简单荷载作用下常见梁的变形计算结果，制成表格，供实际计算时查用。表7-2给出了简单荷载作用下几种梁的挠曲线方程、最大挠度及端截面的转角。

表7-2　梁在简单载荷作用下的变形

序号	梁的简图	挠曲线方程	端截面转角	最大挠度
1	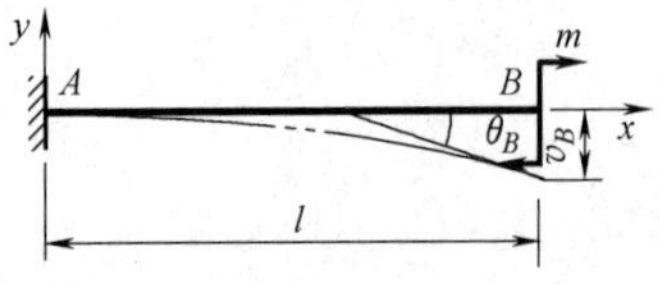 y, A, B, m, θ_B, v_B, x, l	$v=-\frac{mx^2}{2EI}$	$\theta_B=-\frac{ml}{EI}$	$v_B=-\frac{ml^2}{2EI}$

（续）

序号	梁的简图	挠曲线方程	端截面转角	最大挠度
2	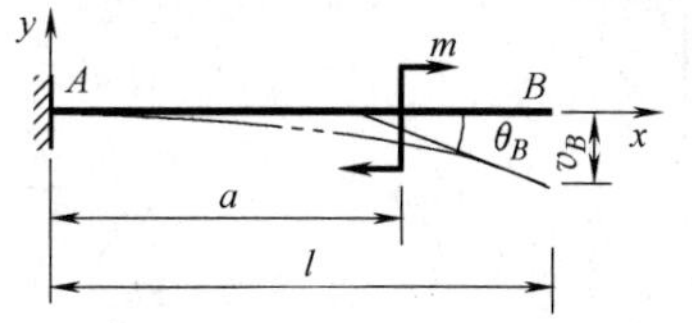	$v=-\frac{mx^2}{2EI}$　$0\leqslant x\leqslant a$ $v=-\frac{ma}{EI}\left[(x-a)+\frac{a}{2}\right]$　$0\leqslant x\leqslant l$	$\theta_B=-\frac{ma}{EI}$	$v_B=-\frac{ma}{EI}\left(l-\frac{a}{2}\right)$
3	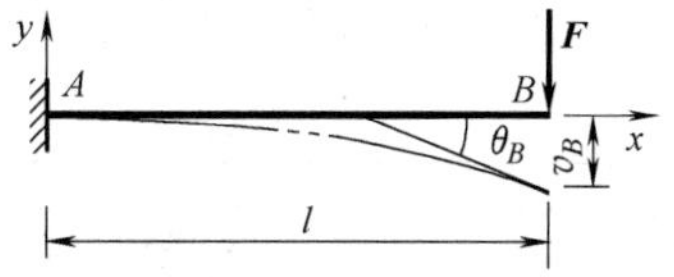	$v=-\frac{Fx^2}{6EI}(3l-x)$	$\theta_B=-\frac{Fl^2}{2EI}$	$v_B=-\frac{Fl^3}{3EI}$
4	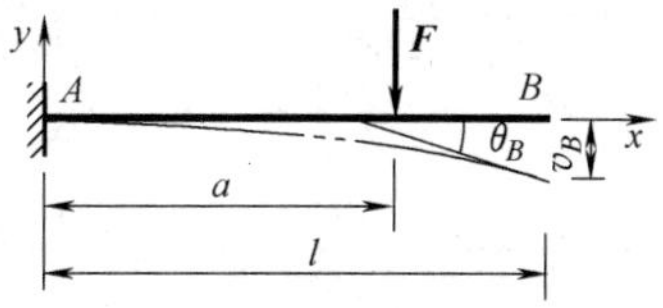	$v=-\frac{Fx^2}{6EI}(3a-x)$　$0\leqslant x\leqslant a$ $v=-\frac{Fa^2}{6EI}(3x-a)$　$a\leqslant x\leqslant l$	$\theta_B=-\frac{Fa^2}{2EI}$	$v_B=-\frac{Fa^2}{6EI}(3l-a)$
5	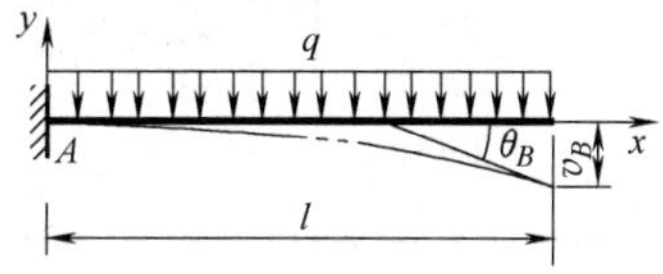	$v=-\frac{qx^2}{24EI}(x^2-4lx+6l^2)$	$\theta_B=-\frac{ql^3}{6EI}$	$v_B=-\frac{ql^4}{8EI}$
6	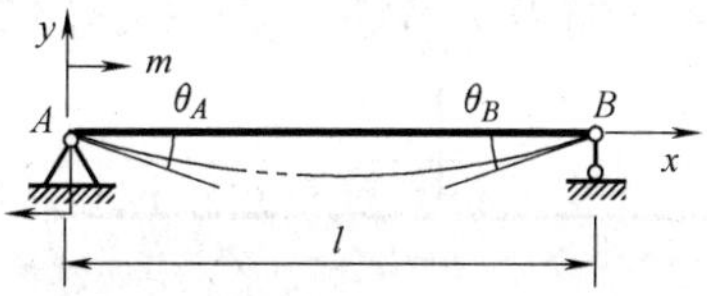	$v=-\frac{mx}{6EIl}(l-x)(2l-x)$	$\theta_A=-\frac{ml}{3EI}$ $\theta_B=-\frac{ml}{6EI}$	在 $x=\left(1-\frac{1}{\sqrt{3}}\right)l$ 处， $v_{\max}=-\frac{ml^2}{9\sqrt{3}EI}$； 在 $x=\frac{l}{2}$ 处，$v_{\frac{l}{2}}=-\frac{ml^2}{16EI}$
7	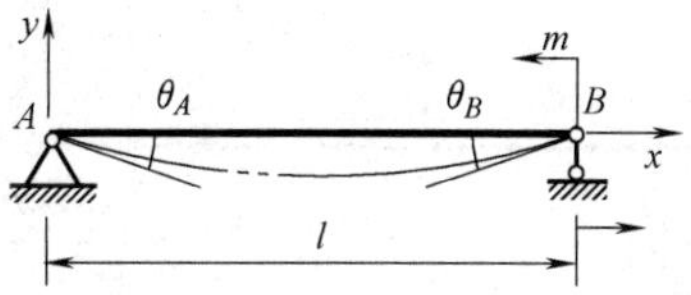	$v=-\frac{mx}{6EIl}(l^2-x^2)$	$\theta_A=-\frac{ml}{6EI}$ $\theta_B=\frac{ml}{3EI}$	在 $x=\frac{l}{\sqrt{3}}$ 处，$v_{\max}=-\frac{ml^2}{9\sqrt{3}EI}$； 在 $x=\frac{l}{2}$ 处，$v_{\frac{l}{2}}=-\frac{ml^2}{16EI}$
8	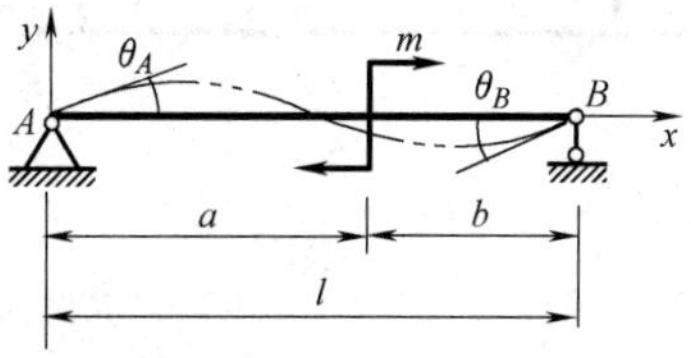	$v=\frac{mx}{6EIl}(l^2-3b^2-x^2)$ $0\leqslant x\leqslant a$ $v=\frac{m}{6EIl}[-x^3+3l(x-a)^2+(l^2-3b^2)x]$　$a\leqslant x\leqslant l$	$\theta_A=\frac{m}{6EIl}(l^2-3b^2)$ $\theta_B=\frac{m}{6EIl}(l^2-3a^2)$	
9	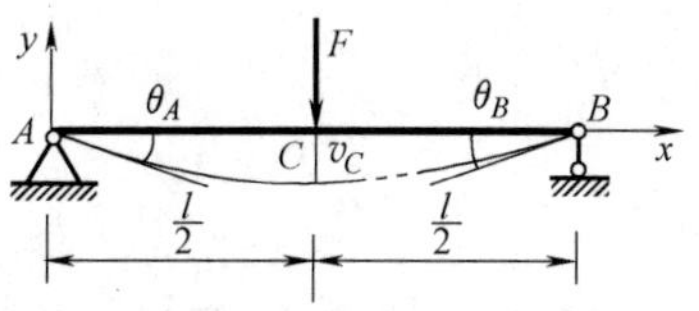	$v=-\frac{Fx}{48EI}(3l^2-4x^2)$ $0\leqslant x\leqslant\frac{l}{2}$	$\theta_A=-\theta_B=-\frac{Fl^2}{16EI}$	$v_C=-\frac{Fl^3}{48EI}$

（续）

序号	梁的简图	挠曲线方程	端截面转角	最大挠度
10		$v=-\frac{Fbx}{6EIl}(l^2-x^2-b^2)$ $0\leqslant x\leqslant a$ $v=-\frac{Fb}{6EIl}\left[\frac{l}{b}(x-a)^3+(l^2-b^2)x-x^3\right]$ $a\leqslant x\leqslant l$	$\theta_A=-\frac{Fab(l+b)}{6EIl}$ $\theta_B=\frac{Fab(l+a)}{6EIl}$	设 $a>b$ 在 $x=\sqrt{\frac{l^2-b^2}{3}}$ 处， $v_{\max}=-\frac{Fb(l^2-b^2)^{3/2}}{9\sqrt{3}EIl}$； 在 $x=\frac{l}{2}$ 处，$v_{\frac{l}{2}}=-\frac{Fb(3l^2-4b^2)}{48EI}$
11		$v=-\frac{qx}{24EI}(l^3-2lx^2+x^3)$	$\theta_A=-\theta_B=-\frac{ql^3}{24EI}$	$v_C=-\frac{5ql^4}{384EI}$
12		$v=\frac{Fax}{6EIl}(l^2-x^2)$ $0\leqslant x\leqslant l$ $v=-\frac{F(x-l)}{6EI}[a(3x-l)-(x-l)^2]$ $l\leqslant x\leqslant(l+a)$	$\theta_A=-\frac{1}{2}\theta_B=\frac{Fal}{6EI}$ $\theta_C=-\frac{Fa}{6EI}\cdot(2l+3a)$	$v_C=-\frac{Fa^2}{3EI}(l+a)$

【例 7-9】 如图 7-30a 所示一简支梁，受集中力 F 及均布荷载 q 作用。已知抗弯刚度为 EI_z，$F=ql/4$。试用叠加法求梁 C 点的挠度。

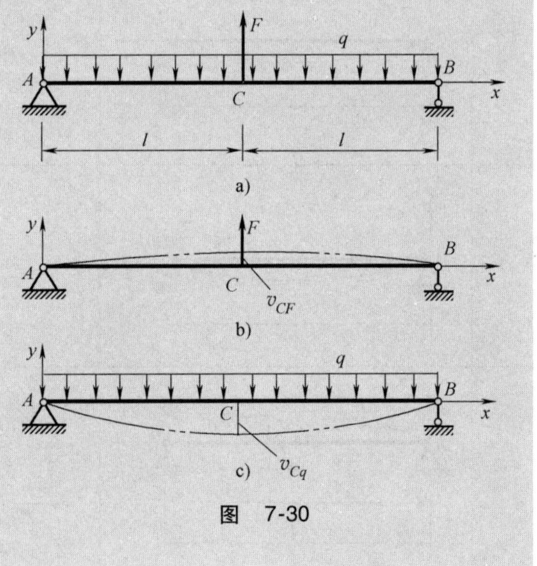

图 7-30

【解】 把梁所受荷载分解为只受集中力 F 及只受均布荷载 q 的两种情况，如图 7-30b 和图 7-30c 所示。

由表 7-2 查得集中力 F 引起 C 点挠度为

$$v_{CF}=\frac{F(2l)^3}{48EI_z}=\frac{ql^4}{24EI_z}$$

均布荷载 q 引起 C 点挠度为

$$v_{Cq}=-\frac{5q(2l)^4}{384EI_z}=-\frac{5ql^4}{24EI_z}$$

梁在 C 点的挠度等于以上两挠度的代数和

$$v_C=v_{CF}+v_{Cq}=\frac{ql^4}{24EI_z}-\frac{5ql^4}{24EI_z}=-\frac{ql^4}{6EI_z}$$

习　题

一、选择题

1. 在推导弯曲正应力公式 $\sigma=My/I_z$ 时，由于做了“纵向纤维互不挤压”假设，以下说法正确的是（　　）。

A. 保证法向内力系的合力 $F_N = \int_A \sigma \mathrm{d}A = 0$

B. 使正应力的计算可用单向拉压胡克定律

C. 保证梁为平面弯曲

D. 保证梁的横向变形为零

2. 在推导梁平面弯曲的正应力公式 $\sigma = My/I_z$时，不必要的假设是（　　）。

A. $\sigma \leqslant \sigma_p$　　B. 平面假设

C. 材料拉压时弹性模量相同　　D. 材料的 $[\sigma_t] = [\sigma_c]$

3. 由梁弯曲的平面假设，由变形几何关系得到的结果是（　　）。

A. 中性轴通过截面形心　　B. $1/\rho = M/(EI_z)$

C. $\varepsilon = y/\rho$　　D. 梁只产生平面弯曲

4. 如图 7-31 所示，受力情况相同的三种等截面梁，它们分别由整块材料或两块材料并列或两块材料叠合（未粘接）组成。若用 $(\sigma_{max})_1$、$(\sigma_{max})_2$、$(\sigma_{max})_3$分别表示这三种梁中横截面上的最大正应力，则下列结论中正确的是

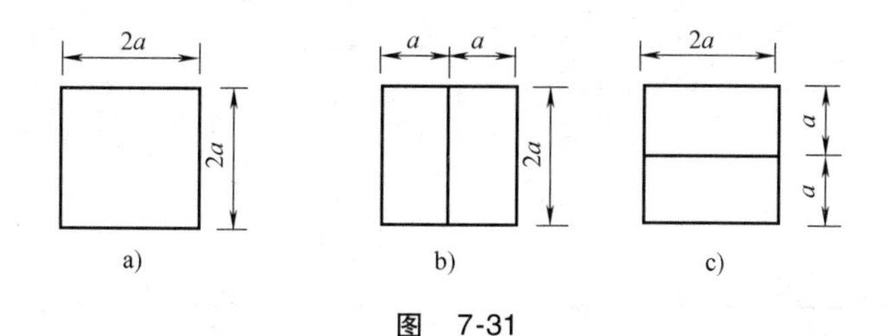

图 7-31

A. $(\sigma_{max})_1 < (\sigma_{max})_2 < (\sigma_{max})_3$　　B. $(\sigma_{max})_1 = (\sigma_{max})_2 < (\sigma_{max})_3$

C. $(\sigma_{max})_1 < (\sigma_{max})_2 = (\sigma_{max})_3$　　D. $(\sigma_{max})_1 = (\sigma_{max})_2 = (\sigma_{max})_3$

二、填空题

1. 有一直径为 d 的钢丝，绕在直径为 D 的圆筒上，钢丝仍处于弹性范围。此时钢丝的最大弯曲正应力 σ_{max}=________；为了减小弯曲应力，应________钢丝的直径。

2. 图 7-32 所示简支梁的 EI 已知，如在梁跨中作用一集中力 F，则中性层在 A 处的曲率半径 ρ=________。

3. 如图 7-33 所示，将厚度为 2mm 的钢直尺与一曲面密实接触，已知测得钢直尺 A 点处的应变为−1/1000，则该曲面在 A 点处的曲率半径为________ mm。

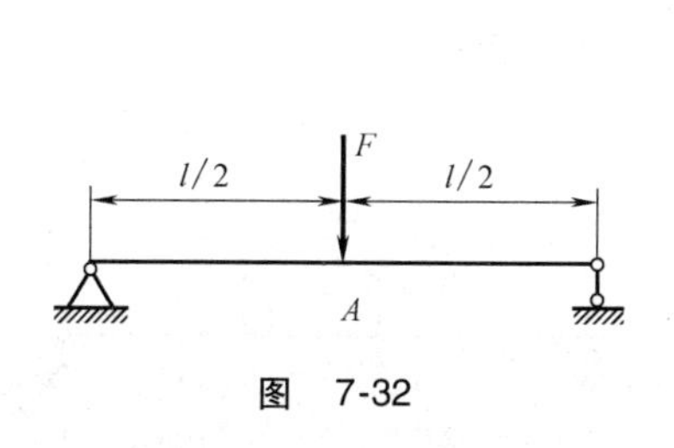

图 7-32

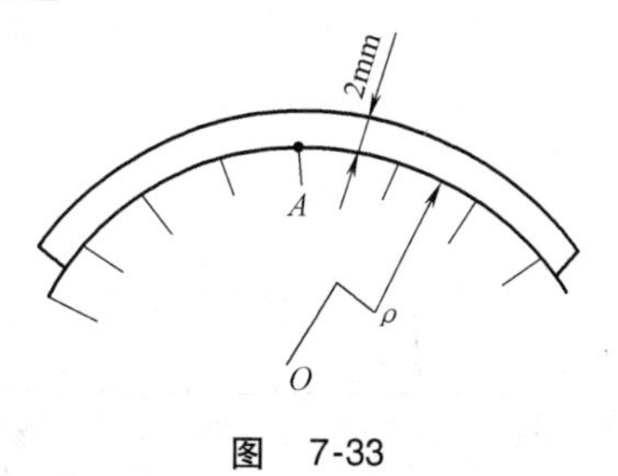

图 7-33

4. 用矩形梁的剪应力公式 $\tau = \dfrac{F_Q S_z^*}{I_z b}$计算图 7-34 所示截面 AB 线上各点的 τ 时，式中 S_z^* 是面积________或面积________的负值对中性轴 z 的静矩。

5. 如图 7-35 所示，铸铁 T 形截面梁的许用应力分别为许用拉应力 $[\sigma_t]=50\text{MPa}$，许用压应力 $[\sigma_c]=200\text{MPa}$。则上下边缘距中性轴的合理比值 $y_1/y_2=$________。（C 为形心）

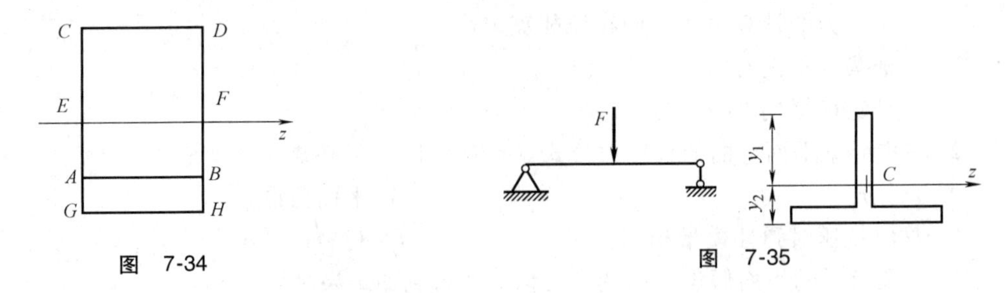

图 7-34

图 7-35

三、计算题

1. 试求图 7-36 所示各梁指定截面上的剪力和弯矩（q、a 均为已知）。

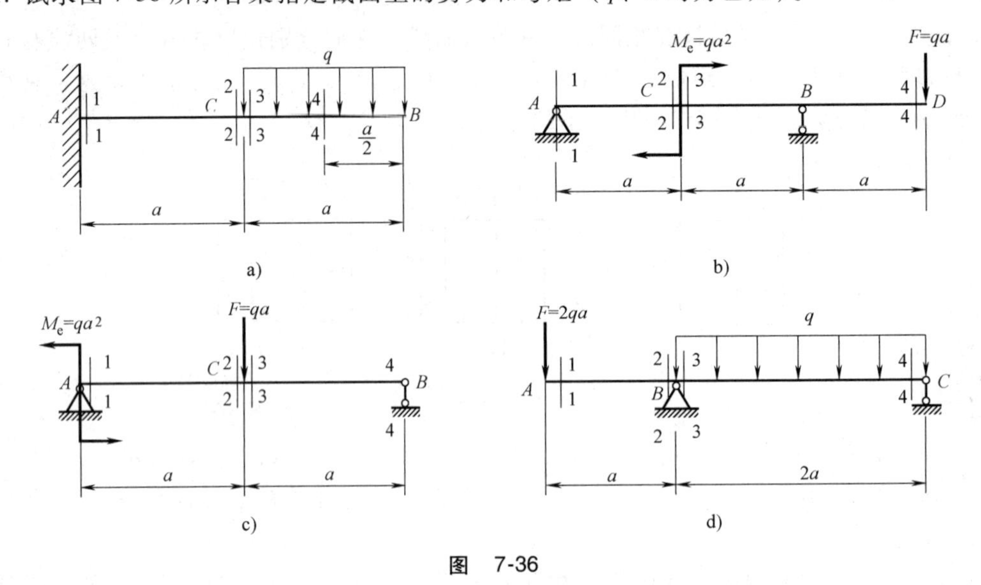

图 7-36

2. 试建立图 7-37 所示各梁的剪力方程和弯矩方程，绘制剪力图和弯矩图，并求出 $|F_S|_{max}$ 和 $|M|_{max}$（q，l，M，a 为已知）。

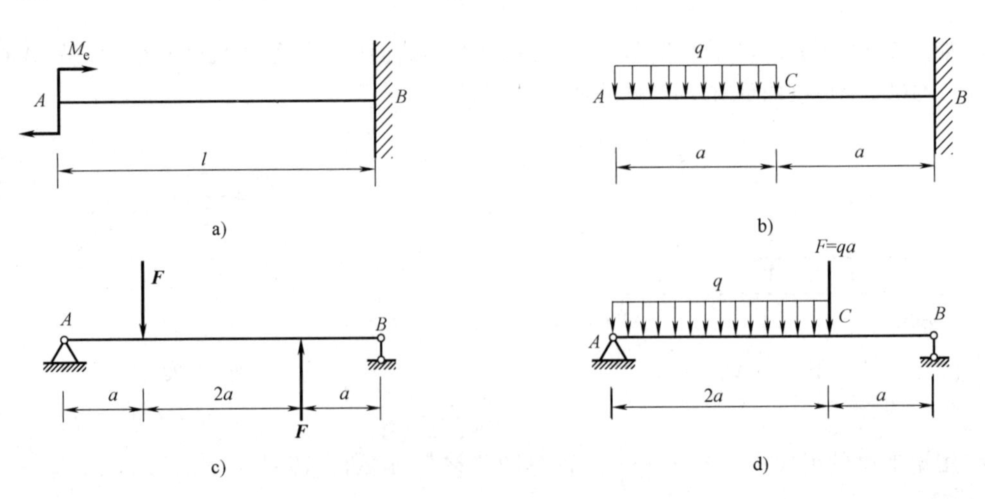

图 7-37

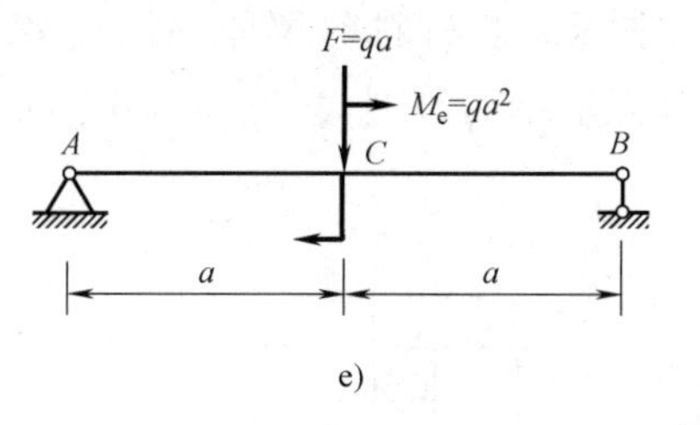

e)

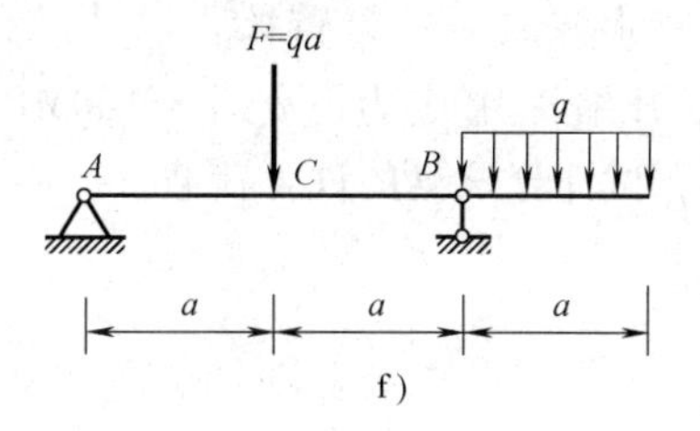

f)

图 7-37（续）

3. 利用弯矩、剪力与分布荷载集度之间的微分关系和规律，作出图 7-38 所示各梁的剪力图和弯矩图，并求$|F_S|_{max}$和$|M|_{max}$（q、l、M、a 为已知）。

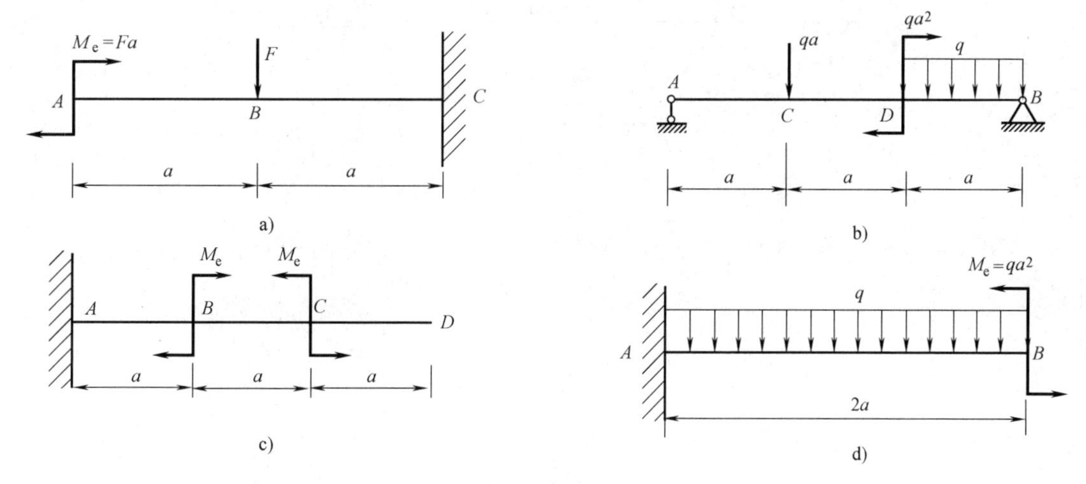

图 7-38

4. 矩形截面悬臂梁如图 7-39 所示，已知 $l=4\text{m}$，$\dfrac{b}{h}=\dfrac{2}{3}$，$q=10\text{kN/m}$，$[\sigma]=10\text{MPa}$。试确定此梁横截面的尺寸。

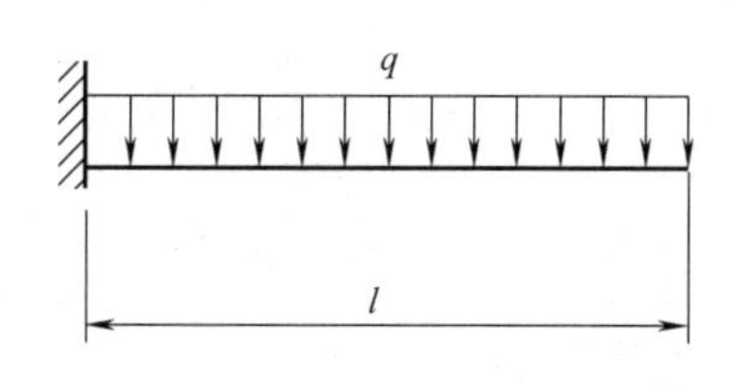

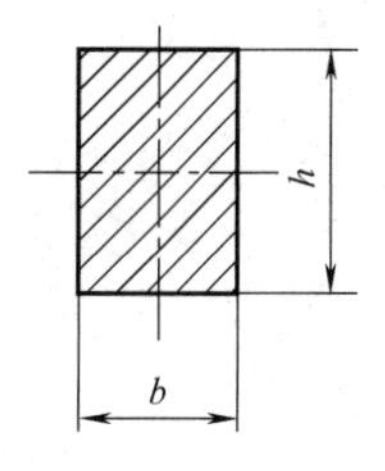

图 7-39

5. 20a 工字钢梁的支承和受力情况如图 7-40 所示。若 $[\sigma]=160\text{MPa}$，试求许可荷载 F。

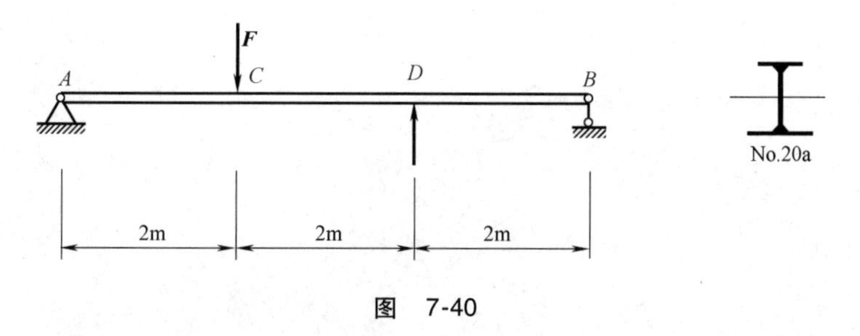

图 7-40

6. ⊥形截面铸铁悬臂梁，尺寸及荷载如图 7-41 所示。若材料的拉伸许用应力 $[\sigma_t]=40\text{MPa}$，压缩许用应力 $[\sigma_c]=160\text{MPa}$，截面对形心轴 z_C 的惯性矩 $I_{zC}=10180\text{cm}^4$，$h_1=9.64\text{cm}$，试计算该梁的许可荷载 F。

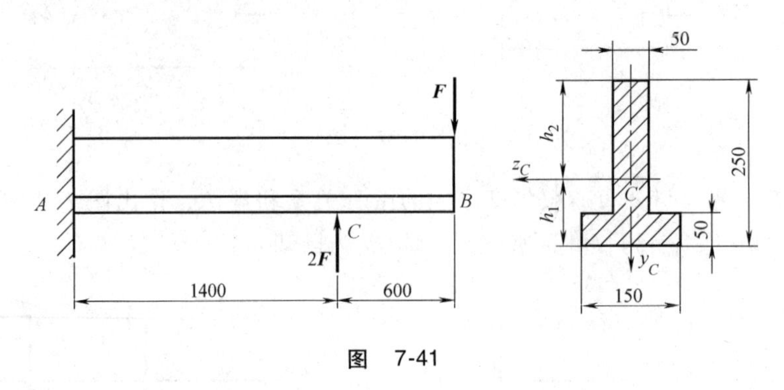

图 7-41

第 8 章　应力状态分析和强度理论

8.1　应力状态的概念

8.1.1　一点的应力状态及表示法

前面各章知识表明，受力构件内同一截面上不同点的应力一般是不同的，通过同一点不同（方向）截面上应力也是不同的。例如，图 8-1 所示弯曲梁中 A、B 两点分别在两个截面上，其应力是不同的。同一截面上的各点，如 B、C 两点的应力也是不同的。即使是同一点，不同方向的应力也是不同的。

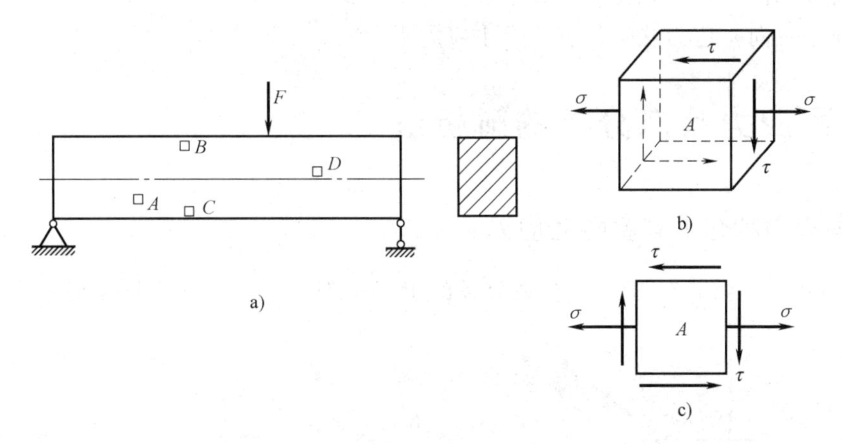

图　8-1

一点处的**应力状态**是指通过一点不同截面上的应力情况，或指所有方位截面上应力的集合。应力分析就是研究这些不同方位截面上应力随截面方向的变化规律。一点处的应力状态可用围绕该点截取的**微单元体**（微正六面体）上三对互相垂直微面上的应力情况来表示。微正六面体如图 8-2 所示。

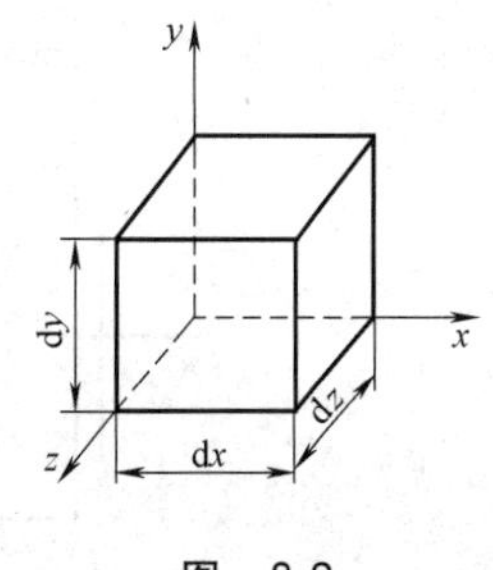

图　8-2

微单元体表示应力状态的**特点如下**：根据材料的均匀连续假设，微元体（代表一个材料点）各微面上的应力均匀分布，相互平行的两个侧面上应力大小相等、方向相反，互相垂直的两个侧面上剪应力服从剪切互等关系。例如为研究图 8-1a 所示弯曲梁中 A 点的应力状态，可从梁内围绕 A 点取出单元体，其左、右侧截面为梁在 A 点处的横截面，横截面上该点的正应力和切应力可根据梁的应力计算公式求得，由此可确定出 A 点的应力单元，如图 8-1b 所示。单元体的上、下侧面上的应力由切应力互等定理确定，前、后侧面上的应力为零，故可将图 8-1b 所示单元体简化成图 8-1c 所示平面图形。仅在单元体的四个侧面上作用有应力，且其作用线均平行于单元体的不受力的表面，这称为平面应力状态。研究 A 点处的应力状态，就转化为研究 A 点处单元体各个斜截面上的应力情况。

一般情况下，受力构件内截面上的一点处既有正应力，又有切应力，若对这类点的应力进行强度计算，则不能分别按正应力和切应力来建立强度条件，而需要综合考虑正应力和切应力的影响。应力状态分析就是要研究杆件中某一点各个方向上的应力之间的关系，确定该点处的最大正应力和最大切应力，从而为在各种应力状态下的强度计算提供必要的基础。

8.1.2 主平面与主应力

从前面的应力状态可以发现剪应力 $\tau=0$ 的截面上，正应力有特征值。我们把剪应力 $\tau=0$ 的截面称为主平面，把主平面上的正应力称为主应力。可以证明，任意应力状态总可以找到三个主平面及相对应的三个主应力 σ_1、σ_2、σ_3，且规定三个主应力按代数值排列有 $\sigma_1 \geqslant \sigma_2 \geqslant \sigma_3$。

8.1.3 应力状态分类

按主应力存在的情况，将应力状态分为三类：

1）单向应力状态，只有一个主应力不为零。

2）平面（二向）应力状态，有二个主应力不为零。

3）空间（三向）应力状态，有三个主应力不为零。

8.2 平面应力状态分析的解析法

8.2.1 平面应力状态下斜截面上应力

平面应力状态如图 8-3a 所示，应力分量的下标记为：第一个下标指作用面（以其外法线

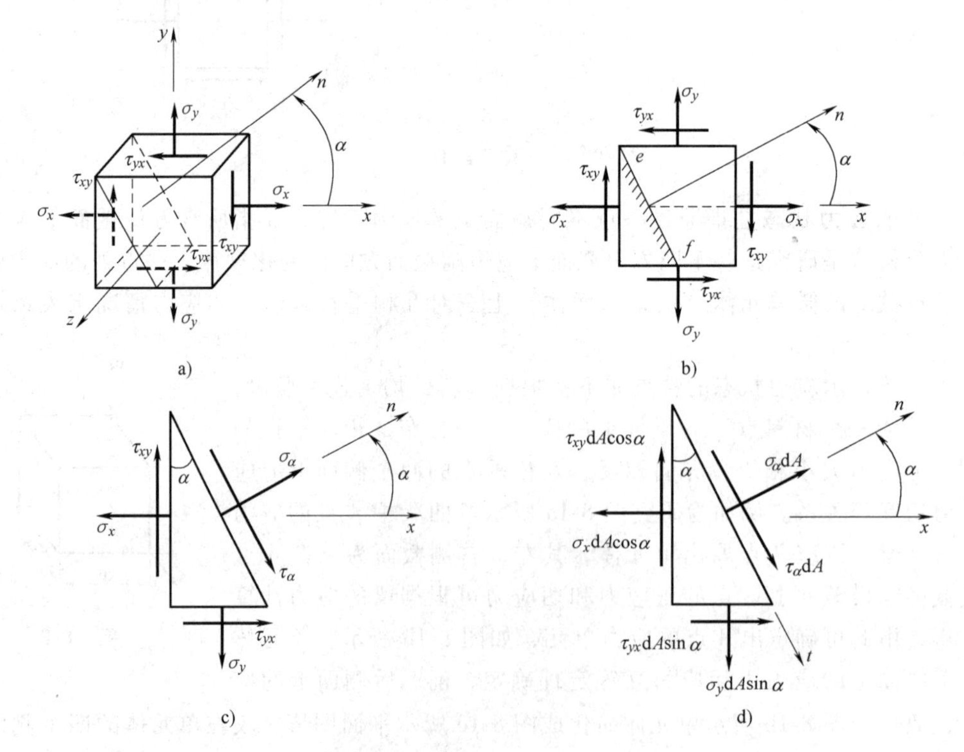

图 8-3

方向表示），第二个下标指作用方向。由剪应力互等定理有 $\tau_{xy}=\tau_{yx}$。空间应力状态中，z 方向的应力分量全部为零，或只存在作用于 xy 平面内的应力分量 σ_x、σ_y、τ_{xy}、τ_{yx}，而且 $\tau_{xy}=\tau_{yx}$。

正负号规定：正应力以拉应力为正，压为负；剪应力以对微元体内任意一点取矩为顺时针者为正，反之为负。并规定倾角 α 自 x 轴开始逆时针转向斜截面外法线者为正，反之为负。

平面应力状态如图 8-3b 所示，已知 σ_x、σ_y、τ_{xy}、τ_{yx}，可应用截面法求该单元体任一斜截面上的应力。用斜截面将单元体切开，取图 8-3c 所示分离体为研究对象，设斜截面面积为 $\mathrm{d}A$，根据单元体的平衡，沿斜截面的法线和切线方向力的平衡条件：

$$\sum F_{\mathrm{n}\alpha}=0 \quad 和 \quad \sum F_{\mathrm{t}\alpha}=0$$

可求得斜截面上应力 σ_α、τ_α：

$$\begin{aligned}\sigma_\alpha&=\sigma_x\cos^2\alpha+\sigma_y\sin^2\alpha-\tau_{xy}\cdot 2\sin\alpha\cos\alpha\\&=\frac{(\sigma_x+\sigma_y)}{2}+\frac{(\sigma_x-\sigma_y)}{2}\cos2\alpha-\tau_{xy}\sin2\alpha\end{aligned}\tag{8-1a}$$

$$\begin{aligned}\tau_{xy}&=(\sigma_x-\sigma_y)\sin\alpha\cos\alpha+\tau_{xy}(\cos^2\alpha-\sin^2\alpha)\\&=\frac{(\sigma_x-\sigma_y)}{2}\sin2\alpha+\tau_{xy}\cos2\alpha\end{aligned}\tag{8-1b}$$

8.2.2　正应力极值——主应力

根据（8-1a）式，由求极值条件 $\frac{\mathrm{d}\sigma_\alpha}{\mathrm{d}\alpha}=0$，得

$$-(\sigma_x-\sigma_y)\sin2\alpha-2\tau_{xy}\cos2\alpha=\tau_\alpha=0$$

即

$$\tan2\alpha_0=-\frac{2\tau_{xy}}{\sigma_x-\sigma_y}\tag{8-2a}$$

α_0 为 σ_α 取极值时的 α 角，应有 α_0 和 $\alpha_0+90°$ 两个解。将相应值 $\sin2\alpha_0$、$\cos2\alpha_0$ 分别代入式（8-1a）和式（8-1b），即得

$$\sigma_{\substack{极大\\极小}}=\frac{(\sigma_x+\sigma_y)}{2}\pm\sqrt{\left(\frac{\sigma_x-\sigma_y}{2}\right)^2+\tau_{xy}^2}\tag{8-2b}$$

$$\tau_{\alpha_0}=\tau_{\alpha_0+90°}=0\tag{8-2c}$$

当倾角 α 转到 α_0 和 $\alpha_0+90°$ 面时，对应有 σ_{α_0}、$\sigma_{\alpha_0+90°}$，其中有一个为极大值，另一个为极小值；而此时 τ_{α_0}、$\tau_{\alpha_0+90°}$ 均为零。可见在正应力取极值的截面上剪应力为零。

正应力取极值的面（或剪应力为零的面）即为主平面，正应力的极值称主应力，对平面一般应力状态通常有两个非零主应力——$\sigma_{极大}$、$\sigma_{极小}$，故也称平面应力状态为二向应力状态。

8.2.3　剪应力极值——主剪应力

根据式（8-1b）及取极值条件 $\frac{\mathrm{d}\tau_\alpha}{\mathrm{d}\alpha}=0$，可得

$$\tan2\alpha_0^*=\frac{\sigma_x-\sigma_y}{2\tau_{xy}}\tag{8-3a}$$

α_0^* 为 τ_α 取极值时的 α 角，应有 α_0^*、$\alpha_0^*+90°$ 两个解。将相应值 $\sin2\alpha_0^*$、$\cos2\alpha_0^*$ 分别代

入式（8-1b），即得

$$\tau_{\substack{\text{极大}\\\text{极小}}}=\pm\sqrt{\left(\frac{\sigma_x-\sigma_y}{2}\right)^2+\tau_{xy}^2}=\pm\frac{1}{2}(\sigma_{\text{极大}}-\sigma_{\text{极小}}) \tag{8-3b}$$

当倾角 α 转到 α_0^* 和 $\alpha_0^*+90°$ 面时，对应有 $\tau_{\text{极大}}$、$\tau_{\text{极小}}$，且二者大小均为 $\frac{1}{2}$（$\sigma_{\text{极大}}-\sigma_{\text{极小}}$），方向相反，体现了剪应力互等定理。剪应力取极值的面称为主剪平面，该剪应力称为主剪应力。注意到

$$\tan2\alpha_0^*\cdot\tan2\alpha_0=-1$$

则 $$2\alpha_0^*=2\alpha_0\pm90° \quad 或 \quad \alpha_0^*=\alpha_0\pm45°$$

因而主剪平面与主平面呈±45°夹角。

当单元体的三个主应力按代数值排列为 $\sigma_1\geqslant\sigma_2\geqslant\sigma_3$ 时，可以证明，单元体上最大、最小切应力的数值等于最大主应力与最小主应力之差的一半。最大切应力的计算公式为

$$\tau_{\max}=\tau_{13}=\frac{\sigma_1-\sigma_3}{2} \tag{8-4}$$

【例 8-1】 构件中一点的应力状态如图 8-4 a 所示，试求：①斜截面上的应力 $\sigma_{30°}$、$\tau_{45°}$；②主应力和主平面的位置；③最大切应力。

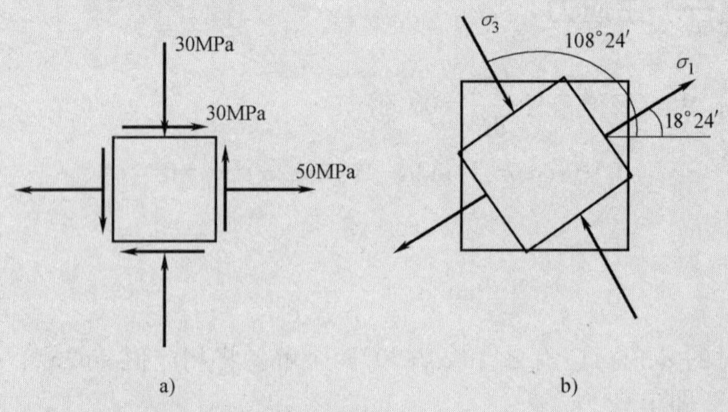

图 8-4

【解】 首先取坐标系，确定单元体上相应的应力值 $\sigma_x=50\text{MPa}$，$\sigma_y=-30\text{MPa}$，$\tau_{xy}=-30\text{MPa}$。

（1）计算斜截面上的应力 按式（8-1a），得

$$\sigma_{30°}=\frac{50\text{MPa}+(-30\text{MPa})}{2}+\frac{50\text{MPa}-(-30\text{MPa})}{2}\cos(2\times30°)-(-30\text{MPa})\sin(2\times30°)=56\text{MPa}$$

为拉应力。

按式（8-1b）得

$$\tau_{45°}=\frac{50\text{MPa}-(-30\text{MPa})}{2}\sin(2\times45°)+(-30\text{MPa})\cos(2\times45°)=40\text{MPa}$$

为顺时针作用。

（2）计算主应力和主平面的位置 按式（8-2b），得

$$\sigma_{\text{极大}}=\frac{50\text{MPa}+(-30\text{MPa})}{2}+\sqrt{\left[\frac{50\text{MPa}-(-30\text{MPa})}{2}\right]^2+(-30\text{MPa})^2}=60\text{MPa}$$

$$\sigma_{极小}=\frac{50\text{MPa}+(-30\text{MPa})}{2}-\sqrt{\left[\frac{50\text{MPa}-(-30\text{MPa})}{2}\right]^2+(-30\text{MPa})^2}=-40\text{MPa}$$

已知 $\sigma'=0$，按代数值排列有

$$\sigma_1=\sigma_{极大}=60\text{MPa}\quad \sigma_2=0\quad \sigma_3=\sigma_{极小}=-40\text{MPa}$$

按式（8-2a）有

$$\tan2\alpha_0=\frac{-2\times(-30\text{MPa})}{50\text{MPa}-(-30\text{MPa})}=\frac{3}{4}$$

$$\alpha_0=18°24'\quad \alpha_0'=108°24'$$

主应力方位如图 8-4b 所示。

（3）计算最大切应力　按式（8-4），得

$$\tau_{max}=\sqrt{\left[\frac{50\text{MPa}-(-30\text{MPa})}{2}\right]^2+(-30\text{MPa})^2}=50\text{MPa}$$

8.3　强度理论的概念

不同材料在同一环境及加载条件下对“破坏”（或称为失效）具有不同的抵抗能力。例如常温、静载条件下，低碳钢的拉伸破坏表现为塑性屈服失效，具有屈服极限 σ_s；铸铁破坏表现为脆性断裂失效，具有抗拉强度 σ_b。

同一材料在不同环境及加载条件下也表现出对失效的不同抵抗能力。例如常温、静载条件下，圆柱形铸铁试件受压时，不是出现脆性断口，而是在出现塑性变形后，沿斜截面剪断；圆柱形铸铁试件受扭时，沿 45°方向拉断。

对于简单的基本变形的应力状态，可直接通过相应的试验确定危险应力，考虑安全系数后，已建立起其强度条件为

$$\sigma\leqslant[\sigma]\ 或\ \tau\leqslant[\tau]$$

可见，其强度是完全建立在试验基础上的。

实际构件危险点往往处于复杂应力状态下，σ_1、σ_2、σ_3可以是任意的，完全用试验方法确定复杂应力状态破坏原因，建立其强度条件是难以实现的。所以解决这类问题，一般是依据部分试验结果，采用判断推理的方法，推测材料在复杂应力状态破坏的原因，从而建立其强度条件。这种关于材料强度破坏决定因素的各种假说，称为强度理论。

建立常温静载一般复杂应力状态下的弹性失效准则——强度理论的基本思想是：

1）确认引起材料失效存在共同的力学原因，提出关于这一共同力学原因的假设。

2）根据实验室中标准试件在简单受力情况下的破坏试验（如拉伸），建立起材料在复杂应力状态下共同遵循的弹性失效准则和强度条件。

实际上，当前工程上常用的经典强度理论都按脆性断裂和塑性屈服两类失效形式，分别提出共同力学原因的假设。

8.4　经典强度理论

8.4.1　最大拉应力理论（第一强度理论）

最大拉应力理论也称第一强度理论，它认为最大拉应力是引起材料发生脆性断裂的决定因

素。即认为无论是什么应力状态，只要最大拉应力 σ_1 达到简单拉伸时的危险应力值 σ_b，材料就发生断裂。根据这一理论，可得最大拉应力断裂准则，即

$$\sigma_1=\sigma_b$$

将危险应力 σ_b 除以安全因数得许用拉应力 $[\sigma_t]$，所以按第一强度理论建立的强度条件为

$$\sigma_1\leqslant[\sigma] \tag{8-5}$$

最大拉应力断裂准则虽然只突出 σ_1 而未考虑 σ_2、σ_3 的影响，但与铸铁，工具钢，工业陶瓷等多数脆性材料的试验结果较符合特别适用于拉伸型应力状态（如 $\sigma_1\geqslant\sigma_2>\sigma_3=0$），以及混合型应力状态中拉应力占优者（$\sigma_1>0$，$\sigma_3<0$，但 $|\sigma_1|>|\sigma_3|$）。

8.4.2　最大伸长线应变理论（第二强度理论）

最大伸长线应变理论，也称第二强度理论，它认为最大伸长线应变是引起材料发生脆性断裂的决定因素。即认为无论是什么应力状态，只要最大伸长应变 ε_1 达到简单拉伸时的危险应变值 ε_b，材料就发生断裂。根据这一理论，可得最大伸长线应变断裂准则，该准则推导如下：

$$\varepsilon_1=\varepsilon_b=\frac{\sigma_b}{E}$$

将广义胡克定律

$$\varepsilon_1=\frac{1}{E}[\sigma_1-\upsilon(\sigma_2+\sigma_3)]$$

代入上式，得最大伸长线应变断裂准则为

$$\sigma_1-\upsilon(\sigma_2+\sigma_3)=\sigma_b$$

将危险应力 σ_b 除以安全因数得许用拉应力 $[\sigma_t]$，所以按第二强度理论建立的强度条件为

$$\sigma_1-\upsilon(\sigma_2+\sigma_3)\leqslant[\sigma] \tag{8-6}$$

最大伸长线应变断裂准则虽然考虑了 σ_2、σ_3 的影响，但只与石料、混凝土等少数脆性材料的试验结果较符合，与铸铁在混合型压应力占优的应力状态下（$\sigma_1>0$，$\sigma_3<0$，$|\sigma_1|<|\sigma_3|$）的试验结果也较符合。

8.4.3　最大剪应力理论（第三强度理论）

最大剪应力理论，也称第三强度理论，它认为最大剪应力是引起材料发生塑性屈服的决定因素。即认为无论是什么应力状态，只要最大剪应力 τ_{max} 达到简单拉伸时的危险应力值 τ_s，材料就发生塑性屈服。根据这一理论，可得最大剪应力屈服准则，该准则推导如下：

$$\tau_{max}=\tau_s$$

任意应力状态下

$$\tau_{max}=\frac{\sigma_1-\sigma_3}{2}$$

简单拉伸屈服试验中的剪切抗力为

$$\sigma_1=\sigma_s\quad\sigma_2=\sigma_3=0\quad\tau_s=\frac{\sigma_s}{2}$$

于是最大剪应力屈服准则为

$$\sigma_1-\sigma_3=\sigma_s$$

将危险应力 σ_b 除以安全因数得许用应力［σ］，所以按第三强度理论建立的强度条件为

$$\sigma_1-\sigma_3\leqslant[\sigma] \tag{8-7}$$

最大剪应力屈服准则虽然只考虑了最大主剪应力 $\tau_{max}=\tau_{13}$，而未考虑其他两个主剪应力 τ_{12}、τ_{32} 的影响，但与低碳钢、铜、软铝等塑性较好材料的屈服试验结果符合较好，并可用于

像硬铝那样塑性变形较小、无颈缩的材料的剪切破坏。但二向、三向拉伸应力状态时此准则不适用。此准则也称为特雷斯卡（Tresca）屈服准则。

8.4.4　形状改变比能理论（第四强度理论）

形状改变比能理论，也称第四强度理论，它认为形状改变比能是引起材料发生塑性屈服的决定因素。即认为无论是什么应力状态，只要形状改变比能 u_f 达到简单拉伸时的危险值 $(u_f)_u$，则材料就发生塑性屈服。根据这一理论，可得形状改变比能屈服准则，该准则推导如下：

$$u_f=(u_f)_u$$

任意应力状态改变比能屈服为

$$u_f=\frac{1+v}{6E}[(\sigma_1-\sigma_2)^2+(\sigma_2-\sigma_3)^2+(\sigma_3-\sigma_1)^2]$$

简单拉伸屈服试验中的相应临界值为

$$(u_f)_u=\frac{1+v}{6E}\cdot 2\sigma_s^2$$

则形状改变比能准则为

$$\sqrt{\frac{1}{2}[(\sigma_1-\sigma_2)^2+(\sigma_2-\sigma_3)^2+(\sigma_3-\sigma_1)^2]}=\sigma_s$$

将危险应力 σ_s 除以安全因数得许用应力 $[\sigma]$，所以按第四强度理论建立的强度条件为

$$\sqrt{\frac{1}{2}[(\sigma_1-\sigma_2)^2+(\sigma_2-\sigma_3)^2+(\sigma_3-\sigma_1)^2]}\leqslant[\sigma] \tag{8-8}$$

形状改变比能屈服准则既突出了最大主剪应力对塑性屈服的作用，又适当考虑了其他两个主剪应力的影响，它与塑性较好材料的试验结果比第三强度理论符合得更好。但二向、三向拉伸应力状态时此准则不适用。此准则也称为米泽斯（Mises）屈服准则。由于机械、动力行业遇到的荷载往往较不稳定，因而较多地采用偏于安全的第三强度理论；土建行业的荷载往往较为稳定，因而较多地采用第四强度理论。

各强度条件准则表达式（8-5）至式（8-8）不等式左端是复杂应力状态下三个主应力的组合值。不同的准则具有不同的组合值，它是与复杂应力状态危险程度相当的单轴拉应力值，此组合值称为相当应力。

还应该指出，同一种材料，在不同应力状态作用下，也可以发生不同形式的破坏。例如：脆性材料在三向（均匀）压应力作用下，呈现塑性特征，应按第三或第四强度理论进行分析；而塑性材料在三向（均匀）拉应力作用下，呈现脆性特征，应按第一度理论进行分析。

习　　题

一、选择题

1. 关于图 8-5 所示梁上 a 点的应力状态，正确的是（　　）。

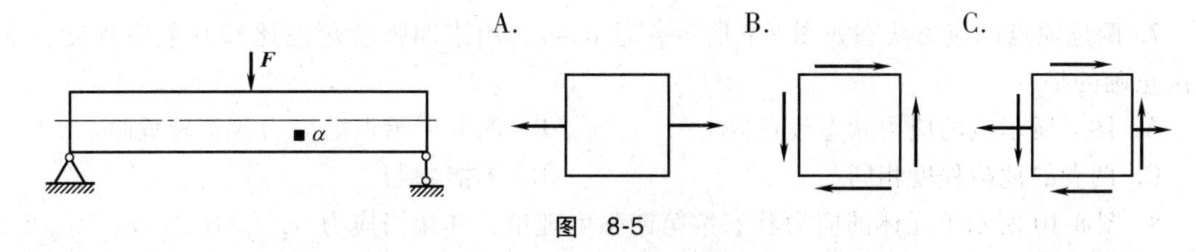

图　8-5

2. 对于图 8-6a～c 所示三种应力状态之间的关系，正确的是（　　）。

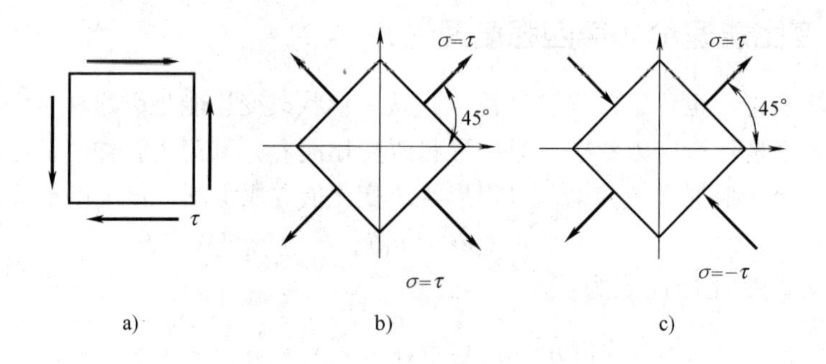

图 8-6

A. 三种应力状态均相同　　B. 三种应力状态均不同

C. 图 b 和图 c 所示应力状态相同　　D. 图 a 和图 c 所示应力状态相同

3. 关于图 8-7 所示单元体属于的应力状态，正确的是（　　）。

A. 单向应力状态　　B. 二向应力状态

C. 三向应力状态　　D. 纯剪应力状态

4. 三向应力状态中，若三个主应力相等，则三个主应变为（　　）。

A. 等于零　　B. $(1-2\upsilon)\sigma/E$

C. $3(1-2\upsilon)\sigma/E$　　D. $(1-2\upsilon)\sigma^2/E$

5. 点在三向应力状态中，若 $\sigma_3=\upsilon(\sigma_1+\sigma_2)$，则 ε_3 的表达式为（　　）。

A. σ_3/E　　B. $\upsilon(\varepsilon_1+\varepsilon_2)$

C. 0　　D. $-\upsilon(\sigma_1+\sigma_2)/E$

6. 图 8-8 所示应力状态，按第三强度理论校核，强度条件为（　　）。

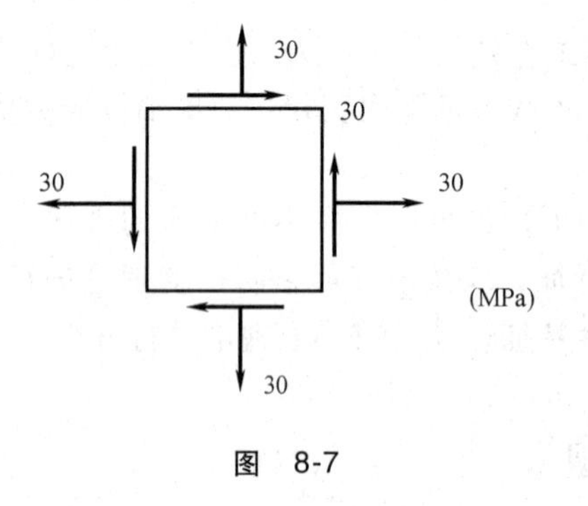

图 8-7

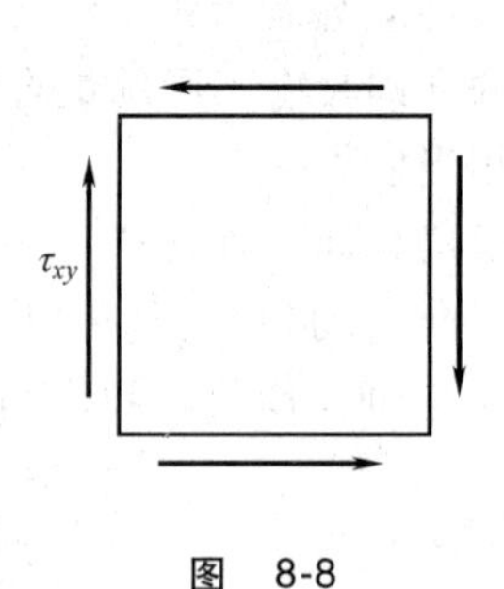

图 8-8

A. $\tau_{xy}\leqslant[\sigma]$　　B. $\sqrt{2}\ \tau_{xy}\leqslant[\sigma]$

C. $-\sqrt{2}\ \tau_{xy}\leqslant[\sigma]$　　D. $2\tau_{xy}\leqslant[\sigma]$

7. 两危险点的应力状态如图 8-9 所示，且 $\sigma=\tau$，用第四强度理论比较其危险程度，下列说法正确的是（　　）。

A. 图 a 所示点的应力状态较危险　　B. 图 b 所示点的应力状态较危险

C. 两者的危险程度相同　　D. 不能判断

8. 图 8-10 所示单元体的应力状态按第四强度理论，其相当应力 σ_{r_4} 为（　　）。

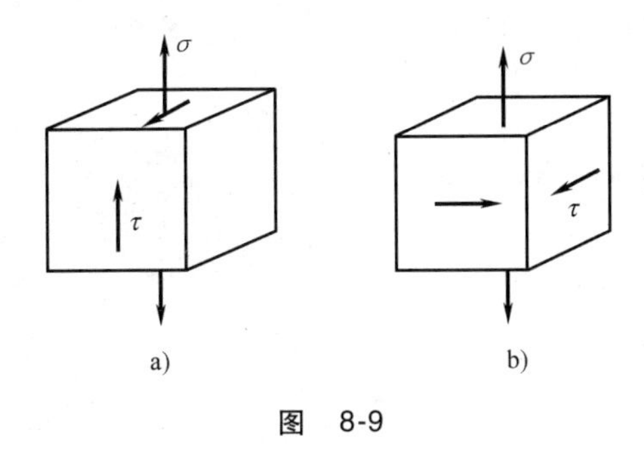

图　8-9

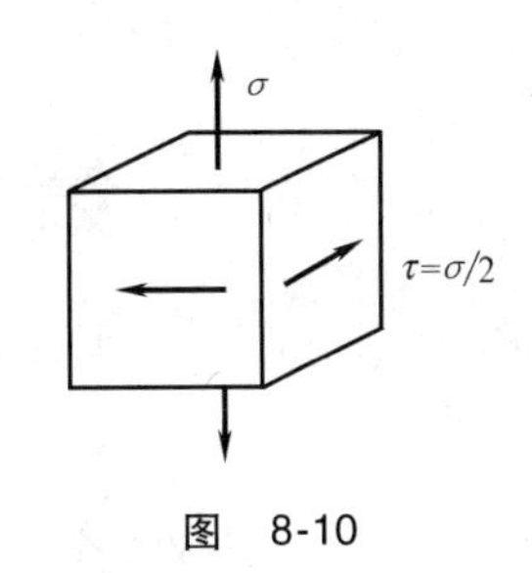

图　8-10

A. $3\sigma/2$　　　　B. 2σ

C. $\sqrt{7}\sigma/2$　　　　D. $\sqrt{5}\sigma/2$

二、填空题

1. 图 8-11 所示梁的 A、B、C、D 四点中，单向应力状态的点是____，纯剪应力状态的点是____，在任何截面上应力均为零的点是____。

2. A、B 两点的应力状态如图 8-12 所示，已知两点处的主拉应力 σ_1 相同，则 B 点处的 τ_{xy} =____。

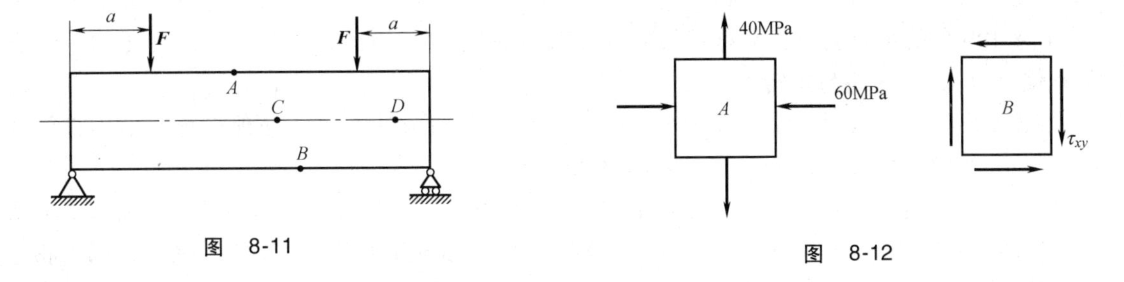

图　8-11　　　　图　8-12

3. 某点的应力状态如图 8-13 所示，则主应力为：σ_1 =____；σ_2 =____；σ_3 =____。

4. 图 8-14 所示单元体的最大剪应力 $\tau_{\max}$ =________。

图　8-13　　　　图　8-14

5. 按第三强度理论计算图 8-15 所示单元体的相当应力 σ_{r_3} =________。

三、计算题

从低碳钢零件中某点处取出一单元体，其应力状态如图 8-16 所示，单元体上的应力为σ_α = 60MPa，σ_β = −80MPa（$\beta=\alpha+90°$），τ_α = −40 MPa。试按第三、四强度理论计算单元体的相当应力。

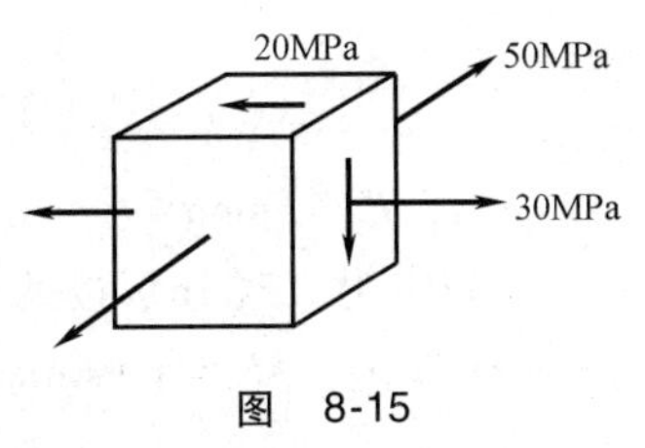

图　8-15

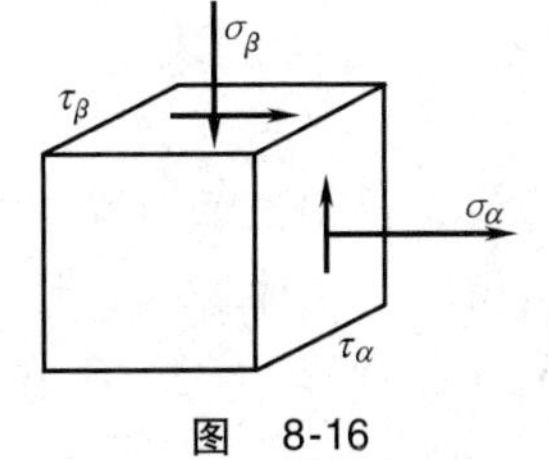

图　8-16

第9章 组合变形

9.1 组合变形的概念

前面几章研究了构件的基本变形：轴向拉（压）、扭转和平面弯曲。要使构件只产生一种基本变形，荷载在构件上的作用位置应符合一定的条件。例如要使构件只产生轴向拉伸（压缩）变形，作用于其上的外力或其合力的作用线必须与杆的轴线相重合；欲使构件只产生平面弯曲变形，作用于其上的外力必须在构件的一个纵向对称平面或形心主轴平面之内。但是，对于某些构件，荷载的作用位置是由实际工作需要决定的，荷载的位置并不一定符合只产生一种基本变形的条件，因而构件受到荷载作用后可能同时产生几种基本变形，这称为组合变形。

工程中常见的组合变形种类有：斜弯曲（双向平面弯曲组合）；弯曲与拉伸（压缩）组合（包括偏心拉压）；弯曲与扭转组合。

组合变形类型的判别方法有外力分解方法和内力分析方法两种。处理组合变形构件的内力、应力和变形（位移）问题时，可以运用基于叠加原理的叠加法。

叠加原理：如果内力、应力、变形等与外力呈线性关系，则在小变形条件下，复杂受力情况下组合变形构件的内力、应力、变形等力学响应可以分成几个基本变形单独受力情况下相应力学响应的叠加，且与各单独受力的加载次序无关。

9.2 斜弯曲

图9-1a所示构件具有两个对称面（y、z为对称轴），横向荷载F通过截面形心与y轴呈α夹角，现按叠加法介绍求解梁内最大弯曲正应力的解法与步骤如下：

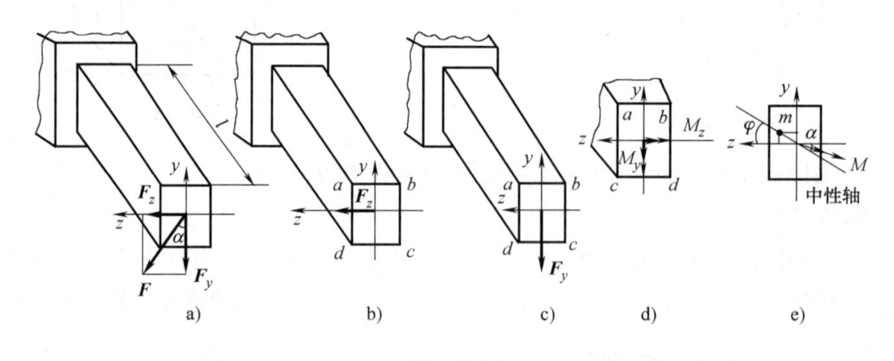

图 9-1

1）将荷载F沿横截面对称轴分解为F_y、F_z，则有$F_y=F\cos\alpha$，$F_z=F\sin\alpha$。

2）得到相应的几种基本变形形式，分别计算可能危险点上的应力。现分别按两个平面弯曲（图9-1b，c）计算。F_y、F_z在危险面（固定端）处分别有弯矩：$M_y=(F\sin\alpha)l$，$M_z=$

$(F\cos\alpha)l$（图 9-1d）。M_y作用下产生以 y 轴为中性轴的平面弯曲，bc 与 ad 边上分别产生最大拉应力与最大压应力，其值为

$$\sigma'_{\max}=\pm\frac{M_y}{W_y}=\pm\frac{6Fl\sin\alpha}{b^2h} \tag{a}$$

M_z作用下产生以 z 轴为中性轴的平面弯曲，ab 与 cd 边上分别产生最大拉应力与最大压应力，其值为

$$\sigma''_{\max}=\pm\frac{M_z}{W_z}=\pm\frac{6Fl\cos\alpha}{bh^2} \tag{b}$$

3）由叠加法得组合变形情况下危险点的应力。同一点同一截面上的正应力代数相加，得

$$|\sigma|_{\max}=\frac{M_y}{W_y}+\frac{M_z}{W_z}=\frac{6Fl}{b^2h^2}(h\sin\alpha+b\cos\alpha) \tag{9-1}$$

上述横向荷载 F 构成的弯曲区别于平面弯曲，称为斜弯曲。它有以下两个特点：一是构件的轴线变形后不再是荷载作用平面内的平面曲线，而是一条空间曲线；二是横截面内中性轴不再与荷载作用线垂直，或中性轴不再与弯矩矢量重合（如为实心构件）。如图 9-1e 所示，横截面上任意点 m（y，z）的正应力为

$$\sigma=\sigma'+\sigma''=-\frac{M_y}{I_y}z+\frac{M_z}{I_z}y \tag{9-2}$$

根据中性轴定义，令 $\sigma=0$，即得中性轴位置表达式为

$$\tan\varphi=\frac{y}{z}=\frac{I_zM_y}{I_yM_z}=\frac{I_z}{I_y}\tan\alpha$$

当 $I_z\neq I_y$时，$\varphi\neq\alpha$；对于矩形截面（$h>b$），$I_z>I_y$，则 $\varphi>\alpha$，形成斜弯曲，中性轴与 M 矢量不重合。

当 $I_z=I_y$时（如圆截面），$\varphi=\alpha$，即通过截面形心任意方向的荷载作用均形成平面弯曲。若圆截面直径为 D，则有

$$|\sigma|_{\max}=\frac{M}{W}=\frac{32}{\pi D^3}\sqrt{M_y^2+M_z^2} \tag{9-3}$$

【例 9-1】 矩形截面木檩条如图 9-2a 所示，$b=60\text{mm}$，$h=120\text{mm}$，跨长 $L=3\text{m}$，受集度为 $q=800\text{N/m}$ 的均布力作用，$[\sigma]=120\text{MPa}$，试校核强度。

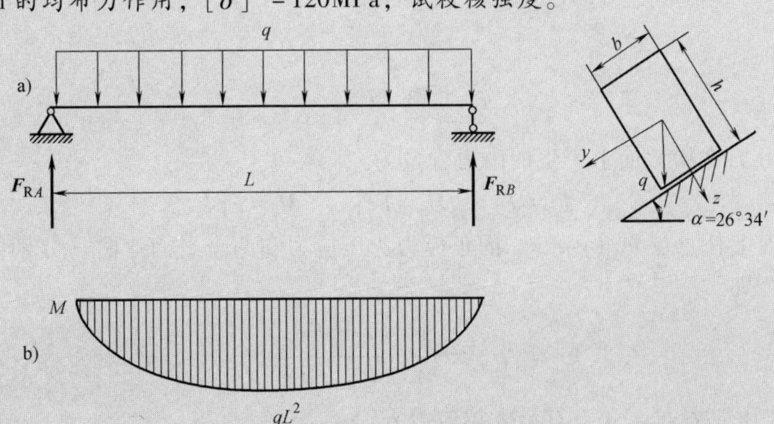

图 9-2

【解】 将 q 向两对称轴分解，分别计算弯矩（图 9-2b），有

$$q_y = q\sin\alpha = 800\text{N/m}\times0.447 = 358\text{N/m} \quad q_z = q\cos\alpha = 800\text{N/m}\times0.894 = 715\text{N/m}$$

$$M_{z\max} = \frac{q_y L^2}{8} = \frac{358\times3^2}{8} = 403\text{N}\cdot\text{m}$$

$$M_{y\max} = \frac{q_z L^2}{8} = \frac{715\times3^2}{8} = 804\text{N}\cdot\text{m}$$

梁发生斜弯曲变形，按式（9-2）计算危险点的应力，得

$$\sigma_{\max} = \frac{M_z}{W_z} + \frac{M_y}{W_y} = \left(\frac{403}{\frac{120\times60^2\times10^{-9}}{6}} + \frac{804}{\frac{60\times120^2\times10^{-9}}{6}}\right)\text{MPa} = 11.2\text{MPa} < [\sigma]$$

檩条安全。

9.3 弯曲与拉伸或压缩的组合变形

以图 9-3a 所示偏心压缩问题为例，可以用上述荷载处理法求危险点应力。将作用于点 A 的偏心荷载 F 向构件轴线（或端面形心 O）平移，得到相应于轴心压缩和两个平面弯曲的外荷载。

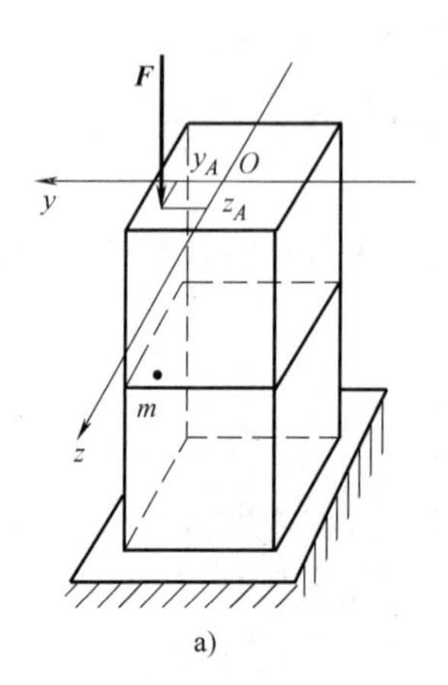

a)

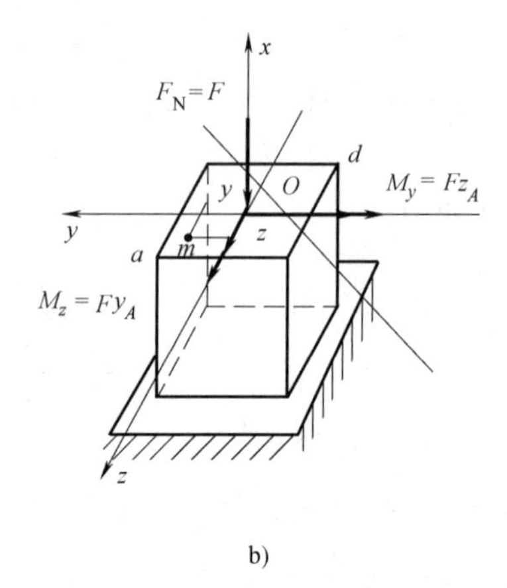

b)

图 9-3

偏心压缩力 F 在横截面上产生的内力分量为

$$F_N = F \qquad M_y = Fz_A \qquad M_z = Fy_A$$

在该横截面上任意点 m（y，z）的正应力为压应力和两个平面弯曲（分别绕 y 轴和 z 轴）正应力的叠加，即

$$\sigma_m = -\frac{F}{A} - \frac{Fz_A z}{I_y} - \frac{Fy_A y}{I_z} \tag{9-4}$$

a 点有最大压应力 σ_a，d 点有最大拉应力 σ_d

$$\sigma_a = \sigma_{\max}^{压} = -\frac{F}{A} - \frac{Fz_A}{W_y} - \frac{Fy_A}{W_z} \tag{9-5a}$$

$$\sigma_d=\sigma_{\max}^{拉}=-\frac{F}{A}+\frac{Fz_A}{W_y}+\frac{Fy_A}{W_z} \tag{9-5b}$$

其中
$$W_y=\frac{I_y}{z_{\max}} \qquad W_z=\frac{I_z}{y_{\max}}$$

【例 9-2】 小型压力机框架如图 9-4a 所示，已知材料 $[\sigma_t]=30\text{MPa}$，$[\sigma_c]=160\text{MPa}$，立柱的截面尺寸如图 9-4b 所示，$I_y=5310\times10^{-8}\text{m}^4$，$z_1=125\text{mm}$，$z_2=75\text{mm}$，$A=15\times10^{-3}\text{m}^2$，试按立柱的强度条件确定许可压力 F。

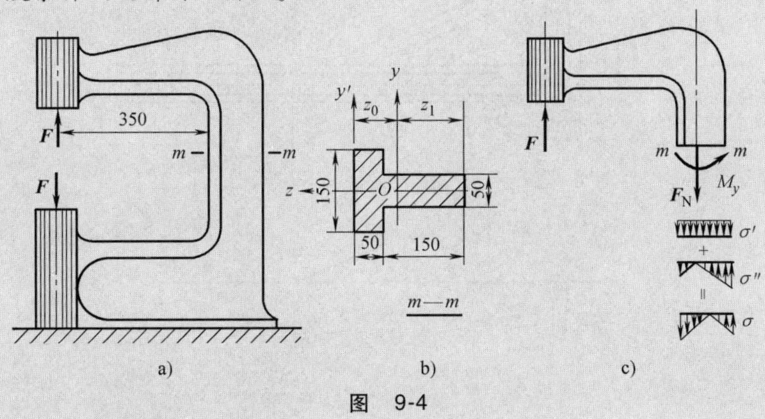

图 9-4

【解】 由截面法求立柱截面上的内力，得

$$\sum F_y=0 \qquad F_N=F$$

$$\sum M_z=0 \qquad M_z=(350\text{mm}+75\text{mm})\times10^{-3}F=425\times10^{-3}\text{m}\cdot\text{F}$$

变形特征为偏心拉伸，首先进行基本变形的应力计算

轴力 F_N 作用时有
$$\sigma'=\frac{F_N}{A}=\frac{F}{15\times10^{-3}\text{m}^2}$$

弯矩 M 作用时有
$$\sigma''=\frac{M_z}{I_z}y=\frac{F}{15\times10^{-3}\text{m}^2}$$

其中
$$\sigma''_{\text{tmax}}=\frac{425\times10^{-3}\text{m}\times F\times75\times10^{-3}\text{m}}{5310\times10^{-8}\text{m}^4} \qquad \sigma''_{\text{tmax}}=\frac{425\times10^{-3}\text{m}\times F\times125\times10^{-3}\text{m}}{5310\times10^{-8}\text{m}^4}$$

由叠加法可得组合变形时的应力计算公式，有

$$\sigma=\sigma'+\sigma''$$

横截面上应力分布规律如图 9-4c 所示，左右两危险点都是单向应力状态，按简单拉压的强度条件有

$$\sigma_{\text{tmax}}=\frac{F}{15\times10^{-3}\text{m}^2}+\frac{425\times10^{-3}\text{m}\times F\times75\times10^{-3}\text{m}}{5310\times10^{-8}\text{m}^4}\leqslant[\sigma_t]=30\times10^6\text{Pa}$$

得
$$F\leqslant45.1\times10^3\ \text{N}$$

$$\sigma_{\text{cmax}}=\left|\frac{F}{15\times10^{-3}\text{m}^2}-\frac{425\times10^{-3}\text{m}\times F\times125\text{m}\times10^{-3}}{5310\times10^{-8}\text{m}^4}\right|\leqslant[\sigma_c]=160\times10^6\text{Pa}$$

得
$$F\leqslant171.3\times10^3\text{N}$$

取 $F=45.1\text{kN}$。

【例 9-3】 简易起重机如图 9-5a 所示，$F=8\text{kN}$，AB 梁为工字形，材料 $[\sigma]=100\text{MPa}$，试选择工字梁型号。

【解】 移动荷载 F 作用于 B 点时，AB 梁的内力最大，取 AB 梁受力分析如图 9-4b 所示。AB 梁为压缩与弯曲的组合变形。

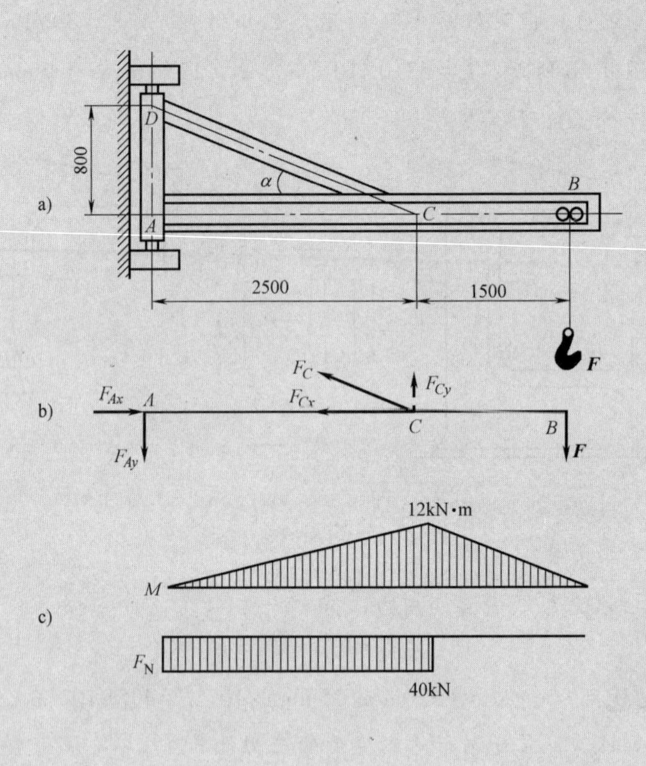

图 9-5

列平衡方程

$$\sum M_A=0 \qquad -4\text{m}\times F+2.5\text{m}\times F_{Cy}=0$$

得

$$F_{Cy}=12.8\text{kN}$$

从而

$$F_C=42\text{kN} \qquad F_{Cx}=40\text{kN}$$

作轴力图和弯矩图（图 9-5c），C 点的左侧截面为危险截面，有

$$F_N=40\text{kN} \qquad M_{\max}=12\text{kN}\cdot\text{m}$$

由于压缩与弯曲的组合变形的强度条件中含有面积 A 和抗弯截面系数 W_z 两个未知量，不能直接求解。按弯曲正应力强度条件

$$\sigma_{M\max}=\frac{M_{\max}}{W_z}\leqslant[\sigma]$$

求得 $W_z=120\times10^{-6}\text{m}^3=120\text{cm}^3$，选取 16 号工字钢。其中 $W_z=141\text{cm}^3$，$A=20.1\text{cm}^2$。再校核强度 $\sigma_{\max}=\left|\dfrac{F_N}{A}+\dfrac{M_{\max}}{W_z}\right|=100.1\text{MPa}>[\sigma]$

因此不安全，但可控制使用。

9.4 弯曲与扭转组合变形的强度计算

以直角曲拐（图 9-6a）为例，分析 AB 段变形形式，建立强度条件。

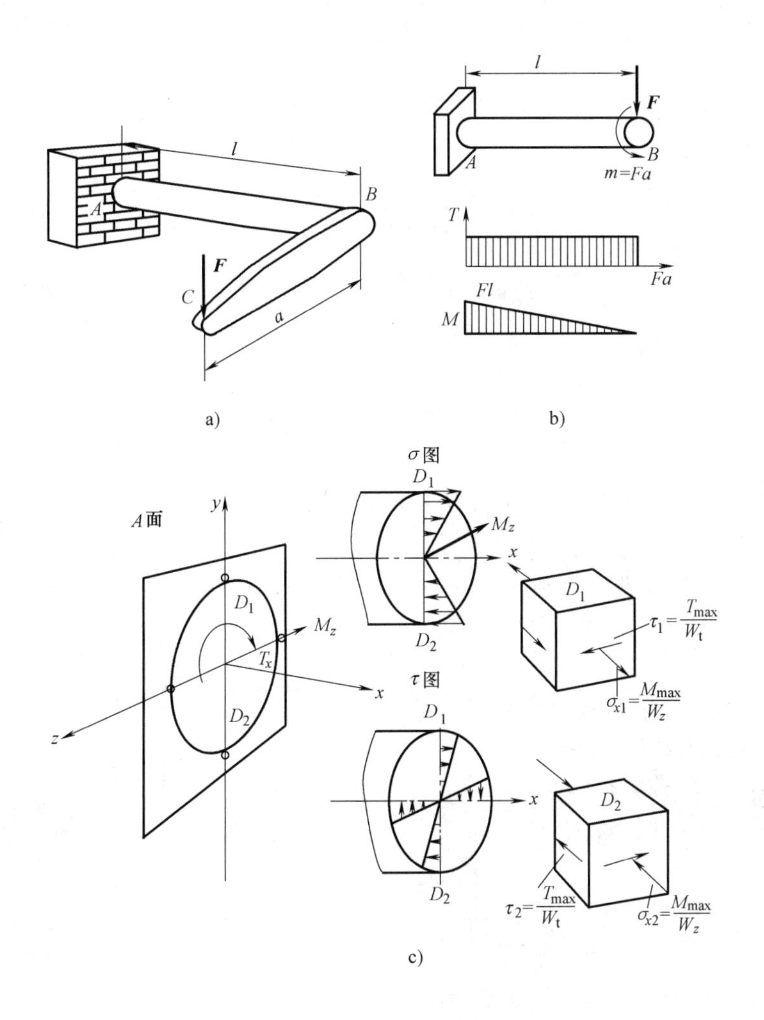

图 9-6

通过外力简化分析可知，AB 段是弯曲与扭转的组合。在计算 AB 段强度时，应首先确定 AB 段的内力分布找出危险截面的位置，作扭矩图和弯矩图如图 9-6b 所示。从图 9-6b 可以看出固定端 A 截面是危险截面，其最大内力为

$$T_{\max}=Fa \qquad M_{\max}=Fl$$

A 截面在弯矩 M_z 作用下，D_1、D_2 两点的正应力最大；在扭矩 T 作用下，截面周边各点扭转剪应力最大；在 D_1、D_2 两点上同时有最大正应力与最大扭转剪应力最大，所以是截面上的危险点，D_1、D_2 两点的应力状态如图 9-7c 所示，其截面上的应力为

$$\sigma=\sigma_{\max}=\frac{M_{\max}}{W_z} \qquad \tau=\tau_{\max}=\frac{T_{\max}}{W_t} \tag{9-6}$$

危险点上有 σ 和 τ 同时作用，必须应用强度理论进行强度分析。如果构件是塑性材料制造的，则可选用第三或第四强度理论进行强度分析，其相当应力为

$$\sigma_{r3}=\sigma_1-\sigma_3\leqslant[\sigma] \tag{9-7a}$$

$$\sigma_{r4}=\sqrt{\frac{1}{2}[(\sigma_1-\sigma_2)^2+(\sigma_2-\sigma_3)^2+(\sigma_3-\sigma_1)^2]}\leqslant[\sigma] \tag{9-7b}$$

D_1、D_2两点的应力状态主应力为

$$\sigma_{1,3}=\frac{\sigma}{2}\pm\sqrt{\left(\frac{\sigma}{2}\right)^2+\tau^2}\qquad \sigma_2=0 \tag{9-8}$$

对塑性材料，可选用第三和第四强度理论，考虑式（b）后

$$\sqrt{\sigma^2+4\tau^2}\leqslant[\sigma] \tag{9-9a}$$

$$\sqrt{\sigma^2+3\tau^2}\leqslant[\sigma] \tag{9-9b}$$

对直径为 d 的圆截面，有 $W_t=2W$，$W=\frac{\pi}{32}d^3$，考虑式（9-6）后，式（9-9a）、式（9-9b）分别有

$$\frac{1}{W}\sqrt{M^2+T^2}\leqslant[\sigma] \tag{9-10a}$$

$$\frac{1}{W}\sqrt{M^2+0.75T^2}\leqslant[\sigma] \tag{9-10b}$$

【例 9-4】 绞车如图 9-7a 所示，已知：轮盘半径 $R=0.2\text{m}$，轴直径 $d=40\text{mm}$，材料的许用应力 $[\sigma]=80\text{MPa}$。试按第三强度理论求许可荷载。

【解】 1）内力分析确定组合变形类型，作扭矩图和弯矩图如图 9-7b 所示。

2）确定危险截面在 B 点右侧面，有 $T_{max}=FR=0.2\text{m}\cdot\text{F}$，$M_{max}=FL/4=0.25\text{m}\cdot\text{F}$

3）按第三强度理论 $\frac{1}{W}\sqrt{M_{max}^2+T_{max}^2}\leqslant[\sigma]$，将相关数据代入上式，有 $\frac{F\sqrt{0.25^2+0.2^2}}{\frac{\pi\times40^3\times10^{-9}}{32}}\leqslant80\times10^6$，求得 $F\leqslant1570\text{N}$。

取 $F=1570\text{N}$。

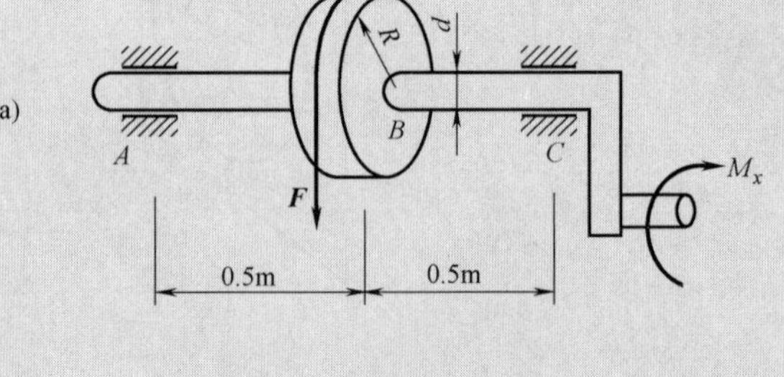

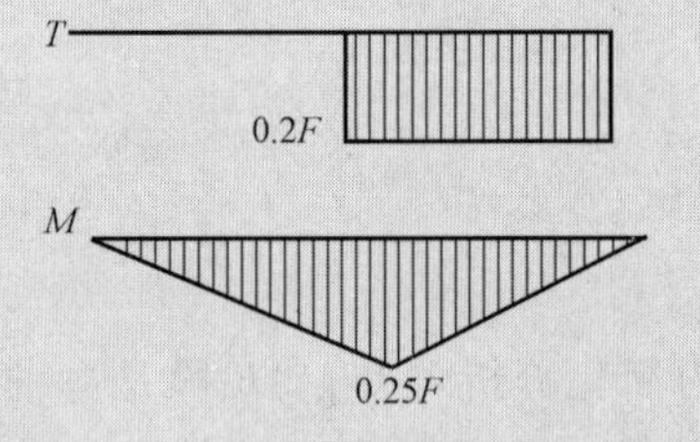

图 9-7

习　　题

一、选择题

1. 三种受压杆件如图 9-8 所示，设杆 1、杆 2 和杆 3 中的最大压应力（绝对值）分别用

σ_{max1}、σ_{max2}和σ_{max3}表示，它们之间的关系正确的是（　　）。

A. $\sigma_{max1}<\sigma_{max2}<\sigma_{max3}$　　B. $\sigma_{max1}<\sigma_{max2}=\sigma_{max3}$

C. $\sigma_{max1}<\sigma_{max3}<\sigma_{max2}$　　D. $\sigma_{max1}=\sigma_{max3}<\sigma_{max2}$

2. 图 9-9 所示结构，其中 AD 杆发生的变形为（　　）。

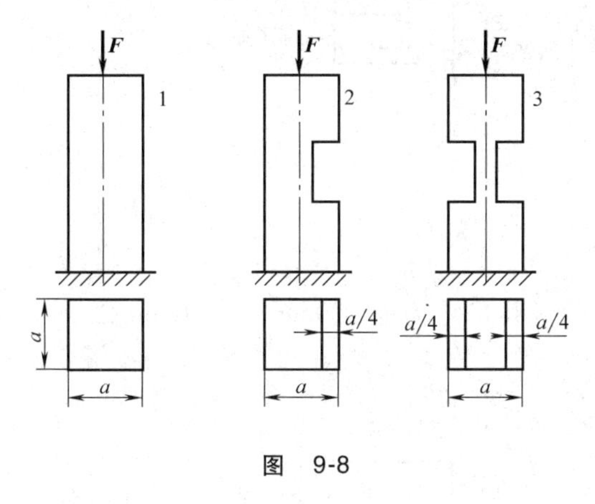

图　9-8

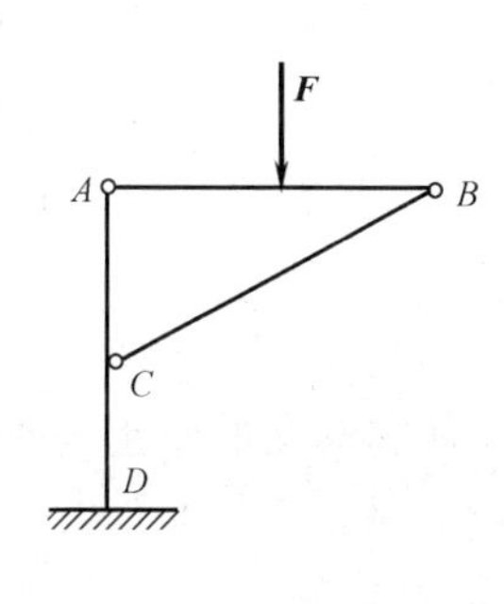

图　9-9

A. 弯曲变形　　B. 压缩变形

C. 弯曲与压缩的组合变形　　D. 弯曲与拉伸的组合变形

3. 图 9-10 所示圆截面空间折杆，该杆各段的变形形式：AB 段为（　　）；BC 段为（　　）；CD 段为（　　）。

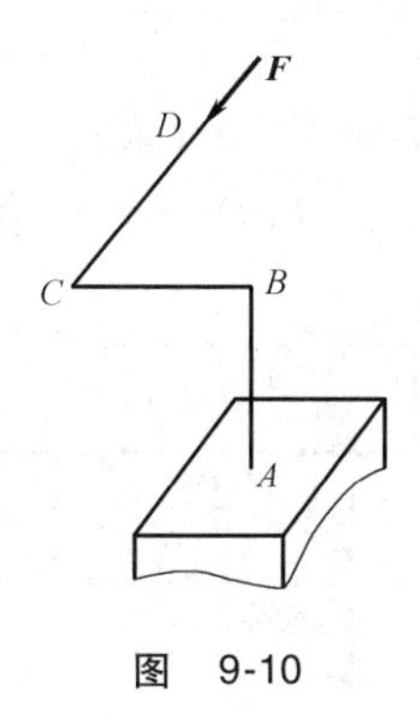

图　9-10

A. 弯曲变形　　B. 压缩变形

C. 弯曲与扭转的组合变形　　D. 弯曲与拉伸的组合变形

二、计算题

1. 三角形托架受力如图 9-11 所示，杆 AB 为 16 号工字钢，$A=26.1\times10^2\ \text{mm}^2$，$W_z=141\times10^3\text{mm}^3$，已知钢的 $[\sigma]=100\text{MPa}$。试校核杆的强度。

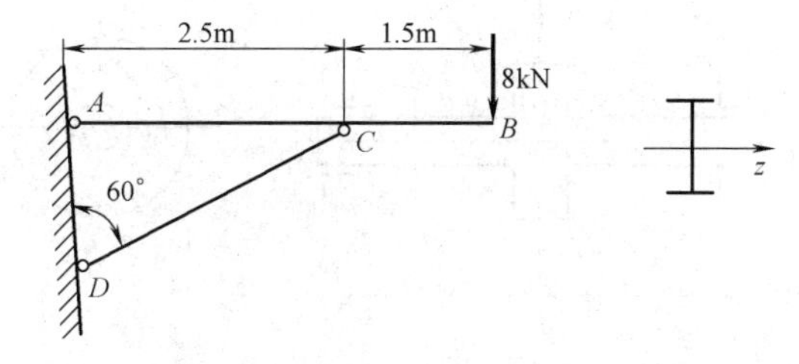

图　9-11

2. 铸铁框架如图 9-12 所示，其强度由 I—I 截面上的应力控制。已知：$A=2.1\times10^4\ \text{mm}^2$，$I_z=74.38\times10^6\text{mm}^4$，$[\sigma_t]=28\text{MPa}$。$[\sigma_c]=80\text{MPa}$。求此框架的许可荷载。

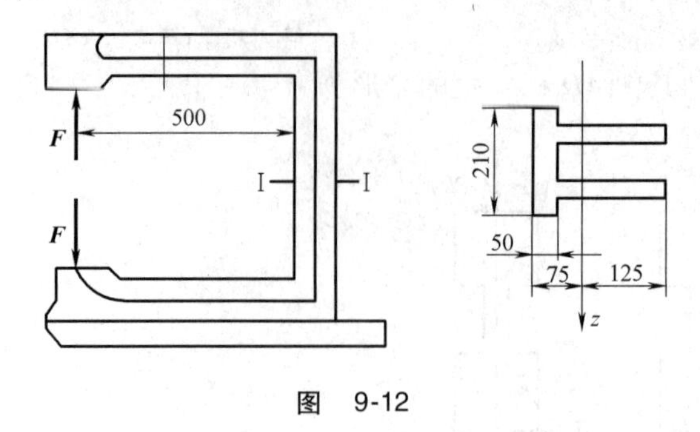

图 9-12

3. 两端铰支的矩形截面梁受力如图 9-13 所示，其尺寸为 $h=80\text{mm}$，$b=40\text{mm}$，$[\sigma]=120\text{MPa}$，试校核梁的强度。

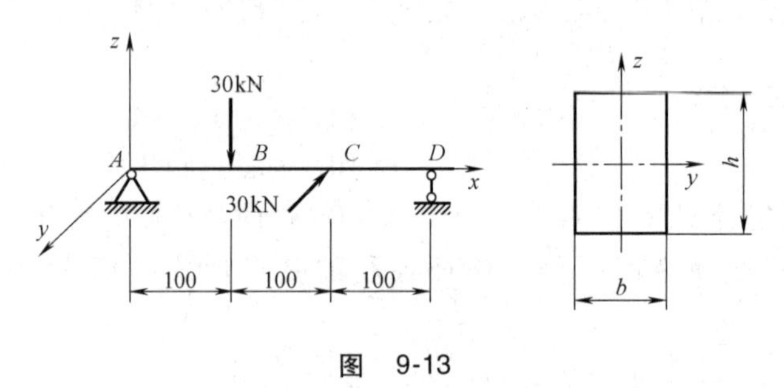

图 9-13

4. 直径为 d 的圆截面钢杆处于水平面内，AB 垂直于 CD，铅垂作用力 $F_1=2\text{kN}$，$F_2=6\text{kN}$，如图 9-14 所示，已知 $d=7\text{cm}$，材料 $[\sigma]=110\text{MPa}$。用第三强度理论校核该杆的强度。

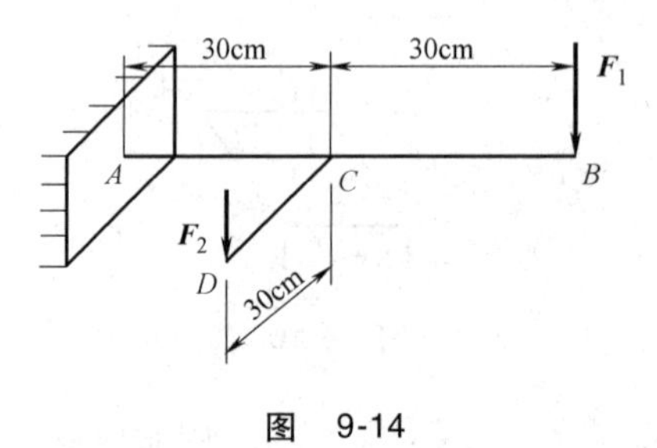

图 9-14

5. 图 9-15 所示齿轮传动轴由电动机带动，作用在齿轮上的力如图所示，已知轴的直径 $d=30\text{mm}$，$F_n=0.8\text{kN}$，$F_r=2\text{kN}$，$l=50\text{mm}$，齿轮节圆直径 $D=200\text{mm}$，轴的 $[\sigma]=80\text{MPa}$。试用第三强度理论校核轴的强度。

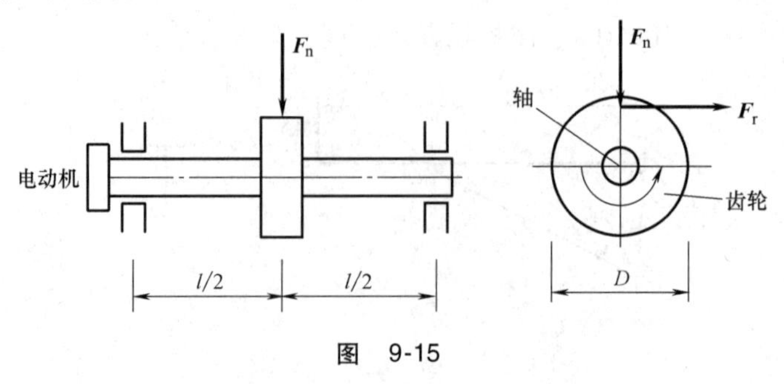

图 9-15

第10章　压杆稳定

10.1　压杆稳定性概念

工程中有许多细长的轴向压缩杆件，例如内燃机连杆、汽缸中的活塞杆、各种桁架中的压杆、建筑结构中的立柱等，材料力学中统称为压杆。在第2章研究直杆轴向压缩时，总认为杆是在直线状态下维持平衡，杆的破坏是由于强度不足而引起的。事实上，这样考虑只对短粗的压杆才有意义，而对细长的压杆，当它们所受到的轴向压力远未达到其发生强度破坏的数值时，就可能会突然变弯而丧失了原有直线状态下的平衡，发生破坏。

10.1.1　压杆稳定性

压杆的稳定性是指压杆在轴向压力作用下保持直线平衡状态的稳定性；又因弹性体受力后的任一平衡状态都对应着某个唯一的变形状态，所以也是指弹性压杆受压后的轴向缩短变形状态的稳定性。如图10-1所示，一端固定、一端自由的弹性均质等直杆受毫无偏心的轴向压力作用（这就是所谓的**理想压杆**），当轴向压力F小于某个定值F_{cr}时，压杆将保持直线平衡状态，即使施加一微小干扰力，使杆轴到达一个微弯曲线位置，然后撤销干扰力，压杆仍然能回到原有的直线位置，此时称压杆初始直线位置的平衡状态是稳定的；当轴向压力F大于某个定值F_{cr}时，压杆只要受到某一微小干扰力的作用，它将由微弯曲状态继续弯曲到一个挠度更大的曲线位置来平衡，甚至折断，此时称压杆初始直线位置的平衡状态是不稳定的；当轴向压力F等于某个定值F_{cr}时，在干扰力撤销后，压杆不能恢复到原有的直线平衡状态，仍保持为微弯曲线的位置不动，此时称压杆初始直线位置的平衡是临界平衡或中性平衡。

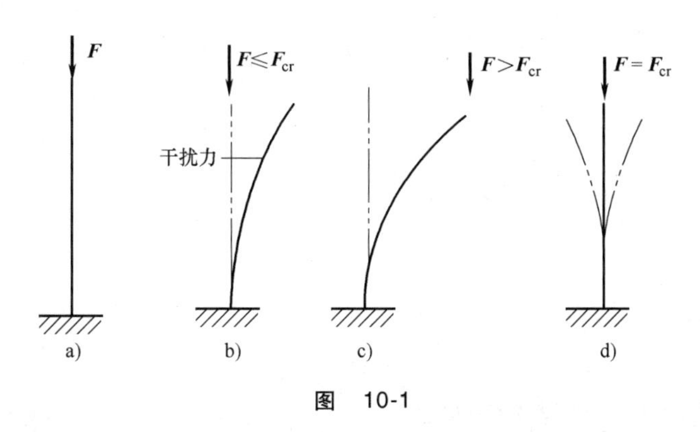

图　10-1

10.1.2　压杆稳定与失稳

通过前面的分析可知，压杆原有的直线平衡状态是否稳定，与所受轴向压力的大小有关。当轴向压力由小逐渐增大到某一数值时，压杆的直线平衡状态由稳定过渡到不稳定，这种破坏现象称为**压杆丧失稳定性**，简称**压杆失稳**，是不同于强度破坏的又一种破坏形式。

10.1.3 压杆临界力

压杆的直线平衡状态由稳定过渡到不稳定时，轴向压力的临界值称为压杆的**临界力**或**临界荷载**，即压杆保持在微弯平衡状态时的最小轴向压力，用 F_{cr}表示。为了保证压杆安全可靠的工作，必须使压杆处于直线平衡状态，因而压杆是以临界力作为其极限承载能力。

10.2 细长压杆的临界力

10.2.1 两端铰支细长压杆的临界力

如图 10-2 所示，两端铰支细长压杆在轴向压力 F 作用下处于微弯平衡状态。在 x 截面处将压杆截开并取左半部分为研究对象，进行受力分析。取 x 截面的形心为矩心建立力矩平衡方程，得到任意截面 x 上的弯矩为

$$M(x)=-Fv \tag{10-1a}$$

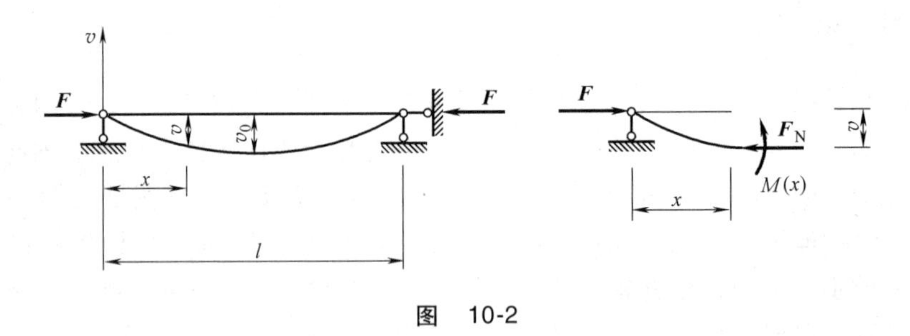

图 10-2

当弯曲变形很小时，压杆内的应力小于材料的比例极限，这条挠曲线可用小挠度微分方程来表示，即

$$M(x)=EIv'' \tag{10-1b}$$

把式（10-1a）代入式（10-1b）得微弯弹性曲线的微分方程式

$$v''=\frac{-Fv}{EI} \tag{10-1c}$$

令

$$k^2=\frac{F}{EI} \tag{10-1d}$$

于是，式（10-1c）可写为

$$v''+k^2v=0 \tag{10-1e}$$

其通解为

$$v=C_1\sin kx+C_2\cos kx \tag{10-1f}$$

积分常数 C_1和 C_2可根据边界条件确定：

1）当 $x=0$ 时，$v(0)=0$。

2）当 $x=l$ 时，$v(l)=0$。

将上述边界条件代入式（10-1f），分别得 $C_2=0$，$C_1\sin kl=0$。如果 $C_1=0$，$C_2=0$，由式（10-1f）可得 $v=0$，这表示未加干扰时压杆可在直线位置平衡，但这对求解 F_{cr}毫无意义。所以 $C_1\neq0$，只有 $\sin kl=0$，这要求 $kl=\pm n\pi(n=0, 1, 2, 3, \cdots)$，将其代入式（10-1d），解得

$$F=\frac{n^2\pi^2 EI}{l^2}(n=0,1,2,3,\cdots) \tag{10-1g}$$

由式（10-1g）可知，使压杆保持微弯平衡状态的最小轴向压力为

$$F_{cr}=F_{min}=\frac{\pi^2 EI}{l^2} \tag{10-2a}$$

此式即计算两端铰支压杆临界力的表达式，该公式是瑞士科学家欧拉在 1744 年首先提出的，所以又称为欧拉公式。因此，临界力 F_{cr}也称为欧拉临界力。此式表明，欧拉临界力与抗弯刚度 EI 成正比，与杆长的二次方 l^2成反比。应用欧拉公式时应注意，因为截面的惯性矩 I 是多值的，而且压杆总是在抗弯能力最小的纵向平面内失稳，所以当端部各个方向的约束相同时，式中的 I 为压杆横截面的最小形心惯性矩，即

$$F_{cr}=\frac{\pi^2 EI_{min}}{l^2} \tag{10-2b}$$

根据上述分析可知 $C_1=v_0$，所以压杆的弹性曲线方程为

$$v=v_0\sin\frac{\pi x}{l} \tag{10-3}$$

式中，v_0的值视干扰大小而定，但是 v_0是微量。

由此可见，两端铰支压杆失稳时的弹性曲线是条半波的正弦曲线。

10.2.2　不同杆端约束细长压杆的临界力

前面推导的是两端铰支细长压杆的临界力，对于各种杆端约束情况的弹性压杆，由静力学平衡方法得到的压杆的平衡微分方程和边界条件都可能各不相同，临界荷载的表达式也因此不同。但是只要采用上述方法就可推导出类似的临界力计算公式，这些临界力表达式可统一写为

$$F_{cr}=\frac{\pi^2 EI_{min}}{{l_0}^2} \tag{10-4}$$

式中，l_0为压杆的计算长度或有效长度，且 $l_0=\mu l$。l 是压杆的实际长度，μ 为长度系数。

实际约束应简化成什么样的计算简图？它的计算长度如何确定？对此，设计时都必须遵循设计规范。各种约束条件下等截面细长压杆临界力的欧拉公式及长度系数的取值见表 10-1。

表 10-1　细长压杆临界力及长度系数

支承情况	两端铰支	一端固定另端铰支	两端固定	一端固定另端自由	两端固定但可沿横向相对移动
失稳时挠曲线形状	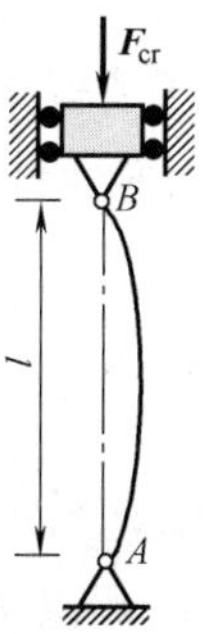 F_{cr} B l A	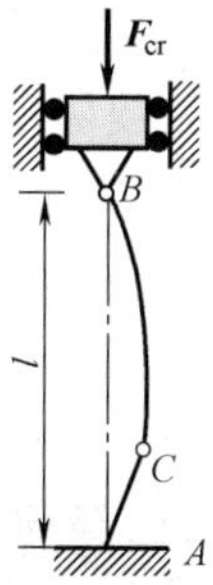 F_{cr} B l C A C—挠曲线拐点	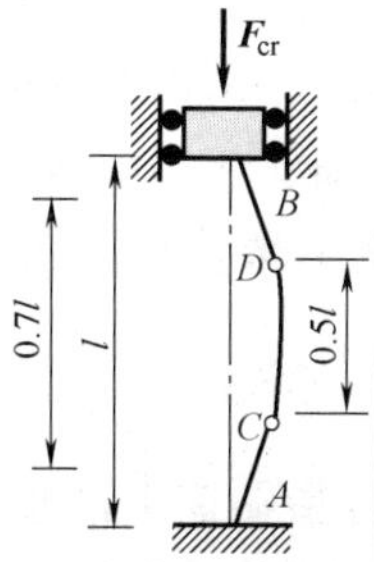 F_{cr} B D $0.7l$ l $0.5l$ C A C、D—挠曲线拐点	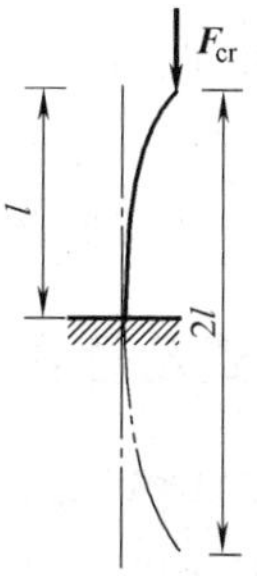 F_{cr} l $2l$	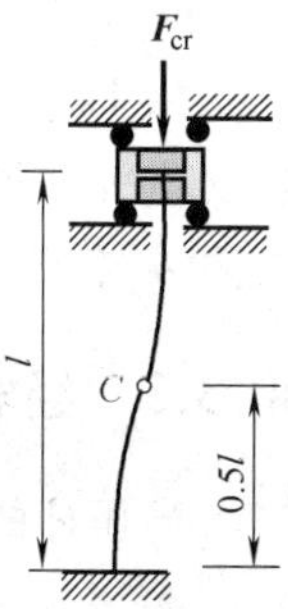 F_{cr} l C $0.5l$ C—挠曲线拐点
临界力 F_{cr} 欧拉公式	$F_{cr}=\frac{\pi^2 EI}{l^2}$	$F_{cr}\approx\frac{\pi^2 EI}{(0.7l)^2}$	$F_{cr}\approx\frac{\pi^2 EI}{(0.5l)^2}$	$F_{cr}\approx\frac{\pi^2 EI}{(2l)^2}$	$F_{cr}=\frac{\pi^2 EI}{l^2}$
长度系数 μ	$\mu=1$	$\mu\approx0.7$	$\mu\approx0.5$	$\mu\approx2$	$\mu=1$

10.3 欧拉公式的应用范围和临界应力总图

10.3.1 临界应力

当细长压杆所受轴向压力等于临界力而仍旧保持直立或微弯平衡时，其横截面上的平均压应力称为**临界应力**，用符号 σ_{cr}表示，设压杆横截面面积为 A，则

$$\sigma_{cr}=\frac{F_{cr}}{A}=\frac{\pi^2 E}{(\mu l)^2}\cdot\frac{I}{A} \tag{10-5}$$

式中，I/A 仅与截面的形状及尺寸有关。

若令 $I/A=i^2$，称 i 为截面的惯性半径，则有

$$\sigma_{cr}=\frac{\pi^2 E}{\lambda^2} \tag{10-6}$$

式（10-6）是应力形式的欧拉公式，式中

$$\lambda=\frac{\mu l}{i} \tag{10-7}$$

我们称 λ 为压杆的**长细比**或**柔度**，它是一个无量纲的量，集中反映了压杆的长度、约束条件、截面形状及尺寸对临界应力的影响。

10.3.2 欧拉公式的应用范围

在推导欧拉公式时用到了挠曲线微分方程，而挠曲线微分方程又仅适用于杆内应力低于材料比例极限 σ_p的情况，所以欧拉公式的应用范围是临界应力不超过材料的比例极限，即

$$\sigma_{cr}=\frac{\pi^2 E}{\lambda^2}\leqslant\sigma_p \tag{10-8}$$

由式（10-8）可得

$$\lambda\geqslant\sqrt{\frac{\pi^2 E}{\sigma_p}} \tag{10-9}$$

欧拉公式成立时压杆柔度的最小值用 λ_p表示，称为临界柔度，则有

$$\lambda_p=\sqrt{\frac{\pi^2 E}{\sigma_p}} \tag{10-10}$$

由上述分析可知，欧拉公式的应用范围为 $\lambda\geqslant\lambda_p$。当压杆的柔度大于或等于临界柔度时压杆发生弹性失稳，这类压杆称为**细长杆**或**大柔度杆**。对于不同的材料，因弹性模量 E 和比例极限 σ_p各不相同，所以临界柔度的数值亦不相同。

10.3.3 经验公式及临界应力总图

当压杆的柔度 $\lambda<\lambda_p$时，压杆横截面上的临界应力已经超过比例极限，属于弹塑性稳定问题，欧拉公式已不适用。对于这类失稳问题，目前工程中普遍采用的是一些以试验为基础的**经验公式**。这里介绍两种经常使用的经验公式：**直线公式**与**抛物线公式**。

1. 直线公式

把临界应力与压杆的柔度表示成如下的线性关系：

$$\sigma_{cr}=a-b\lambda \tag{10-11}$$

式中，a 和 b 是与材料性能有关的常数，单位为 MPa，可在相关的工程手册中查到。

几种常见材料的 a 和 b 见表 10-2。

表 10-2　直线公式的系数 a 和 b

材料（σ_s，σ_b 的单位为 MPa）		a/MPa	b/MPa
Q235 钢	$\sigma_b \geqslant 372$ $\sigma_s=235$	304	1.12
优质碳素结构钢	$\sigma_b \geqslant 471$ $\sigma_s=306$	461	2.568
硅钢	$\sigma_b \geqslant 510$ $\sigma_s=353$	578	3.744
铸铁		332.2	1.454
高强铝合金		373	2.15
松木		28.7	0.19

对于很小柔度的短压杆，当它所受到的压应力达到材料的屈服极限 σ_s（塑性材料）或强度极限 σ_b（脆性材料）时，在失稳破坏之前，就因强度不足而发生强度破坏。对于这种压杆，不存在稳定性问题，其临界应力应该为屈服极限或强度极限。这样看来，直线公式也应有它的应用范围。以塑性材料为例，有

$$\sigma_{cr}=a-b\lambda \leqslant \sigma_s \tag{10-12}$$

由式（10-12）可得

$$\lambda \geqslant \frac{a-\sigma_s}{b} \tag{10-13}$$

直线公式成立时压杆柔度 λ 的最小值用 λ_s 表示，即

$$\lambda_s=\frac{a-\sigma_s}{b} \tag{10-14}$$

如同 λ_p 一样，λ_s 也只与材料有关。这样，当压杆的柔度 λ 值满足 $\lambda_p \geqslant \lambda \geqslant \lambda_s$ 条件时，临界应力用直线公式计算，这样的压杆被称为**中长杆**或**中柔度杆**。当压杆的柔度 $\lambda<\lambda_s$ 时，压杆将发生强度破坏，而不是失稳，这类压杆称为**小柔度杆**或**粗短杆**。

综上所述，压杆的临界应力随着压杆柔度变化的情况可用图 10-3 的曲线来表示。该曲线是采用直线公式时的**临界应力总图**。总图表明：

1）λ_p 是区分大柔度杆和中柔度杆的最小柔度值，也是能够使用欧拉公式计算临界应力的最小柔度值。

2）随着柔度的减小，压杆的破坏形式逐渐由强度破坏过渡到失稳破坏，λ_s 是区分这两种破坏形式的最小柔度值。

3）压杆的临界应力随柔度的增大而减小。

2. 抛物线公式

对于由结构钢与低合金钢等材料制成的中柔度杆，可以把临界应力 σ_{cr} 与柔度 λ 的关系表示为

$$\sigma_{cr}=\sigma_s\left[1-a\left(\frac{\lambda}{\lambda_c}\right)^2\right] \qquad (\lambda \leqslant \lambda_c) \tag{10-15}$$

式中，σ_s 是材料的屈服极限；a 是与材料性能有关的常数；λ_c 是欧拉公式与抛物线公式应用范围的分界柔度值，对低碳钢和低锰钢有

$$\lambda_c=\pi\sqrt{\frac{E}{0.57\sigma_s}} \tag{10-16}$$

由式（10-6）和式（10-15），可以绘出如图 10-4 所示的采用抛物线公式时的临界应力总图。

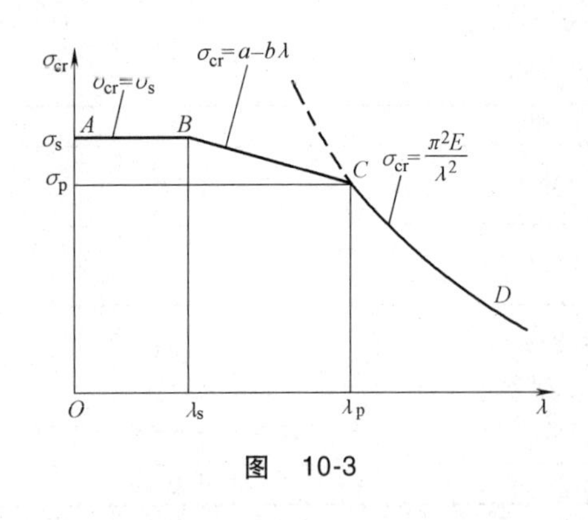

图 10-3

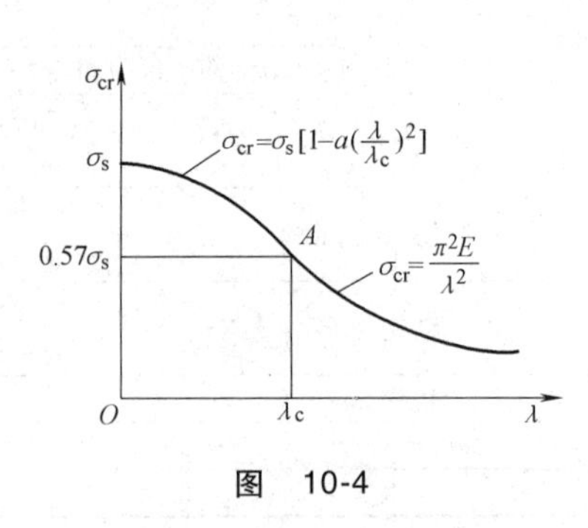

图 10-4

【例 10-1】 已知三根材料和截面完全相同的压杆，杆长均为 $l=300\text{mm}$，矩形截面杆边长分别为 $b=12\text{mm}$，$h=20\text{mm}$，材料为 Q235 钢，弹性模量 $E=200\text{GPa}$，$\lambda_p=100$，$\lambda_s=57$，$\sigma_s=240\text{MPa}$，$a=304\text{MPa}$，$b=1.12\text{MPa}$，试求三种支撑（一端固定，一端自由；两端铰支；两端固定）情况下压杆的临界应力和临界力。

【解】 （1）一端固定，一端自由　柔度计算 $\lambda=\mu l/i$，$i=\sqrt{\dfrac{I_{\min}}{A}}=\sqrt{\dfrac{b^3h/12}{bh}}=3.46\text{mm}$，则

$$\lambda=\frac{2\times300}{3.46}=173>\lambda_p=100$$

因此用欧拉公式计算临界应力，得

$$\sigma_{cr}=\frac{\pi^2E}{\lambda^2}=\frac{\pi^2\times200\times10^3}{173^2}\text{MPa}=65.1\text{MPa}$$

临界力　$F_{cr}=\sigma_{cr}A=65.1\times12\times20\text{kN}=15.8\text{kN}$

（2）两端铰支　柔度计算 $\lambda=\mu l/i=1\times300/3.46=86.7$，$\lambda_p\geqslant\lambda\geqslant\lambda_s$

因此用经验公式计算临界应力，得

$$\sigma_{cr}=a-b\lambda=(304-1.12\times86.7)\text{MPa}=206.9\text{MPa}$$

临界力　$F_{cr}=\sigma_{cr}A=206.9\times12\times20\text{kN}=49.7\text{kN}$

（3）两端固定　柔度计算 $\lambda=\mu l/i=0.5\times300/3.46=43.3$，$\lambda<\lambda_s$

此时属强度破坏，临界应力为

$$\sigma_{cr}=\sigma_s=240\text{MPa}$$

临界力　$F_{cr}=\sigma_{cr}A=240\times12\times20\text{kN}=57.6\text{kN}$

可见端部约束条件对临界力影响较大。

10.4 压杆稳定性计算

在工程实际中，为使压杆不丧失稳定性，就必须使压杆中的轴向压力 $F\leqslant F_{cr}$。此外，为了保证压杆具有一定的安全度，还应当考虑一定的安全系数。若把压杆的临界力 F_{cr} 与压杆实

际承受的轴向压力 F 的比值定义为压杆的**工作安全系数** n，则应使其不低于**规定的稳定安全系数** n_{st}，这样压杆的**稳定条件**可表示为

$$n=\frac{F_{cr}}{F}\geqslant n_{st} \tag{10-17}$$

由于压杆存在初弯曲、材料不均匀、荷载偏心以及支座缺陷等不利因素的影响，稳定安全系数 n_{st}的取值一般比强度安全系数要大些，并且柔度 λ 越大，n_{st}值也越大，具体的取值可从有关设计手册中查到。式（10-17）是用安全系数形式表示的稳定性条件，在机械、动力、冶金等工业部门，由于荷载情况复杂，一般都采用安全系数法进行稳定计算。工作安全系数还可以用**临界应力**与**工作应力**的比值表示，这样压杆的**稳定条件**还可以表达为

$$n=\frac{\sigma_{cr}}{\sigma}\geqslant n_{st} \tag{10-18}$$

稳定条件可解决以下三类问题：

1）校核稳定性。

2）设计截面尺寸。

3）确定外荷载。

还应指出，在压杆计算中，有时会遇到压杆局部有截面被削弱的情况，如杆上有开孔、切槽等。由于压杆的临界荷载是从研究整个压杆的弯曲变形来决定的，局部截面的削弱对整体变形影响较小，故稳定计算中仍用原有的截面几何量。但强度计算是根据危险点的应力进行的，故必须对削弱了的截面进行强度校核。

【例 10-2】 图 10-5 所示托架的撑杆为钢管，外径 $D=50$mm，内径 $d=40$mm，两端球形铰支，材料为 Q235 钢，$E=206$GPa，$\lambda_p=100$，$\lambda_s=57$，$q=4$kN/m，稳定安全系数 $n_{st}=3$。试校核 BC 杆的稳定性。

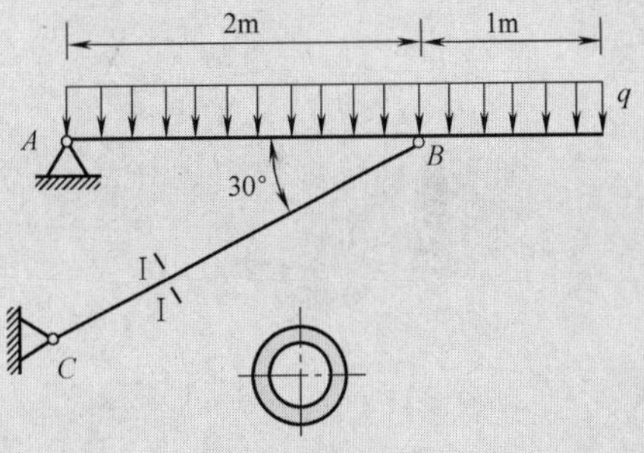

I—I 截面

图 10-5

【解】（1）求 BC 杆的实际承受的轴向压力

以 AB 梁为分离体，对 A 点取矩，有

$$\sum M_A=0 \qquad -q\times3\times\frac{3}{2}+F_{NBC}\sin30°\times2=0$$

得 $F_{NBC}=18$kN

（2）求 BC 杆的临界力

$$A=\frac{\pi(D^2-d^2)}{4}=\frac{\pi(50^2-40^2)}{4}\text{mm}^2=707\text{mm}^2$$

$$I=\frac{\pi(D^4-d^4)}{64}=\frac{\pi(50^4-40^4)}{64}\text{mm}^4=181132\text{mm}^4$$

$$i=\sqrt{\frac{I}{A}}=\sqrt{\frac{181132}{707}}\text{mm}=16\text{mm}$$

$$\lambda=\frac{\mu l}{i}=\frac{1\times\dfrac{2}{\cos30°}\times10^3}{16}=144.3>\lambda_p$$

因此

$$F_{cr}=\sigma_{cr}A=\frac{\pi^2 E}{\lambda^2}\cdot A=69\text{kN}$$

(3) 稳定性计算

$$n=\frac{F_{cr}}{F_{NBC}}=\frac{69}{18}=3.83\geqslant n_{st}$$

所以该杆满足稳定性要求。

【例 10-3】 图 10-6a 所示结构中 AC 与 CD 杆均用 Q235 钢制成，C、D 两处均为球铰。AC 杆为矩形截面，CD 杆为圆形截面，两杆材料的 $E=200\text{GPa}$，$\sigma_b=400\text{MPa}$，$\sigma_s=240\text{MPa}$，$\sigma_p=200\text{MPa}$，$\lambda_p=100$，$\lambda_s=61$。直线型经验公式的系数 $a=304\text{MPa}$，$b=1.118\text{MPa}$。强度安全系数 $n=2.0$，稳定安全系数 $n_{st}=3.0$。试确定结构的最大许可荷载 F。

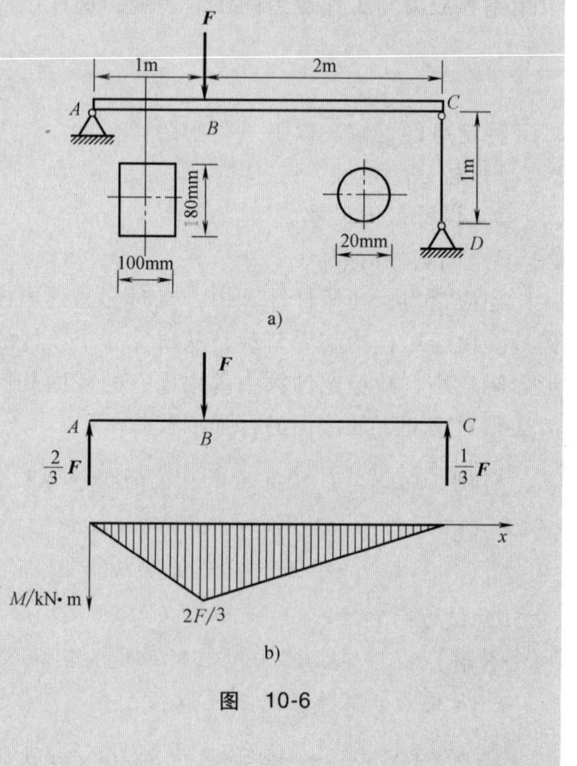

图 10-6

【解】 (1) 对 AC 杆进行强度计算

由 AC 杆弯矩图（图 10-6b）可知危险截面为 B 截面

$$\sigma_{max}=\frac{M_{max}}{W}=\frac{2F/3}{bh^2/6}\leqslant[\sigma]=\frac{\sigma_s}{n}$$

得

$$F\leqslant 97.2\text{kN}$$

(2) 对 CD 杆进行稳定性计算

$$\lambda=\frac{\mu l}{i}=\frac{1\times1}{d/4}=200>\lambda_p$$

$$F_{cr}=\sigma_{cr}A=\frac{\pi^2 E}{\lambda^2}\cdot A=15.5\text{kN}$$

$$n=\frac{F_{cr}}{F_C}=\frac{15.5\text{kN}}{F/3}\geqslant n_{st}=3$$

得

$$F\leqslant 15.5\text{kN}$$

故取 $[F]=15.5\text{kN}$。

10.5 提高压杆稳定性的措施

通过以上各节的讨论可知，压杆的稳定性取决于临界荷载的大小。要想提高压杆的稳定性，就要设法提高压杆的临界力或临界应力。由欧拉公式（10-6）可知，临界应力与材料的弹性模量 E 有关。然而，不同强度的钢材，例如优质高强度钢材与低碳钢，它们的弹性模量相差不大。所以，对于细长杆，选用优质高强度钢材不但不会有效地提高压杆的稳定性，反而提高了构件的成本，造成了浪费。这样看，提高压杆的稳定性，应该尽可能地减小压杆的柔度。由式（10-7）可知，应该选用合理的截面形状，尽量减小压杆的长度以及增加支承的刚性。

1. 选择合理的截面形状

压杆的承载能力取决于最小的惯性矩 I，当压杆各个方向的约束条件相同时，使截面对两个形心主轴的惯性矩尽可能大，而且相等，是压杆合理截面的基本原则。因此，薄壁圆管（图 10-7a）、正方形薄壁箱形截面（图 10-7b）是理想截面，它们各个方向的惯性矩相同，且惯性矩比同等面积的实心杆大得多。但这种薄壁杆的壁厚不能过薄，否则会出现局部失稳现象。对于型钢截面（工字钢、槽钢、角钢等），由于它们的两个形心主轴惯性矩相差较大，为了提高这类型钢截面压杆的承载能力，工程实际中常用几个型钢，通过缀板组成一个组合截面（图 10-7c、d），并选用合适的距离 a，使 $I_z=I_y$，这样可大大的提高压杆的承载能力。但设计这种组合截面杆时，应注意控制两缀板之间的长度 l_1，以保证单个型钢的局部稳定性。

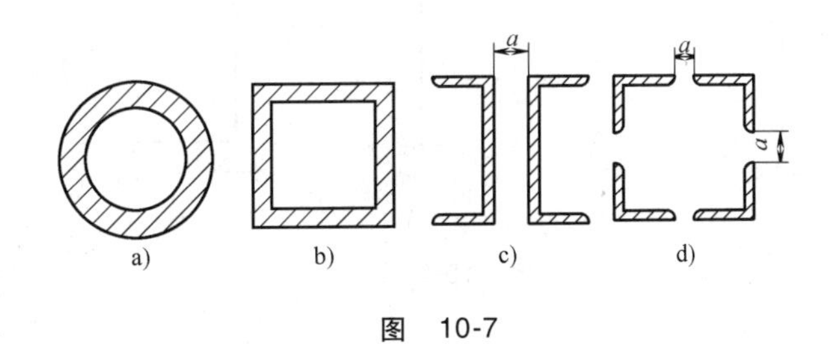

图　10-7

2. 减小压杆的长度

减小压杆的长度，可使柔度 λ 降低，从而提高了压杆的临界荷载。工程中，为了减小柱子的长度，通常在柱子的中间设置一定形式的撑杆，它们与其他构件连接在一起后，对柱子形成支点，限制了柱子的弯曲变形，起到减小柱长的作用。对于细长杆，若在柱子中设置一个支点，则长度减小一半，而承载能力可增加到原来的 4 倍。

3. 增加支承的刚性

对于大柔度的细长杆，一端铰支另一端固定压杆的临界荷载比两端铰支的大一倍。因此，杆端越不易转动，杆端的刚性越大，长度系数就越小，那么柔度就越小。

最后还需指出，对于压杆，除了可以采取上述几方面的措施以提高其承载能力外，在可能的条件下，还可以从结构方面采取相应的措施。例如，将结构中的压杆转换成拉杆，这样，就可以从根本上避免失稳问题，以图 10-8 所示的托架为例，在不影响结构使用的条件下，若图 10-8a 所示结构改换成图 10-8b 所示结构，则 AB 杆由承受压力变为承受拉力，从而避免了压杆的失稳问题。

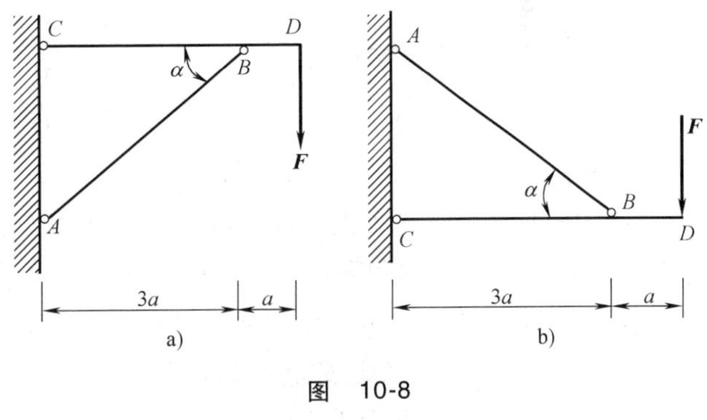

图　10-8

习　　题

一、选择题

1. 如图 10-9a~d 所示的中心受压杆。其材料、长度及抗弯刚度均相同。两两对比，临界力相互关系为（　　）。

A. $(F_{cr})_a>(F_{cr})_b, (F_{cr})_c<(F_{cr})_d$

B. $(F_{cr})_a<(F_{cr})_b, (F_{cr})_c>(F_{cr})_d$

C. $(F_{cr})_a>(F_{cr})_b, (F_{cr})_c>(F_{cr})_d$

D. $(F_{cr})_a<(F_{cr})_b, (F_{cr})_c<(F_{cr})_d$

2. 图 10-10 所示两根细长杆，l、EI 相同。图 10-10a 所示杆的稳定安全系数 $n_{st}=4$；则图 10-10b 所示杆实际的稳定安全系数 n_{st} 为（　　）。

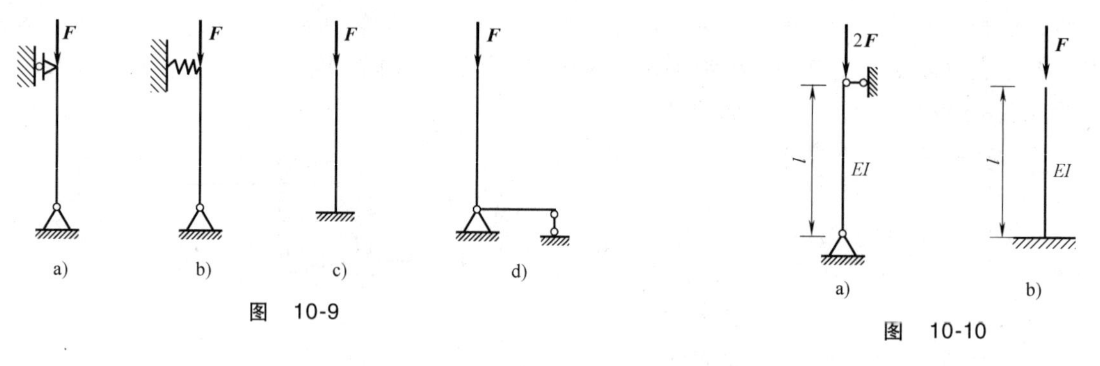

图　10-9

图　10-10

A. 1　　B. 2　　C. 3　　D. 4

3. 若压杆在两个方向上的约束情况不同，且 $\mu_y>\mu_z$。那么该压杆的合理截面应满足的条件为（　　）。

A. $I_y=I_z$　　B. $I_y>I_z$　　C. $I_y<I_z$　　D. $\lambda_y=\lambda_z$

4. 两根中心受压杆的材料和支承情况相同，若两杆的所有尺寸均成比例，即彼此几何相似，则两杆的临界应力之间的关系为（　　）。

A. 相等　　B. 不等

C. 只有两杆均为细长杆时，才相等　　D. 只有两杆均非细长杆时，才相等

5. 两根细长杆，直径、约束均相同，但材料不同，且 $E_1=2E_2$，则两杆临界应力之间的关系为（　　）

A. $(\sigma_{cr})_1=(\sigma_{cr})_2$　　B. $(\sigma_{cr})_1=2(\sigma_{cr})_2$

C. $(\sigma_{cr})_1=(\sigma_{cr})_2/2$　　D. $(\sigma_{cr})_1=3(\sigma_{cr})_2$

二、填空题

1. 图 10-11 所示三种结构，各自的总长度相等，所有压杆截面形状和尺寸以及材料均相同，且均为细长杆。已知两端铰支压杆的临界力为 $F_{cr}=20\text{kN}$，则图 10-11b 所示压杆的临界力为________；图 10-11c 所示压杆的临界力为________。

2. 在一般情况下，稳定安全系数比强度安全系数大。这是因为实际压杆总是不可避免地存在________、________、________以及________等不利因素的影响。当柔度 λ 越大时，这些因素的影响也越________。

3. 非细长杆如果误用了欧拉公式计算临界力，其结果比实际________；横截面上的正应力有可能________。

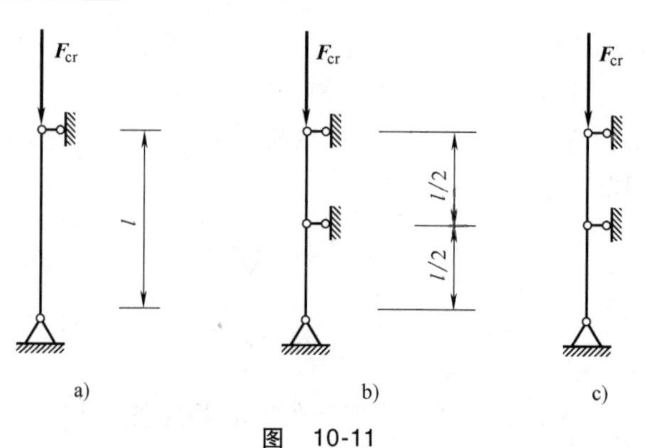

图　10-11

4. 将圆截面压杆改成面积相等的圆环

截面压杆，其他条件不变，其柔度将________，临界应力将________。

三、计算题

1. 如图10-12所示，有一矩形截面的压杆，在 xy 面内失稳时两端为铰支，并在中间加一支座 C，此压杆在 xz 面内失稳时两端可看成是固定端。上述中间支座 C 对 xy 面内失稳有约束作用，但对 xz 面失稳则无约束作用。设材料的弹性模量为 E，压杆在失稳时的临界应力在弹性范围之内。试问此压杆的截面尺寸 b 和 h 的比值为何值时最合理？

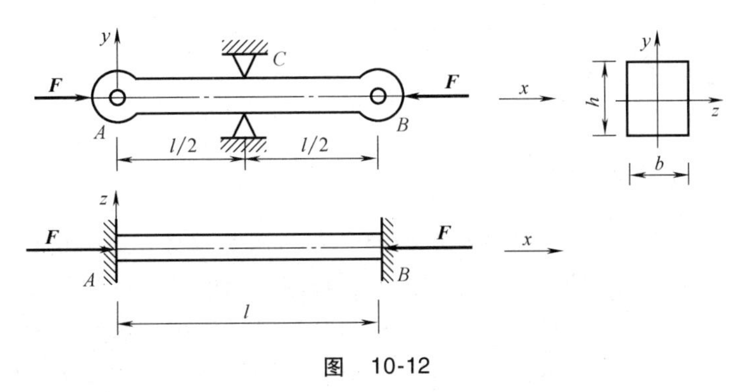

图 10-12

2. 如图10-13所示的结构，立柱为圆截面，材料的 $E=200\text{GPa}$，$\sigma_p=200\text{MPa}$。若稳定安全系数 $n_{st}=2$，试校核立柱的稳定性。

3. 如图10-14所示的结构，杆①和②的截面和材料相同，均为细长压杆，试确定使荷载 F 为最大值时的 θ 角（设 $0<\theta<\pi/2$）。

4. 如图10-15所示的结构，AB 和 BC 均为圆截面钢杆，已知材料的屈服极限 $\sigma_s=240\text{MPa}$，比例极限 $\sigma_p=200\text{MPa}$，材料的弹性模量 $E=200\text{GPa}$。直线公式的系数 $a=304\text{MPa}$，$b=1.12\text{MPa}$，两杆直径相同 $d=4\text{cm}$，$l_{AB}=40\text{cm}$，若两杆的安全系数均取为3，试求结构的最大许可荷载。

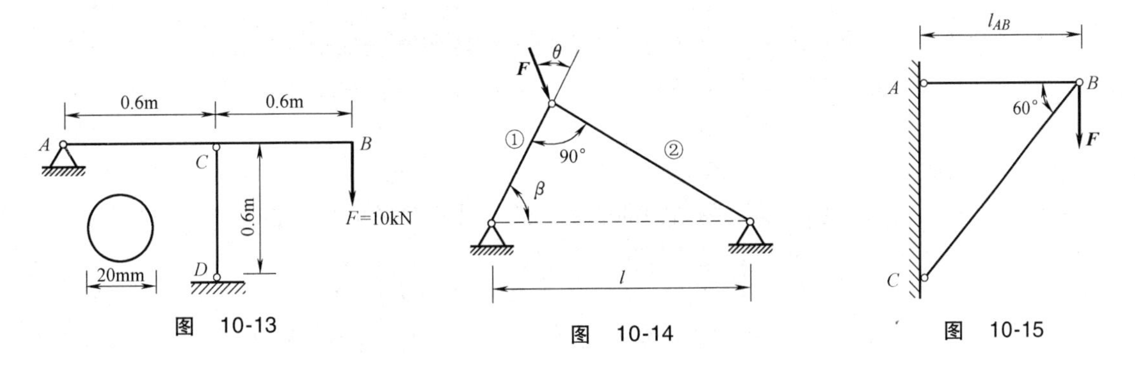

图 10-13　　图 10-14　　图 10-15

第11章　平面体系的几何组成分析

11.1　结构的简化和分类

11.1.1　结构的定义及分类

结构是指建筑物中能够支承与传递荷载而起骨架作用的部分。结构的组成元件称为**构件**。结构一般由若干构件按照一定的合理方式组成，在荷载等因素作用下，不会发生破坏、大的变形或位移，从而保证其具有正常的使用功能。建筑结构的受力特性和承载能力与结构的几何特征有着密切的联系。根据不同的特征，结构可划分为不同的类型。如按照构件的轴线与荷载是否能简化到同一个平面内，结构可分为**平面结构**和**空间结构**。按照构件的几何特征又可分为杆系结构、板壳结构和实体结构。杆系结构是由若干个杆件相互连接而组成的结构。杆件的几何特征是其长度方向的尺寸远远大于另外两个横向尺寸。横梁、立柱等构件都属于杆件，梁、刚架、拱和桁架都是典型的杆系结构。板壳结构（薄壁结构）的几何特征是厚度方向的尺寸远远小于另外两个方向的尺寸。楼板、壳体屋盖、轮船的外壳等都属于板壳结构。实体结构的几何特征是长、宽、高三个方向的尺寸量级相同。基础、重力式挡土墙、水坝等都属于实体结构。建筑力学中主要研究平面杆系结构及其构件。

11.1.2　结构的计算简图

一个实际结构的受力情况往往是很复杂的，如果完全按照实际结构的工作状态进行分析，事实上会遇到一定的困难，同时也是不必要的，因此在对实际结构进行力学分析之前，需要做出某些简化和假设。在计算时经常把实际结构中的一些次要因素加以忽略，但是简化后的结构又要能反映出实际结构的主要受力特征。这种经过简化了的结构图形称为结构的**计算简图**。在力学计算中，结构的计算简图就是实际结构的代表。结构计算简图的合理选择，在结构分析中是一个极为重要的环节，也是必须首先要解决的问题。

在选择计算简图时，需要对实际结构的情况进行多方面的简化。以下对此做简要的介绍。

（1）结构体系的简化　杆系结构可分为平面杆系结构和空间杆系结构两大类。实际结构一般都是空间结构，这样才能抵御来自各个方向的荷载。但在多数情况下常可以忽略一些次要的空间约束的作用，或是将这种空间约束作用转化到平面内（如对称面），从而将实际结构转化为平面结构，使计算得以简化。

（2）杆件的简化　杆系结构的杆件，在计算简图中一般用杆件的轴线来表示，杆件的长度可以用轴线交点间的距离表示。

（3）结点的简化　杆件间相互连接处称为**结点**。木结构、钢结构和混凝土结构的结点，具体构造形式虽不尽相同，但其结点的计算简图常可归结为铰结点、刚结点和刚结点与铰结点结合在一起的**组合结点**（图11-1中的结点D）三种类型。

（4）支座的简化　结构与基础相连接的部分称为**支座**。结构所受的荷载通过支座传递给基础和地基。平面结构的支座形式主要有可动铰支座、固定铰支座、固定端和滑动支座等类型。在对实际结构的支座进行简化时，光滑接触面、柔索、链杆等约束，由于约束和受力的特点与可动铰支座相似，因此一般都简化为可动铰支座。

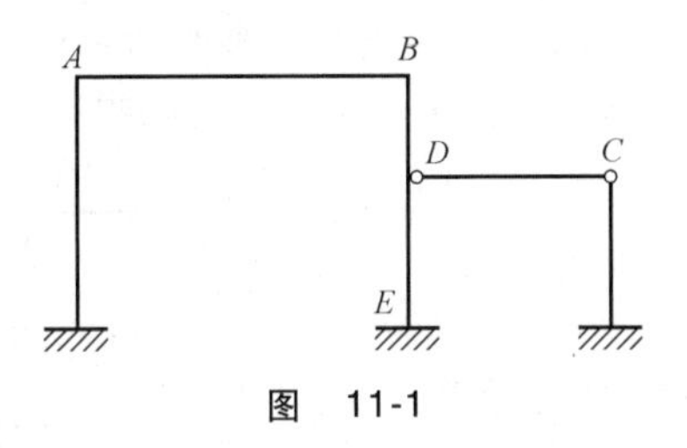

图　11-1

（5）荷载的简化　作用在结构上的实际荷载一般简化为集中荷载和分布荷载。

（6）材料的简化　构件是由连续、均匀、各向同性的可变形固体制成的。

11.1.3　计算简图示例

为了说明实际结构的简化过程，现以图 11-2a 所示混凝土单层工业厂房的实例说明。厂房是由屋架、屋面板、柱子、吊车梁等构成的空间结构。厂房的横向是由柱子和屋架所组成的若干横向单元。沿厂房的纵向，屋面板、吊车梁等构件将各横向单元联系起来。由于各横向单元沿厂房纵向有规律地排列，因此，可以通过纵向柱距的中线，取出图 11-2a 中阴影线所示部分作为一个计算单元，如图 11-2b 所示，从而将空间结构简化为平面结构来计算。

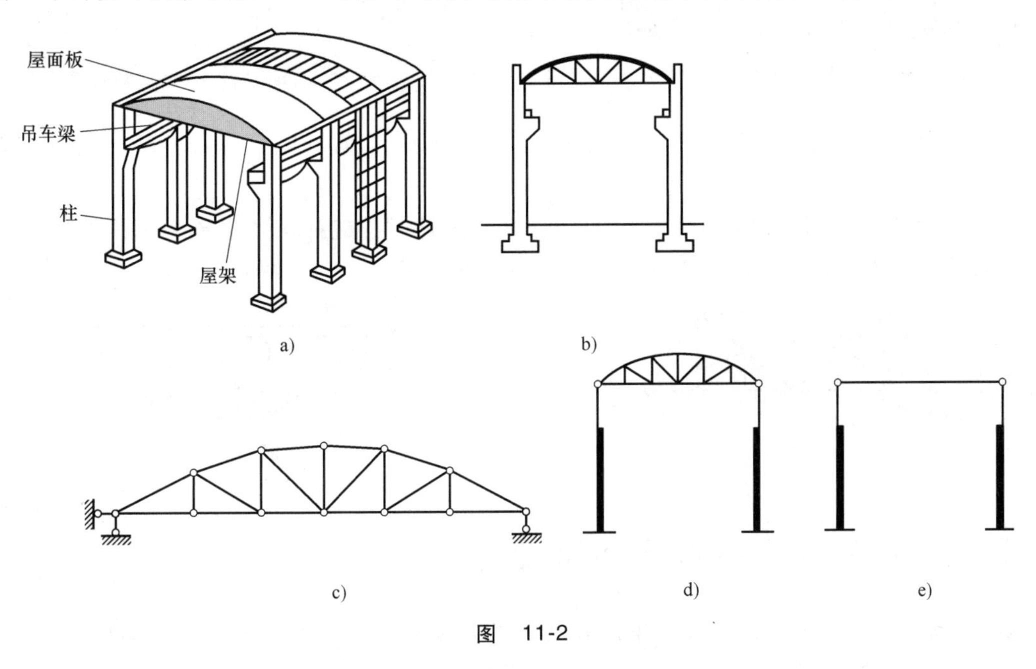

图　11-2

在这个计算单元中，屋架一般可以简化成平面桁架（图 11-2c）；由于截面上下相差较大，柱子应简化成刚度不同的直杆；柱子与屋架之间留有预埋钢板，吊装就位后相互焊接，其连接构造能够使屋架的端部与柱顶之间不发生相对线位移，但并不能阻止两者之间的相对转动，因此应简化为铰结点；柱子的底部置于杯形基础中，基础下面是比较坚实的地基土壤。如杯口四周用细石混凝土填实，柱端被坚实地固定，其约束功能基本上与固定端支座相符合，则可简化为固定端，计算简图如图 11-2d 所示。在分析柱子的内力时，屋架的形状与计算无关，可用一根链杆代替（图 11-2e）。

11.1.4　平面杆系结构的分类

工程中常见的平面杆系结构的计算简图有以下几种。

（1）梁　梁是一种受弯构件，杆件轴线一般为直线，在竖向荷载作用下支座不产生水平反力。如图11-3a所示为单跨梁，图11-3b所示为多跨梁。

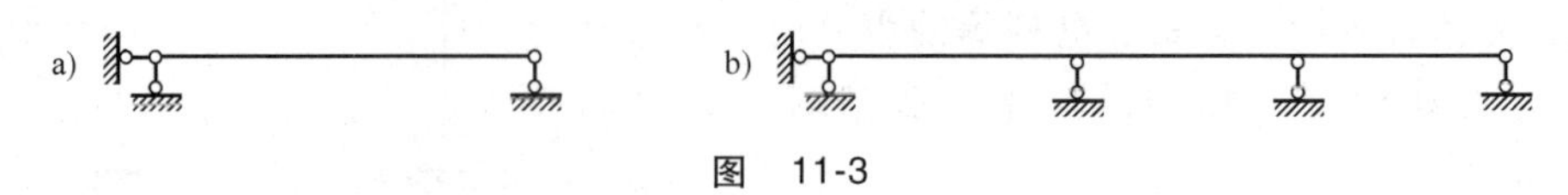

图　11-3

（2）拱　拱的轴线一般为曲线，在竖向荷载作用下支座会产生水平反力，从而可以减小截面上的弯矩（图11-4）。

（3）刚架　刚架一般是由直杆通过刚结点连接而成，轴线为折线（图11-5）。刚架也是以受弯为主的结构。

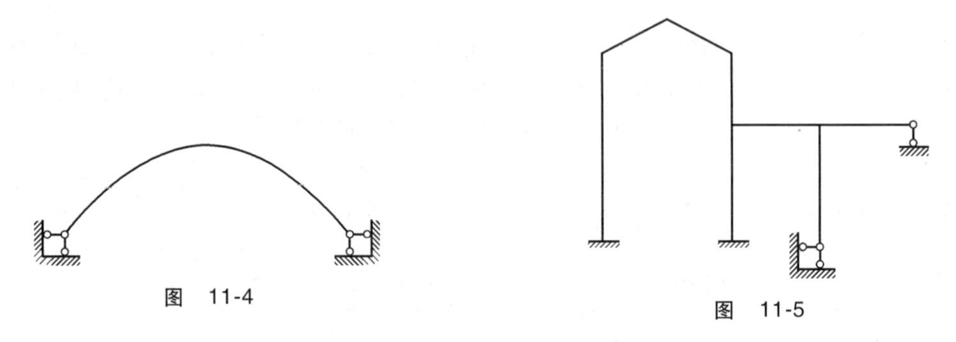

图　11-4

图　11-5

（4）桁架　桁架是由若干直杆在杆端通过铰结点连接而成的结构（图11-6）。当桁架承受结点荷载作用时，各杆均只产生轴力。

（5）组合结构　当结构中既有受弯的杆件又有链杆时，链杆只产生轴力，其他杆件会产生弯矩、剪力和轴力，这样的结构称为组合结构（图11-7）。

图　11-6

图　11-7

11.2　几何不变体系和几何可变体系

图11-8a所示为由两根竖杆和一根横杆组成的平面体系。结点 A 和 B 为铰结点，支座 C 和 D 为铰支座。显然，这个体系是几何不稳定的，容易倾倒，如图中双点画线所示。如果在原体系上再增加一根斜杆 AD，就得到图11-8b所示的体系，这个新的体系是一个几何稳定的平面体系。

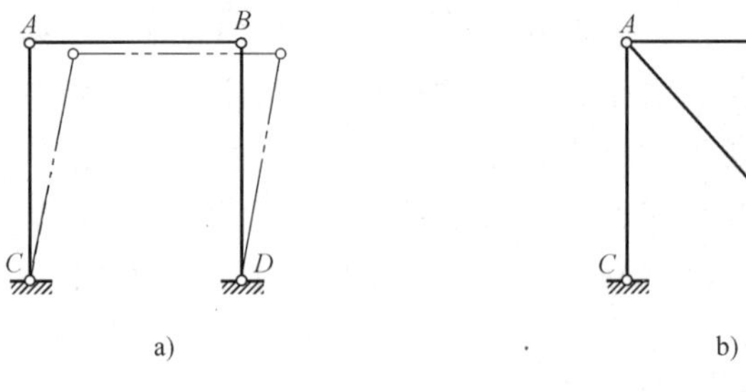

图　11-8

结构受荷载作用时，截面上产生应力，材料因而产生应变，结构发生变形。一般来说，这种变形是微小的。在几何构造分析中，我们不考虑这种由材料的应变所引起的变形。这样，杆件体系可分为以下两类：

几何可变体系（图 11-8a）——在不考虑材料应变的条件下，体系的位置或形状是可以改变的。

几何不变体系（图 11-8b）——在不考虑材料应变的条件下，体系的位置和形状是不能改变的。

在建筑工程中，结构一般都必须是几何不变体系，而不能采用几何可变体系。几何构造分析的一个主要目的就是要检查并设法保证结构的几何不变性。

11.3　自由度和约束

11.3.1　自由度

在讨论几何构造前，先来介绍自由度的概念。平面内一点在平面内可以沿水平方向（x 轴方向）移动，又可以沿竖直方向（y 轴方向）移动，如图 11-9 所示。换句话说，平面内一点有两种独立运动方式（两个坐标 x、y 可以独立地改变）。因此，平面内一点在平面内有两个自由度。

图 11-10 所示为平面内一个刚片（所谓刚片，就是指一个几何不变体系，且刚度趋近于无穷大）由原来的位置 AB 改变到后来的位置 $A'B'$。这个刚片除了可以沿 x 轴方向移动和沿 y 轴方向移动外，还可以发生转动。由于一个刚片在平面内有三种独立的运动方式（三个坐标 x、y、θ 可以独立地改变），因此，一个刚片在平面内有三个自由度。

一般来说，如果一个体系有 n 个独立的运动方式，则称这个体系有 n 个自由度。也就是说，**一个体系的自由度等于这个体系运动时可以独立改变的坐标的数目**。一般情况下，建筑工程中的各种结构都是几何不变体系，其自由度为零。凡是自由度大于零的体系都是几何可变体系。

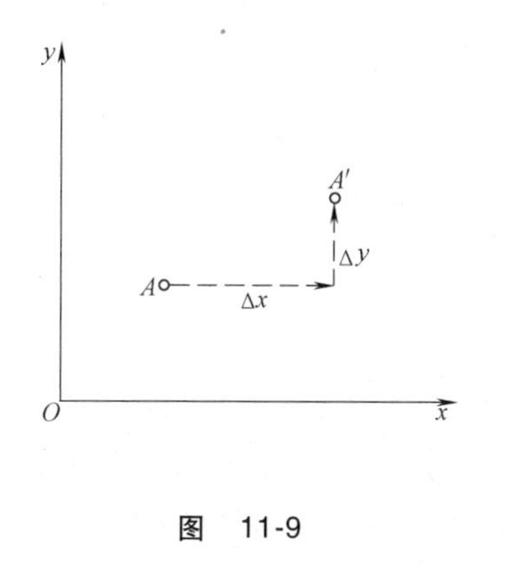

图　11-9

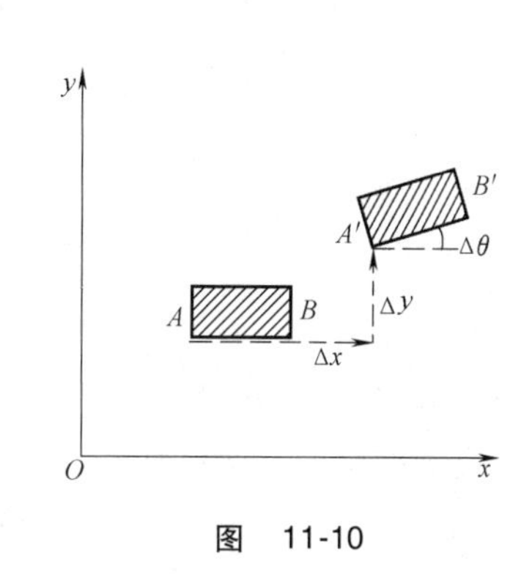

图　11-10

11.3.2　约束

体系的自由度将会因加入限制运动的装置而减少，我们把减少自由度的装置称为**约束**。刚片之间的各种连接装置和各种支座都是约束装置，不同的约束对自由度的影响是不同的。

（1）单链杆的作用　在图 11-11a 中，刚片 AB 用链杆 AC 与基础相连。没有链杆 AC 时，刚片 AB 在平面内有三个自由度。加上链杆 AC 以后，刚片 AB 只有两种运动方式：A 点沿以 C

为圆心、以 AC 为半径的圆弧移动；刚片 AB 绕 A 点转动。由此可见，链杆 AC 使刚片 AB 的自由度由 3 减为 2，即链杆使刚片的自由度减少一个。因此，一根单链杆相当于一个约束。

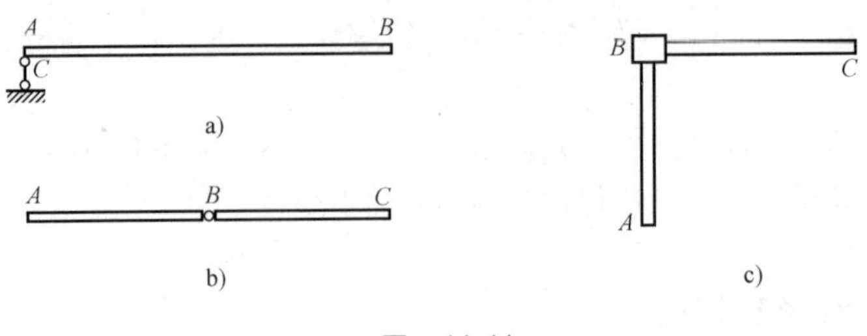

图 11-11

（2）单铰的作用　只连接两个刚片的铰结点称为单铰结点（简称单铰）。在图 11-11b 中，刚片 AB 和刚片 BC 用铰 B 连接在一起。连接前，两个孤立的刚片在平面内共有 6 个自由度；用铰连接以后，自由度便减为 4。由此可见，一个连接两个刚片的单铰使体系的自由度减少两个，所以一个单铰或铰支座相当于两个约束。

（3）单刚结点的作用　只连接两个刚片的铰结点称为单刚结点。图 11-11c 所示为两个刚片 AB 和 BC 在 B 点连接成一个整体，其中结点 B 为刚结点。原来的两根杆件在平面内共有六个自由度，刚性连接成整体后，只有三个自由度，所以一个单刚结点相当于三个约束。

在一个体系中，能减少体系自由度的约束称为**必要约束**，不能减少体系自由度的约束称为**多余约束**。图 11-12a 所示平面内一个自由点 A 原来有两个自由度。如果用两根不共线的链杆 1 和 2 把 A 点与基础相连，则 A 点即被固定，因此减少了两个自由度，可见链杆 1 和 2 都是必要约束。

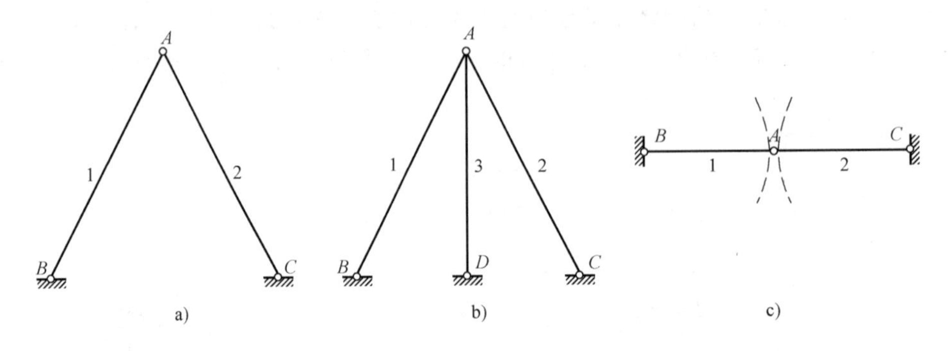

图 11-12

如果用三根不共线的链杆把 A 点与基础相连（图 11-12b），实际上仍只减少两个自由度。因此，这三根链杆中只有两根是必要约束，而有一根是多余约束（可把三根链杆中的任何一根视为多余约束）。只有必要约束才对体系的自由度有影响，而多余约束则对体系的自由度没有影响。

11.4 瞬变体系

如图 11-12a 所示，用两根不共线的链杆可以把平面上的 A 点完全固定起来。但是，要特别注意图 11-12c 所示两根链杆彼此共线的情况，这种体系具有如下一些特点：

1）从微小运动的角度来看，这是一个可变体系，即 A 点可沿图中两圆弧的公切线方向做微小的运动。与此相反，在图 11-12a 中，由于两个圆弧在 A 点不是相切而是相交，因此，A 点就被完全固定了。

2）在图 11-12c 中，当 A 点仅沿公切线发生微小位移以后，两根链杆就不再彼此共线，因而体系就不再是可变体系。这种本来是几何可变、经微小位移后又成为几何不变的体系可称为**瞬变体系**。瞬变体系是可变体系的一种特殊情况。

3）在图 11-12c 中，自由点 A 在平面内有两个自由度，增加两根共线链杆 1 和 2 把 A 点与基础相连接以后，A 点仍然有一个自由度。由此可见，在链杆 1 和 2 这两个约束中有一个是多余约束，一般来说，在瞬变体系中必然存在多余约束。

11.5　几何不变体系的基本组成规则

本节讨论几何构造分析中的主要问题——无多余约束的几何不变体系的组成规律。这里只讨论平面杆件体系最基本的组成规律。

11.5.1　三刚片规则

三个刚片用不在同一直线上的三个单铰两两铰连，组成的体系是无多余约束的几何不变体系，这就是三刚片规则。这里所谓的刚片就是指刚性物体，即物体的几何形状和尺寸都不能改变。一根杆件可以看作一个刚片，一个几何不变体系也可以看作一个刚片。

图 11-13 所示铰接三角形，每一根杆件均为一个刚片，每两个刚片间均用一个单铰相连，故称为“两两铰连”。由铰接三角形的性质可知，这样组成的体系是几何不变的，且无多余约束。例如图 11-14 所示三铰拱，其左、右两半拱可作为刚片Ⅰ、Ⅱ，整个地基可作为一个刚片Ⅲ，故此体系是由三个刚片用不在同一条直线上的三个单铰 A、B、C 两两铰接组成的，所以该体系是几何不变的，且无多余约束。

11.5.2　两刚片规则

两个刚片用一个铰和一根不通过此铰的链杆相连，则组成无多余约束的几何不变体系，这就是两钢片规则。

图 11-15 所示体系，显然也是按三刚片规律组成的。但如果把三个刚片中的两个作为刚片，另一个看作是链杆，则此体系即为两个刚片用一个铰和不通过此铰的一根链杆相连而组成的。这当然是几何不变体系，因为这与三刚片规则实际上是相同的。

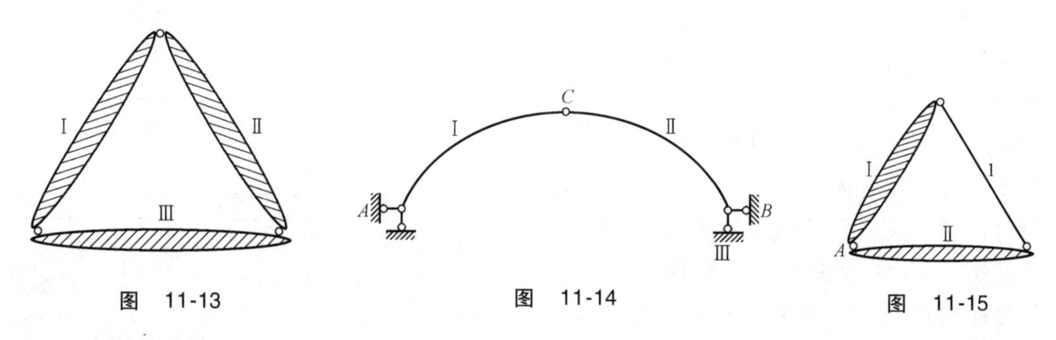

图　11-13　　图　11-14　　图　11-15

由于两根链杆的约束作用相当于一个虚铰的约束作用。因此，两刚片规则还可表述为：**两个刚片用三根不彼此平行也不交于同一点的链杆相连，则组成无多余约束的几何不变体系。**

图 11-16 所示为两个刚片用三根不全平行也不交于同一点的链杆相连的情况，此时可把链杆 AB、CD 看作是在其交点 O 处的一个虚铰。故此两刚片又相当于用虚铰 O 和链杆 EF 相连，而虚铰与链杆不在同一直线上，故为几何不变体系。

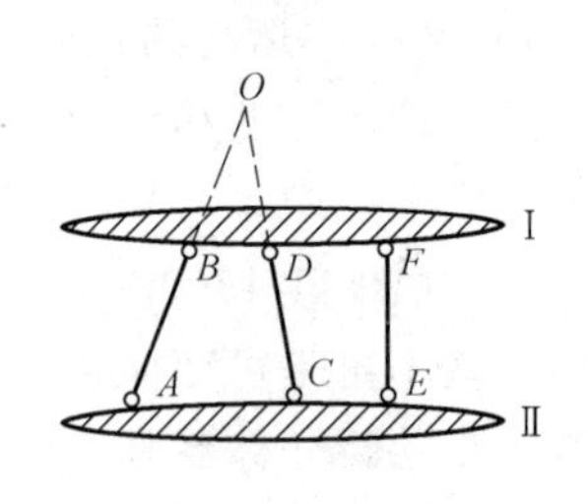

图 11-16

11.5.3 二元体规则

在一个刚片上增加一个二元体，体系仍为几何不变体系，这就是二元体规则。

图 11-17 所示体系是按上述三刚片规则组成的。但如果把三个刚片中的一个作为刚片，而把另外两个看作是链杆，则此体系又可以认为是这样组成的：在一个刚片上增加两根链杆，此两杆不在同一直线上，两杆的另一端又用铰相连。这种两根不在同一直线上的链杆连接一个新结点的构造称为**二元体**。显然，在一个刚片上增添一个二元体后，体系仍为几何不变体系，因为这与上述三刚片规则实际上是相同的。

例如分析图 11-18 所示桁架时，可任选一铰接三角形（如 ABF）为基础，增加一个二元体得结点 G，从而得到几何不变体系 $ABGF$；再以其为基础，增加一个二元体得结点 H，如此依次增添二元体而最后组成该桁架，故知它是一个几何不变体系。

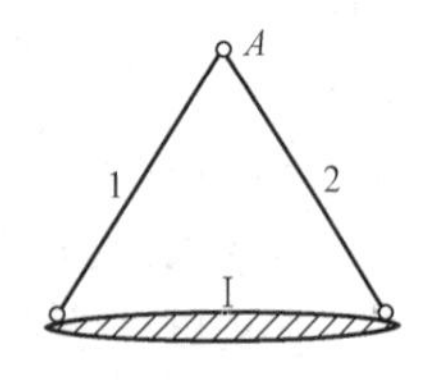

图 11-17

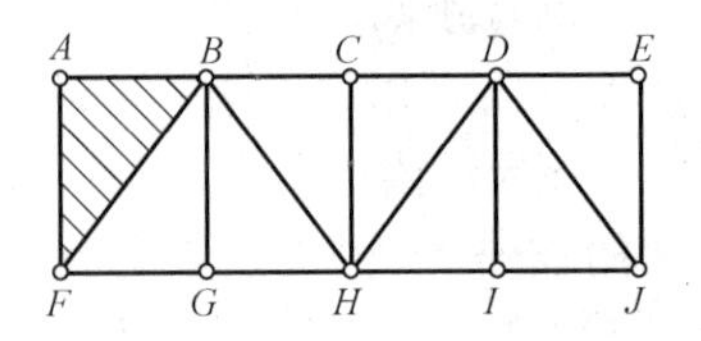

图 11-18

由于在一个体系上增加二元体与拆除二元体是一对可逆的过程。因此，可得如下结论：**在一个体系上增加或拆除二元体，不会改变原有体系的几何组成性质。**

上述三条规则虽然表述方式不同，但实际上可归纳为一个基本规则：如果三个铰不共线，则一个铰接三角形的形状是不变的，而且没有多余约束。这个基本规则可称为三角形规则。

下面讨论几种特殊情况：

1）在一个刚片上增加二元体时，若二元体的两杆共线，则为瞬变体系。

2）两个刚片用三根链杆相连时，若三根链杆交于同一点 O（图 11-19a），则两刚片可绕交点 O 作相对转动，但发生微小转动后三杆一般便不再交于同一点，故此体系为瞬变体系。当三根链杆全平行时，可以认为它们相交于无穷远点，故亦属交于同一点的情况，两刚片可沿与链杆垂直的方向做相对平动。当三杆平行但不等长时（图 11-19b），两刚片发生微小相对移动后三杆便不再全平行，因此属瞬变体系；当三杆平行且等长时（图 11-19c），则运动可一直继续下去，故为常变体系。

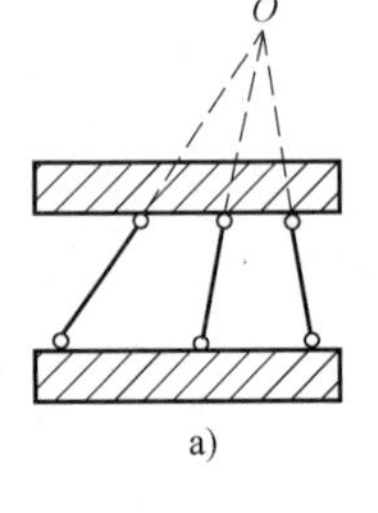

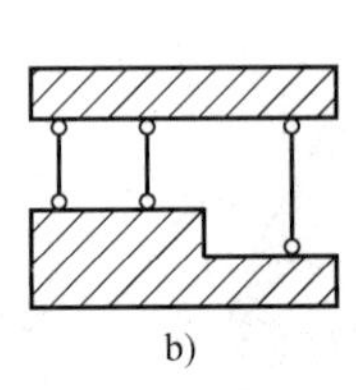

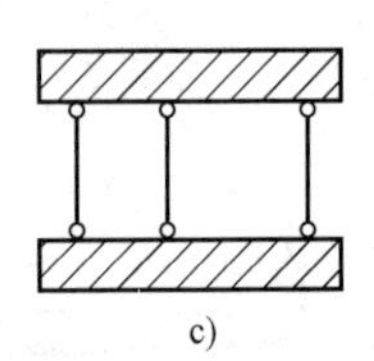

图 11-19

3）在三刚片规则中，如果三个铰共线，则体系为瞬变体系。

【例 11-1】 试分析图 11-20 所示多跨静定梁的几何构造。

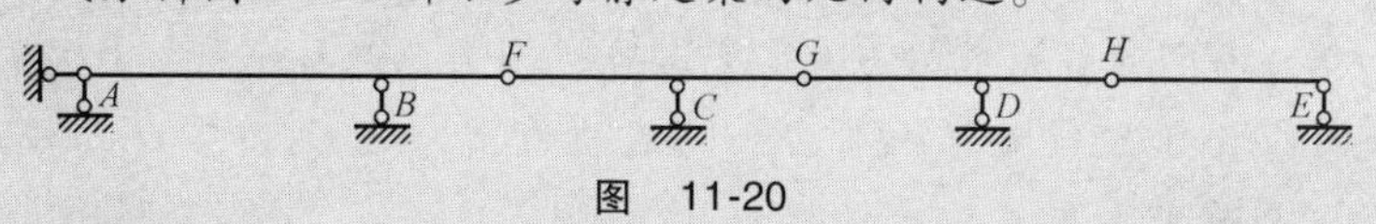

图　11-20

【解】 把地基作为一个刚片。观察各段梁与地基的连接情况，首先可看出，*ABF* 段梁与地基是用三根链杆按两刚片规则相连的，为几何不变体系。这样，就可以把地基与 *ABF* 段梁一起看成是一个扩大了的刚片。再看 *FCG* 段梁，它与上述扩大了的刚片之间又是用一铰一杆按两刚片规则相连的，于是这个大刚片就继续扩大到包含 *FCG* 段梁。同样，*GDH* 段梁与上述大刚片又是按两刚片规则相连的，*HE* 段梁亦可做同样分析。因此，可知整个体系为几何不变体系，且无多余约束。

想一想，此题能不能用三刚片规则和二元体规则分析？

【例 11-2】 试分析图 11-21 所示体系的几何构造。

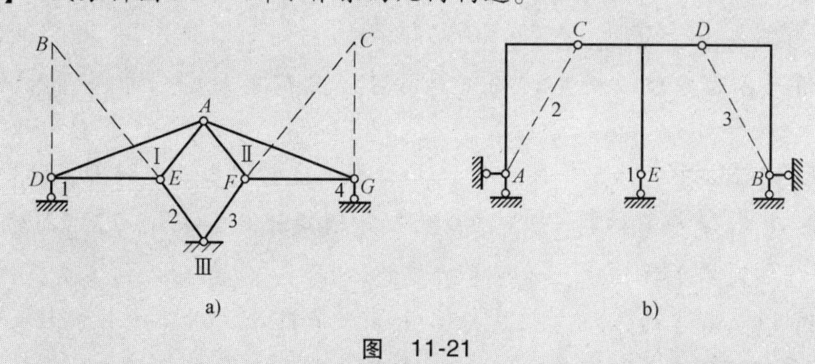

图　11-21

【解】 （1）分析图 11-21a 中的体系　首先，三角形 *ADE* 和 *AFG* 是两个无多余约束的刚片，分别以Ⅰ和Ⅱ表示，把基础看作刚片Ⅲ。连接刚片Ⅰ与Ⅲ的链杆 1、2 相当于虚铰 *B*，连接刚片Ⅱ与Ⅲ的链杆 3、4 相当于虚铰 *C*。如 *A*、*B*、*C* 三个铰不共线，则体系为无多余约束的几何不变体系；否则为瞬变体系。

（2）分析图 11-21b 中的体系　先把折线杆 *AC* 和 *BD* 用虚线表示的链杆 2 与链杆 3 来替换，于是 T 形刚片 *CDE* 由三个链杆 1、2、3 与基础相连。如果三个链杆相交于同一点，则体系是瞬变的；否则为无多余约束的几何不变体系。

【例 11-3】 试对图 11-22a 所示体系进行几何构造分析。

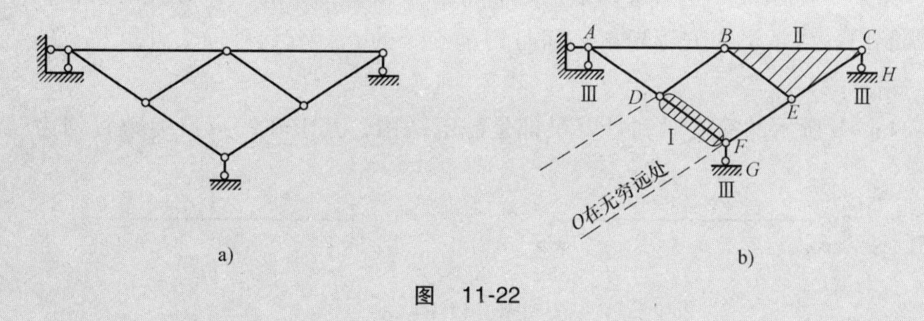

图　11-22

【解】 选择地基、杆件 DF 和三角形 BCE 各作为一个刚片，如图 11-22b 所示。此时，刚片Ⅰ与刚片Ⅲ用链杆 AD、FG 相连，虚铰在 F 点；刚片Ⅱ与刚片Ⅲ用链杆 AB、CH 相连，虚铰在 C 点；刚片Ⅰ与刚片Ⅱ用链杆 BD、EF 相连，因为此两杆平行，故虚铰 O 在此两杆延长线上的无穷远处。由于虚铰 O 在链杆 EF 的延长线上，故 C、F、O 三铰在同一直线上。因此，原体系是一个瞬变体系。

想一想，如果不改变题中杆件和铰结点的数目（杆件的尺寸、方向等条件可改变），如何将其改造成几何不变体系？

【例 11-4】 试用无穷远虚铰的概念分析图 11-23 所示三铰拱的几何构造。

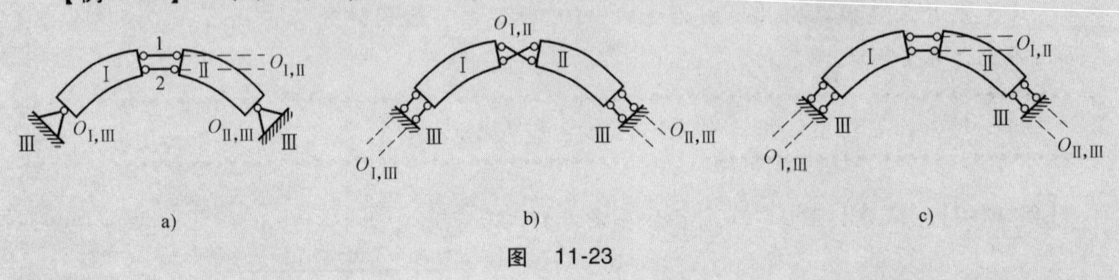

图 11-23

【解】 利用无穷远虚铰分析几何构造时，可以应用射影几何中关于∞点∞线的四点结论。

(1) 分析图 11-23a 中的体系 刚片Ⅰ、Ⅱ与基础Ⅲ之间用三个铰 $O_{Ⅰ,Ⅱ}$、$O_{Ⅱ,Ⅲ}$、$O_{Ⅰ,Ⅲ}$ 两两相连，其中 $O_{Ⅰ,Ⅱ}$ 是平行链杆 1、2 对应的无穷远虚铰。如果铰 $O_{Ⅰ,Ⅲ}$ 与铰 $O_{Ⅱ,Ⅲ}$ 的连线与链杆 1、2 平行，则三个铰共线，体系是瞬变的。否则，体系为几何不变，且无多余约束。

(2) 分析图 11-23b 中的体系 刚片Ⅰ、Ⅱ与基础Ⅲ之间用三个铰相连，其中 $O_{Ⅰ,Ⅲ}$ 和 $O_{Ⅱ,Ⅲ}$ 是两个不同方向的无穷远虚铰，它们对应于∞线上两个不同的点。铰 $O_{Ⅰ,Ⅱ}$ 对应于有限点。由于有限点不在∞线上，因此三个铰不共线，体系为几何不变，且无多余约束。

(3) 分析图 11-23c 中的体系 刚片Ⅰ、Ⅱ与基础Ⅲ之间的三个铰都在无穷远点。由于各∞点都在同一直线上，因此体系是瞬变的。

11.6 静定结构和超静定结构的概念

用来作为结构的体系，必须是几何不变的。几何不变体系可分为无多余约束（图 11-24）和有多余约束（图 11-25）两类。对于一个平衡的体系来说，可能列出的独立平衡方程的数目是确定的。如果平衡体系的全部未知量的数目等于体系的独立的平衡方程的数目，体系中全部的未知量就能用静力学平衡方程求解，而且解是唯一的。具有这种静力计算特点的结构称为静定结构。

图 11-24a、b 所示的简支梁和悬臂梁都是静定结构，其未知约束反力数目均为三个，每个

图 11-24

图 11-25

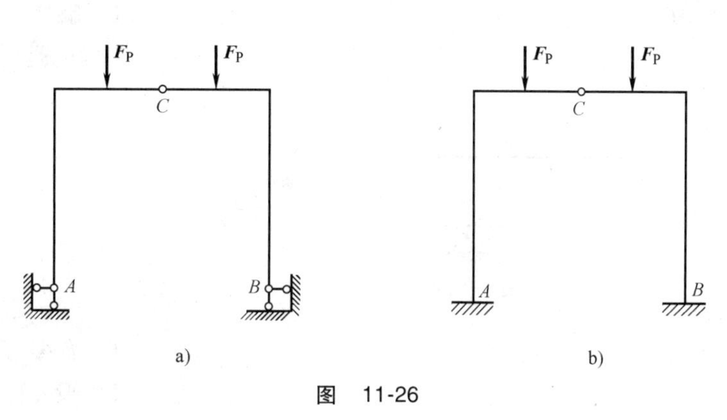

图 11-26

结构可列出三个独立的静力平衡方程，所有未知力都可由平衡方程确定，故为静定结构。图 11-26a 所示的三铰刚架是由 AC、BC 两个构件组成，每个构件可列三个独立的平衡方程，体系共可列 6 个独立的平衡方程。而体系在铰 A、B、C 处各有二个未知约束反力，共 6 个未知量。这 6 个未知量可由体系的六个平衡方程唯一确定，故该结构是静定结构。

工程中为了减少结构的变形，增加其强度和刚度，常常在静定结构上增加约束，形成有多余约束的结构，从而增加了未知量的数目。未知量的数目大于独立的平衡方程的数目时，仅用静力平衡方程不能求解出全部未知量，具有这种静力计算特点的结构称为超静定结构。

图 11-25 所示的梁结构，因为有多余约束，增加了未知约束反力的数目，仅用静力平衡方程无法求出其全部未知约束反力，故均为超静定结构。图 11-26b 所示为一有多余约束的刚架结构，也是一个超静定结构。

习 题

一、选择题

1. 以下对图 11-27 所示体系几何构造的分析，正确的是（　　）。

A. 没有多余约束的几何不变体系　　B. 有多余约束的几何不变体系

C. 几何可变体系　　D. 瞬变体系

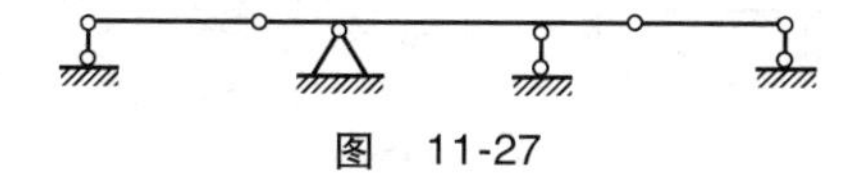

图 11-27

2. 以下对图 11-28 所示体系几何构造的分析，正确的是（　　）。

A. 没有多余约束的几何不变体系　　B. 有多余约束的几何不变体系

C. 几何可变体系　　D. 瞬变体系

3. 以下对图 11-29 所示体系几何构造的分析，正确的是（　　）。

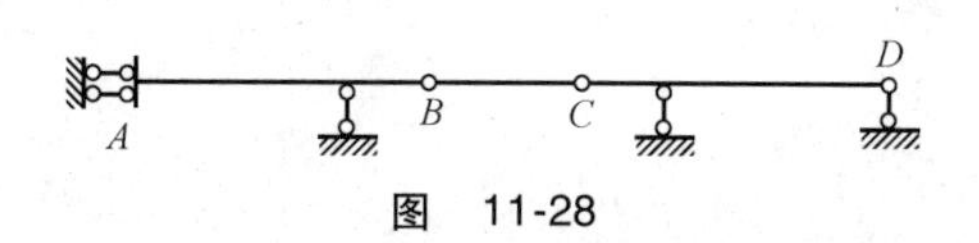

图 11-28

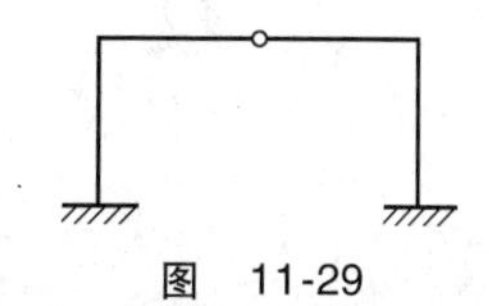

图 11-29

A. 没有多余约束的几何不变体系　　B. 有多余约束的几何不变体系

C. 几何可变体系　　D. 瞬变体系

4. 以下对图 11-30 所示体系几何构造的分析，正确的是（　　）。

A. 没有多余约束的几何不变体系　　B. 有多余约束的几何不变体系

C. 几何可变体系　　D. 瞬变体系

5. 以下对图 11-31 所示体系几何构造的分析，正确的是（　　）。

图　11-30

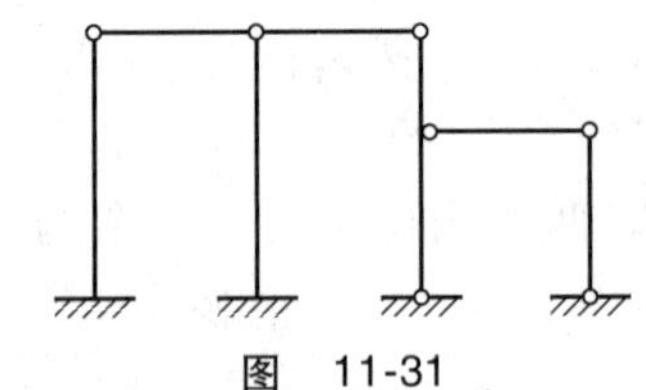

图　11-31

A. 没有多余约束的几何不变体系　　B. 有多余约束的几何不变体系

C. 几何可变体系　　D. 瞬变体系

二、填空题

1. 图 11-32 所示体系的自由度为____________，该体系为____________。

2. 图 11-33 所示体系的自由度为____________，该体系为____________。

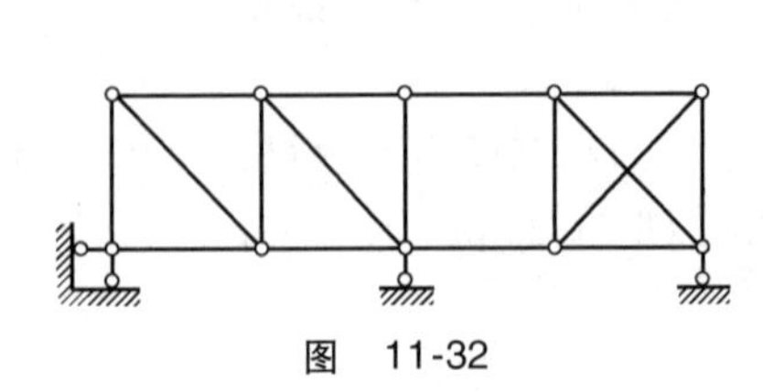

图　11-32

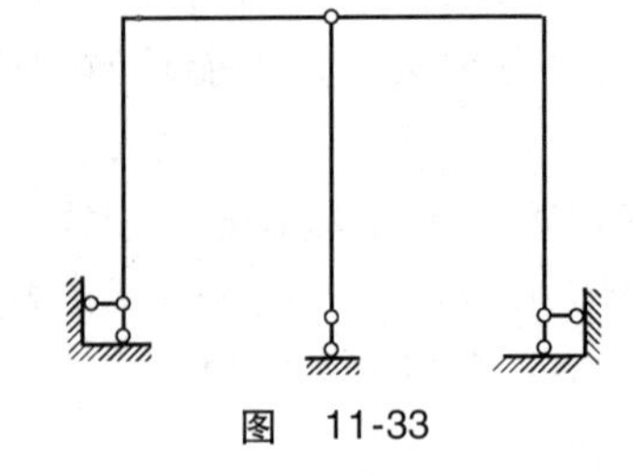

图　11-33

三、分析题

1. 试分析图 11-34 所示体系的几何构造。

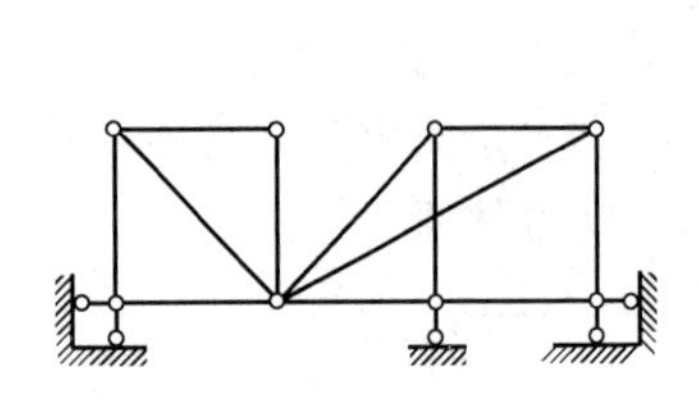

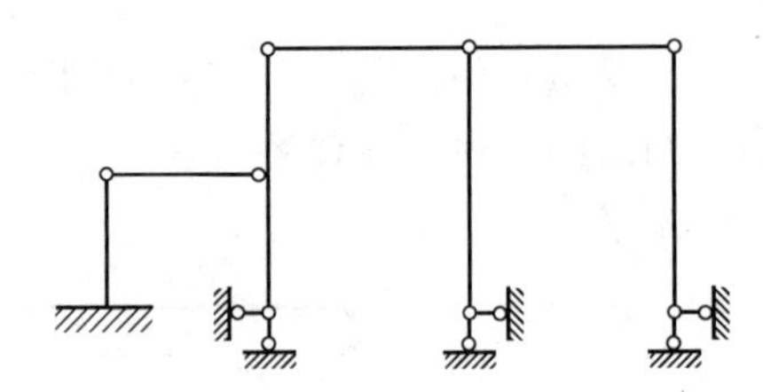

图　11-34

2. 试分析图 11-35 所示体系的几何构造。

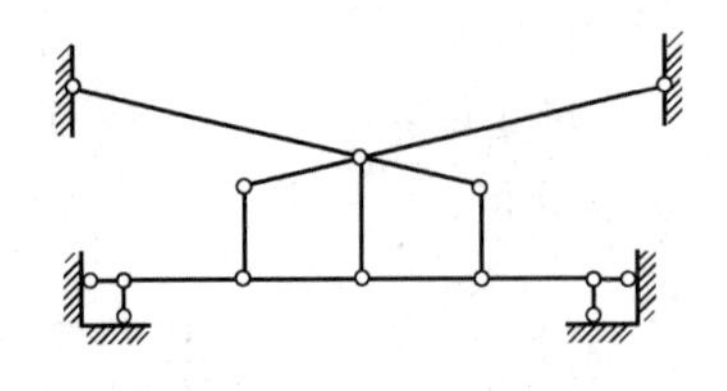

a)

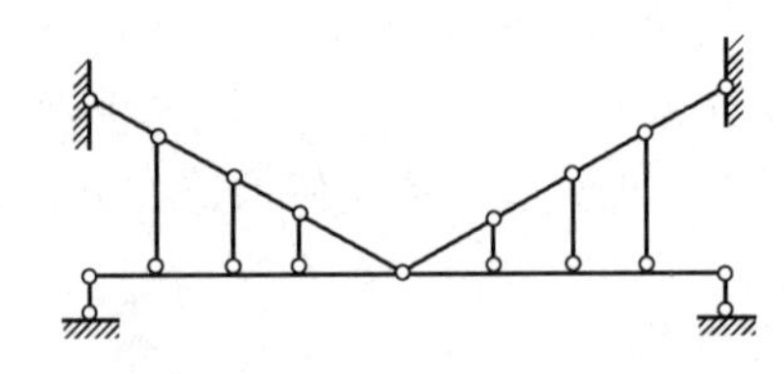

b)

图　11-35

3. 试分析图 11-36 所示体系的几何构造。

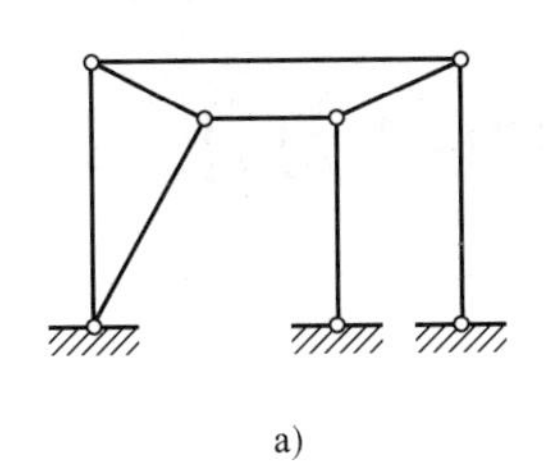

a)

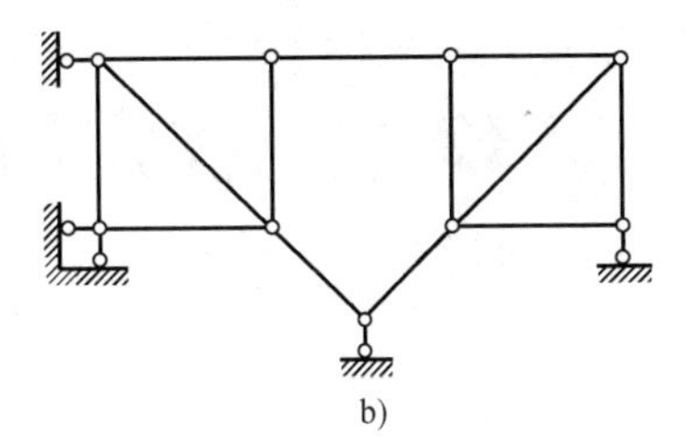

b)

图　11-36

4. 试分析图 11-37 所示体系的几何构造。

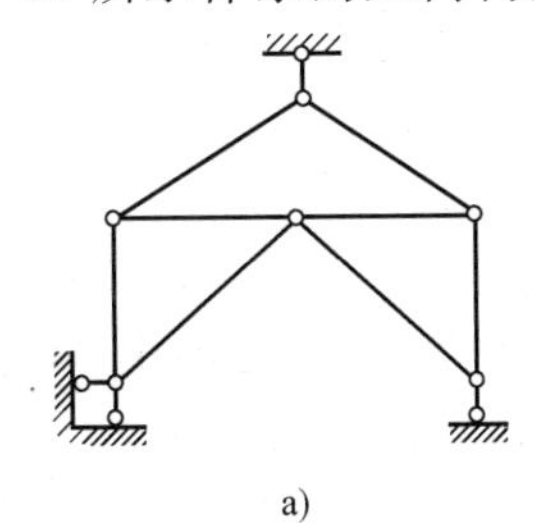

a)

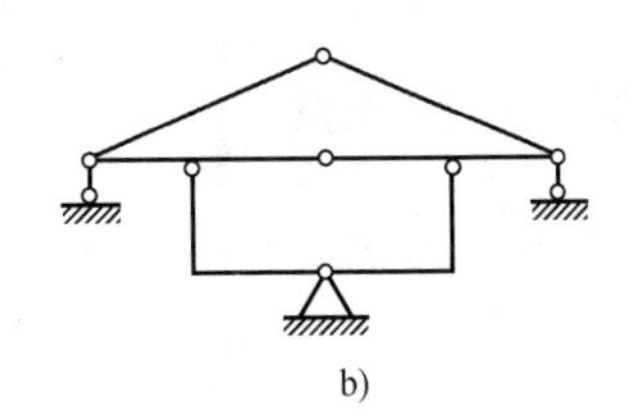

b)

图　11-37

5. 试分析图 11-38 所示体系的几何构造。

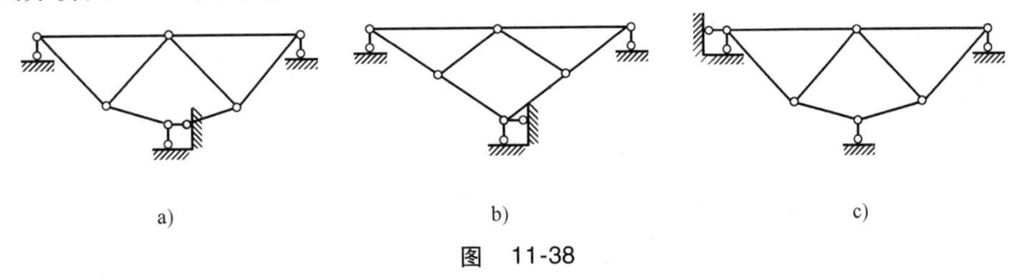

a)　　b)　　c)

图　11-38

6. 试分析图 11-39 所示体系的几何构造。

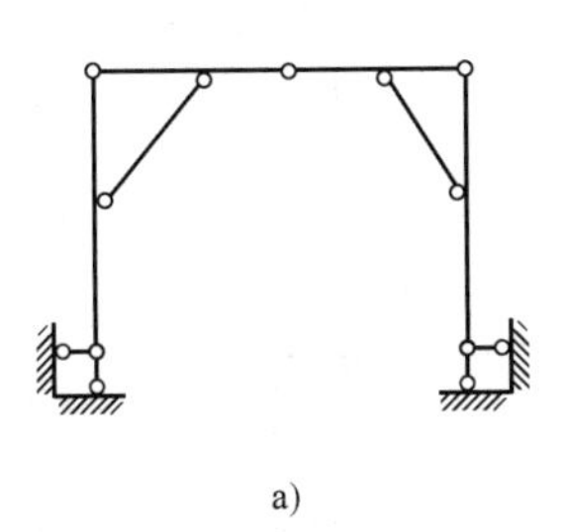

a)

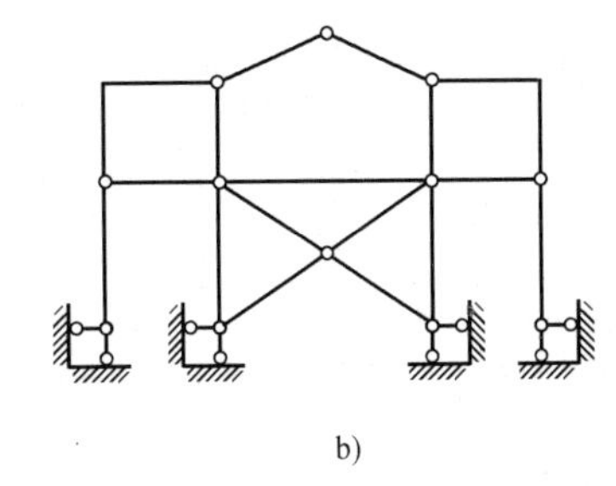

b)

图　11-39

第 12 章　静定结构的内力计算

12.1　静定多跨梁的内力

多跨静定梁是由若干单跨梁（简支梁、悬臂梁、外伸梁）通过铰结点连接而成的静定结构。

12.1.1　静定多跨梁的几何组成

在工程结构中，静定多跨梁常用作房屋建筑中的檩条（图 12-1a）和公路桥梁的主要承重结构（图 12-2a）。图 12-1b 和图 12-2b 所示分别为它们的计算简图。

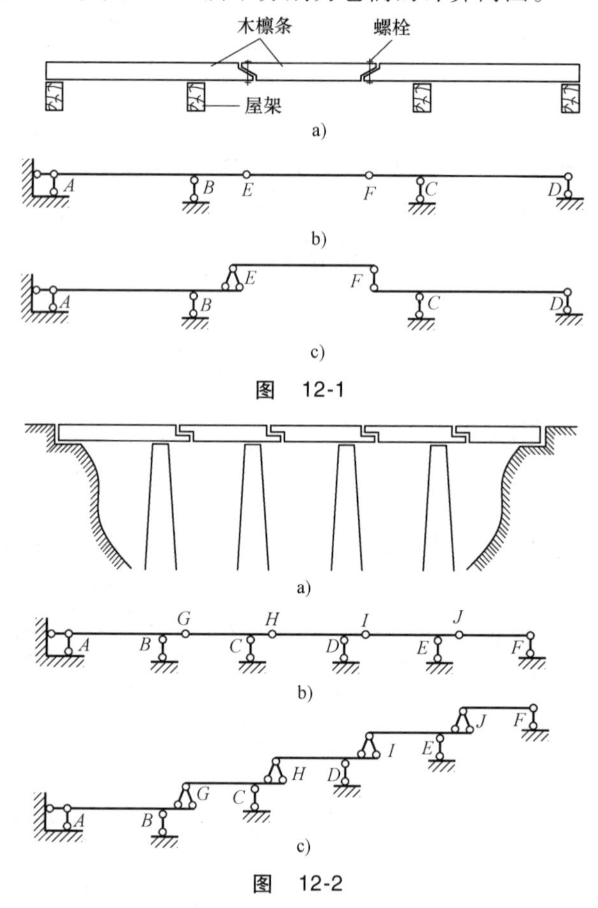

图　12-1

图　12-2

对上述计算简图，从几何组成来看，多跨静定梁可分为基本部分和附属部分。在图 12-1b 中，梁 ABE 不依赖于其他部分而独立地与地基构成一个几何不变部分，称其为**基本部分**；梁 FCD 在竖向荷载作用下仍能独立维持其平衡，故在竖向荷载作用时也可将它当作基本部分；梁 EF 需要依靠基本部分才能维持其几何不变性，因而称其为**附属部分**。图 12-1c 为各梁段之间的支承关系图。同理，图 12-2c 为图 12-2b 所示多跨梁中各梁段之间的支承关系图。

从梁的支承关系图可以看出，荷载作用在基本部分时，只有基本部分受力，并产生内力，附属部分不受影响，不产生内力；当荷载作用于附属部分时，力将通过铰结点传递到与其有关的基本部分，使其产生内力。

12.1.2　静定多跨梁的内力

在计算多跨静定结构时，与其构成顺序相反，将结构从铰接处拆开，先计算附属部分，后计算基本部分。根据作用力与反作用力定律，将附属部分的支座反力（或约束力）反向，就是作用于基本部分的荷载。这样，将多跨静定结构分解成若干单跨静定结构，从附属程度最高的一层开始，逐步计算，从而可避免解联立方程组。最后，将各单跨静定结构的内力图连在一起，就得到整个多跨静定结构的内力图。

【例 12-1】　试作图 12-3a 所示多跨静定梁的内力图。

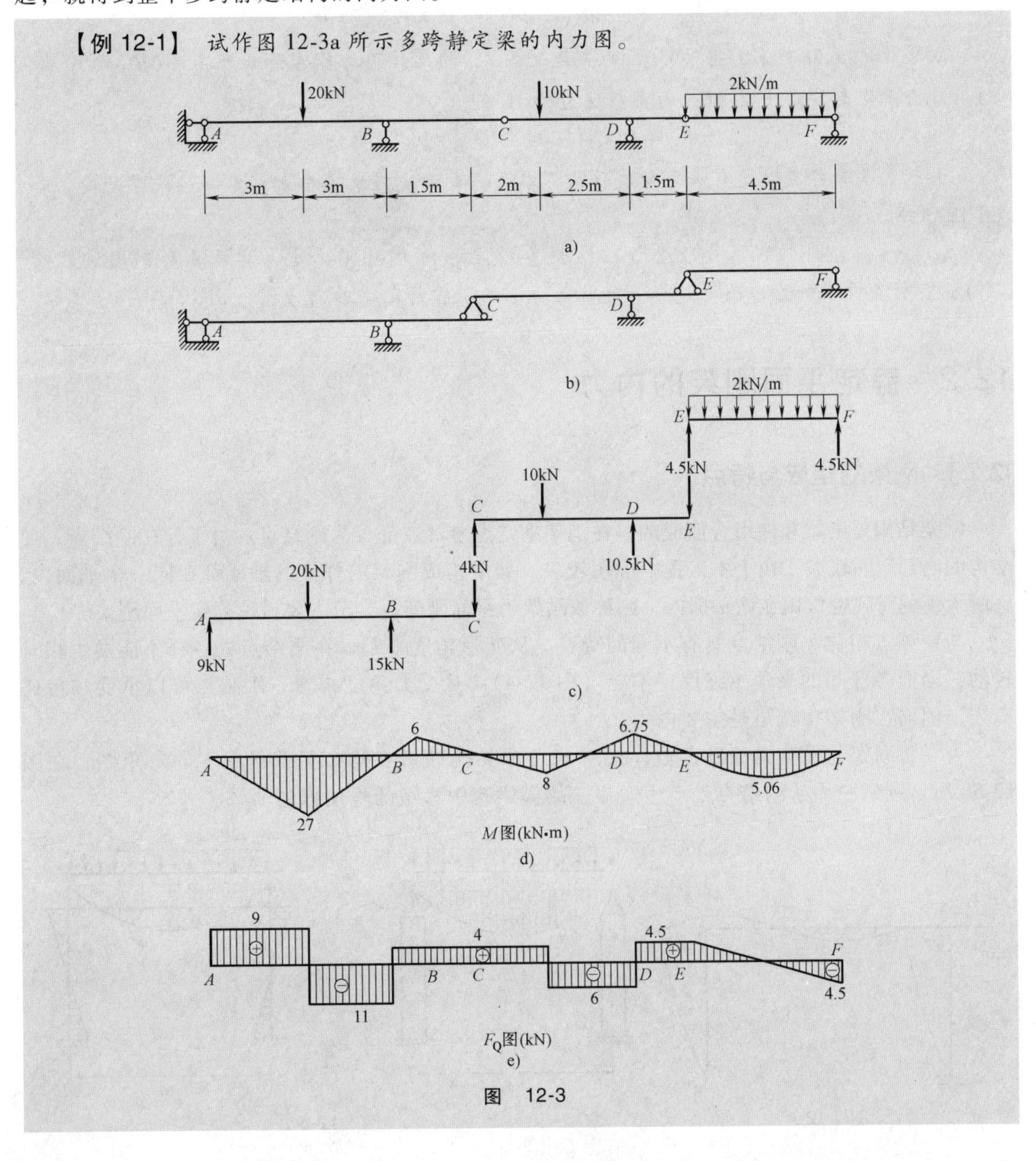

图　12-3

【解】（1）几何组成分析，确定计算次序 梁 ABC 固定在基础上，是基本部分；梁 CDE 固定在梁 ABC 上，是第一级附属部分；梁 EF 固定在梁 CDE 上，是第二级附属部分。因此，梁的组成次序为：$ABC \rightarrow CDE \rightarrow EF$。计算次序为组成次序的反顺序。多跨静定梁的支承关系如图 12-3b 所示。

（2）计算支座反力 从上面的分析可以看出，整个多跨静定梁由三个单跨梁构成。在计算时，先计算梁 EF，再计算梁 CDE，最后计算梁 ABC。

取 EF 为隔离体，由静力平衡方程 $\sum M_E=0$ 和 $\sum F_y=0$，可得梁 EF 的支座反力为

$$F_{Fy}=4.5\text{kN}(\uparrow) \qquad F_{Ey}=4.5\text{kN}(\uparrow)$$

取梁 CDE 为隔离体，将梁 EF 的支座反力 F_{Ey} 的反作用力作为荷载加在梁 CDE 的 E 端，利用静力平衡条件求出梁 CDE 的支座反力为

$$F_{Dy}=10.5\text{kN}(\uparrow) \qquad F_{Cy}=4\text{kN}(\uparrow)$$

取梁 ABC 为隔离体，将梁 CDE 的支座反力 F_{Cy} 的反作用力作为荷载加在梁 ABC 的 C 端，利用静力平衡条件求出梁 ABC 的支座反力为

$$F_{By}=15\text{kN}(\uparrow) \qquad F_{Ay}=9\text{kN}(\uparrow)$$

由于该多跨静定梁没有水平荷载作用，水平方向的支座反力全都为零。各段梁的受力如图 12-3c 所示。

（3）作内力图 利用分段叠加法绘制各段梁的内力图（此处将其计算和制图过程略去），再将各段梁的内力图连接在一起就是所求的多跨静定梁的内力图（图 12-3d、e）。

12.2 静定平面刚架的内力

12.2.1 刚架的组成与特点

刚架结构是由梁和柱组合而成的，在刚架中结点全部或部分为刚结点。由于存在刚结点，使结构的内部空间较大，在土木工程中应用较多。如果构成刚架的杆件的轴线都在同一个平面内，且所承受的荷载也作用在该平面内，则称该刚架为**平面刚架**。本节主要讨论静定平面刚架。

与铰结点相比，刚结点具有不同的特点。从变形角度来看，在刚结点处各杆不能发生相对转动，因而各杆间的夹角始终保持不变（图 12-4）。从受力角度来看，刚结点可以承受和传递弯矩，因而在刚架中弯矩是主要内力。

为了将刚架与简支梁加以比较，在图 12-5 中给出两者在均布荷载作用下的弯矩图，在图 12-5b 所示刚架中由于刚结点处产生弯矩，故横梁跨中弯矩的峰值得到消减。

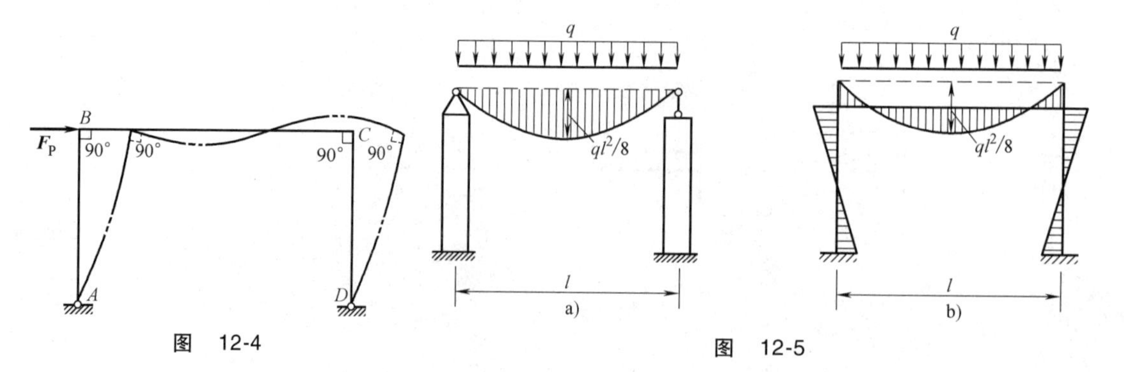

图 12-4　　图 12-5

12.2.2　刚架的内力计算

单跨刚架是最简单、最基本的刚架结构，多跨（层）刚架是由多个单跨刚架按照一定的组成规则构成的。因此，单跨刚架的内力计算是多跨刚架内力计算的基础。

单跨静定平面刚架内力分析的基本步骤如下：

（1）求支座反力　取刚架整体或部分为隔离体，利用隔离体的静力平衡条件求出刚架的支座反力。

（2）求杆件截面内力　对于刚架中任意杆件截面上的内力，可由截面法求出。在计算刚架内力时，应注意下面几个问题：

1）要注意内力正负号的有关规定。在刚架中，剪力和轴力都规定正负号（与梁相同），但弯矩则不规定正负号，而只规定弯矩图的纵坐标应画在杆件受拉纤维的一边。也就是说，这里不是用正负号而是用纵坐标的位置来标明弯矩的性质（标明受拉纤维在哪一边）。

2）要注意在结点处有不同的杆端截面。在图 12-6a 所示的刚架中，在结点 D 处有三个杆件 DA、DB、DC 相交。因此，在结点 D 处有三个不同的截面 D_1、D_2、D_3。如果笼统地说截面 D，则是无意义的。这三个截面 D_1、D_2、D_3 的弯矩通常分别用 M_{DA}、M_{DB}、M_{DC} 来表示。对于剪力和轴力也采用同样的写法。

3）要正确地选取隔离体。用截面法求三个指定截面 D_1、D_2、D_3 的内力时，应分别在指定截面切开，取出隔离体如图 12-6b、c、d 所示。这里在每个切开的截面处作用有三个未知力 F_N、F_Q、M，其中未知力 F_N 和 F_Q 都按正方向画出，而未知力 M 则按任意指定的方向画出。

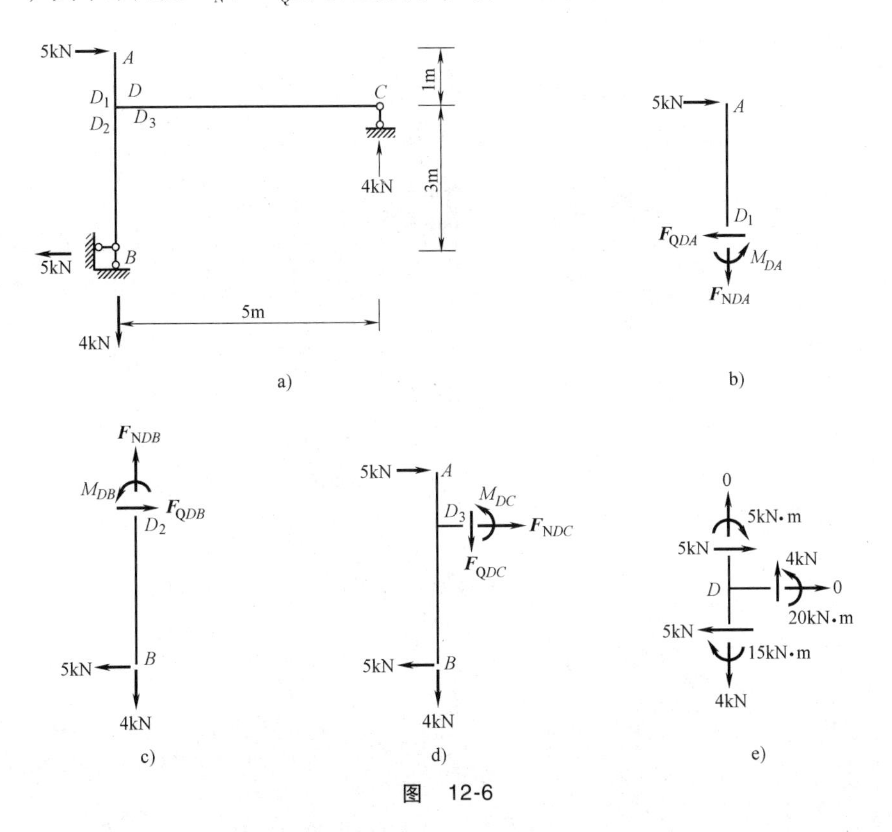

图　12-6

4）要注意结点的平衡条件。上面求得的三个截面 D_1、D_2、D_3 的内力并不是独立的，它们应满足结点 D（图 12-6e）的三个平衡条件：

$$\begin{cases}\sum F_x=0\\ \sum F_y=0\\ \sum M=0\end{cases}$$

（3）绘制刚架的内力图　绘制刚架内力图的方法与静定梁内力图的绘制方法相同，即先计算控制截面上的内力值，然后由内力变化规律及分段叠加法作出内力图。对于刚架来说，通常把每个杆件的两端取作控制截面。

【例 12-2】　试作图 12-7a 所示刚架的内力图。

【解】（1）求支座反力　取整体为研究对象，利用静力平衡条件计算支座反力。

$$\sum F_x=0 \qquad F_{Ax}=ql\ (\leftarrow)$$

$$\sum M_A=0 \qquad F_{By}=\frac{ql}{2}\ (\uparrow)$$

$$\sum F_y=0 \qquad F_{Ay}=\frac{ql}{2}\ (\downarrow)$$

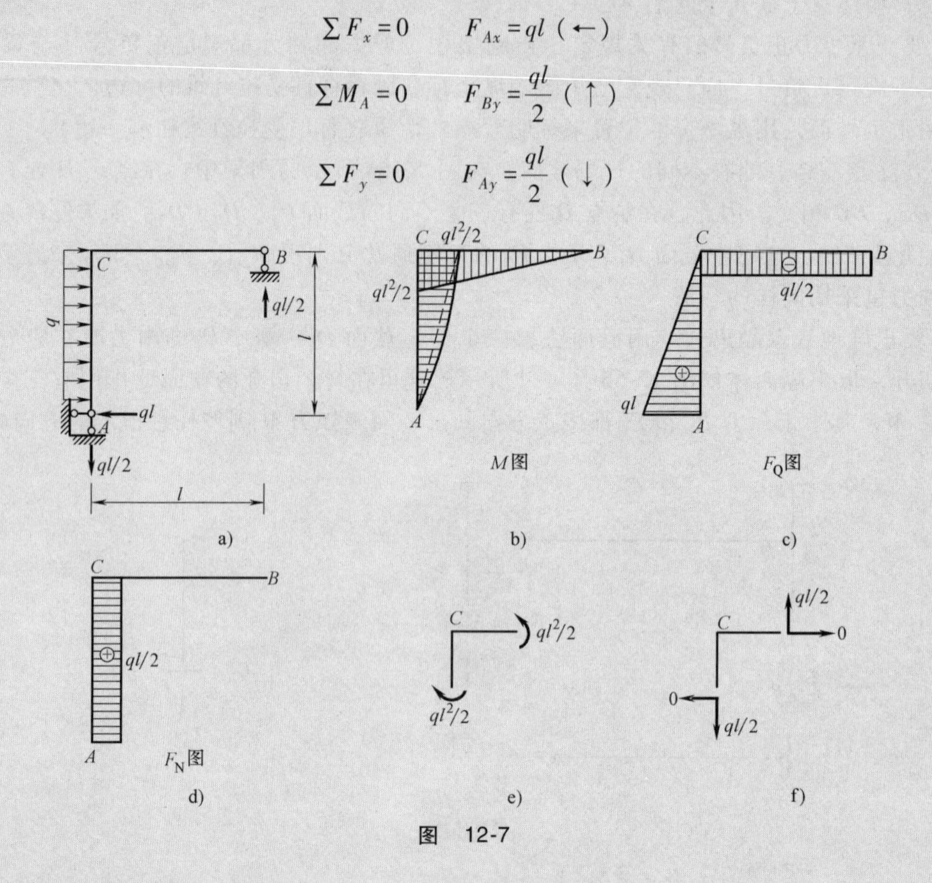

图　12-7

（2）求杆件截面内力　应用截面法，计算各杆件任意截面的内力。

杆端弯矩：

$$M_{AC}=0 \qquad M_{CA}=\frac{ql^2}{2}\ (\text{右边受拉})$$

$$M_{BC}=0 \qquad M_{CB}=\frac{ql^2}{2}\ (\text{下边受拉})$$

杆端剪力：

$$F_{QAC}=ql$$

$$F_{QCA}=0$$

$$F_{QBC}=F_{QCB}=-\frac{ql}{2}$$

杆端轴力：

$$F_{NAC}=F_{NCA}=\frac{ql}{2}$$

$$F_{NBC}=F_{NCB}=0$$

（3）作内力图　用叠加法作刚架的弯矩图如图 12-7b 所示，剪力图和轴力图分别如图 12-7c、d 所示。

（4）校核　图 12-7e 所示为结点 C 各杆杆端的弯矩，满足力矩平衡条件，即

$$\sum M=\frac{ql^2}{2}-\frac{ql^2}{2}=0$$

图 12-7f 所示为结点 C 各杆杆端的剪力和轴力，满足两个投影方程，即

$$\sum F_x=0$$

$$\sum F_y=\frac{ql}{2}-\frac{ql}{2}=0$$

【例 12-3】 试作图 12-8a 所示三铰刚架的内力图。

【解】（1）求支座反力　三铰刚架有四个支座反力，需用四个平衡方程求解四个未知量。取刚架整体为隔离体建立三个平衡方程，另外，再取半刚架为隔离体，利用刚架中间铰处弯矩为零这一已知条件建立一个补充方程，从而求出全部支座反力。

取刚架整体为隔离体，由平衡方程 $\sum M_A=0$，可求得

$$F_{By}=75\text{kN}\ (\uparrow)$$

由平衡方程 $\sum F_y=0$，可求得

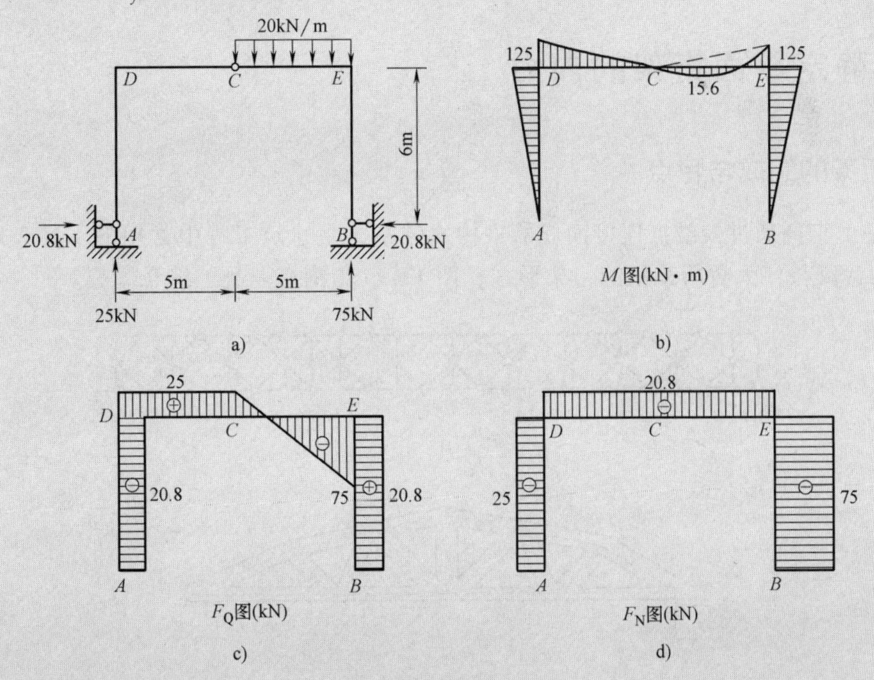

图　12-8

$$F_{Ay}=25\text{kN}\ (\uparrow)$$

取刚架的左半部分为隔离体，由平衡方程 $\sum M_C=0$，可求得

$$F_{Bx}=20.8\text{kN}\ (\leftarrow)$$

取刚架整体为隔离体，由平衡方程$\sum F_x=0$，可求得

$$F_{Ax}=20.8\text{kN}\ (\rightarrow)$$

(2) 求杆件内力

杆端弯矩：

$$M_{AD}=0 \qquad M_{DA}=-125\text{kN}\cdot\text{m}$$

$$M_{DC}=-125\text{kN}\cdot\text{m} \qquad M_{CD}=M_{CE}=0$$

$$M_{EC}=-125\text{kN}\cdot\text{m} \qquad M_{BE}=0$$

杆端剪力：

$$F_{QAD}=F_{QDA}=-20.8\text{kN}$$

$$F_{QDC}=F_{QCD}=F_{QCE}=25\text{kN}$$

$$F_{QEC}=-75\text{kN}$$

$$F_{QEB}=F_{QBE}=20.8\text{kN}$$

杆端轴力：

$$F_{NAD}=F_{NDA}=-25\text{kN}$$

$$F_{NDC}=F_{NCD}=F_{NCE}=F_{NEC}=-20.8\text{kN}$$

$$F_{NEB}=F_{NBE}=-75\text{kN}$$

(3) 作内力图　根据以上求出的各杆端内力，绘出刚架的内力图，如图 12-8b、c、d 所示。

12.3 静定平面桁架的内力

12.3.1 桁架的组成与特点

桁架是由直杆通过铰结点连接而成的格构式体系，是建筑工程中常用的一种大跨度结构。图 12-9a 为武汉长江大桥所采用的桁架形式，图 12-9b 为钢筋混凝土组合屋架。

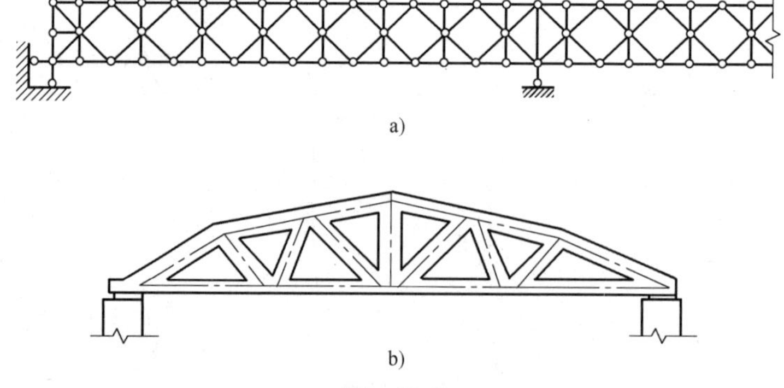

图 12-9

梁和刚架承受荷载后，主要产生弯曲内力，截面上应力分布是不均匀的，因而材料不能充分利用。桁架在结点荷载作用下，各杆内力主要为轴力，截面上的应力基本上分布均匀，可以

充分发挥材料的作用。因此，桁架是大跨结构常用的一种形式。

实际桁架的受力情况比较复杂，在计算中必须抓主要矛盾，对实际桁架作必要的简化。通常在桁架的内力计算中，采用下列假设：

1）桁架的结点都是光滑的铰结点。

2）各杆的轴线都是直线并通过铰的中心。

3）荷载和支座反力都作用在结点上。

根据这些假设，桁架的各杆都只在杆端受轴向力，为二力杆。其轴力可能是拉力，也可能是压力，在计算中通常规定轴力以使杆件受拉为正。

实际桁架与上述假设是有差别的。除木桁架的连接结点比较接近于铰结点外，钢桁架和钢筋混凝土桁架的结点都有很大的刚性。有些杆件在结点处是连续不断的。各杆的轴线也不一定全是直线，结点上各杆的轴线也不一定全交于一点。但科学实验和工程实践证明，结点刚性等因素的影响一般来说对桁架是次要的。按上述假设计算得到桁架内力称为**主内力**。由于实际情况与上述假设不同而产生的附加内力称为**次内力**。这里只研究主内力的计算。

12.3.2　桁架的分类

1. 按外形特点分类

按照桁架的外形特点，静定平面桁架可分为以下四类：

1）平行弦桁架，如图 12-10a 所示。

2）抛物线桁架，如图 12-10b 所示。

3）三角形桁架，如图 12-10c 所示。

4）梯形弦桁架，如图 12-10d 所示。

2. 按整体受力特征分类

按照整体受力特征，静定平面桁架可分为两类：

1）梁式桁架或无推力桁架，如图 12-10 所示。

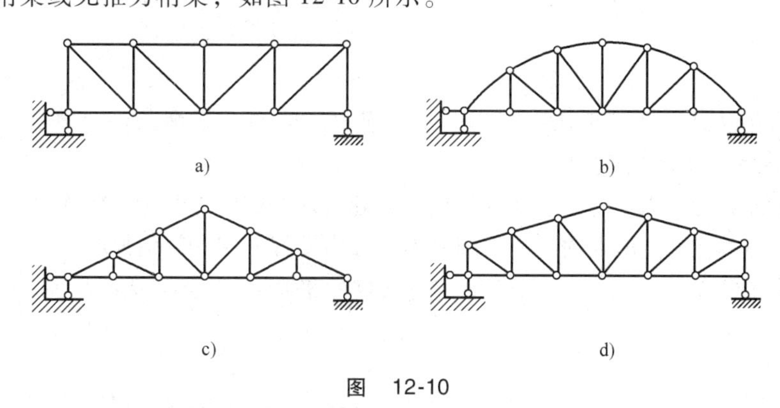

图　12-10

2）拱式桁架或有推力桁架，如图 12-11 所示。

3. 按几何构造特点分类

根据几何构造的特点，静定平面桁架可分为三类：

1）简单桁架。由基础或一个基本铰接三角形开始，每次用不在一条直线上的两个链杆连接一个新结点。按照这个规律组成的桁架称为**简单桁架**。图12-12 a、b 所示的桁架都为简单桁架。

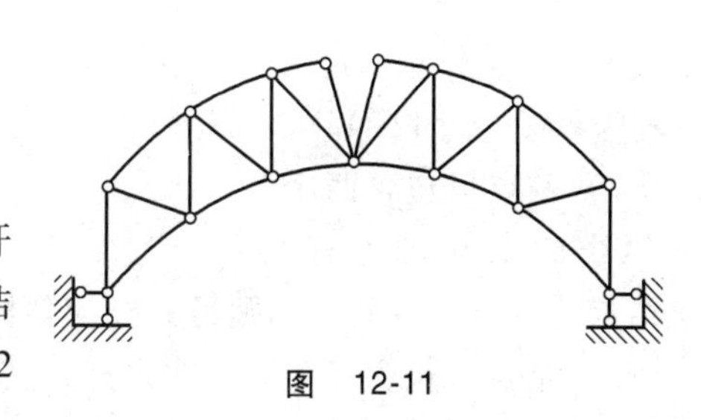

图　12-11

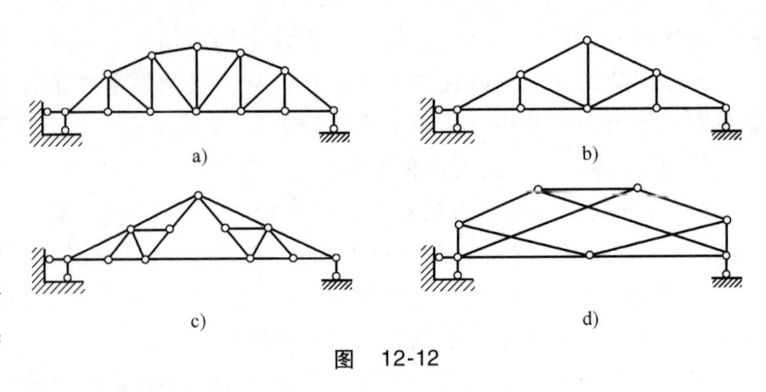

图 12-12

2）联合桁架。由几个简单桁架联合组成几何不变的铰接体系，这类桁架称为**联合桁架**。图 12-12c 所示桁架为联合桁架。

3）复杂桁架。凡不属于前两类的桁架，称为复杂桁架。图 12-12d 所示为一**复杂桁架**。

12.3.3 桁架的内力

为了求得桁架各杆的轴力，我们可以截取桁架中的一部分为隔离体，考虑隔离体的平衡，建立平衡方程，由平衡方程解出杆的轴力。如果隔离体只包含一个结点，这种方法称为**结点法**。如果截取的隔离体包含两个以上的结点，这种方法称为**截面法**。

在计算过程中，通常先假设杆的未知轴力为拉力。计算结果如得正值，表示轴力确是拉力；如得负值，表示轴力为压力。

在建立平衡方程时，有时需要把杆的轴力 F_N 分解为水平分力 F_x 和竖向分力 F_y，如图 12-13 所示。根据相似关系，有下列比例关系；

$$\frac{F_N}{l}=\frac{F_x}{l_x}=\frac{F_y}{l_y} \tag{12-1}$$

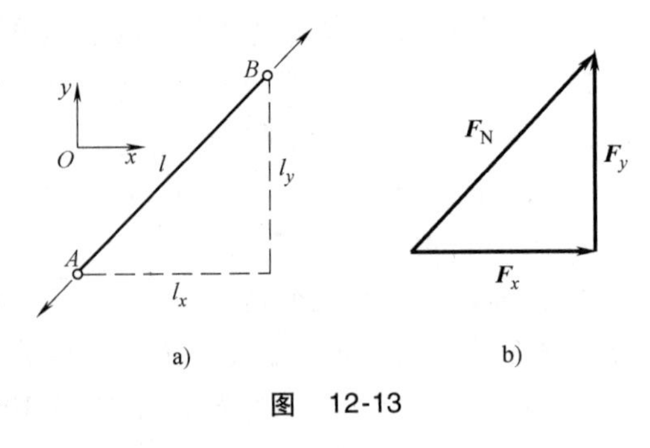

图 12-13

利用这个比例关系，可以很简便地由 F_N 推算出 F_x 和 F_y，或者反过来由 F_x 推算出 F_N 和 F_y，由 F_y 推算出 F_N 和 F_x，而不需使用三角函数进行计算。

1. 结点法

结点法是取桁架结点为隔离体，利用平面汇交力系的两个平衡条件计算各杆的未知轴力。结点法最适用于计算简单桁架。

利用结点法计算桁架内力时，应从未知内力不超过两个的结点开始，依次进行，直到将全部未知力解出。桁架中有时会出现轴力为零的杆件，称为**零杆**。在计算桁架时，如首先找出所有零杆，可减少计算工作量，使计算得到简化。用结点的平衡条件很容易证明判别零力杆的三种情况。

1）结点只包含两个不共线的未知轴力杆，如结点不受荷载作用，则两杆均为零杆（图 12-14a）。

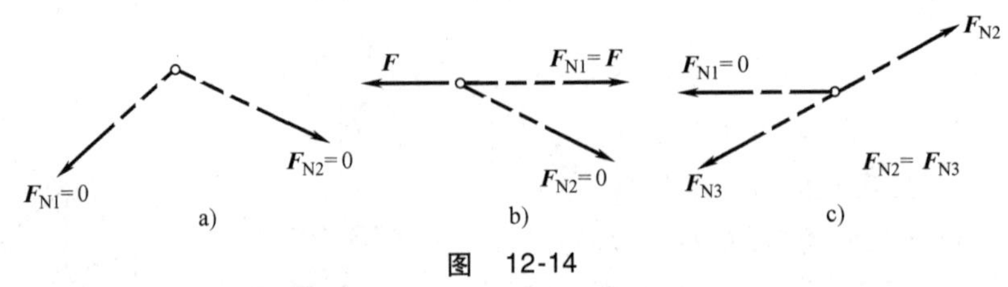

图 12-14

2）结点只包含两个不共线的未知轴力杆，如结点荷载与一杆共线，则另一杆为零杆（图 12-14b）。

3）结点只包含三个未知轴力杆，其中有两杆共线，如结点不受荷载作用，则第三根杆为零杆（图 12-14c）。

【例 12-4】　试求图 12-15a 所示桁架各杆的轴力。

【解】　(1) 求支座反力　取整体为隔离体，由平衡方程$\sum M_A=0$、$\sum M_E=0$求得支座反力为

$$F_{Ay}=2F_P(\uparrow)\qquad F_{Ey}=2F_P(\uparrow)$$

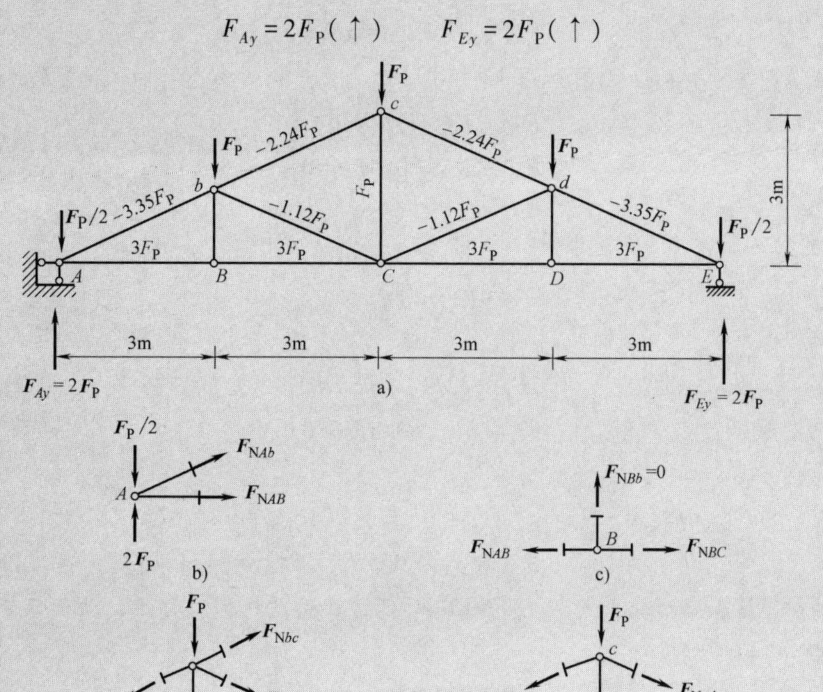

图　12-15

(2) 求各杆轴力　计算各杆内力之前，先判定零杆。根据对结点 B 的和结点 D 的分析，可知杆 Bb、杆 Dd 为零力杆。

此桁架为对称结构，只要计算其中的一半杆件内力即可。这里取左半部分进行计算，从只包含两个未知力的结点 A 开始，顺序取结点 B、b、c 为隔离体。

1) 结点 A。作结点 A 的受力图（图 12-15b），未知力 F_{NAB}、F_{NAb}假设为拉力，并将斜杆轴力 F_{NAb}分解为 F_{xAb}和 F_{yAb}。

由$\sum F_y=0$，得

$$F_{yAb}=-1.5F_P$$

利用比例关系，得

$$F_{xAb}=F_{yAb}\times\frac{3\text{m}}{1.5\text{m}}=-3F_P$$

$$F_{NAb}=F_{yAb}\times\frac{3.35\text{m}}{1.5\text{m}}=-3.35F_P$$

由$\sum F_x=0$，得

$$F_{NAB}=-F_{xAb}=3F_P$$

2) 结点 B。结点 B 的受力图如图 12-15c 所示。其中的已知力都按实际方向画出，未知

力 F_{NBC} 都假设为拉力。

由 $\sum F_x=0$，得

$$F_{NBC}=F_{NAB}=3F_P$$

3）结点 b。结点 b 的受力图如图 12-15d 所示，由平衡方程 $\sum F_x=0$ 和 $\sum F_y=0$，得

$$\left.\begin{aligned}F_{xbc}+F_{xbC}+3F_P=0\\F_{ybc}-F_{ybC}+0.5F_P=0\end{aligned}\right\}$$

由比例关系，得

$$F_{xbc}=2F_{ybc}$$

$$F_{xbC}=2F_{ybC}$$

于是有

$$\left.\begin{aligned}2F_{ybc}+2F_{ybC}+3F_P=0\\F_{ybc}-F_{ybC}+0.5F_P=0\end{aligned}\right\}$$

解方程组，得

$$F_{xbc}=-2F_P \qquad F_{ybc}=-F_P \qquad F_{Nbc}=-2.24F_P$$

$$F_{xbC}=-F_P \qquad F_{ybC}=-0.5F_P \qquad F_{NbC}=-1.12F_P$$

4）结点 c。结点 c 的受力图如图 12-15e 所示，利用结构的对称性，此处只求 F_{NcC} 即可。由平衡方程 $\sum F_y=0$，得

$$F_{NcC}=F_P$$

内力计算完成后，将各杆的内力标在图上（图 12-15a）。

上例中的桁架（图 12-15a）是一个简单桁架。可以认为它是从三角形 dDE 开始，每次用两杆连接一个新结点 C、c、b、B、A 组成的。只要按照与组成相反的次序 A、B、b、c、C、D、d 截取结点，则在每个结点只遇到两个未知力。总之，用结点法计算简单桁架时，如果截取结点的次序与桁架组成时添加结点的次序相反，就可以顺利地求出全部轴力。

2. 截面法

截面法是用截面切断拟求内力的杆件，从桁架中截出一部分为隔离体（隔离体包含两个以上的结点，所作用的力系为平面任意力系），利用平面任意力系的三个平衡方程，计算所切各杆中的未知轴力。截面法适用于联合桁架的计算，也适于计算简单桁架中某些指定杆件的内力。

为了便于计算，这里首先介绍截面单杆的概念。如果某个截面所截的内力为未知的各杆中，除某一杆外，其余各杆都交于一点（或彼此平行），则此杆称为该截面的**单杆**。特殊情况下，如果截面只截断三个杆，且此三杆不交于一点，也不彼此平行，则其中每一杆都是截面单杆。

截面单杆具有如下性质：截面单杆的内力可从本截面相应的隔离体的平衡条件直接求出。应用截面法计算联合桁架和某些复杂桁架时，应注意利用截面单杆的这个性质。

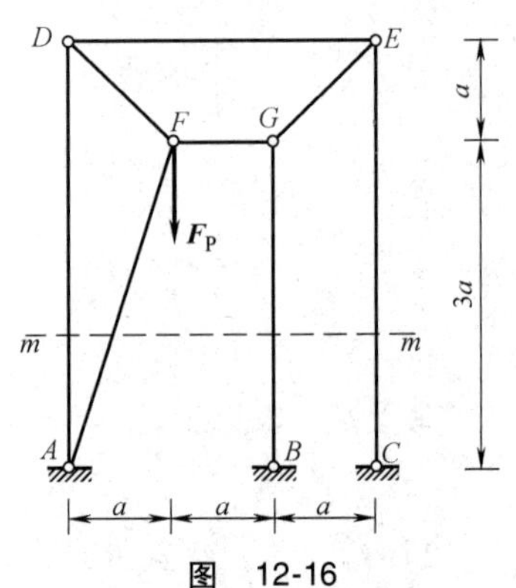

图 12-16

图 12-16 所示桁架虽然是一个复杂桁架，但对图中所示水平截面 m-m 来说，AF 杆是截面单杆，因此其轴力可由此截面的水平投影方程直接求出。此杆轴力求出后，其余各杆轴力即可用结点法依次求出（依次取结点 F、D、G、E 为隔离体）。

【例 12-5】 试求图 12-17a 所示桁架中 1、2、3 三杆的轴力。桁架所受荷载和各杆长度（单位为 mm）已在图中给出。

【解】 (1) 求支座反力　取整体为研究对象，由平衡方程 $\sum M_A=0$、$\sum F_y=0$ 可求得支座反力力

$$F_{Ay}=4.52\text{kN}\ (\uparrow)\qquad F_{Gy}=1.48\text{kN}\ (\uparrow)$$

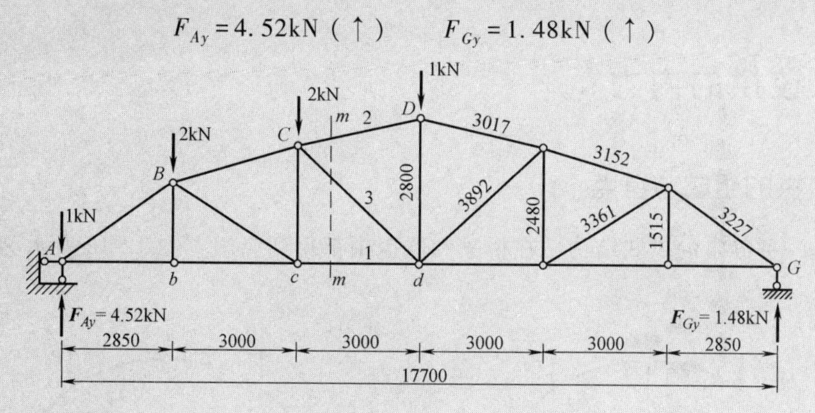

a)

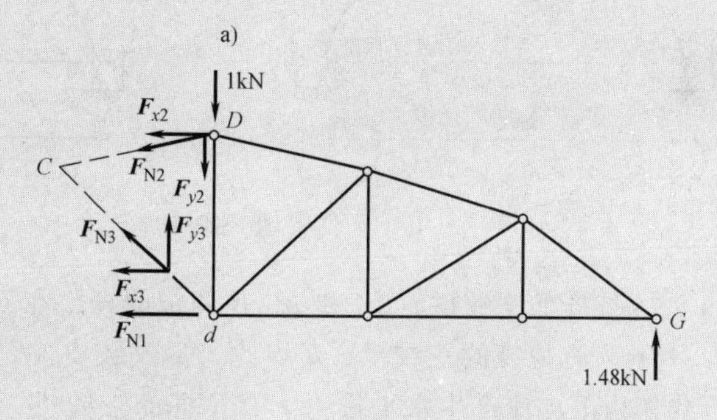

b)

图　12-17

(2) 求杆件轴力　作截面 $m-m$，切断 1、2、3 三杆，取右边部分为隔离体（图12-17 b），其中共有三个未知力 F_{N1}、F_{N2}、F_{N3}，全部设为拉力，可利用隔离体的三个平衡方程求出。

由平衡方程 $\sum M_C=0$，得

$$F_{N1}\times2.48\text{m}+1\text{kN}\times3.00\text{m}-1.48\text{kN}\times11.85\text{m}=0$$

解得
$$F_{N1}=5.87\text{kN}(拉力)$$

由平衡方程 $\sum M_d=0$，得

$$-F_{x2}\times2.80\text{m}-1.48\text{kN}\times8.85\text{m}=0$$

解得
$$F_{x2}=-4.68\text{kN}$$

由比例关系，得

$$F_{N2}=-4.68\text{kN}\times\frac{3.017\text{m}}{3.00\text{m}}=-4.70\text{kN}(压力)$$

由平衡方程 $\sum F_x=0$，得

$$-F_{x3}-F_{N1}-F_{x2}=0$$

解得
$$F_{x3}=-F_{N1}-F_{x2}=-5.87\text{kN}+4.68\text{kN}=-1.19\text{kN}$$

由比例关系，得

$$F_{N3}=-1.19\text{kN}\times\frac{3.89\text{m}}{3.00\text{m}}=-1.54\text{kN}(\text{压力})$$

以上计算结果，可应用平衡方程$\sum F_y=0$来进行校核。

12.4 三铰拱的内力

12.4.1 三铰拱的组成与特点

三铰拱是一种静定的拱式结构，在桥梁和屋盖中都得到应用。图 12-18 所示为三铰拱的两种形式。

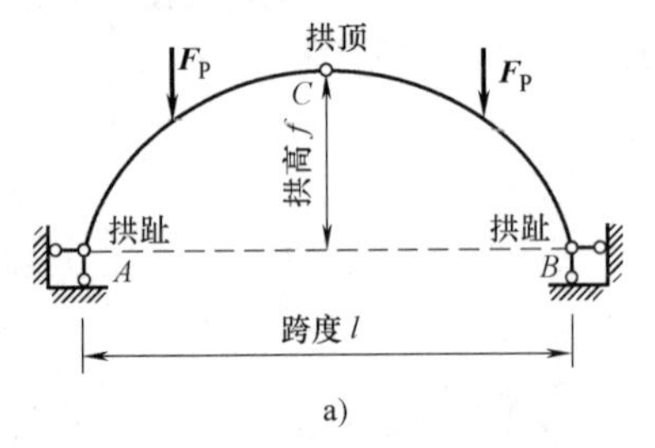

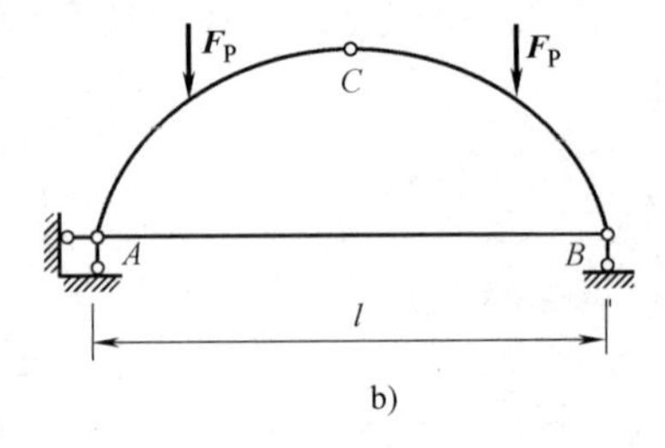

图 12-18

图 12-18a 为无拉杆的三铰拱，AC 和 BC 是两根曲杆，在 C 点用铰连接，A、B 两点是固定铰支座。图 12-18b 为有拉杆的三铰拱，B 点改为活动铰支座，同时增加拉杆 AB。拱的基本特点是在竖向荷载作用下支座产生水平推力。有拉杆的三铰拱，可将推力转化为拉杆内的拉力。推力对拱的内力有重要影响。曲杆的轴线常为抛物线和圆弧，有时采用悬链线。拱高 f 与跨度 l 的比值是拱的基本参数。工程实际中，高跨比由 1/10 至 1，变化的范围很大。

由于水平推力的存在，要求三铰拱结构应有坚固的基础，这样就给施工带来较大的困难。为了克服这一缺点，常采用带拉杆的三铰拱（图 12-18b），水平推力由拉杆来承受。如房屋的屋盖采用图 12-19 所示的带拉杆的拱结构，它在竖向荷载的作用下只产生竖向支座反力，对墙体不产生水平推力。

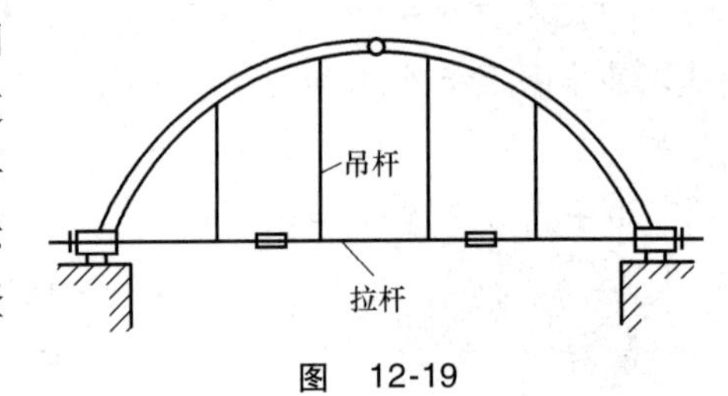

图 12-19

12.4.2 三铰拱的计算

下面讨论在竖向荷载作用下三铰拱的支座反力和内力的计算方法，并将拱与梁加以比较，用以说明拱的受力特性。

1. 支座反力的计算

图 12-20a 所示三铰拱，有四个支座反力 F_{Ay}、F_{Ax}、F_{By}、F_{Bx}，求解时需要四个方程。拱的整体有三个平衡方程，此外，铰 C 又增加一个静力平衡方程，即 C 点的弯矩应为零。所以，三铰拱是静定结构。

为了便于比较，我们在图 12-20b 中画出一个简支梁，跨度和荷载都与三铰拱相同。因为荷载是竖向的，梁没有水平反力，只有竖向反力 F_{Ay}^0 和 F_{By}^0。简支梁的竖向反力 F_{Ay}^0 和 F_{By}^0 可分

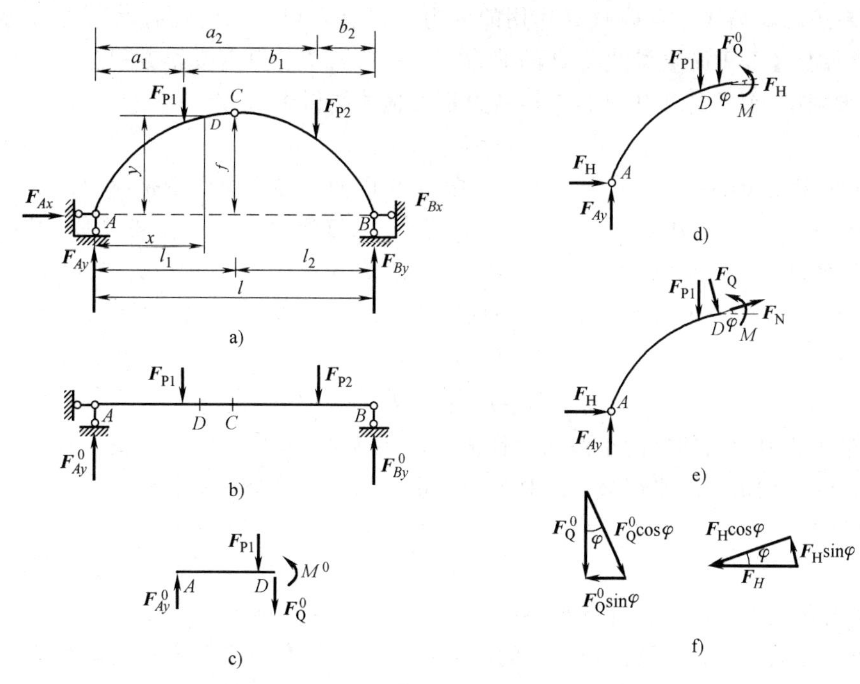

图　12-20

别由平衡方程 $\sum M_B=0$ 和 $\sum M_A=0$ 求出。

考虑拱的整体平衡，由 $\sum M_B=0$ 和 $\sum M_A=0$，可求出拱的竖向反力为

$$F_{Ay}=\frac{1}{l}(F_{P1}b_1+F_{P2}b_2)\qquad F_{By}=\frac{1}{l}(F_{P1}a_1+F_{P2}a_2)$$

与图 12-20b 中的梁相比较，可知

$$F_{Ay}=F_{Ay}^0\qquad F_{By}=F_{By}^0$$

这就是说，拱的竖向反力与简支梁的竖向反力相同。

由 $\sum F_x=0$，得

$$F_{Ax}=F_{Bx}=F_{\mathrm{H}}$$

A、B 两点的水平反力方向相反，大小相等，以 F_{H} 表示推力的大小。

为了求出推力 F_{H}，应用铰 C 提供的静力平衡条件（$\sum M_C=0$），可得

$$F_{Ay}l_1-F_{P1}d_1-F_{\mathrm{H}}f=0$$

前两项是 C 点左边所有竖向力对 C 点的力矩代数和，等于简支梁相应截面 C 的弯矩。以 M_C^0 表示简支梁截面 C 的弯矩，则上式可写成

$$M_C^0-F_{\mathrm{H}}f=0$$

所以

$$F_{\mathrm{H}}=\frac{M_C^0}{f}\tag{12-2}$$

由此可知，推力与拱轴的曲线形式无关，而与拱高 f 成反比，拱越低推力越大。荷载向下时，F_{H} 得正值，方向如图 12-20a 所示，推力是向内的。

2. 内力计算

现以图 12-20 中截面 D 的内力计算为例，说明三铰拱的内力计算过程。

在计算中，借用简支梁相应截面 D 的弯矩 M^0 和剪力 F_{Q}^0（图 12-20c）。图 12-20d 所示为三

铰拱截面 D 左边的隔离体，在截面 D 作用的内力不但有弯矩 M，而且有水平力（等于拱的推力 F_H）和竖向力（等于简支梁截面 D 的剪力 F_Q^0）。后两个力可由投影方程 $\sum F_x=0$ 和 $\sum F_y=0$ 证实。而 M 要对 D 点（截面 D 的形心）列力矩方程才能得到，即

$$M=M^0-F_H y \tag{12-3}$$

这里，y 是 D 点到直线 AB 的垂直距离。弯矩 M 以使拱的内面产生拉应力为正。

图 12-20e 所示为设计中使用的内力分量，剪力 F_Q 与截面 D 处轴线的切线垂直，轴力 F_N 与轴线的切线平行。把图 12-20d 中的竖向力 F_Q^0 和水平力 F_H 加以分解（图 12-20f），就得到剪力 F_Q 和轴力 F_N。以 φ 表示截面 D 处轴线的切线与水平线所成的锐角，得

$$F_Q=F_Q^0\cos\varphi-F_H\sin\varphi \tag{12-4}$$

$$F_N=-F_Q^0\sin\varphi-F_H\cos\varphi \tag{12-5}$$

这里，截面的剪力以使拱的小段顺时针方向转动为正，轴力以拉力为正。应用式（12-4）和式（12-5）时，在拱的左半部分，φ 取正号；在拱的右半部分，φ 取负号。

3. 受力特点

由上述分析可知：

1）在竖向荷载作用下，梁没有水平反力，而拱则有水平推力。

2）由于推力的存在，三铰拱截面上的弯矩比简支梁的弯矩小。弯矩的降低，使拱能更充分地发挥材料的作用。

3）在竖向荷载作用下，梁的截面内没有轴力，而拱的截面内轴力较大，且一般为压力。

总起来看，拱比梁能更有效地发挥材料作用，因此适用于较大的跨度和较重的荷载。由于拱主要是受压，便于利用抗压性能好而抗拉性能差的材料，如砖、石、混凝土等。但是，事物都是一分为二的。三铰拱既然受到向内的推力作用，也就给基础施加向外的推力，所以三铰拱的基础比梁的基础要大。因此，用拱作屋顶时，都使用有拉杆的三铰拱，以减少对墙（或柱）的推力。

【例 12-6】 三铰拱及其所受荷载如图 12-21 所示，拱的轴线为抛物线：$y=\frac{4f}{l^2}\cdot x(l-x)$。试求支座反力，并作内力图。

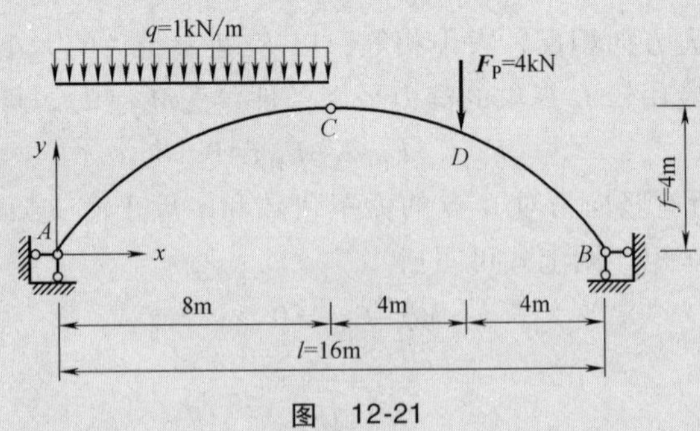

图 12-21

【解】（1）求支座反力

$$F_{Ay}=F_{Ay}^0=\frac{4\times4+8\times12}{16}\text{kN}=7\text{kN}(\uparrow)$$

$$F_{By}=F_{By}^0=\frac{8\times4+4\times12}{16}\text{kN}=5\text{kN}(\uparrow)$$

$$F_{\mathrm{H}}=\frac{M_C^0}{f}=\frac{5\times8-4\times4}{4}\mathrm{kN}=6\mathrm{kN}$$

(2) 内力计算 为了绘制内力图，将拱沿跨度方向分成八等份，算出每个截面的弯矩、剪力和轴力的数值。现以 $x=12$ m 的截面 D 为例来说明计算步骤。

1) 计算截面 D 的几何参数

根据拱轴线的方程

$$y=\frac{4f}{l^2}\cdot x(l-x)=\frac{4\times4}{16^2}\times12\times(16-12)\mathrm{m}=3\mathrm{m}$$

$$\tan\varphi=\frac{\mathrm{d}y}{\mathrm{d}x}=\frac{4f}{l^2}(l-2x)=\frac{4\times4}{16^2}\times(16-2\times12)=-0.5$$

得出

$$\varphi=-26°34' \qquad \sin\varphi=-0.447 \qquad \cos\varphi=0.894,$$

2) 计算截面 D 的内力

由式 (12-3) 得

$$M=M^0-F_{\mathrm{H}}y=(5\times4-6\times3)\mathrm{kN\cdot m}=2\mathrm{kN\cdot m}$$

根据式 (12-4)、式 (12-5)，因为在集中荷载处，F_{Q}^0有突变，所以要计算出左、右两边的剪力 $F_{\mathrm{Q}}^{\mathrm{L}}$、$F_{\mathrm{Q}}^{\mathrm{R}}$和轴力 $F_{\mathrm{N}}^{\mathrm{L}}$、$F_{\mathrm{N}}^{\mathrm{R}}$。

$$F_{\mathrm{Q}}^{\mathrm{L}}=F_{\mathrm{Q}}^{\mathrm{L0}}\cos\varphi-F_{\mathrm{H}}\sin\varphi=[-1\times0.894\ -6\times(-0.447)]\mathrm{kN\cdot m}=1.79\mathrm{kN\cdot m}$$

$$F_{\mathrm{N}}^{\mathrm{L}}=-F_{\mathrm{Q}}^{\mathrm{L0}}\sin\varphi-F_{\mathrm{H}}\cos\varphi=[-(-1)\ \times(-0.447)-6\ \times0.894]\mathrm{kN\cdot m}=-5.81\mathrm{kN}$$

$$F_{\mathrm{Q}}^{\mathrm{R}}=F_{\mathrm{Q}}^{\mathrm{R0}}\cos\varphi-F_{\mathrm{H}}\sin\varphi=[-5\times0.894\ -6\times(-0.447)]\mathrm{kN\cdot m}=-1.79\mathrm{kN\cdot m}$$

$$F_{\mathrm{N}}^{\mathrm{R}}=-F_{\mathrm{Q}}^{\mathrm{R0}}\sin\varphi-F_{\mathrm{H}}\cos\varphi=[-(-5)\times(-0.447)-6\times0.894]\mathrm{kN\cdot m}=-7.6\mathrm{kN}$$

具体计算时，可列表进行，见表 12-1。根据表 12-1 中的数值，绘出内力图，如图12-22 a、b、c 所示。

表 12-1 三铰拱内力计算

截面几何参数						F_{Q}^0	弯矩计算			剪力计算		轴力计算			
x	y	$\tan\varphi$	φ	$\sin\varphi$	$\cos\varphi$		M^0	$-F_{\mathrm{H}}y$	M	$F_{\mathrm{Q}}^0\cos\varphi$	$-F_{\mathrm{H}}\sin\varphi$	F_{Q}	$-F_{\mathrm{Q}}^0\sin\varphi$	$-F_{\mathrm{H}}\cos\varphi$	F_{N}
0	0	1	45°	0.707	0.707	7	0	0	0	4.96	-4.24	0.71	-4.96	-4.24	-9.19
2	1.75	0.75	36°52′	0.600	0.800	5	12	-10.5	1.5	4.00	-3.60	0.40	-3.00	-4.80	-7.80
4	3.00	0.50	26°34′	0.447	0.894	3	20	-18.0	2	2.68	-2.68	0	-1.34	-5.36	-6.70
6	3.75	0.25	14°2′	0.243	0.970	1	24	-22.5	1.5	0.97	-1.46	-0.49	-0.24	-5.82	-6.06
8	4.00	0	0	0	1	-1	24	-24.0	0	-1.00	0	-1.00	0	-6.00	-6.00
10	3.75	0.25	-14°2′	-0.243	0.970	-1	22	-22.5	-0.5	-0.97	1.46	0.49	-0.24	-5.82	-6.06
						-1				-0.89		1.79	-0.45		-5.81
12	3.00	-0.5	-26°34′	-0.447	0.894	-5	20	-18.0	2	-4.47	2.68	-1.79	-2.24	-5.36	-7.60
14	1.75	-0.75	-36°52′	-0.600	0.800	-5	10	-10.5	-0.5	-4.00	3.60	-0.40	-3.00	-4.80	-7.80
16	0	-1	-45°	-0.707	0.707	-5	0	0	0	-3.54	4.24	0.70	-3.54	-4.24	-7.78

注：表中尺寸单位为 m，弯矩单位为 kN·m，剪力、轴力单位为 kN。

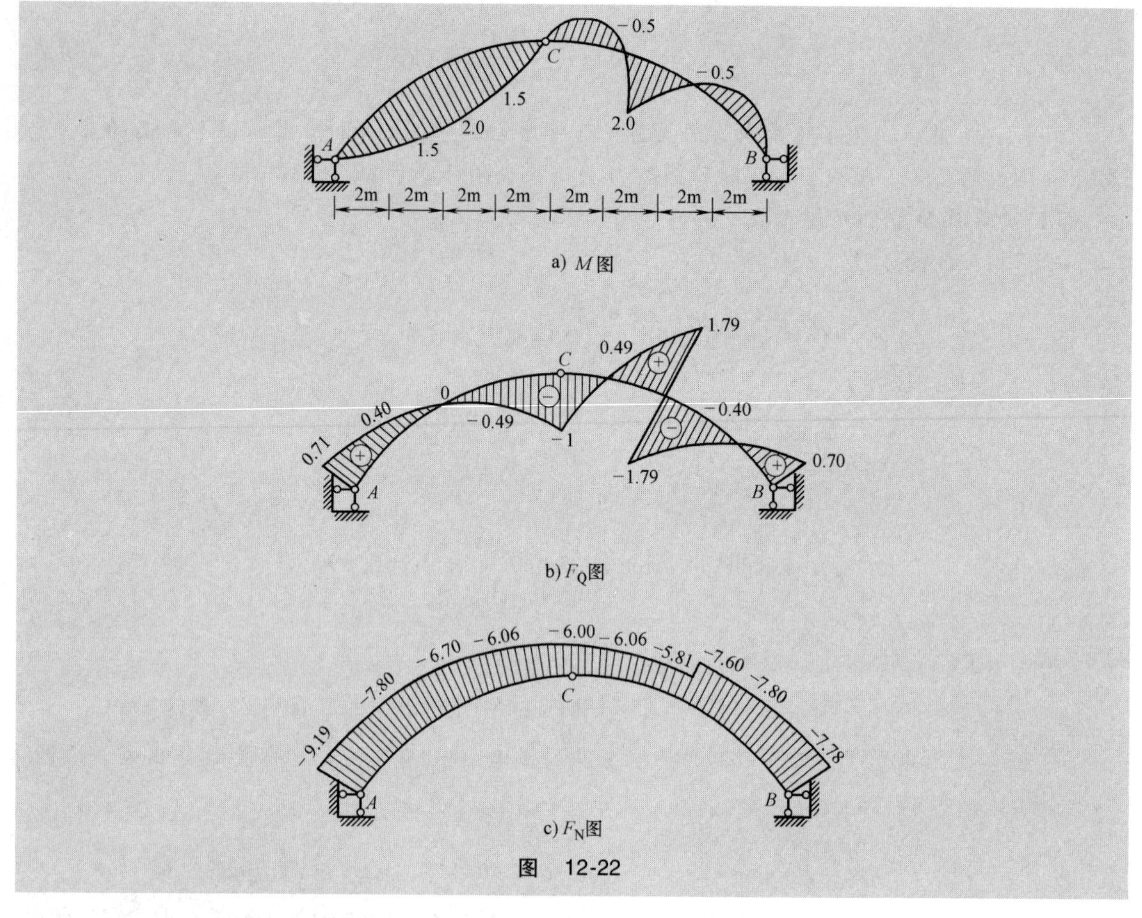

a) M图

b) F_Q图

c) F_N图

图 12-22

12.4.3 三铰拱的合理轴线

当拱的压力线与拱的轴线重合时，各截面形心到合力作用线的距离为零，则各截面弯矩为零，只受轴力作用，正应力沿截面均匀分布，拱处于无弯矩状态，这时材料的使用最经济。在固定荷载作用下使拱处于无弯矩状态的轴线称为合理拱轴线。

在竖向荷载作用下，三铰拱的弯矩 M 是由简支梁的弯矩 M^0 与 $-F_H y$ 叠加而得，而后一项与拱的轴线有关。因此，如果对拱的轴线形式加以选择，则有可能使拱处于无弯矩状态。实际上，在竖向荷载作用下，三铰拱合力轴线的方程可由以下方法求得

$$M=M^0-F_H y=0$$

故

$$y=\frac{M^0}{F_H} \tag{12-6}$$

这就是说，在竖向荷载作用下，三铰拱的合理轴线的纵坐标与简支梁弯矩图的纵坐标成正比。了解合理轴线这个概念，有助于设计中选择合理的结构形式，更好地发挥人的主观能动作用。

【例 12-7】 如图 12-23a 所示，设三铰拱承受沿水平方向均匀分布的竖向荷载，试求其合理轴线。

【解】 由式（12-6）得知

$$y=\frac{M^0}{F_H}$$

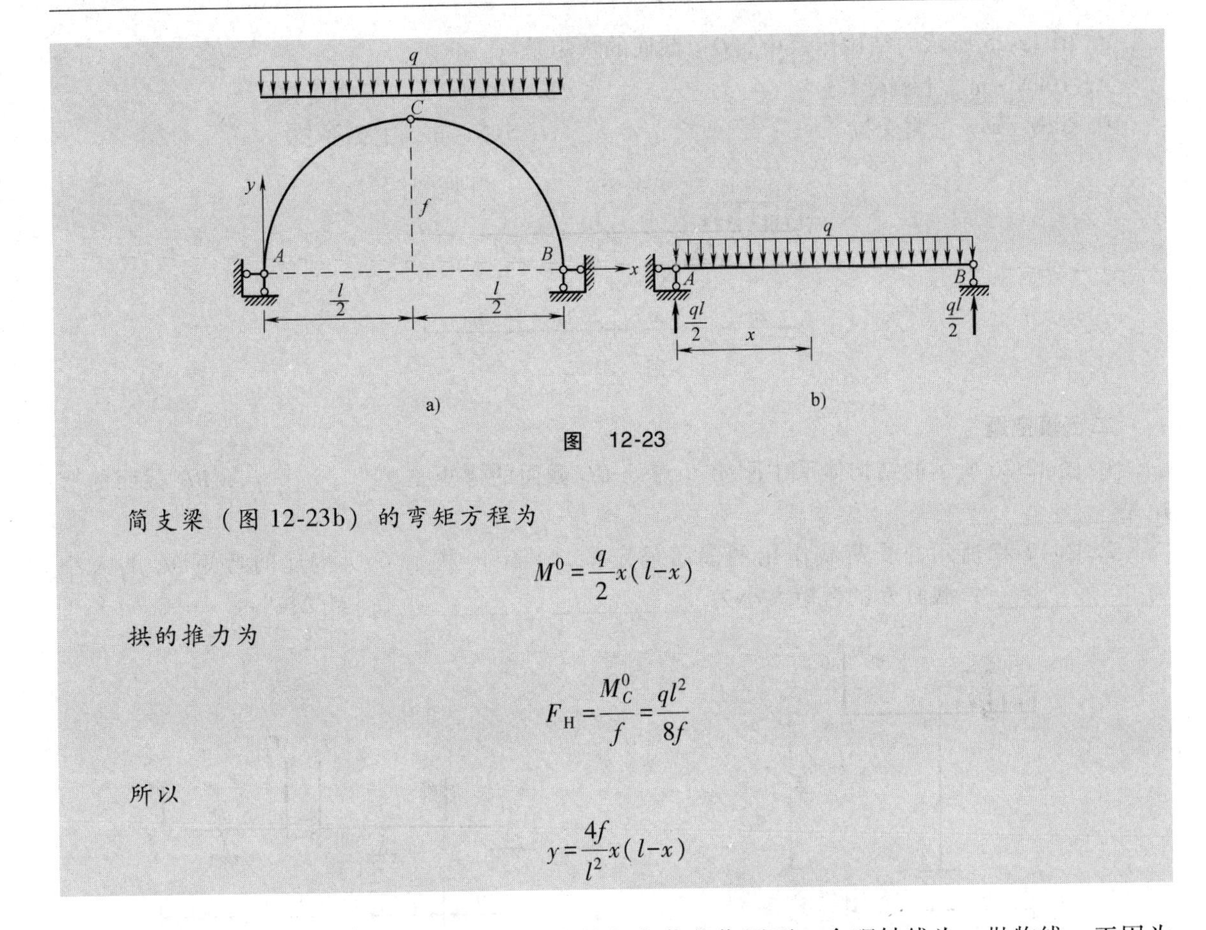

图　12-23

简支梁（图 12-23b）的弯矩方程为

$$M^0=\frac{q}{2}x(l-x)$$

拱的推力为

$$F_{\mathrm{H}}=\frac{M_C^0}{f}=\frac{ql^2}{8f}$$

所以

$$y=\frac{4f}{l^2}x(l-x)$$

由此可知，三铰拱在沿水平线均匀分布的竖向荷载作用下，合理轴线为一抛物线。正因为如此，所以房屋建筑中拱的轴线常用抛物线。在合理拱轴的抛物线方程中，拱高 f 没有确定。具有不同高跨比的一组抛物线都是合理轴线。

在工程实际中，同一结构往往要受到各种不同荷载的作用，而对应不同的荷载就有不同的合理轴线。因此，根据某一固定荷载所确定的合理轴线并不能保证拱在各种荷载作用下都处于无弯矩状态。在设计中应当尽可能地使拱的受力状态接近无弯矩状态。通常是以主要荷载作用下的合理轴线作为拱的轴线。这样，在一般荷载作用下拱仍会产生不大的弯矩。

习　　题

一、选择题

1. 图 12-24 所示的结构体系中，B 截面的弯矩是（　　）。

A. 0　　B. $ql^2/4$

C. $ql^2/4$　　D. $ql^2/8$

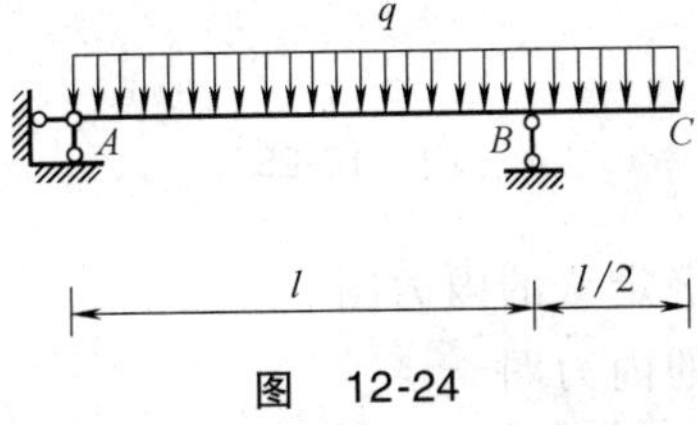

图　12-24

2. 图 12-25 所示的结构体系中，$D_{左}$ 截面的弯矩是（　　）。

A. 10kN · m　上侧受拉　　B. 10kN · m　下侧受拉

C. 5kN · m　上侧受拉　　D. 5kN · m　上侧受拉

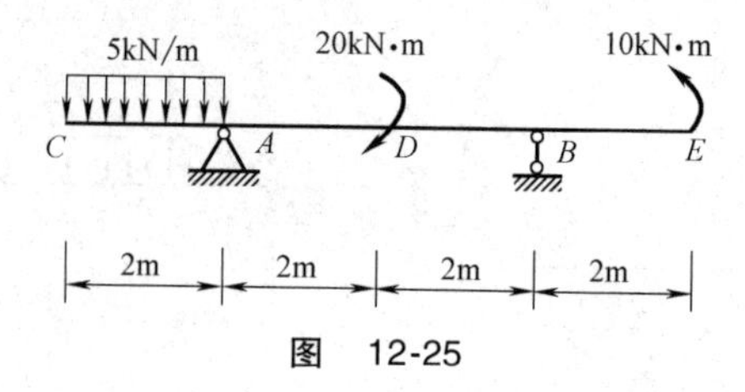

图　12-25

二、填空题

1. 图 12-26 所示的结构体系中刚架 B 点处 BC 截面的弯矩是____________，BD 截面的弯矩是____________。

2. 图 12-27 所示的受荷载作用的多跨静定梁，其定向联系 C 所传递的弯矩 M_C 的大小为____________；截面 B 的弯矩大小为____________，____________侧受拉。

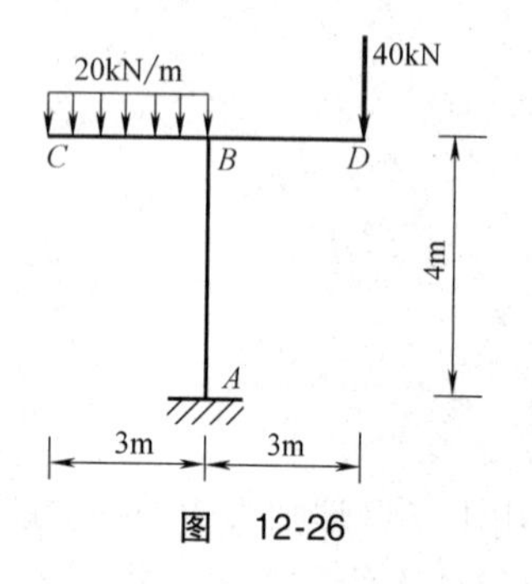

图　12-26

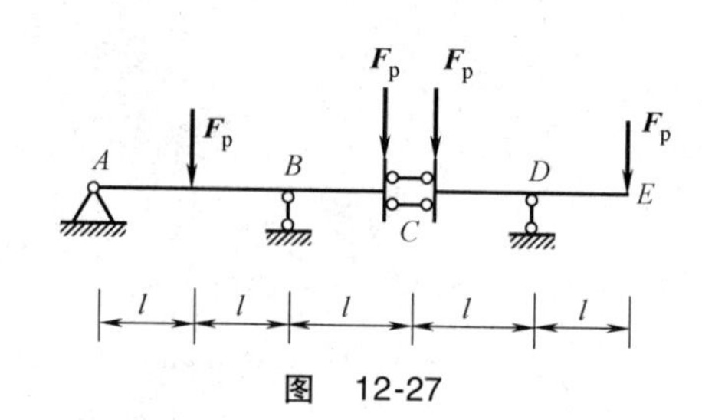

图　12-27

三、计算题

1. 试作出图 12-28 所示梁的内力图。

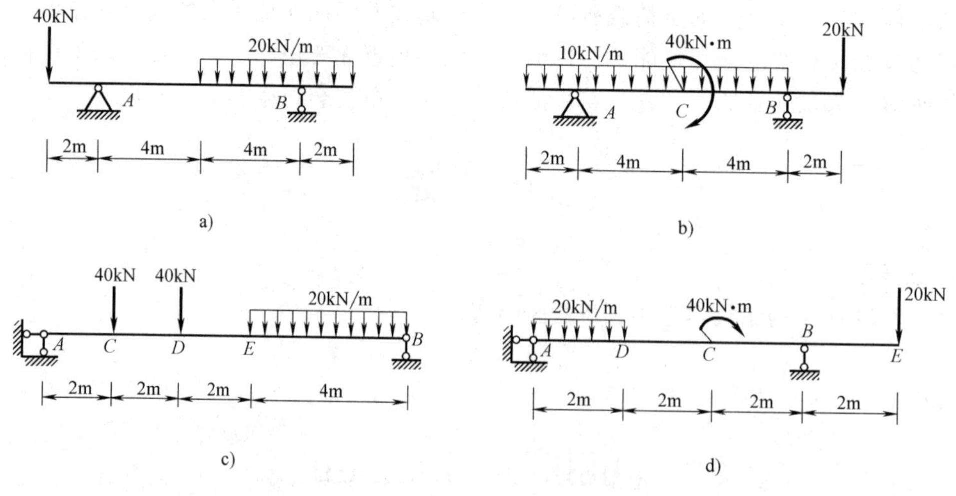

图　12-28

2. 试作出图 12-29 所示多跨静定梁的内力图。

3. 试作出图 12-30 所示刚架的内力图。

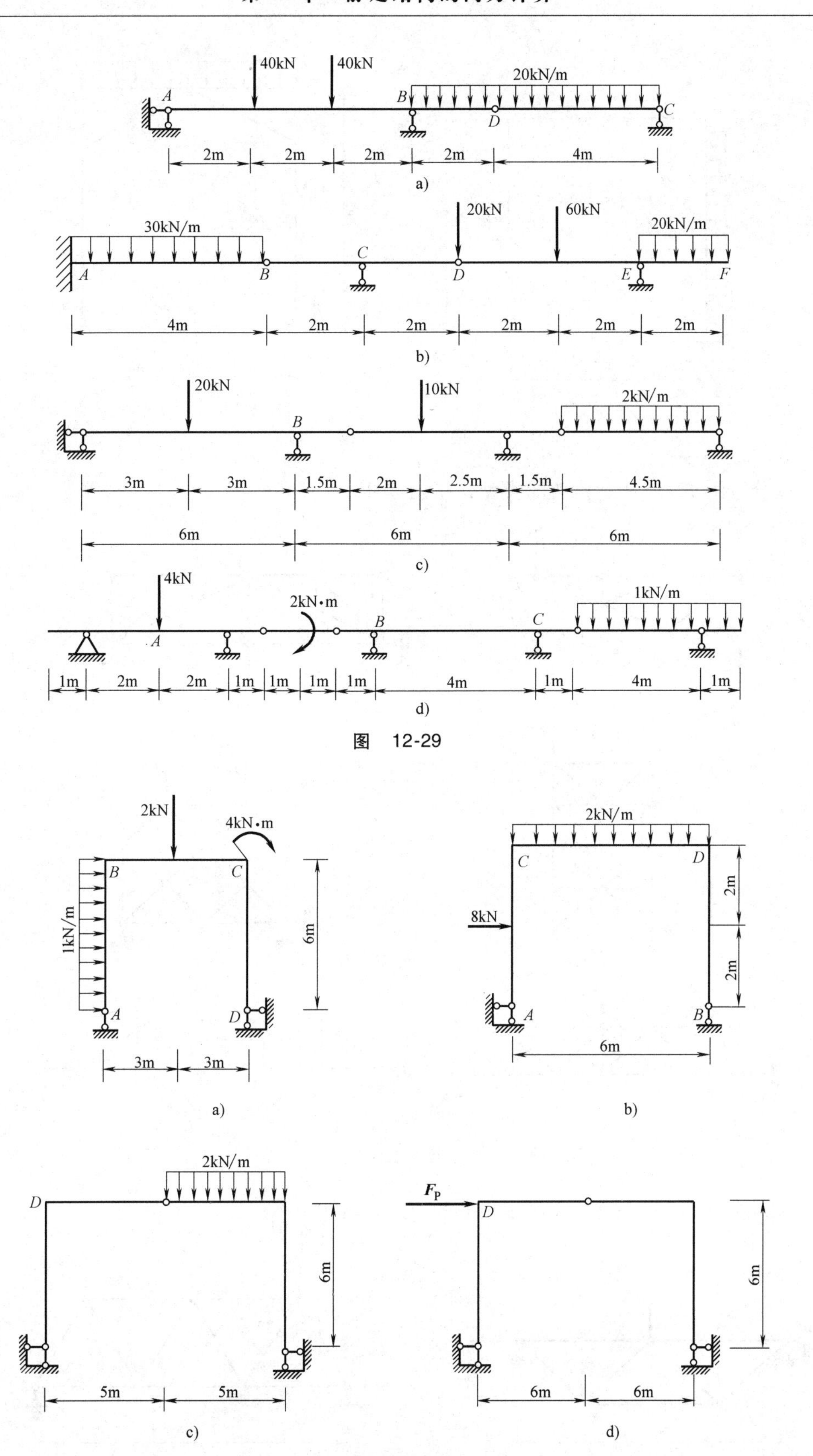
40kN
40kN
20kN/m
A
B
C
D
2m
2m
2m
2m
4m
a)
20kN
60kN
30kN/m
20kN/m
A
B
C
D
E
F
4m
2m
2m
2m
2m
2m
b)
20kN
10kN
2kN/m
B
3m
3m
1.5m
2m
2.5m
1.5m
4.5m
6m
6m
6m
c)
4kN
2kN·m
1kN/m
A
B
C
1m
2m
2m
1m
1m
1m
1m
4m
1m
4m
1m
d)
2kN
4kN·m
1kN/m
B
C
A
D
6m
3m
3m
a)
2kN/m
C
D
8kN
A
B
2m
2m
6m
b)
2kN/m
D
6m
5m
5m
c)
F_P
D
6m
6m
6m
d)

图　12-29

图　12-30

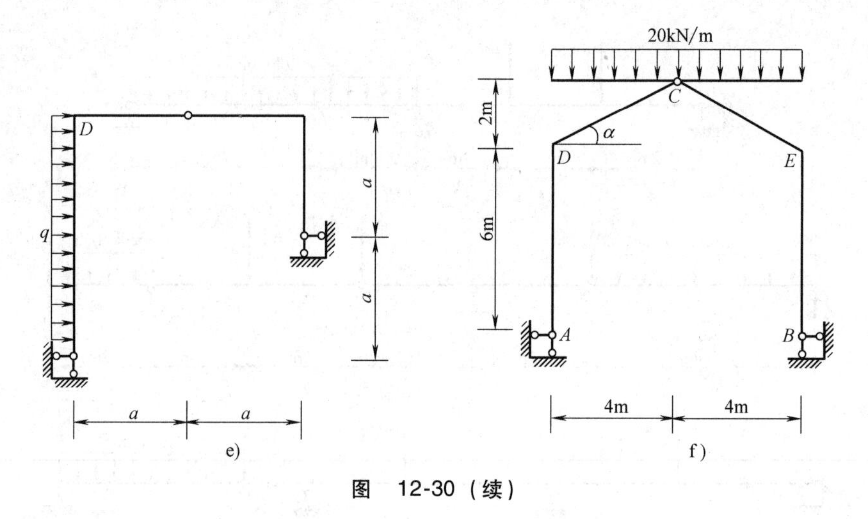

图　12-30（续）

4. 试分析图 12-31 所示桁架的类型，指出零杆。

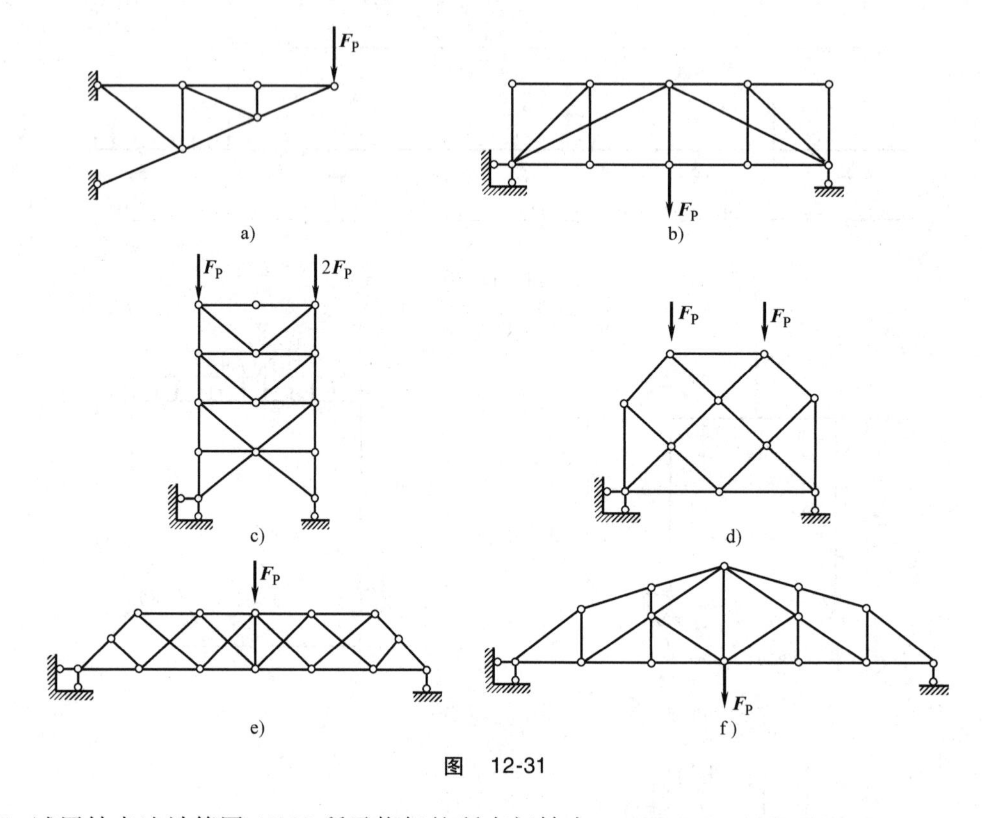

图　12-31

5. 试用结点法计算图 12-32 所示桁架的所有杆轴力。

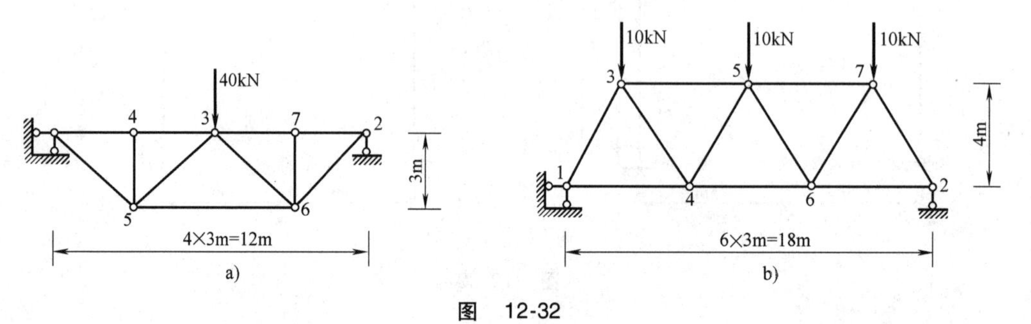

图　12-32

6. 试用结点法或截面法求图 12-33 所示桁架各杆的轴力。

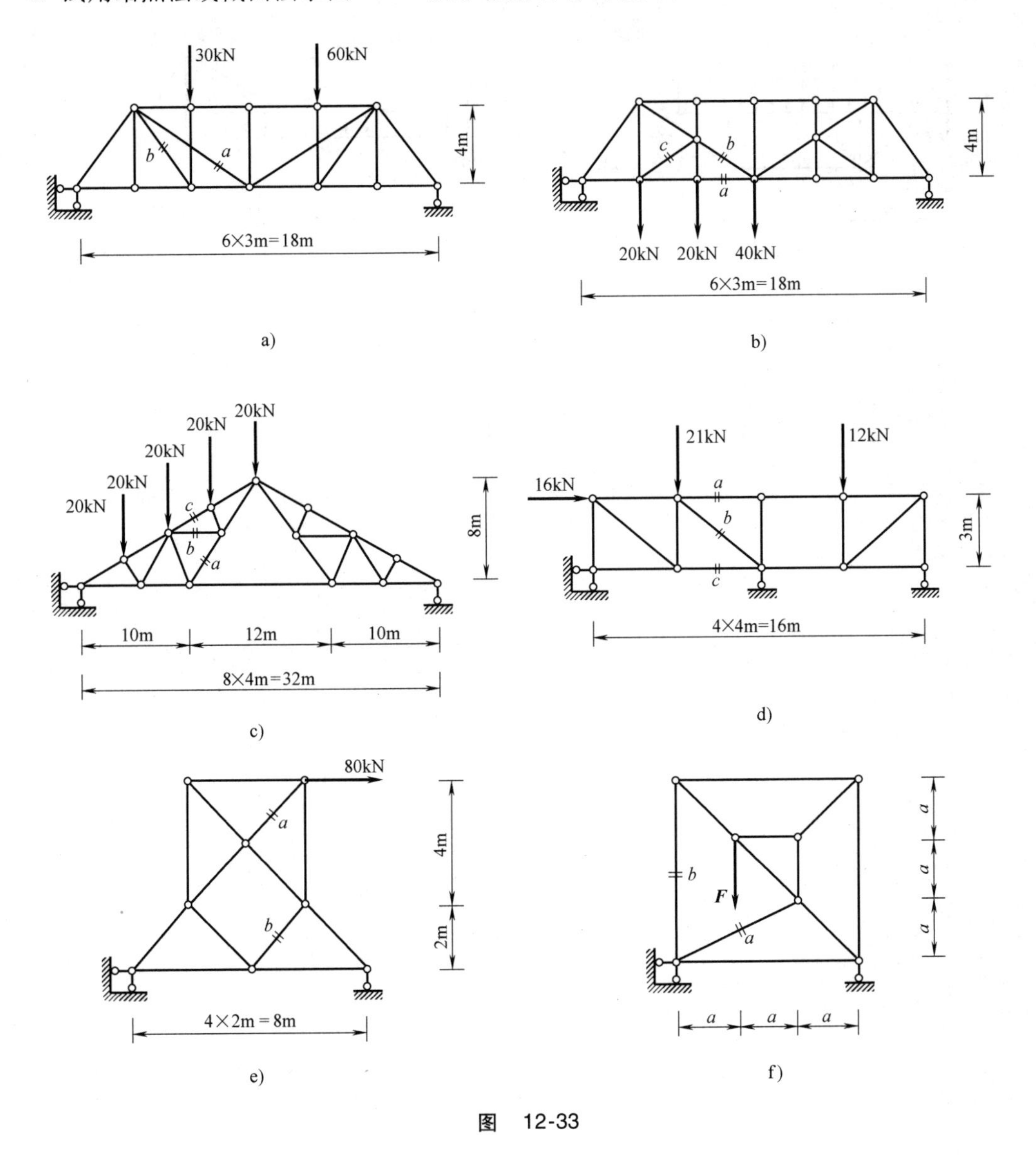

图　12-33

7. 图 12-34 所示抛物线三铰拱轴线的方程为 $y=\dfrac{4f}{l^2}x\,(l-x)$，$l=16\text{m}$，$f=4\text{m}$。试求：截面 K 的 M、F_N、F_Q 值。

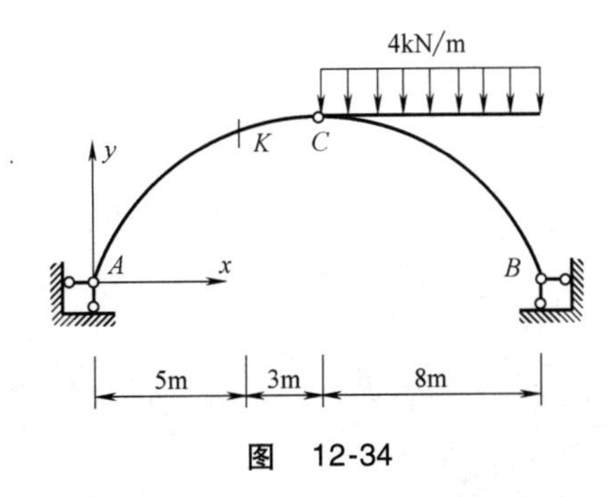

图　12-34

8. 试作图 12-35 所示组合结构的内力图。

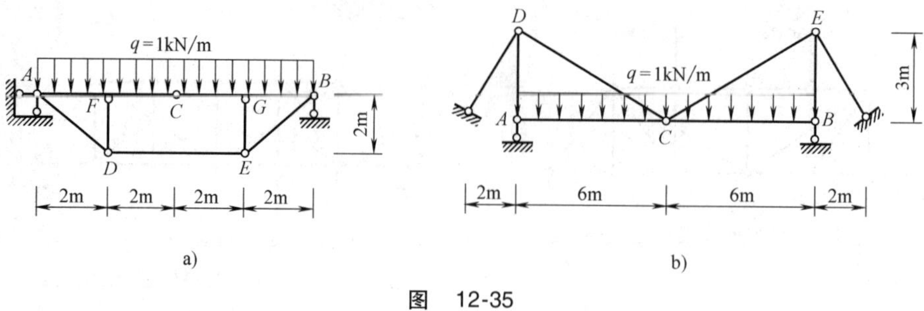

图 12-35

第 13 章　静定结构的位移计算

13.1　结构位移基本概念

13.1.1　结构的位移

工程结构在荷载、温度变化、支座移动、制造误差与材料胀缩等因素作用下，结构上各截面位置将会产生移动和转动，这些移动和转动就称为结构的**位移**。结构的位移使构件的形状发生变化，即结构的变形。

例如图 13-1a 所示的简支梁，在荷载作用下发生弯曲，梁上的截面 $m—m$ 发生了位移。截面 $m—m$ 的形心 C 移动了一段距离 CC'，称为点 C 的线位移或挠度；同时截面 $m—m$ 转动了一个角度 θ_C，称为截面的角位移或转角。又如图 13-1b 所示刚架，在内侧温度不变、外侧温度升高的情况下，发生如图中双点画线所示的变形，刚架上的点 C 移动至点 C_1，线段 CC_1 称为点 C 的线位移。将该线位移沿水平方向和竖直方向分解为 CC_2 和 C_2C_1，分别称为点 C 的水平线位移和竖向线位移。同时，截面 C 转动了一个角度 φ_C，称为截面 C 的角位移。

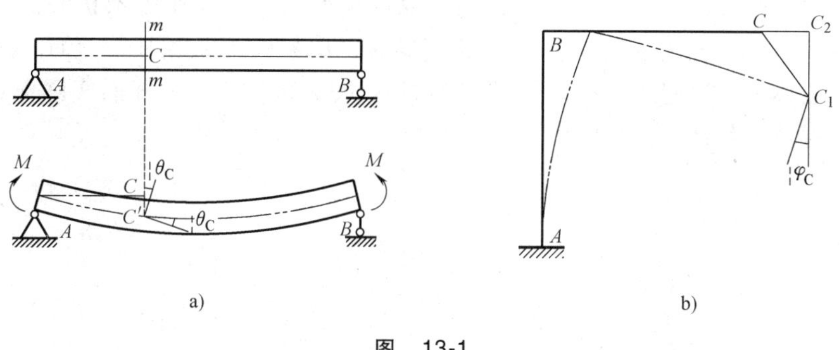

图　13-1

上述线位移和角位移称为**绝对位移**。此外，在计算中还将涉及另一种位移，即**相对位移**。例如图 13-2a 所示竖杆，在荷载作用下点 A 移至 A_1，点 B 移至 B_1，点 A 的水平位移为 Δ_{AH}，点 B 的水平位移为 Δ_{BH}，这两个方向相同的水平位移之差称为点 A、B 沿水平方向的相对线位移，并用符号 $(\Delta_{AB})_H$ 表示。同理，在图 13-2b 中，铰 C 两侧截面的相对角位移为

$$\Delta_{\varphi C}=\alpha+\beta$$

为了方便起见，我们将以上位移统称为**广义位移**。

13.1.2　结构位移计算的目的

在工程设计和施工过程中，结构的位移计算是很重要的，概括地说，它有如下三方面的用途。

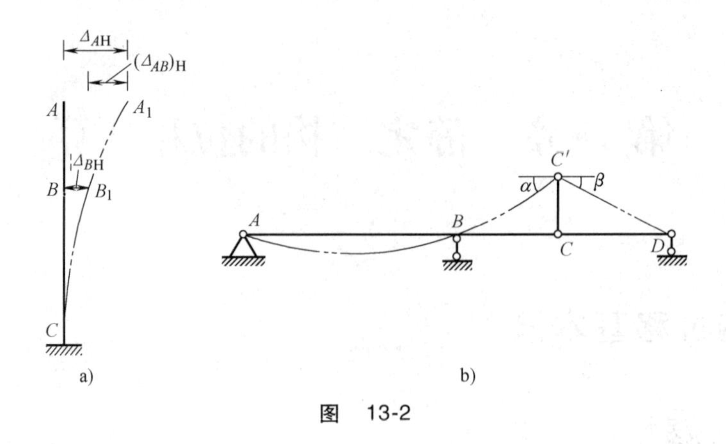

图 13-2

1. 验算结构的刚度

验算结构的刚度，即验算结构的位移是否超过允许的极限值，保证结构物在使用过程中不致发生过大的变形。例如在房屋结构中，梁的最大竖向线位移不应超过跨度的 1/400～1/200，否则梁下的抹灰层将发生裂痕或脱落。吊车梁允许的挠度限值通常规定为跨度的 1/600。桥梁结构的过大位移将影响行车安全，水闸结构的闸墩或闸门的过大位移，可能影响闸门的启闭与止水等。

2. 计算结构变形后的位置

在结构的制作、架设与养护等过程中，经常需要预先知道结构变形后的位置，以便采用相应的施工措施。例如图 13-3a 所示的屋架，在屋盖的自重作用下，下弦各点将产生双点画线所示的竖向位移，其中结点 C 的竖向位移最大。为了减少在使用阶段下弦各结点的竖向位移，制作时通常将各下弦杆的实际下料长度做得比设计长度短些，以使屋架拼装后，结点 C 位于 C'的位置（图 13-3b）。这样在屋盖系统施工完毕后，屋架的下弦各杆能接近于原设计的水平位置，这种做法称为建筑起拱。欲知道结点 C 的竖向位移及各下弦杆的实际下料长度，就必须研究屋架的变形和各结点位移间的关系。

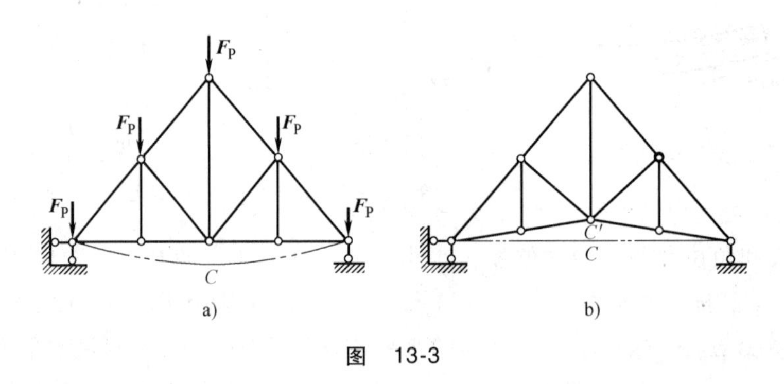

图 13-3

3. 为分析超静定结构打下基础

在超静定结构的内力分析中，不仅要考虑平衡条件，而且还必须考虑变形协调条件。结构的位移计算，是求解超静定结构时必然遇到的问题。

13.1.3 结构位移计算的基本假设

本章讨论的是线性弹性变形体系的位移计算。线性是指位移与荷载成比例，弹性是指荷载全部撤除以后，由荷载引起的位移将完全消失。这种体系简称为**线弹性体系**，它满足下述假设：

1）应力、应变满足胡克定律。

2）体系是几何不变的，且所有的约束都为理想约束。所谓理想约束是指在体系发生位移的过程中约束力不做功的约束，例如刚性支座、链杆和光滑铰都是理想约束。

3）位移是微小的。当体系同时承受荷载、温度变化和支座位移等多种因素作用时，它的位移可以用叠加原理计算。

13.2　积分法求静定梁的位移

13.2.1　梁的挠曲线近似微分方程

在图 13-4 所示坐标系中，挠曲线可用下式表示

$$w=f(x) \tag{13-1}$$

式中，x 为梁变形前轴线上任一点的横坐标，w 为该点挠度。

式（13-1）称为**挠曲线方程**或**挠度方程**。挠曲线上任一点的斜率为 $w'=\tan\theta$，在小变形情况下，$\tan\theta\approx\theta$，有

$$\theta=\frac{\mathrm{d}w}{\mathrm{d}x}=f'(x) \tag{13-2}$$

即，挠曲线上任一点的斜率等于该处横截面的转角。式（13-2）称为**转角方程**。由此可见，只要确定了挠曲线方程，梁上任一截面形心的挠度和任一横截面的转角均可确定。

挠度和转角的正负号与所取坐标系有关。在图 13-5 所示的坐标系中，向下的挠度为正，向上的挠度为负；顺时针方向转动的转角为正，逆时针方向转动的转角为负。

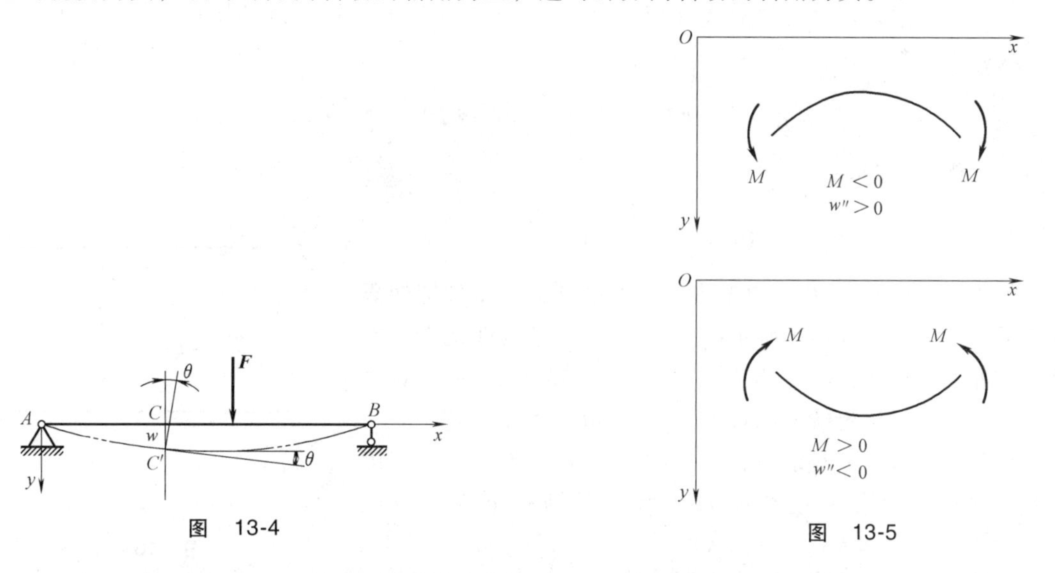

图　13-4

图　13-5

梁的挠度和转角，与梁变形后的曲率有关。在剪切弯曲的情况下，曲率既和梁的刚度相关，也和梁的剪力与弯矩有关。对于一般跨高比较大的梁，剪力对梁变形的影响很小，可以忽略，因此可以只考虑弯矩对梁变形的作用。由式（7-17），梁轴线弯曲后的曲率为

$$\frac{1}{\rho(x)}=\frac{M(x)}{EI_z} \tag{a}$$

另由高等数学得知，平面曲线的曲率为

$$\frac{1}{\rho(x)}=\pm\frac{w''}{(1+w'^2)^{3/2}} \tag{b}$$

由式（a）、式（b）得

$$\pm\frac{w''}{(1+w'^2)^{3/2}}=\frac{M(x)}{EI_z} \tag{c}$$

式（c）中左边的正负号取决于坐标系的选择和弯矩的正负号规定。在本节所取的坐标系中，上凸的曲线 w''为正值，下凸的为负值，如图 13-5 所示；按弯矩正负号的规定，正弯矩对应着负的 w''，负弯矩对应着正的 w''，故式（c）左边应取负号，即

$$-\frac{w''}{(1+w'^2)^{3/2}}=\frac{M(x)}{EI_z} \tag{d}$$

在小变形情况下，$w'=\frac{dw}{dx}$是一个很小的量，则$(1+w'^2)^{3/2}\approx 1$，可略去不计，故式（d）简化为

$$w''=-\frac{M(x)}{EI_z} \tag{13-3}$$

这就是梁的挠曲线的**近似微**分方程。

13.2.2 积分法计算梁的变形

对于等直梁，可以通过对式（13-3）的直接积分，计算梁的挠度和转角。将式（13-3）积分一次，得到

$$EIw' = EI\theta = -\int M(x)\,dx + C$$

再积分一次，得到

$$EIw = -\int\left[\int M(x)\,dx\right]dx + Cx + D$$

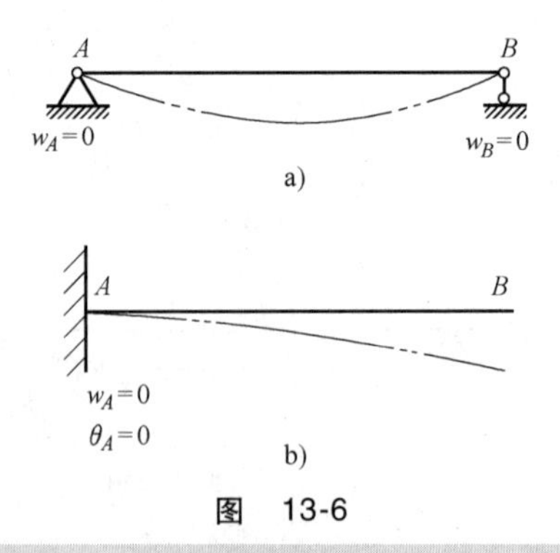

图 13-6

式中的积分常数 C 和 D 可由梁支座处的已知位移条件即**边界条件**确定。例如图 13-6a 所示的简支梁，边界条件是左、右两支座处的挠度 w_A 和 w_B 均应为零；而图 13-6b 所示的悬臂梁，边界条件是固定端处的挠度 w_A 和转角 θ_A 均应为零。

积分常数 C、D 确定后，就可得到梁的转角方程和挠度方程，并可计算任一横截面的转角和梁轴线上任一点的挠度。

【例 13-1】 一悬臂梁在自由端受集中力 F 作用，如图 13-7 所示。已知梁的弯曲刚度 EI 为常数，试求梁的转角方程和挠度方程，并求最大转角和最大挠度。

【解】 取坐标系如图所示。列弯矩方程为

$$M(x)=-F(l-x)$$

代入梁的挠曲线近似微分方程

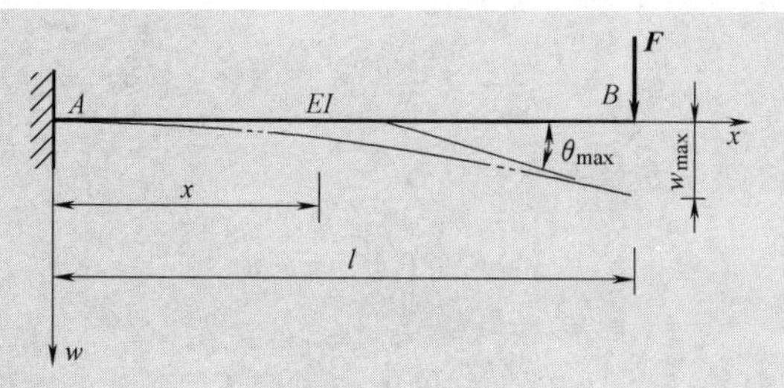

图　13-7

$$EIw''=-M(x)=Fl-Fx$$

进行两次积分，得到

$$EIw'=EI\theta=Flx-\frac{Fx^2}{2}+C \tag{a}$$

$$EIw=\frac{Flx^2}{2}-\frac{Fx^3}{2\times3}+Cx+D \tag{b}$$

边界条件为：在 $x=0$ 处，$w=0$，$w'=\theta=0$。将边界条件代入式（a）、式（b），得到 $C=0$ 和 $D=0$。

将 C、D 值入式（a）、式（b），得到该梁的转角方程和挠度方程分别为

$$\theta=\frac{Flx}{EI}-\frac{Flx^2}{2EI} \tag{c}$$

$$w=\frac{Flx^2}{2EI}-\frac{Fx^3}{6EI} \tag{d}$$

梁的挠曲线形状如图 13-7 所示。挠度及转角的最大值均在自由端 B 处，将 $x=l$ 代入式（c）、式（d），得到

$$\theta_{max}=\frac{Fl^2}{2EI}\qquad w_{max}=\frac{Fl^3}{3EI}$$

θ_{max}为正值，表明梁变形后，B 截面顺时针方向转动；w_{max}为正值，表明 B 点向下位移。

【例 13-2】 一简支梁受集中力 F 作用，如图 13-8 所示。已知梁的弯曲刚度 EI 为常数，试求梁的转角方程和挠度方程。

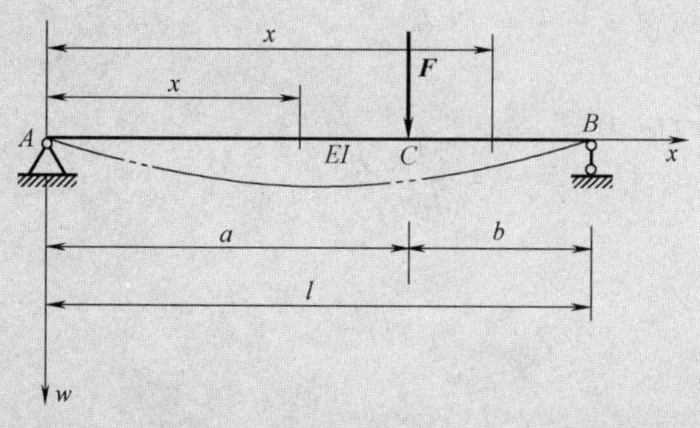

图　13-8

【解】 本题中，由于弯矩方程须分段列出，故挠曲线近似微分方程也须分段列出。

（1）列弯矩方程

AC 段：
$$M_1(x)=\frac{Fb}{l}x\qquad(0\leqslant x\leqslant a)$$

CB 段：
$$M_2(x)=\frac{Fb}{l}x-F(x-a)\qquad(a\leqslant x\leqslant l)$$

（2）建立挠曲线近似微分方程并积分

AC 段：
$$EIw''_1=-M_1(x)=-\frac{Fb}{l}x$$

$$EIw'_1=EI\theta_1=-\frac{Fb}{2l}x^2+C_1\tag{a}$$

$$EIw_1=-\frac{Fb}{6l}x^3+C_1x+D_1\tag{b}$$

CB 段：
$$EIw''_2=-M_2(x)=-\frac{Fb}{l}x+F(x-a)$$

$$EIw'_2=EI\theta_2=-\frac{Fb}{2l}x^2+\frac{F}{2}(x-a)^2+C_2\tag{c}$$

$$EIw_2=-\frac{Fb}{6l}x^3+\frac{F}{6}(x-a)^3C_2x+D_2\tag{d}$$

（3）确定积分常数　式（a）~式（d）共有 4 个积分常数，但简支梁的边界条件却只有 2 个，即

$$x=0\qquad w_1=0;$$
$$x=l\qquad w_2=0\tag{e}$$

因此，还必须考虑梁的**光滑与连续条件**。梁的挠曲线是一条光滑、连续的曲线，变形后在任一截面的两侧具有相同的转角和挠度。将这一条件应用于分界点 C，得

$$x=a\qquad \theta_1=\theta_2\qquad w_1=w_2\tag{f}$$

先将式（f）代入式（a）~式（d），解得

$$C_1=C_2\qquad D_1=D_2\tag{g}$$

再将式（e）、式（g）代入式（b）、式（d），解得

$$D_1=D_2=0\qquad C_1=C_2=\frac{Fb}{6l}(l^2-b^2)\tag{h}$$

（4）确定挠曲线方程　将积分常数的计算结果式（h）代入式（a）~式（d），得到 AC 段和 CB 段的转角方程和挠曲线方程分别为

AC 段（$0\leqslant x\leqslant a$）：

$$\theta_1=\frac{Fb}{6lEI}(l^2-b^2-3x^2)$$

$$w_1=\frac{Fbx}{6lEI}(l^2-b^2-x^2)$$

CB 段（$a\leqslant x\leqslant l$）：

$$\theta_2=\frac{Fb}{6lEI}\left[(l^2-b^2-3x^2)+\frac{3l}{b}(x-a)^2\right]$$

$$w_2=\frac{Fb}{6lEI}\left[(l^2-b^2-x^2)x+\frac{l}{b}(x-a)^3\right]$$

13.3 单位荷载法

13.3.1 功、实功与虚功

1. 功

在物理学中已经讲过，当质点 M 沿直线有位移 Δ 时（图 13-9），作用于质点上的常力 F_P 在位移 Δ 上所做的功为

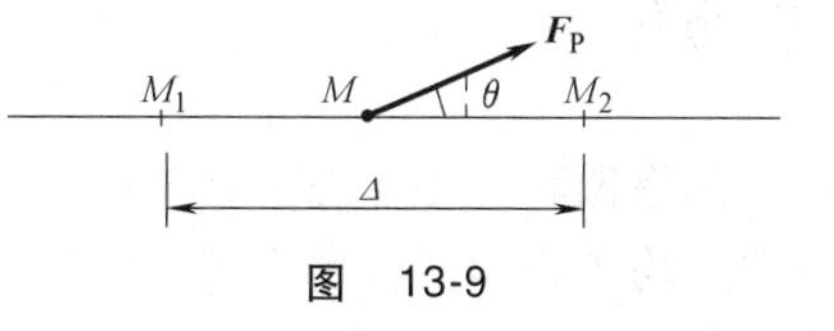

图 13-9

$$W=F_P\Delta\cos\theta$$

功是标量，可以是正值，也可以是负值，视力与位移的夹角而定。

如果一对大小相等、方向相反的力 F_P 作用于圆盘的 A、B 两点上（图 13-10），设圆盘转动时，力 F_P 的大小不变而方向始终垂直于直径 AB。当圆盘转过一角度 φ 时，两力所做的功为

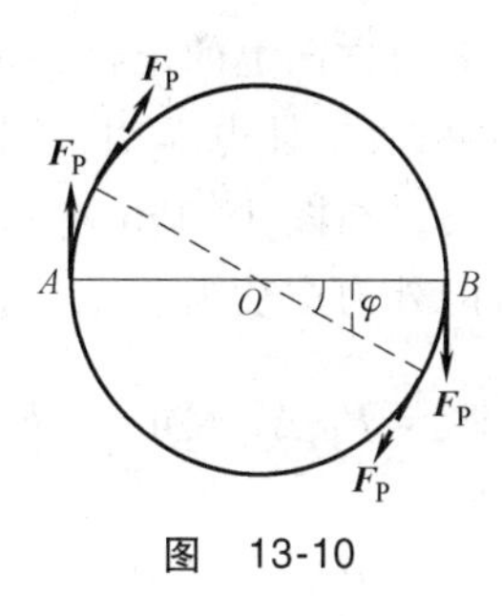

图 13-10

$$W=2F_P r\varphi=M\varphi$$

式中，$M=2F_P r$。上式表明力偶所做的功等于力偶矩与角位移的乘积。

由上可知，功包含了两个因素，即力和位移。若用 F_P 表示广义力，用 Δ 表示广义位移，则功的一般表达式为

$$W=F_P\Delta$$

广义力可以有不同的量纲，相应地广义位移也可以有不同的量纲，但做功时其乘积恒具有功的量纲。

2. 实功和虚功

功是力与位移的乘积，根据力与位移的关系可将功分为两种情况：

1）位移是由做功的力引起的。例如图 13-11 所示物体的位移，是由做功的力 F_P 引起的。我们称力 F_P 本身引起的位移为对力 F_P 而言的实位移，力在实位移上所做的功称为实功。

2）位移不是由做功的力引起的，而是由其他因素引起的。例如图 13-12a 所示的简支梁受力 F_P 的作用，达到实曲线所示的位置，此时力 F_P 做实功。然后再在梁上作用力 F'_P，使梁继续发生变形达到双点画线所示的位置。此时，力 F_P 作用点有位移 Δ，但是该位移不是力 F_P 引起的，而是由力 F'_P 所引起的，因此对力 F_P 而言，位移 Δ 是虚位移，力 F_P 在虚位移上所做的

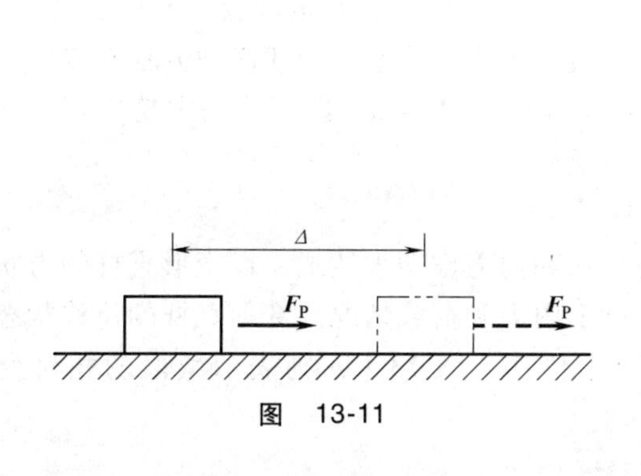

图 13-11

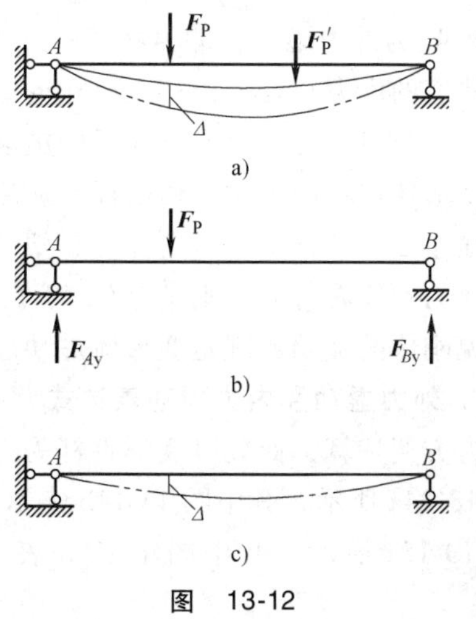

图 13-12

功称为虚功。

3. 结构的外力虚功

既然在虚功中做功的力和相应的位移是彼此独立无关的两个因素，因此可将二者看成是同一体系的两种彼此无关的状态。其中，力系所属的状态称为力状态（图 13-12b），位移所属的状态称为位移状态（图 13-12c）。如用 W 表示力状态的外力在位移状态的相应位移上所做的虚功，则有

$$W = F_P\Delta$$

如果做功的力状态中有集中力、集中力偶、均布力和支座反力等，统称为广义力，用 F_P 表示。Δ_i 表示广义力做功的相应位移，它是做功力系中各力作用点处沿广义力方向上的位移，称为广义位移。若用 W_e 表示外力虚功，则图 13-13a 所示力状态，在图 13-13b 所示的位移状态上所做的外力虚功为

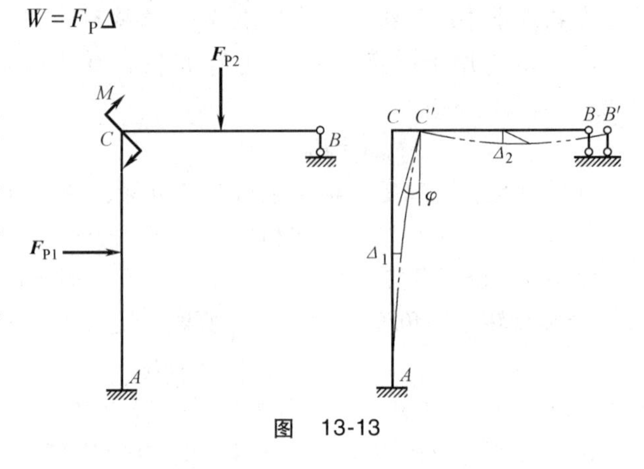

图 13-13

$$W_e = F_{P1}\Delta_1 + M\varphi + F_{P2}\Delta_2 = \sum_{i=1}^{3} F_{Pi}\Delta_i$$

一般地，作用于结构上的外力（包括荷载和支座反力）所做的虚功为

$$W_e = \sum F_{Pi}\Delta_i$$

13.3.2 变形体体系虚功

1. 变形体体系虚功原理

刚体只是一种理想的模型，在工程实际中遇到的物体都是变形体，结构在外力的作用下要发生变形，同时还要产生相应的内力。因此，利用虚功原理求解变形体结构问题时，不仅要考虑外力虚功，而且还要考虑体系与内力有关的虚功。

变形体体系的虚功原理可表述如下：**对于变形体体系，如果力状态的力系满足平衡条件，位移状态中的应变满足变形协调条件（包括位移与应变的协调和位移与约束几何相容），则体系的外力虚功等于体系的内力虚功**，即

$$W_e = W_i \tag{13-4}$$

式中，W_e 为外力虚功，即力状态的外力在位移状态的位移上所作的虚功总和；W_i 为内力虚功，即力状态的内力在变形位移上所作的虚功总和。

式（13-4）称为**变形体体系的虚功方程**。

变形体体系的虚功原理的证明从略。需要指出的是，在推导时并未涉及材料的物理性质，只要在小变形条件下，对于弹性、塑性、线性、非线性的变形体系，上述虚功方程都成立。当结构作为刚体看待时，则 $W_i = 0$，于是变形体虚功方程变为 $W_e = 0$，即刚体的虚功方程。所以可以说刚体的虚功原理是变形体虚功原理的一个特例。

2. 外力虚功和内力虚功表达式

为方便计算，此处以变形直杆为例给出外力虚功和内力虚功表达式。设变形直杆的力状态如图 13-14a 所示，其中图 13-14b 表示任一微段 dx 上内力和荷载情况。变形直杆的位移状态则如图 13-15a 所示，其中图 13-15b 表示微段的刚性位移，图 13-15c 则表示微段的相对变形情况。

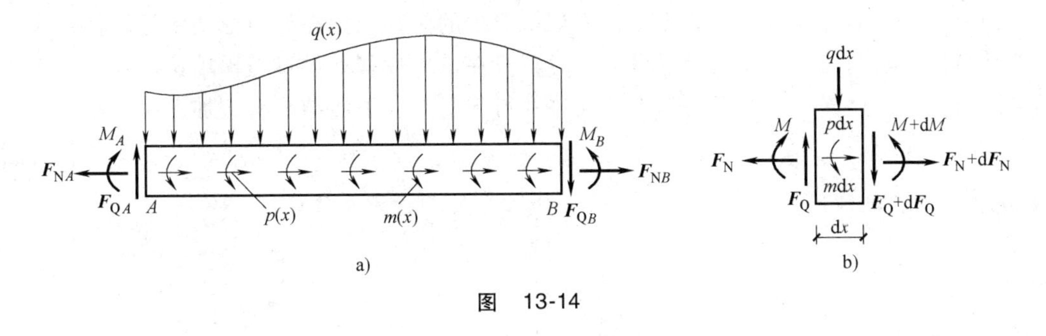

图　13-14

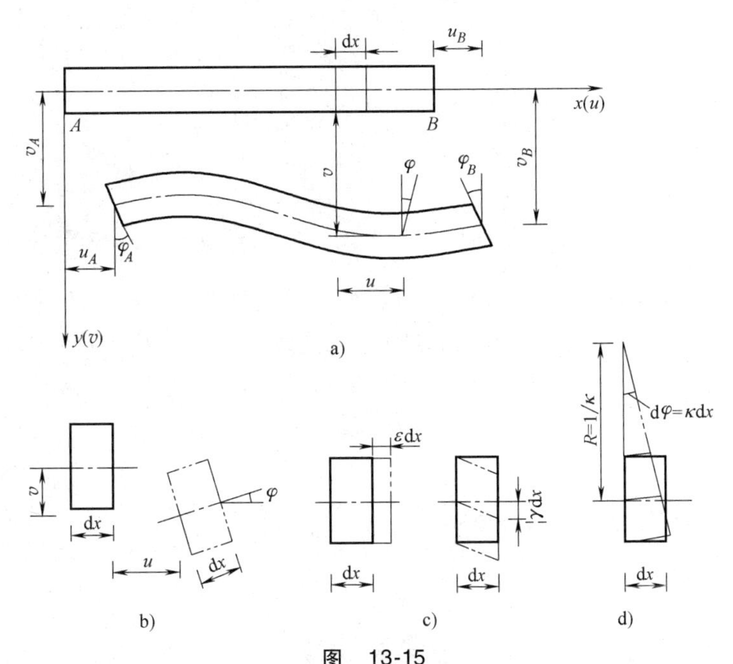

图　13-15

用 W_e表示变形直杆的外力虚功，则有

$$W_e = (F_{NB}u_B + F_{QB}v_B + M_B\varphi_B) - (F_{NA}u_A + F_{QA}v_A + M_A\varphi_A) + \int_A^B (pu + qv + m\varphi)\,dx \tag{13-5}$$

式（13-5）即为变形直杆的外力虚功表达式。

用 W_i表示变形直杆的内力虚功，对于微段 dx，忽略二阶微量后它的内力虚功为

$$dW_i = F_N\varepsilon dx + F_Q\gamma dx + M\kappa dx$$

上式两边积分得

$$W_i = \int_A^B dW_i = \int_A^B F_N\varepsilon dx + \int_A^B F_Q\gamma dx + \int_A^B M\kappa dx \tag{13-6}$$

式（13-6）即为变形直杆的内力虚功表达式。

13.3.3　单位荷载法

与刚体体系的虚功原理一样，变形体体系的虚功原理也有两种不同形式，即虚力原理和虚位移原理的应用。下面仅讨论用虚力原理计算结构位移。

虚力原理表达的虚功方程等价于满足变形协调条件的几何方程。应用虚力原理求位移，关键在于选择虚设力系。在虚功方程中，外力虚功是虚设力系中的外力与位移状态中相应位移的

乘积。因此，可以通过选择适当的虚拟荷载把所要求的位移包括在外力虚功中。而且，为了能方便地计算出欲求的位移，在选择虚设力系时，只在欲求位移处设置虚拟单位荷载，在其他位置不再设置荷载。这样，外力虚功的表达式将变得很简洁，下面结合实例加以说明。

【例 13-3】 图 13-16a 所示桁架，假设由于温度变化使杆 AC、BC 各伸长 $\Delta l=1.2\text{mm}$，桁架发生如双点画线所示的变形。求由此而引起的点 C 的竖向位移。

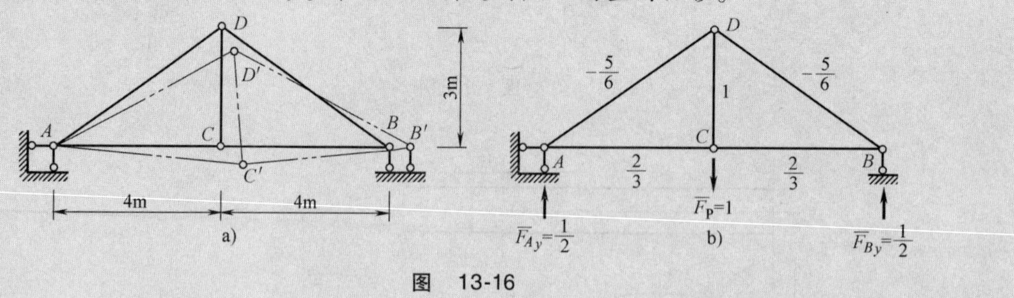

图 13-16

【解】 在桁架的点 C 处沿竖向施加一个虚设单位荷载 $F_P=1$，如图 13-16b 所示。在虚设单位荷载的作用下，桁架将产生虚反力 $\overline{F}_{Ax}$、$\overline{F}_{Ay}$、$\overline{F}_{By}$ 和虚内力 $\overline{F}_N$（在虚反力和虚内力的符号上面加“-”，表示它们是由虚设单位荷载产生的），它们与 $F_P=1$ 一起构成一个平衡的虚设力系。应用虚力原理建立虚功方程

$$W_e=W_i$$

则有

$$1\times\Delta_{CV}=\sum\int_l\overline{F}_N\varepsilon\mathrm{d}x$$

由此得

$$\Delta_{CV}=\sum\int_l\overline{F}_N\varepsilon\mathrm{d}x=\sum\overline{F}_N\int_l\varepsilon\mathrm{d}x=\sum\overline{F}_N\Delta l$$

注意到桁架各杆件中只有杆件 AC 和 BC 各伸长 1.2mm，则有

$$\begin{aligned}\Delta_{CV}&=\overline{F}_{NAC}\Delta l_{AC}+\overline{F}_{NBC}\Delta l_{BC}\\&=\left(\frac{2}{3}\times1.2+\frac{2}{3}\times1.2\right)\text{mm}\\&=1.6\text{mm}\end{aligned}$$

结果为正值，表示位移方向与虚设单位荷载的方向相同。

由上可知，利用虚功原理来求结构的位移，关键就在于虚设恰当的力状态，而方法的巧妙之处在于虚拟状态中只在所求位移截面位置沿所求位移方向虚设一个单位荷载，以便荷载虚功恰好等于所求位移。这种计算位移的方法称为单位荷载法。单位荷载法是位移计算中最常用的方法，本章所述位移计算，均按此法进行。

13.3.4 结构位移计算的一般公式

现在利用单位荷载法来建立计算平面杆件结构位移的一般公式。图 13-17a 所示刚架，由于荷载、温度变化和支座移动等因素而发生如图中双点画线所示的变形，这是结构的实际位移状态，简称**实际状态**。现要求该状态 K 点沿 K-K 方向的位移。根据单位荷载法，应选取一个

与所求位移相对应的虚设单位荷载，即在 K 点沿 K-K 方向施加一个单位力 $F_P=1$，如图13-17b 所示。在该虚单位荷载作用下，结构将产生虚反力$\overline{F}_R$和虚内力$\overline{F}_N$、$\overline{F}_Q$、$\overline{M}$，它们构成了一个虚设的平衡力系，这就是虚拟的力状态。

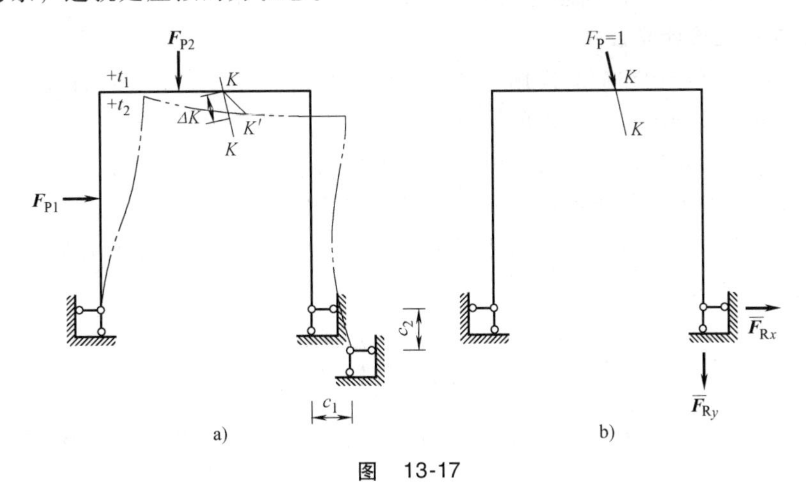

图　13-17

根据式（13-4）有

$$F_P\Delta_K + \overline{F}_{Rx}c_1 + \overline{F}_{Ry}c_2 = \sum\int_l \overline{F}_N\varepsilon ds + \sum\int_l \overline{F}_Q\gamma ds + \sum\int_l \overline{M}\kappa ds$$

因此

$$\Delta_K = \sum\int_l \overline{F}_N\varepsilon ds + \sum\int_l \overline{F}_Q\gamma ds + \sum\int_l \overline{M}\kappa ds - \sum \overline{F}_{Ri}c_i \tag{13-7}$$

式（13-7）即为平面杆系结构位移计算的一般公式。它既适用于静定结构，也适用于超静定结构；既适用于弹性材料，也适用于非弹性材料；既适用于荷载作用下的位移计算，也适用于由温度变化、初应变以及支座移动等因素影响下的位移计算。

1. 荷载作用下的位移计算公式

当结构上只有荷载作用时，位移计算式（13-7）可简化为

$$\Delta_K = \sum\int_l \overline{F}_N\varepsilon ds + \sum\int_l \overline{F}_Q\gamma ds + \sum\int_l \overline{M}\kappa ds \tag{a}$$

式中，$\overline{F}_N$、$\overline{F}_Q$、$\overline{M}$为虚拟状态中结构在单位荷载作用下产生的内力；ε、γ、κ 为实际状态中结构在荷载作用下产生的轴向应变、切应变和微段的曲率。

在本节中，我们只讨论静定结构在线弹性范围内的位移计算问题。

在线弹性结构中，ε、γ、κ 可由胡克定律求出，即

$$\varepsilon=\frac{F_{NP}}{EA} \qquad \gamma=k\frac{F_{QP}}{GA} \qquad \kappa=\frac{M_P}{EI} \tag{b}$$

式中，M_P、F_{NP}、F_{QP}为实际状态中结构在荷载作用下任意截面产生的轴力、剪力和弯矩；EI、EA、GA 分别为杆件截面抗弯、抗拉、抗剪刚度；k 为由于截面上切应力分布不均匀而引入的修正系数，其值与截面的形状有关。

将式（a）代入式（b），即得到在荷载作用下弹性位移的一般计算公式

$$\Delta = \sum\int\frac{\overline{M}M_P}{EI}ds + \sum\int\frac{\overline{F}_N F_{NP}}{EA}ds + \sum\int\frac{k\overline{F}_Q F_{QP}}{GA}ds \tag{13-8}$$

注意，在式（13-8）中共有两类内力：M_P、F_{NP}、F_{QP}为实际荷载引起的内力；$\overline{M}$、$\overline{F}_N$、

$\overline{F}_Q$为虚设单位荷载引起的内力。

内力的正负号规定为：轴力以拉力为正；剪力使微段顺时针方向转动为正；弯矩只规定乘积的正负号，当 M_P 和$\overline{M}$使杆件同侧纤维受拉时，其乘积取正值。

2. 各类结构的位移计算公式

式（13-8）是静定结构在荷载作用下弹性位移计算的一般公式。公式右边的第一项表示弯曲变形的影响，第二项表示拉伸变形的影响，第三项表示剪切变形的影响。对于各种特殊的结构形式来讲，这三种影响在位移中所占的比重各不相同，按照保留主要影响忽略次要影响的原则，从式（13-8）可以得到各类特殊结构形式相应的简化公式。

（1）梁和刚架　在梁和刚架中，位移主要是弯矩引起的，轴力和剪力的影响较小，因此位移公式可简化为

$$\Delta = \sum\int\frac{\overline{M}M_P}{EI}ds \tag{13-9}$$

（2）桁架　在桁架中，各杆只受轴力，而且每根杆的截面面积 A 以及轴力$\overline{F}_N$和 F_{NP}沿杆长一般都是常数，因此位移公式可简化为

$$\Delta = \sum\int\frac{\overline{F}_N F_{NP}}{EA}ds = \sum\frac{\overline{F}_N F_{NP}}{EA}\int ds = \sum\frac{\overline{F}_N F_{NP}l}{EA} \tag{13-10}$$

（3）桁梁组合结构　在桁梁组合结构中，一些杆件主要受弯曲，一些杆件只受轴力，故位移公式可简化为

$$\Delta = \sum\int\frac{\overline{M}M_P}{EI}ds + \sum\frac{\overline{F}_N F_{NP}l}{EA} \tag{13-11}$$

（4）拱　在拱中，当压力线与拱的轴线相近（即两者的距离与杆件的截面高度为同量级）时，应考虑弯曲变形和拉伸变形对位移的影响，即

$$\Delta = \sum\int\frac{\overline{M}M_P}{EI}ds + \sum\int\frac{\overline{F}_N F_{NP}}{EA}ds \tag{13-12}$$

当压力线与拱轴线不相近时，则只需考虑弯曲变形的影响，即可按式（13-9）计算位移。

【例 13-4】　试求图 13-18 所示简支梁 C 截面的转角 θ_C。已知梁的抗弯刚度 EI 为常数。

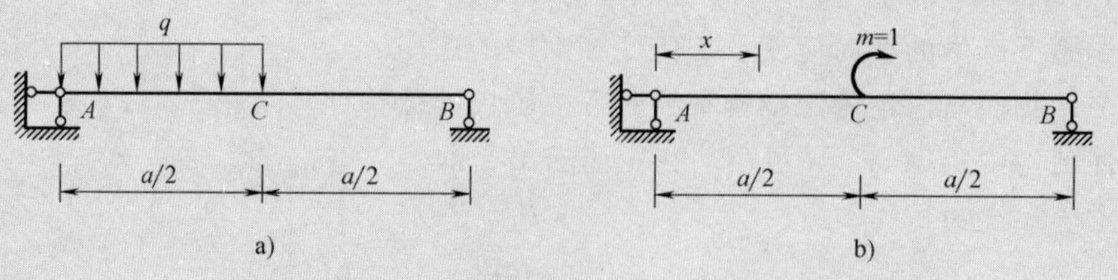

图　13-18

【解】　先求实际荷载（图 13-18a）作用下的内力，再求虚设单位荷载（图 13-18b）作用下的内力。取 A 点为坐标原点，任意截面 x 的内力为

	实际荷载	虚设单位荷载
AC 段：	$M_P = \frac{3}{8}qax - \frac{1}{2}qx^2$	$\overline{M} = -\frac{1}{a}x$
CB 段：	$M_P = \frac{1}{8}qa(a-x)$	$\overline{M} = \frac{1}{a}x$

截面 C 的转角位移为

$$\theta_C = \sum\int\frac{\overline{M}M_P}{EI}ds$$

$$= -\frac{1}{EI}\int_0^{\frac{a}{2}}\frac{x}{a}\times\left(\frac{3}{8}qax-\frac{1}{2}qx^2\right)dx+\frac{1}{EI}\int_{\frac{a}{2}}^{a}\frac{x}{a}\times\frac{1}{8}qa(a-x)dx$$

$$= -\frac{qa^3}{384EI}(\text{逆时针})$$

【例 13-5】 试求图 13-19a 所示刚架截面 C 的水平位移 Δ_{CH} 和转角 θ_C。

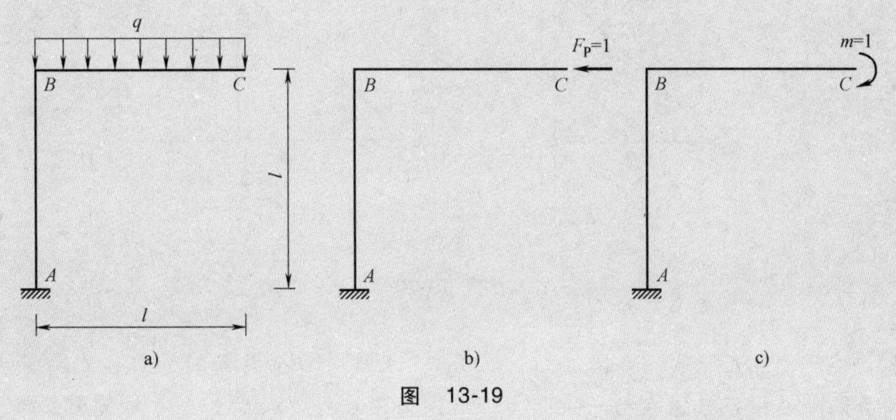

图　13-19

【解】（1）求截面 C 的水平位移　先求实际荷载（图 13-19a）作用下的内力，再求虚设单位荷载（图 13-19b）作用下的内力。

以点 B 为坐标原点，杆 AB 任一截面的弯矩表达式为

实际荷载	虚设单位荷载
$M_P=\frac{ql^2}{2}$	$\overline{M}=x$

以点 C 为坐标原点，杆 BC 任一截面的弯矩表达式为

实际荷载	虚设单位荷载
$M_P=\frac{1}{2}qx^2$	$\overline{M}=0$

截面 C 的水平位移为

$$\Delta_{CH} = \sum\int\frac{\overline{M}M_P}{EI}ds = -\frac{1}{EI}\int_0^l x\times\frac{1}{2}ql^2dx = -\frac{ql^4}{4EI}\ (\rightarrow)$$

（2）求截面 C 的转角位移

以点 B 为坐标原点，杆 AB 任一截面的弯矩表达式为

实际荷载	虚设单位荷载
$M_P=\frac{ql^2}{2}$	$\overline{M}=1$

以点 C 为坐标原点，杆 BC 任一截面的弯矩表达式为

实际荷载　　　　虚设单位荷载

$$M_{\mathrm{P}}=\frac{1}{2}qx^2 \qquad \overline{M}=1$$

截面 C 的转角位移为

$$\theta_C=\sum\int\frac{\overline{M}M_{\mathrm{P}}}{EI}\mathrm{d}s=\frac{1}{EI}\left(\int_0^l\frac{1}{2}ql^2\mathrm{d}x+\int_0^l\frac{1}{2}qx^2\mathrm{d}x\right)=\frac{2ql^3}{3EI}\text{（顺时针）}$$

【例 13-6】 试求图 13-20a 所示桁架 AB 杆的转角位移 θ_{AB}。已知各杆 EA 为常数。

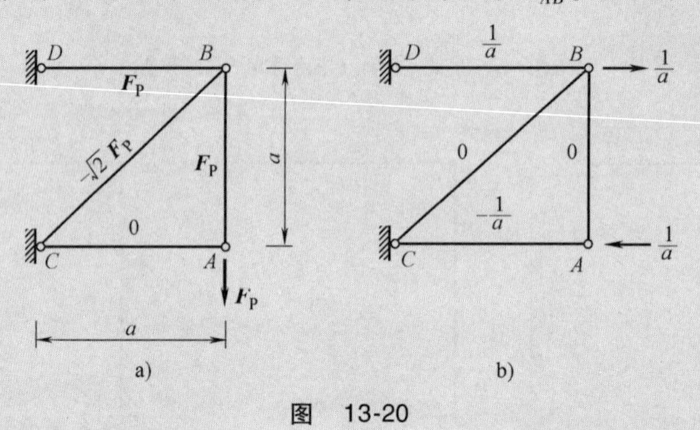

图 13-20

【解】 在杆 AB 上加单位力偶（图 13-20b）。求桁架杆件转角时，不能在杆件任意位置加一单位力偶。因桁架只能在结点上受力，所以必须在杆件两端加上一对大小相等、方向相反的平行力，这对力的作用相当于单位力偶。

计算两种状态下桁架各杆轴力 F_{N}、$\overline{F}_{\mathrm{N}}$。如图 13-20a、b 所示，因此有

$$\theta_{AB}=\sum\frac{\overline{F}_{\mathrm{N}}F_{\mathrm{N}}l}{EA}=\frac{1}{EA}\times\frac{1}{a}\times F_{\mathrm{P}}\times a=\frac{F_{\mathrm{P}}}{EA}\text{（顺时针）}$$

13.3.5 广义位移与广义单位荷载

式（13-7）不仅可用于计算结构的线位移，也可以用来计算结构任何性质的位移（例如角位移和相对位移等），只是要求所设虚单位荷载必须与所求的位移相对应，即要保持广义力与广义位移的对应关系。

1）如果欲求的位移是结构上某一点沿某一方向的线位移，则虚拟单位荷载应该是作用在该点沿该方向的单位集中力。

2）如果欲求的位移是杆件某一截面的角位移，则施加的虚单位荷载是作用在这一截面的单位集中力偶。

3）如果欲求的位移是结构上某两点沿指定方向的相对线位移，则虚拟单位荷载应该是作用在该两点沿指定方向的一对反向共线的单位集中力。

4）如果欲求的位移是结构上某两个截面的相对角位移，则虚拟单位荷载应该是作用在这两个截面上的一对反向单位集中力偶。

5）如果欲求的是结构（如桁架）中某一杆件的角位移，则应在该杆件的两端沿垂直于杆件方向施加一个由一对大小相等、方向相反的集中力所构成的单位力偶，每一集中力的大小等于杆件长度的倒数。

需要说明的是，虚拟单位荷载的指向可任意假设，若按式（13-7）计算出来的结果是正的，则表示实际位移的方向与虚拟荷载的方向相同，否则相反。

13.4 图乘法

在计算梁和刚架这类以受弯为主的杆件的位移时，通常要遇到形如式（a）的运算：

$$\Delta = \sum \int \frac{\overline{M}M_{\mathrm{P}}}{EI}\mathrm{d}s \tag{a}$$

式（a）在形式上虽然简单，但需要分别写出单位荷载作用下相应杆件的$\overline{M}$（x）表达式和实际荷载作用下相应杆件的 M_{P}（x）表达式，然后逐杆积分。当结构中杆件较多且荷载分布不规则时，计算就很烦琐。

本节介绍一种求此类积分的方法——图乘法。在一定的应用条件下，图乘法可给出积分公式（a）的数值解，而且是精确解。

13.4.1 图乘法的计算公式

当杆件满足下面两个基本条件时，式（a）的积分计算可做简化。

1）杆件为等截面直杆（EI 为常数）。

2）M_{P} 和$\overline{M}$两个弯矩图中至少有一个直线图形。

设杆件 AB 为等截面直杆，AB 杆的 M_{P}图和$\overline{M}$图如图 13-21 所示，并假设$\overline{M}$图为直线图。以$\overline{M}$图与杆 AB 轴线的交点 O 作为坐标原点，以 α 表示$\overline{M}$图直线的倾角，则$\overline{M}$图任一点标距可表示为

$$\overline{M} = x\tan\alpha$$

图　13-21

因此

$$\int \frac{\overline{M}M_{\mathrm{P}}}{EI}\mathrm{d}s = \frac{\tan\alpha}{EI}\int_A^B xM_{\mathrm{P}}\mathrm{d}x$$

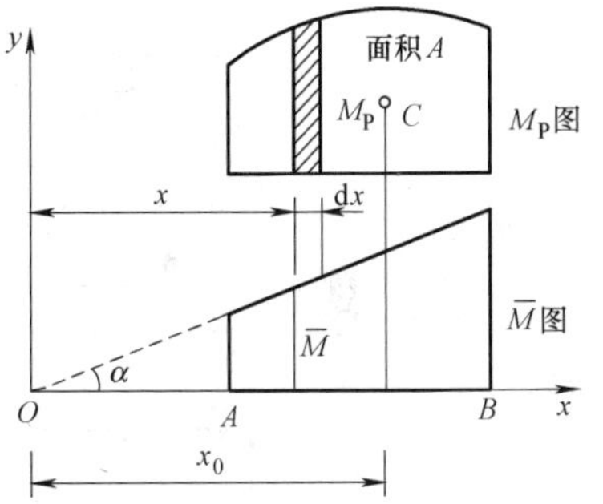

式中，$M_{\mathrm{P}}\mathrm{d}x$ 可看作 M_{P}图的微分面积（图 13-21 中画阴影线的部分），$xM_{\mathrm{P}}\mathrm{d}x$ 是这个微分面积对 y 轴的静矩。于是，$\int_A^B xM_{\mathrm{P}}\mathrm{d}x$ 就是 M_{P}图的面积 A 对 y 轴的静矩。以 x_0表示 M_{P}图的形心 C 到 y 轴的距离，则

$$\int_A^B xM_{\mathrm{P}}\mathrm{d}x = Ax_0$$

因此

$$\int \frac{\overline{M}M_{\mathrm{P}}}{EI}\mathrm{d}s = \frac{\tan\alpha}{EI}\int_A^B xM_{\mathrm{P}}\mathrm{d}x = \frac{1}{EI}\tan\alpha Ax_0$$

由于 $x_0\tan\alpha = y_0$，其中 y_0是在 M_{P}图形心 C 对应处的$\overline{M}$图标距。故有

$$\int \frac{\overline{M}M_{\mathrm{P}}}{EI}\mathrm{d}s = \frac{1}{EI}Ay_0$$

对整个结构而言，所求位移值为

$$\Delta = \sum \int \frac{\overline{M}M_{\mathrm{P}}}{EI}\mathrm{d}s = \sum \frac{1}{EI}Ay_0 \tag{13-13}$$

式（13-13）将式（a）的积分运算问题简化为求图形的面积、形心和标距的问题，这种方法称为**图形相乘法**，简称为**图乘法**。

应用图乘法计算时要注意两点：

1）应用条件：杆段应是等截面直杆段，两个图形中至少应有一个是直线图，标距 y_0应取自直线图中。

2）正负号规则：面积 A 与标距 y_0在杆的同侧时，乘积 Ay_0取正号；异侧时取负号。

13.4.2 对于图形的处理

使用图乘法时，必须用到弯矩图的面积和形心位置。图 13-22 给出了位移计算中几种常见图形的面积公式和形心位置。

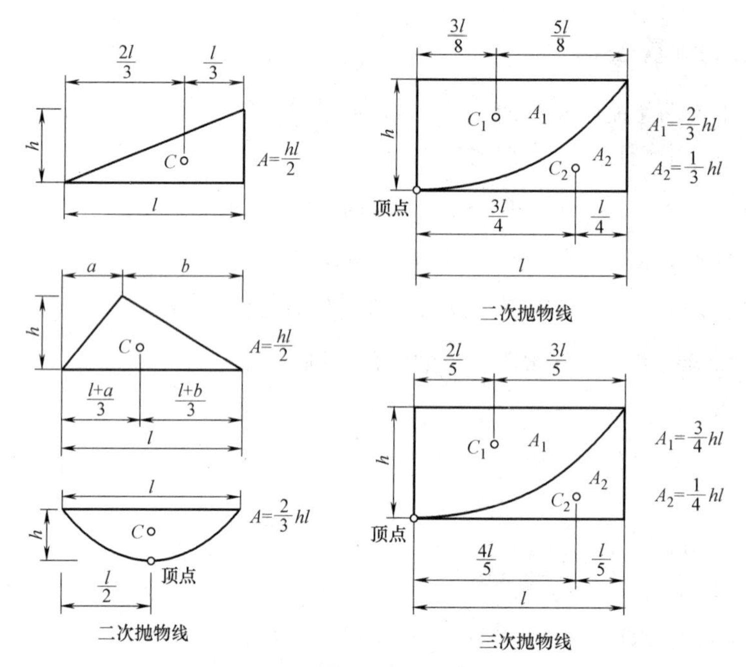

图 13-22

应当注意，在所示的各次抛物线图形中，抛物线顶点处的切线都是与基线平行的。这种图形可称为抛物线标准图形。应用图中有关公式时，应注意这个特点。在实际计算中还可能会遇到更为复杂的图形，处理的方法是将其分解为几个简单图形，图乘后再叠加。图形分解的具体方法如图 13-23 所示，下面举例加以说明。

图 13-23b 中两个图形都是梯形，可以不求梯形面积的形心，而将其中一个梯形分为两个三角形（也可分为一个矩形和一个三角形），再应用图乘法，可得

$$\int \overline{M}M_{\mathrm{P}}\mathrm{d}s = \omega_1 y_1 + \omega_2 y_2$$

如果两个弯矩图中一个图形是曲线，另一个图形是由几段直线组成的折线（图 13-23e），则应分段考虑，再利用叠加原理，可得

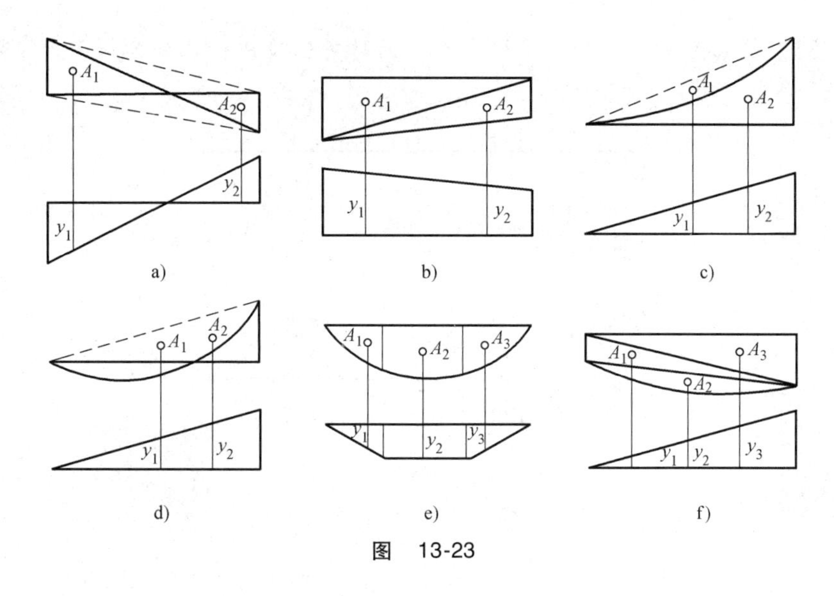

图　13-23

$$\int \overline{M}M_{\mathrm{P}}\mathrm{d}s = A_1y_1 + A_2y_2 + A_3y_3$$

图 13-23f 所示为结构中的一段直杆在均布荷载作用下的弯矩图。在一般情况下，这是一个非标准抛物线图形。在计算中，我们把这个非标准抛物线图形分解为三个简单图形 A_1、A_2、A_3。其中 A_1、A_3为三角形，A_2为标准的抛物线图形（即简支梁在均布荷载作用下的弯矩图），然后再应用图乘法，可得

$$\int \overline{M}M_{\mathrm{P}}\mathrm{d}s = A_1y_1 + A_2y_2 + A_3y_3$$

【例 13-7】　试用图乘法计算图 13-24a 所示简支梁在均布荷载 q 作用下跨中截面 C 的竖向位移 Δ_{CV}。已知 EI=常数。

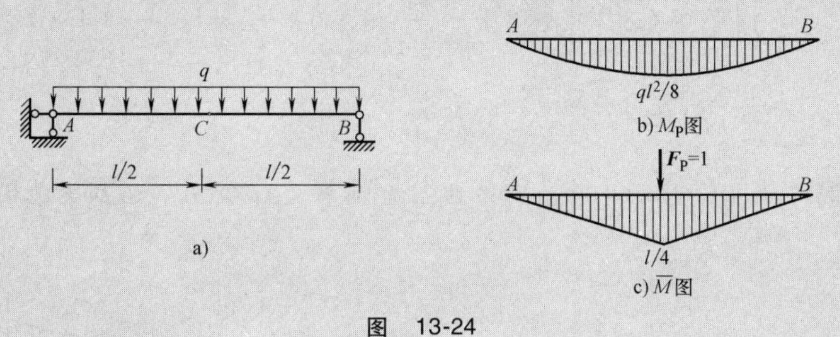

图　13-24

【解】　作荷载作用下的 M_{P}图和虚设单位力作用下的$\overline{M}$图，如图 13-24b、c 所示。

$$\begin{aligned}\Delta_{CV} &= \int \frac{\overline{M}M_{\mathrm{P}}}{EI}\mathrm{d}s = \frac{1}{EI}Ay_0 \\ &= \frac{1}{EI}\times\left(\frac{2}{3}\times\frac{ql^2}{8}\times\frac{l}{2}\times\frac{5}{8}\times\frac{l}{4}+\frac{2}{3}\times\frac{ql^2}{8}\times\frac{l}{2}\times\frac{5}{8}\times\frac{l}{4}\right) \\ &= \frac{5ql^4}{384EI}\ (\downarrow)\end{aligned}$$

【例 13-8】 试求图 13-25a 所示悬臂梁 C 端的转角位移 θ_C。已知各杆 EI=常数。

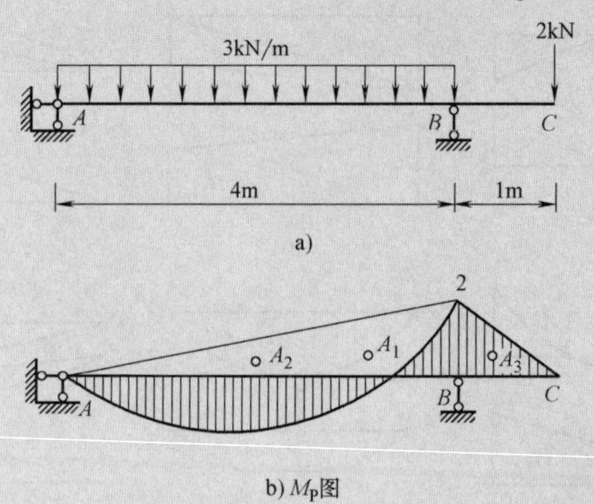

b) M_P图

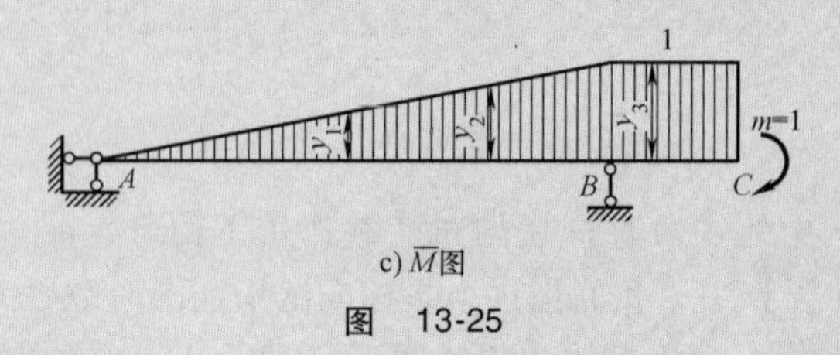

c) $\overline{M}$图

图 13-25

【解】 作 M_P 图如图 13-25b 所示。在 C 端加一单位力偶，作 $\overline{M}$ 图如图 13-25c 所示。应用图乘法求位移时，应对 M_P 图进行分解（图 13-25b），因此得

$$\theta_C = \sum\int\frac{\overline{M}M_P}{EI}ds = \frac{1}{EI}Ay_0 = \frac{1}{EI}(A_1y_1 + A_2y_2 + A_3y_3)$$

$$= \frac{1}{EI}\left(\frac{1}{2}\times 4\times 2\times\frac{2}{3}\times 1 - \frac{2}{3}\times 4\times 6\times\frac{1}{2}\times 1 + \frac{1}{2}\times 1\times 2\times 1\right)$$

$$= -\frac{13}{3EI}\text{（逆时针）}$$

【例 13-9】 试求图 13-26a 所示刚架结点 D 的转角位移 θ_D。已知梁、柱刚度分别为 $4EI$、EI。

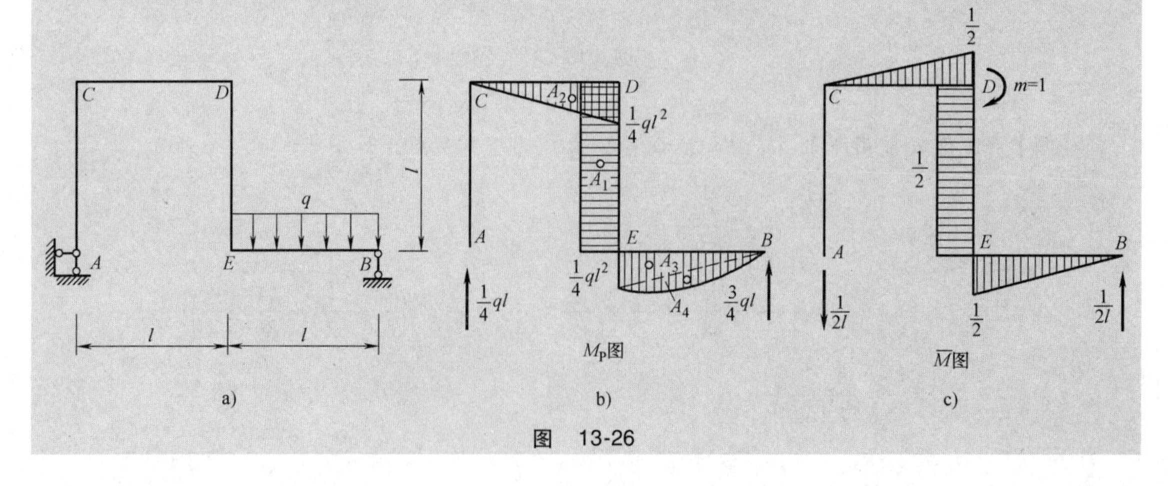

图 13-26

【解】 作 M_P 图如图 13-26b 所示。在结点 D 加一单位力偶，作 $\overline{M}$ 图如图 13-26c 所示。图乘时将均布荷载段上的 M_P 图分解（图 13-26b），因此得

$$\theta_D = \frac{1}{EI}A_1 y_1 + \frac{1}{4EI}(A_2 y_2 + A_3 y_3 + A_4 y_4)$$

$$= \frac{1}{EI}\left(\frac{ql^2}{4}\times l\right)\times\frac{1}{2}+\frac{1}{4EI}\left(-\frac{1}{2}\times\frac{ql^2}{4}\times l\times\frac{2}{3}\times\frac{1}{2}+\frac{1}{2}\times\frac{ql^2}{4}\times l\times\frac{2}{3}\times\frac{1}{2}+\frac{2}{3}\times\frac{ql^2}{8}\times l\times\frac{1}{2}\times\frac{1}{2}\right)$$

$$= \frac{25ql^3}{192EI}\ (\downarrow)$$

习　　题

一、选择题

1. 图乘法的应用条件是（　　）。

A. EI 为常数

B. 结构为直杆

C. M_P 与 $\overline{M}$ 图中至少有一个为直线图形

D. 以上答案都对

2. 下列正确的说法是（　　）。

A. 变形体虚功原理仅适用于弹性体系，不适用于非弹性体系

B. 虚功原理中的力状态和位移状态都是虚设的

C. 功的互等定理仅适用于线弹性体系，不适用于非线弹性体系

D. 反力互等定理仅适用于超静定结构，不适用于静定结构

二、填空题

1. 图 13-27 所示刚架，由于支座 B 下沉 Δ 所引起 D 点的水平位移 Δ_{DH} =____________。

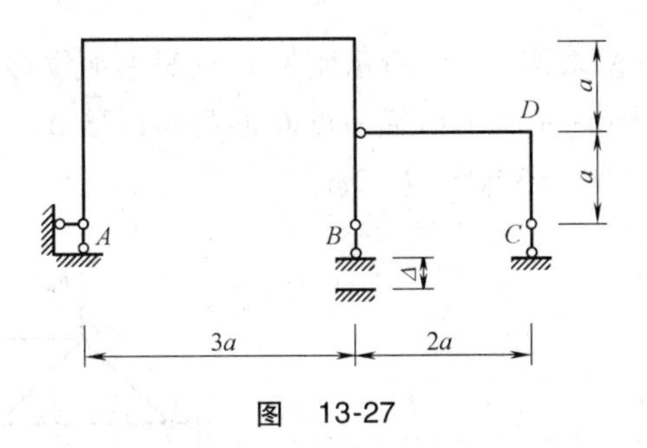

图　13-27

2. 虚功原理有两种不同的应用形式，即____________原理和____________原理。其中，用于求位移的是____________原理。

3. 用单位荷载法计算位移时，虚拟状态中所加的荷载应是与所求广义位移相应的____________。

三、计算题

1. 分别用积分法和图乘法求图 13-28 所示各指定位移 Δ_{CV}。已知 EI 为常数。

2. 分别用积分法和图乘法求图 13-29 所示各指定位移 Δ_{CV}。已知 EI 为常数。

图 13-28　　图 13-29

3. 试用单位荷载法求图 13-30 所示梁结构 B 点的转角 θ_B 和 C 点的竖向位移 Δ_{CV}。已知 EI 为常数。

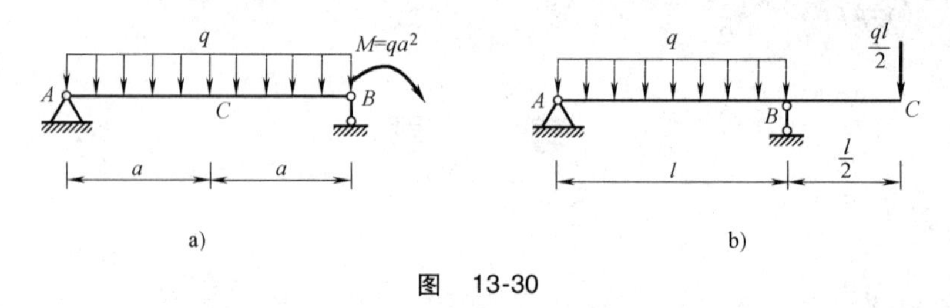

图 13-30

4. 试用单位荷载法求图 13-31 所示刚架中结点 B 的水平位移 Δ_{BH} 和转角 θ_B。

5. 试用单位荷载法求图 13-32 所示刚架中结点 A 和结点 B 的转角 θ_A、θ_B。

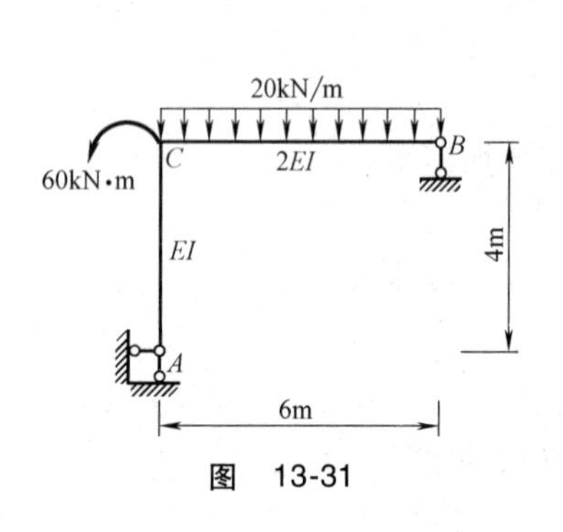

图 13-31

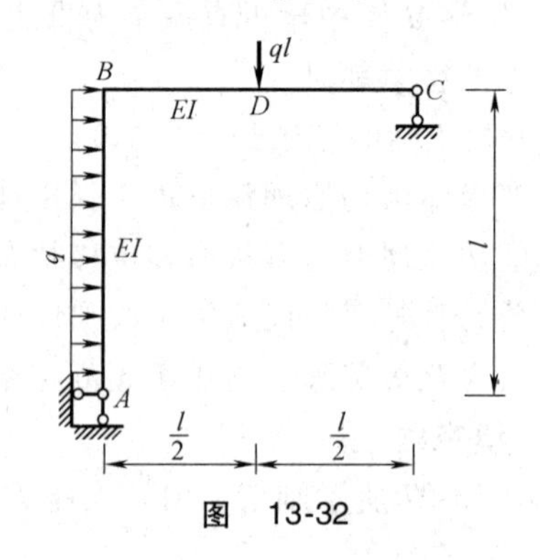

图 13-32

6. 分别用积分法和图乘法求图 13-33 所示刚架 C 点的水平位移 Δ_{CH}。已知 EI 为常数。

7. 试用单位荷载法求图 13-34 所示桁架结点 C 的竖向位移 Δ_{CV}。已知各杆截面均为 $A=2\times10^{-3}\text{m}^2$，$E=2.1\times10^8\text{kN/m}^2$，$F_P=30\text{kN}$，$d=2\text{m}$。

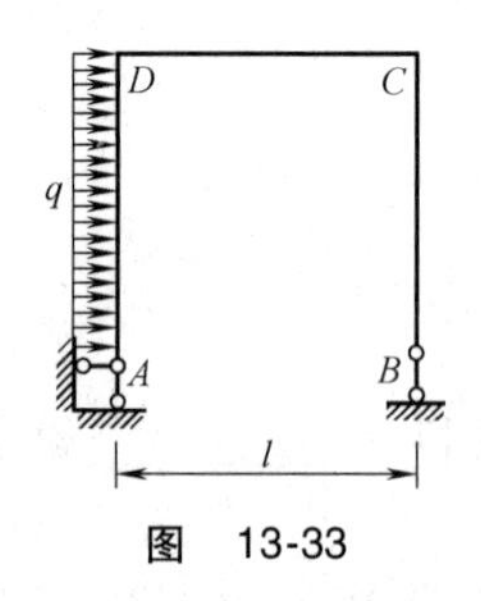

图 13-33

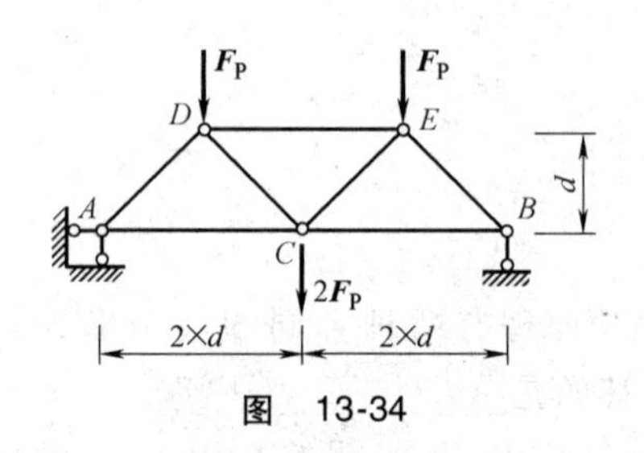

图 13-34

8. 试用图乘法求图 13-35 所示梁 C 点挠度 Δ_{CV}。已知 $F_P=9\text{kN}$，$q=15\text{kN/m}$，梁为 18 号工字钢，$I=1660\text{cm}^4$，$h=18\text{cm}$，$E=2.1\times10^5\text{MPa}$。

9. 试用图乘法求图 13-36 所示梁 C 点挠度 Δ_{CV}，已知 $EI=2.0\times10^8\text{kN}\cdot\text{cm}^2$。

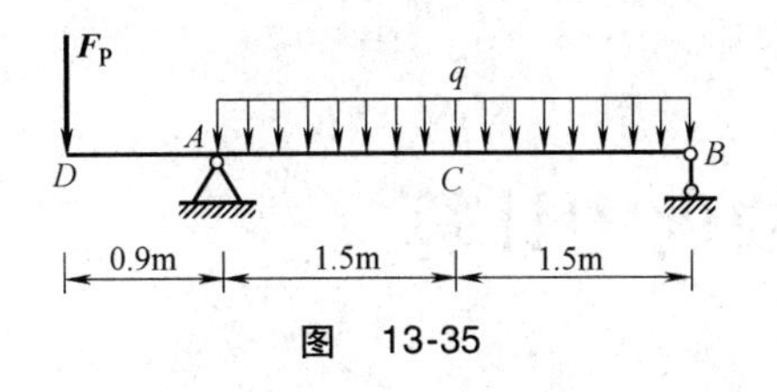

图　13-35

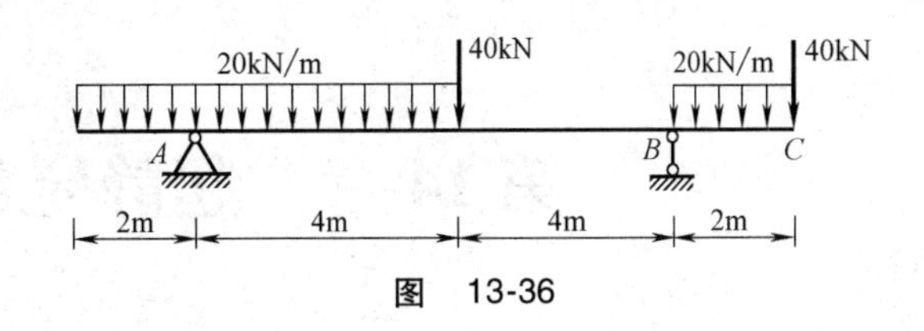

图　13-36

10. 试用图乘法求图 13-37 所示刚架 D 点的水平位移 Δ_{DH}。已知各杆的 EI 为常数。

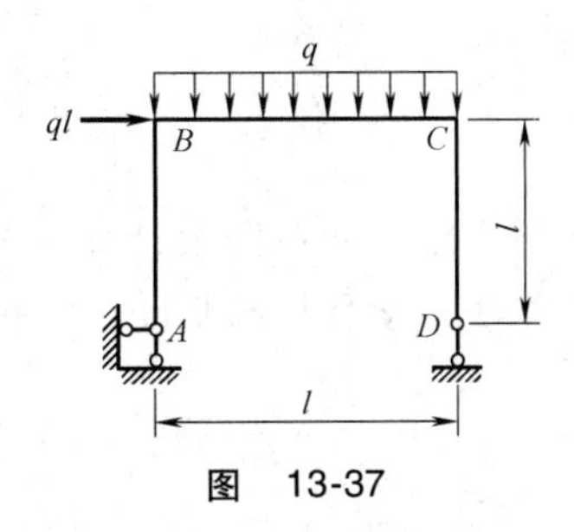

图　13-37

11. 试用图乘法求图 13-38 所示三铰刚架 C 点的竖向位移 Δ_{CV}。已知各杆的 EI 为常数。

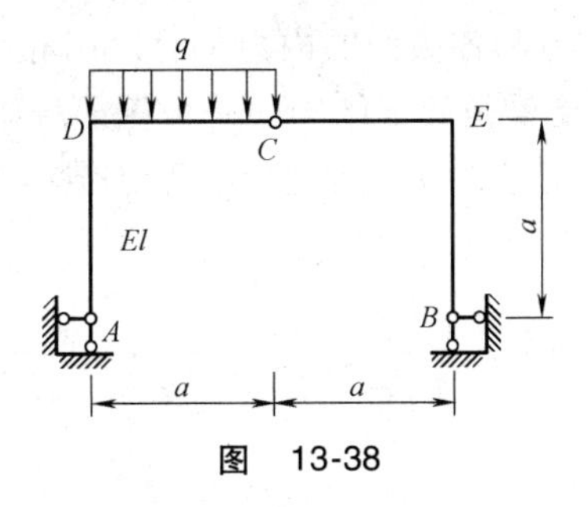

图　13-38

12. 试用图乘法求图 13-39 所示刚架 B 点的水平位移 Δ_{BH}。

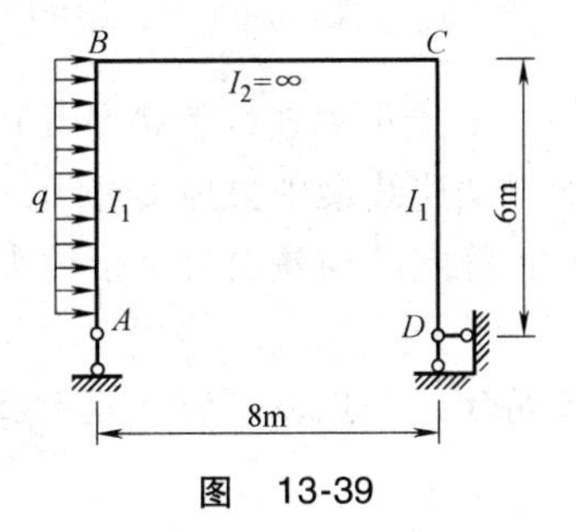

图　13-39

第14章　超静定结构的内力计算

14.1　力法

力法是计算超静定结构的基本方法之一。在力法计算中，把多余未知力作为基本未知量，以解除多余约束后得到的静定结构作为力学分析的基础，由变形协调条件建立力法方程，从而求出多余未知力。

14.1.1　超静定结构

为了认识超静定结构的特性，现把超静定结构与静定结构作一些对比。

如果一个结构的全部支座反力和各截面的内力都可以用静力平衡条件唯一确定，就称此结构为静定结构。图14-1a所示简支梁是静定结构的一个例子。如果一个结构的全部支座反力和各截面的内力不能完全由静力平衡条件唯一确定，就称此结构为超静定结构。图14-1b所示连续梁是超静定结构的一个例子。

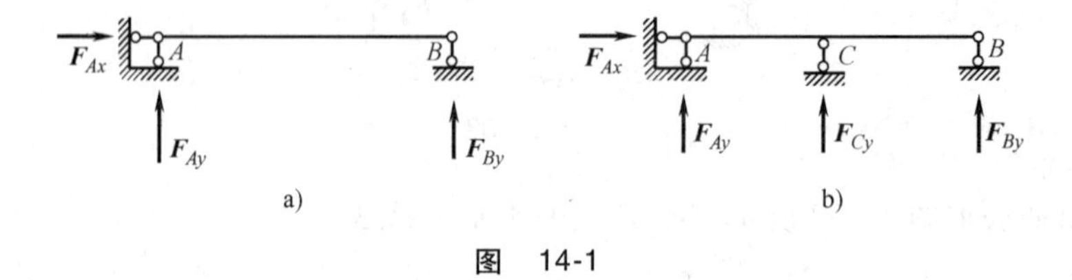

图　14-1

分析以上两个结构的几何组成，简支梁和连续梁都是几何不变的。如果从简支梁中去掉支杆B，就变成了几何可变体系；如果从连续梁中去掉支杆C，则仍是几何不变的。因此，支杆C是多余约束。由此引出如下结论：静定结构是没有多余约束的几何不变体系，而超静定结构则是有多余约束的几何不变体系。

总起来说，超静定结构区别于静定结构的基本特点是：反力或内力超静定，约束有多余。

14.1.2　超静定次数

从几何组成角度看，超静定次数是指超静定结构中多余约束的个数。如果从原结构中去掉n个约束，结构就成为静定的，则原结构即为n次超静定。因此，**超静定次数等于多余约束的个数，即把原结构变成静定结构时所需撤除的约束个数。**

从静力分析角度看，超静定次数等于根据平衡方程计算未知力时所缺少的方程的个数，即多余未知力（多余约束力）的个数。

确定超静定次数时，关键是要学会把原结构拆成一个静定结构。通常有以下几种基本方式：

1）撤去一根支杆或切断一根链杆，等于拆掉一个约束，如图14-2所示。

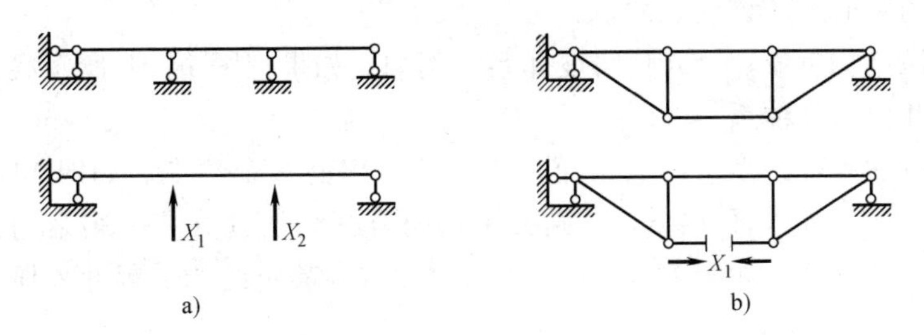

图　14-2

2）撤去一个铰支座或撤去一个单铰，等于拆掉两个约束，如图 14-3 所示。

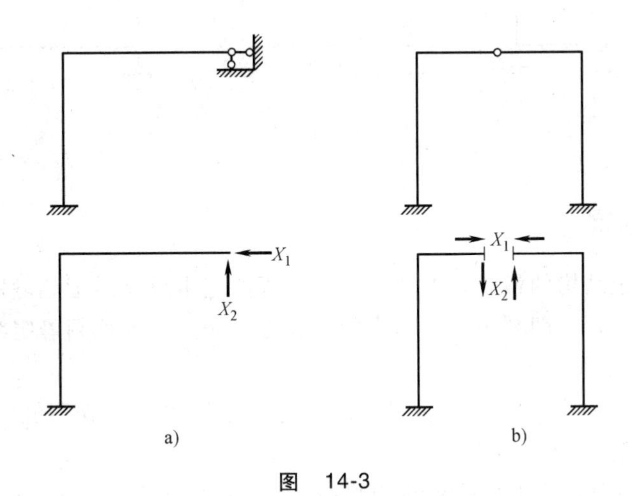

图　14-3

3）撤去一个固定端或切断一根梁式杆，等于拆掉三个约束，如图 14-4 所示。

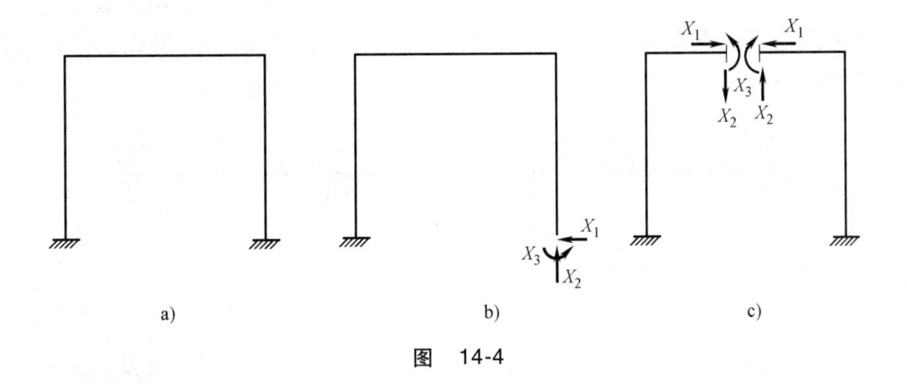

图　14-4

4）在梁式杆中加入一个单铰，等于拆掉一个约束，如图 14-5 所示。

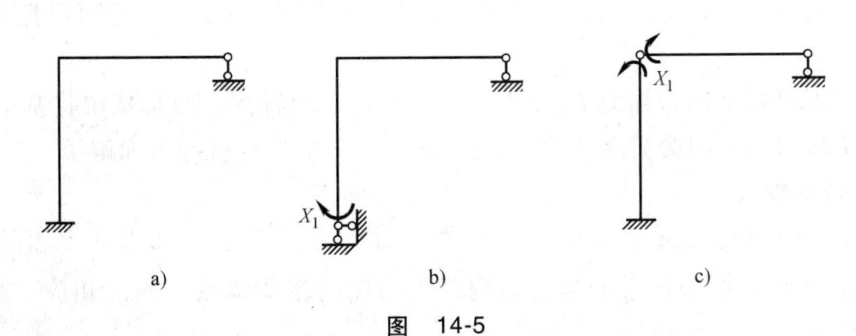

图　14-5

在撤除多余约束时，应该注意两点：

一是不要把原结构拆成一个几何可变体系。例如，如果把图 14-1b 所示梁中的水平支杆拆掉，它就变成了几何可变体系。

二是不仅要拆除外部的多余约束，而且要拆除内部的多余约束。如图 14-6a 所示的结构，如果只撤除一根竖向支杆（图 14-6b），则其中的闭合框仍然具有三个多余约束。因此，必须把闭合框再切开一个截面，如图 14-6c 所示，这时才成为静定结构。因此，原结构总共有四个多余约束。

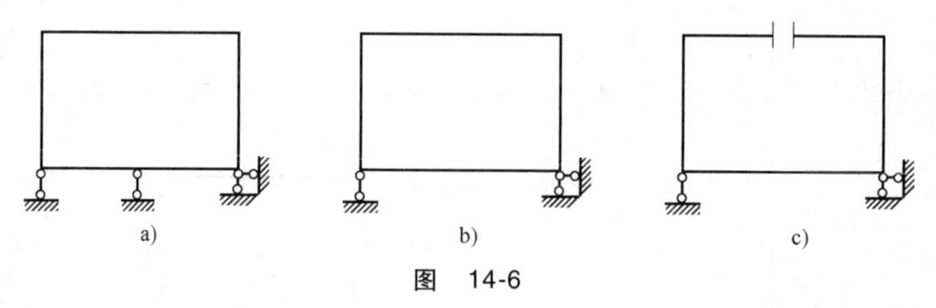

图 14-6

14.1.3 力法基本概念

力法是计算超静定结构的最基本方法。力法计算的基本思路是把超静定结构的计算问题转化为静定结构的计算问题，即利用已经熟悉的计算方法来达到计算超静定结构的目的。

1. 力法的基本未知量

超静定结构由于多余约束的存在，相应地就有多余约束力，故不能仅由静力平衡条件求解，而必须考虑变形条件才能求解。

图 14-7a 所示为一次超静定结构。我们将图 14-7a 中的超静定结构与图 14-7b 中的静定结构加以比较：在图 14-7b 中有三个未知力 F_{Ax}、F_{Ay}、M_A，可用三个平衡方程全部求出；在图 14-7a 中，在支座 B 处还多了一个未知力 X_1，这个多余未知力无法由平衡方程求出。因此，在超静定结构中遇到的新问题就是计算多余未知力 X_1 的问题。只要 X_1 能够设法求出，则剩下的问题就是静定的问题了。

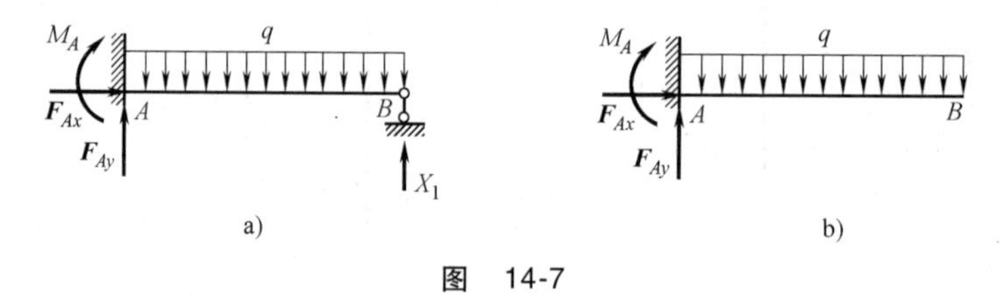

图 14-7

力法的特点是，把多余未知力的计算问题当作解超静定问题的关键问题，把多余未知力当作处于关键地位的未知力，称为力法的**基本未知量**。力法这个名称就是由此而来的。但是，一个超静定结构中的基本未知量的认定却不是唯一的，如在图 14-7a 中，也可以把 F_{Ay} 或 M_A 取作基本未知量。

在力法中，不是把全部未知力 F_{Ax}、F_{Ay}、M_A、X_1 平均看待，而是从中将基本未知量 X_1 突出出来，作为主攻目标。因为只要 X_1 能解出，其余的未知力也就迎刃而解了。

2. 力法的基本体系

把图 14-7a 中的多余约束（支座 B）去掉，而代之以多余未知力 X_1，则如图 14-8a 所示，这样得到的含有多余未知力的静定结构称为力法的**基本体系**。与之相应，把图 14-7a 原超静定结构中多余约束（支座 B）和荷载都去掉后得到的静定结构称为力法的**基本结构**（图 14-8b）。

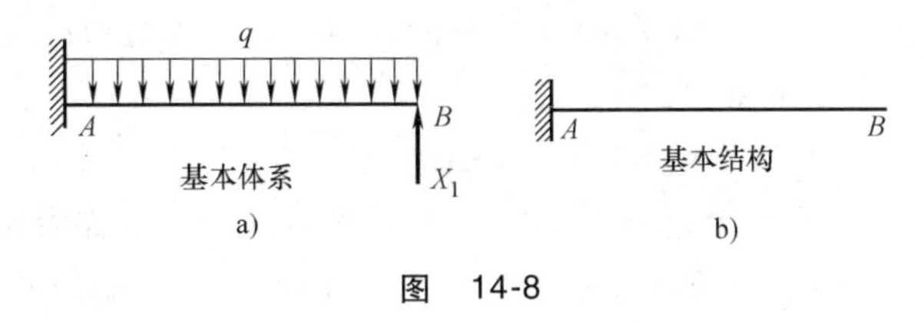

图　14-8

在基本体系中仍然保留原结构的多余约束反力 X_1，只是把它由被动力改为主动力，因此基本体系的受力状态可使之与原结构完全相同。由此看出，基本体系本身既是静定结构，又可用它代表原来的超静定结构。因此，它是由静定结构过渡到超静定结构的一座桥梁。

3. 力法的基本方程

怎样才能求出图 14-7a 中基本未知量 X_1 的确定值呢？显然不能利用平衡条件求出，必须补充新的条件。

前面已经说明：图 14-8a 中的基本体系可以转化为图 14-7a 中的超静定结构。现在需要说明，在什么条件下，图 14-8a 中的基本体系才能真正变成图 14-7a 中的超静定结构。为此，我们将图 14-7a 和图 14-8a 加以比较。

在图 14-7a 所示的超静定结构中，X_1 是被动力，是固定值。与 X_1 相应的位移 Δ_1（即 B 点的竖向位移）等于零。

在图 14-8a 所示的基本体系中，X_1 是主动力，是变量。如果 X_1 过大，则梁的 B 端往上翘；如果 X_1 过小，则 B 端往下垂。只有当 B 端的竖向位移正好等于零时，基本体系中的变力 X_1 才与超静定结构中常力 X_1 正好相等，这时基本体系才能真正转化为原来的超静定结构。

由此看出，基本体系转化为原来超静定结构的条件是：**基本体系沿多余未知力 X_1 方向的位移 Δ_1 应与原结构相同**，即

$$\Delta_1=0 \tag{a}$$

这个转化条件是一个变形条件，也就是计算多余未知力时所需要的补充条件。

下面只讨论线性变形体系的情况。根据叠加原理可知，图 14-8a 所示的状态应等于图14-9a 所示的状态与 14-9b 所示的状态的总和，图 14-9 所示的两种状态分别表示基本结构在 q 和 X_1 单独作用下的受力状态。因此，变形条件式（a）可表示为

$$\Delta_1=\Delta_{1P}+\Delta_{11}=0 \tag{b}$$

式中，Δ_1 为基本结构在荷载与未知力 X_1 共同作用下沿 X_1 方向的总位移，即图 14-8a 中 B 点的竖向位移；Δ_{1P} 为基本结构在荷载单独作用下沿 X_1 方向的位移（图 14-9a）；Δ_{11} 为基本结构在未知力 X_1 单独作用下沿 X_1 方向的位移（图 14-9b）。

位移 Δ_1、Δ_{1P}、Δ_{11} 的方向如果与 X_1 的正方向相同，则规定为正，反之为负。

图　14-9

在线性变形体系中，根据叠加原理，位移 Δ_{11} 应与力 X_1 成正比，可写成

$$\Delta_{11}=\delta_{11}X_1 \tag{c}$$

式中，δ_{11} 为基本结构在单位力 $X_1=1$ 单独作用下沿 X_1 方向产生的位移。

将式（c）代入式（b），即得

$$\delta_{11}X_1+\Delta_{1P}=0 \tag{14-1}$$

这就是在线性变形条件下一次超静定结构的力法基本方程，简称力法方程。

力法方程中的系数 δ_{11} 和自由项 Δ_{1P} 都是基本结构即静定结构的位移，可由单位荷载法求得。为了计算 δ_{11} 和 Δ_{1P}，作基本结构在荷载作用下的弯矩图 M_P（图 14-10a）和在单位力 $X_1=1$ 作用下的弯矩图 $\overline{M}_1$（图 14-10b）。用图乘法计算 Δ_{1P}、δ_{11}，得

$$\Delta_{1P}=\sum\int\frac{\overline{M}_1M_P}{EI}\mathrm{d}x=-\frac{1}{EI}\left(\frac{1}{3}\times\frac{ql^2}{2}\times l\right)\times\frac{3l}{4}=-\frac{ql^4}{8EI}$$

$$\delta_{11}=\sum\int\frac{\overline{M}_1\cdot\overline{M}_1}{EI}\mathrm{d}x=\frac{1}{EI}\left(\frac{2l}{3}\times\frac{l\times l}{2}\right)=\frac{l^3}{3EI}$$

将计算结果代入力法方程式（14-1）

$$\frac{l^3}{3EI}X_1-\frac{ql^4}{8EI}=0$$

解方程，得

$$X_1=\frac{3}{8}ql$$

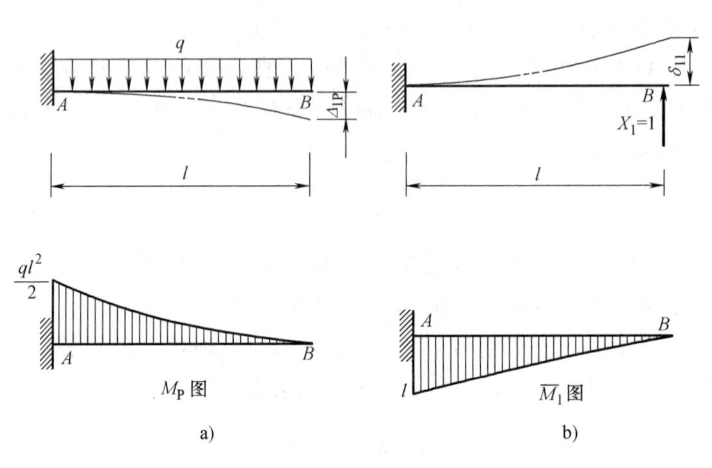

图 14-10

求得的未知力是正号，表示反力 X_1 的方向与原设的方向相同。

多余未知力求出以后，就可以利用平衡条求原结构的支座反力，作内力图。图 14-7a 的弯矩图如图 14-11 所示。

根据叠加原理，结构任一截面的弯矩 M 也可表示为

$$M=\overline{M}_1X_1+M_P \tag{14-2}$$

式中，$\overline{M}_1$ 为单位力 $X_1=1$ 在基本结构中所产生的弯矩；M_P 为荷载在基本结构中所产生的弯矩。

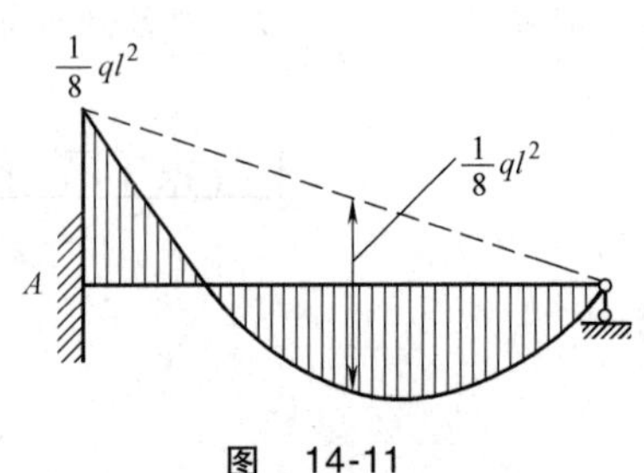

图 14-11

14.1.4　力法典型方程

如前所述，用力法计算超静定结构，就是以多余未知力作为基本未知量，以基本体系作为基本计算工具，根据基本结构在荷载和多余未知力共同作用下，在多余未知力处的位移与原结构中相应位移相等的变形条件建立力法方程，求得多余未知力。在求得多余未知力后，即可按静定结构求解全部支座反力和内力。因此，用力法计算超静定结构的关键在于如何根据变形条件建立力法方程，求解基本未知量。

图 14-12a 所示刚架为三次超静静定结构。如果取固定支座 B 的反力 X_1、X_2、X_3作为基本未知量，则基本体系如图 14-12b 所示。

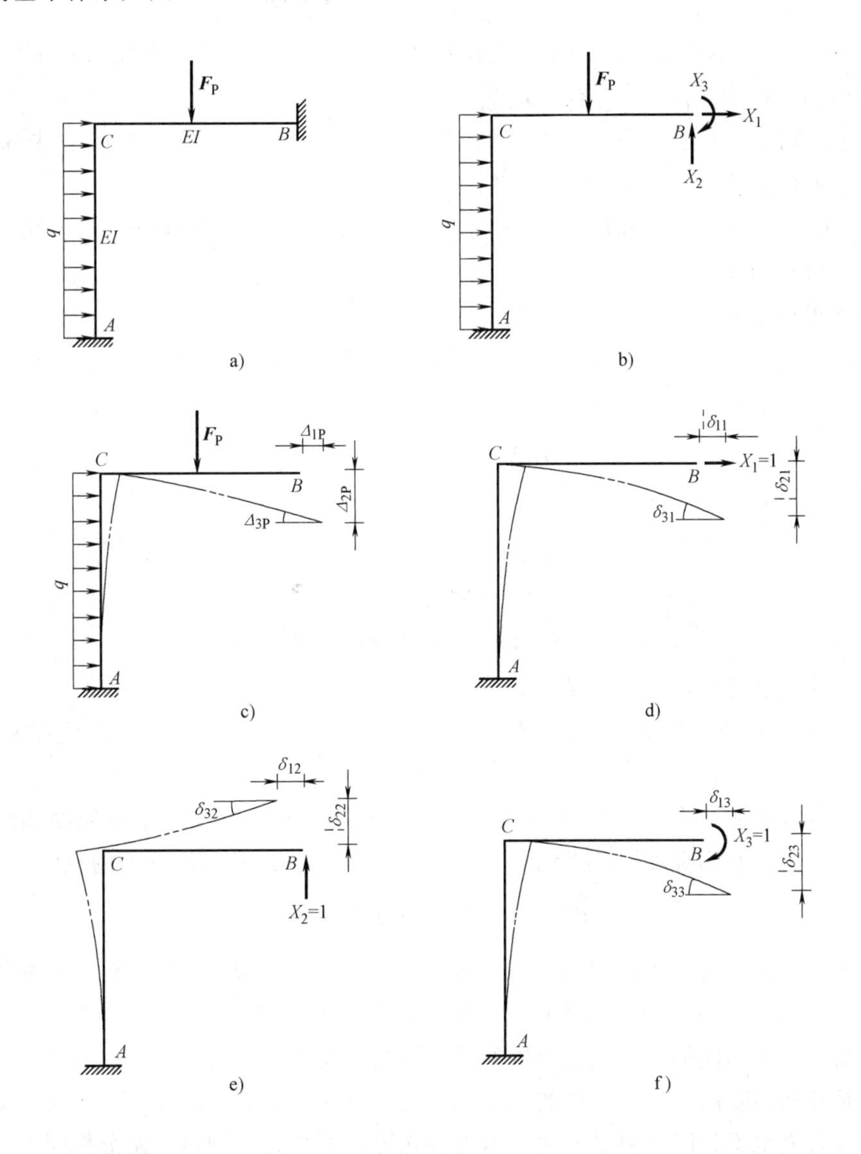

图　14-12

为了确定多余未知力 X_1、X_2、X_3，可利用多余约束作用位置的变形条件：基本体系在 B 点沿 X_1、X_2、X_3方向的位移应与原结构相同，即应等于零。因此可写成

$$\left.\begin{aligned}\Delta_1=0\\\Delta_2=0\\\Delta_3=0\end{aligned}\right\}\tag{d}$$

式中，Δ_1为基本体系沿 X_1方向的位移，即 B 点的水平位移；Δ_2为基本体系沿 X_2方向的位移，即 B 点的竖向位移；Δ_3为基本体系沿 X_3方向的位移，即 B 点的转角位移。

下面应用叠加原理把变形条件式（d）写成展开形式。

为了计算基本体系在荷载和未知力 X_1、X_2、X_3共同作用下的位移 Δ_1、Δ_2、Δ_3，先分别计算基本结构在每种力单独作用下的位移：

1）荷载单独作用时，相应位移为 Δ_{1P}、Δ_{2P}、Δ_{3P}（图 14-12c）。

2）单位力 $X_1=1$ 单独作用时，相应的位移为 δ_{11}、δ_{21}、δ_{31}（图 14-12d）；未知力 X_1单独作用时，相应的位移为 $\delta_{11}X_1$、$\delta_{21}X_1$、$\delta_{31}X_1$。

3）单位力 $X_2=1$ 单独作用时，相应的位移为 δ_{12}、δ_{22}、δ_{32}（图 14-12e）；未知力 X_2单独作用时，相应的位移为 $\delta_{12}X_2$、$\delta_{22}X_2$、$\delta_{32}X_2$。

4）单位力 $X_3=1$ 单独作用时，相应的位移为 δ_{13}、δ_{23}、δ_{33}（图 14-12f）；未知力 X_3单独作用时，相应的位移为 $\delta_{13}X_3$、$\delta_{23}X_3$、$\delta_{33}X_3$。

由叠加原理可得

$$\left.\begin{aligned}\Delta_1=\delta_{11}X_1+\delta_{12}X_2+\delta_{13}X_3+\Delta_{1P}\\\Delta_2=\delta_{21}X_1+\delta_{22}X_2+\delta_{23}X_3+\Delta_{2P}\\\Delta_3=\delta_{31}X_1+\delta_{32}X_2+\delta_{33}X_3+\Delta_{3P}\end{aligned}\right\}\tag{e}$$

因此变形条件式（d）变为

$$\left.\begin{aligned}\delta_{11}X_1+\delta_{12}X_2+\delta_{13}X_3+\Delta_{1P}=0\\\delta_{21}X_1+\delta_{22}X_2+\delta_{23}X_3+\Delta_{2P}=0\\\delta_{31}X_1+\delta_{32}X_2+\delta_{33}X_3+\Delta_{3P}=0\end{aligned}\right\}\tag{14-3}$$

这就是三次超静定结构的力法基本方程。

力法基本方程中的系数 δ_{ij}和自由项 Δ_{iP}都是基本结构的位移，属于静定结构位移计算问题。

由基本方程求出多余未知力 X_1、X_2、X_3以后，利用平衡条件便可求出原结构的支座反力和内力。此外，也可利用叠加原理求内力，如任一截面的弯矩 M 可用下面的叠加公式计算：

$$M=\overline{M}_1X_1+\overline{M}_2X_2+\overline{M}_3X_3+M_P\tag{14-4}$$

式中，M_P为基本结构在荷载单独作用下任一截面产生的弯矩；$\overline{M}_1$、$\overline{M}_2$、$\overline{M}_3$为基本结构分别在单位荷载 $X_1=1$、$X_2=1$ 和 $X_3=1$ 单独作用下任一截面产生的弯矩。

同一结构可以按不同的方式选取力法的基本结构和基本未知量，无论按何种方式选取的基本结构都应是几何不变的。当选不同的基本结构时，基本未知量 X_1、X_2和 X_3的含义不同，因而变形条件的含义也不相同，但是力法基本方程在形式上与式（14-3）完全相同。

对于 n 次超静定结构的一般情形，力法的基本未知量是 n 个多余未知力；力法的基本体系是从原结构中去掉 n 个多余约束，而代之以相应的 n 个多余未知力后所得到的静定结构；力法的基本方程是由 n 个多余约束处的 n 个变形条件组成，即基本体系中沿多余未知力方向的位移应与原构中相应的位移相等。在线性变形体系中，根据叠加原理，n 个变形条件通常可写为

$$
\left.\begin{array}{l}
\delta_{11}X_1+\delta_{12}X_2+\cdots+\delta_{1n}X_n+\Delta_{1P}=0\\
\delta_{21}X_1+\delta_{22}X_2+\cdots+\delta_{2n}X_n+\Delta_{2P}=0\\
\qquad\vdots\\
\delta_{n1}X_1+\delta_{n2}X_2+\cdots+\delta_{nn}X_n+\Delta_{nP}=0
\end{array}\right\}\tag{14-5}
$$

式（14-5）为 n 次超静定结构在荷载作用下力法方程的一般形式，因为不论是哪种类型结构，基本体系和基本未知量怎么选取，其力法的基本方程均为此形式，故常称为**力法典型方程**。

在式（14-5）中，系数 δ_{ij} 和自由项 Δ_{iP} 都代表基本结构的位移。位移符号中采用两个下标，第一个下标表示位移的方向，第二个下标表示产生位移的原因。例如：Δ_{iP} 称为**自由项**，表示基本结构在荷载单独作用下沿 X_i 方向的位移；δ_{ij} 称为柔度**系数**，表示基本结构在单位力 $X_j=1$ 单独作用下沿 X_i 方向的位移。

根据位移互等定理，系数 δ_{ij} 与 δ_{ji} 是相等的，即

$$\delta_{ij}=\delta_{ji}$$

δ_{ii} 称为**主系数**，主系数都是正值且不为零；δ_{ij}（$i\neq j$），称为副**系数**，副系数可以是正值、负值或零。自由项 Δ_{iP} 与副系数一样，也可以是正值、负值或零。

解力法方程得到多余未知力 X_1、X_2、…、X_n 的数值后，超静定结构的内的内力可根据平衡条件求出，或根据叠加原理用下式计算：

$$
\left.\begin{array}{l}
M=\overline{M}_1X_1+\overline{M}_2X_2+\cdots+\overline{M}_nX_n+M_P\\
F_Q=\overline{F}_{Q1}X_1+\overline{F}_{Q2}X_2+\cdots+\overline{F}_{Qn}X_n+F_{QP}\\
F_N=\overline{F}_{N1}X_1+\overline{F}_{N2}X_2+\cdots+\overline{F}_{Nn}X_n+F_{NP}
\end{array}\right\}\tag{14-6}
$$

式中，$\overline{M}_i$、$\overline{F}_{Qi}$、$\overline{F}_{Ni}$ 为基本结构由于 $X_i=1$ 单独作用而产生的内力；M_P、F_{QP}、F_{NP} 为基本结构由于荷载单独作用而产生的内力。

【例 14-1】 试作图 14-13a 所示超静定梁的内力图。已知 EI 为常数。

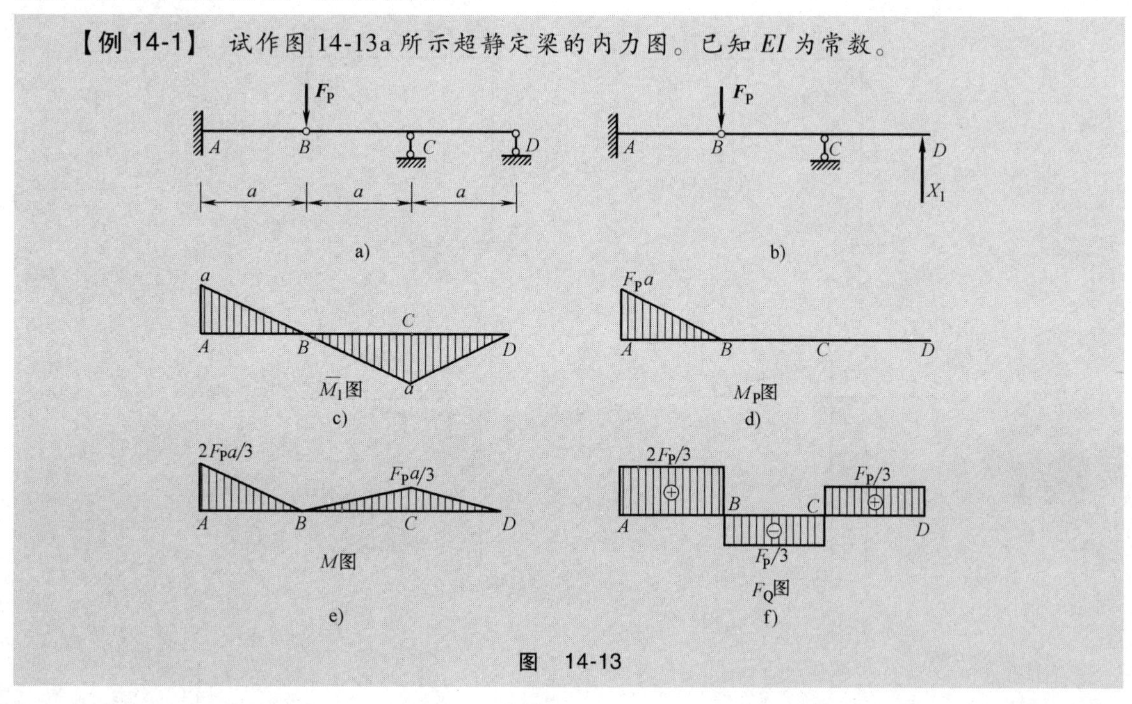

图　14-13

【解】 (1) 选取基本体系 原结构是一次超静定。可以取 D 点的竖向反力为基本未知量。撤去 D 点竖向支杆而代之以未知力 X_1 后，得到图 14-13b 所示的基本体系。

(2) 列出力法方程 基本体系应满足 D 点无竖向位移的变形条件。力法方程为

$$\delta_{11}X_1+\Delta_{1P}=0$$

(3) 求系数和自由项 绘制 $X_1=1$ 单独作用下的弯矩图（$\overline{M}_1$图）如图 14-13c 所示；绘制荷载单独作用下的弯矩图（M_P图）如图 14-13d 所示。由图乘法可得

$$\Delta_{1P}=\sum\int\frac{\overline{M}_1M_P}{EI}ds=\frac{1}{EI}\left(\frac{1}{2}a\times F_Pa\right)\times\frac{2a}{3}=\frac{F_Pa^3}{3EI}$$

$$\delta_{11}=\sum\int\frac{\overline{M}_1\overline{M}_1}{EI}ds=\frac{1}{EI}\left(\frac{1}{2}a\times a\times\frac{2a}{3}\right)\times3=\frac{a^3}{EI}$$

(4) 求多余未知力 将 δ_{11}和 Δ_{1P}代入力法方程，得

$$\frac{a^3}{EI}X_1-\frac{F_Pa^3}{3EI}=0$$

解方程得

$$X_1=-\frac{F_P}{3}$$

(5) 作内力图 多余未知力求出以后，作内力图的问题即属于静定问题。

根据弯矩叠加公式 $M=\overline{M}_1X_1+M_P$，可作出原结构的弯矩图如图 14-13e 所示。作任一杆的剪力图时，可取此杆为隔离体，利用已知的杆端弯矩，由平衡条件求出杆端剪力，然后作此杆的剪力图。最后的 F_Q图如图 14-13f 所示。

【例 14-2】 试用力法计算图 14-14a 所示超静定刚架，作刚架的弯矩图。

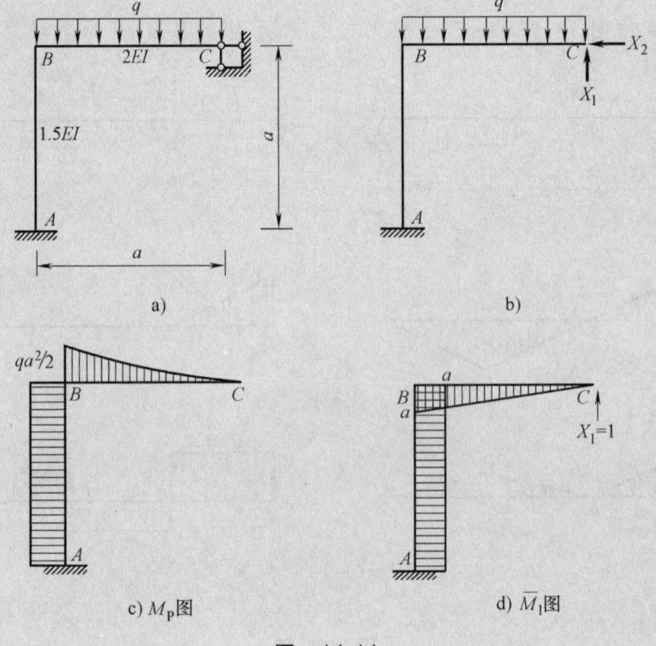

图 14-14

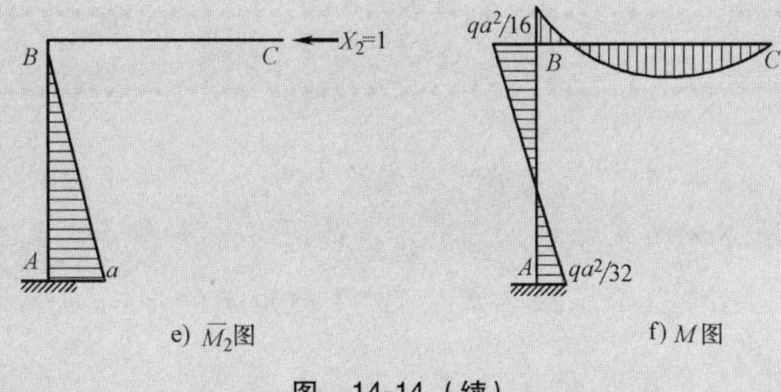

e) $\overline{M}_2$图　　f) M图

图　14-14（续）

【解】(1) 选取基本体系　此刚架为二次超静定结构，去掉铰支座 C 的两个约束，代之以未知力 X_1、X_2，得到基本体系如图 14-14b 所示。

(2) 列出力法方程

$$\left.\begin{aligned}\delta_{11}X_1+\delta_{12}X_2+\Delta_{1P}=0\\ \delta_{21}X_1+\delta_{22}X_2+\Delta_{2P}=0\end{aligned}\right\}$$

(3) 求系数和自由项　分别作基本结构在 $X_1=1$、$X_2=1$ 和荷载单独作用下的弯矩图 M_P、$\overline{M}_1$、$\overline{M}_2$图（图 14-14c、d、e），用图乘法计算系数和自由项。

$$\delta_{11}=\sum\int\frac{\overline{M}_1\ \overline{M}_1}{EI}\mathrm{d}s=\frac{1}{2EI}\left(\frac{1}{2}\times a\times a\times\frac{2a}{3}\right)+\frac{1}{1.5EI}(a\times a\times a)=\frac{5a^3}{6EI}$$

$$\delta_{12}=\delta_{21}=\sum\int\frac{\overline{M}_1\ \overline{M}_2}{EI}\mathrm{d}s=\frac{1}{1.5EI}\left(\frac{1}{2}a\times a\times a\right)=\frac{a^3}{3EI}$$

$$\delta_{22}=\sum\int\frac{\overline{M}_2\ \overline{M}_2}{EI}\mathrm{d}s=\frac{1}{1.5EI}\left(\frac{1}{2}a\times a\times\frac{2a}{3}\right)=\frac{2a^3}{qEI}$$

$$\Delta_{1P}=\sum\int\frac{\overline{M}_1M_P}{EI}\mathrm{d}s=-\frac{1}{1.5EI}\left(\frac{qa^2}{2}\times a\times a\right)-\frac{1}{2EI}\left(\frac{1}{3}\times\frac{qa^2}{2}\times a\times\frac{3a}{4}\right)=-\frac{19qa^4}{48EI}$$

$$\Delta_{2P}=\sum\int\frac{\overline{M}_2M_P}{EI}\mathrm{d}s=-\frac{1}{1.5EI}\left(\frac{qa^2}{2}\times a\times\frac{a}{2}\right)=-\frac{qa^4}{6EI}$$

(4) 求多余未知力　将求得的系数和自由项代入力法方程，并削去$\dfrac{a^3}{EI}$，得

$$\left.\begin{aligned}\frac{5}{6}X_1+\frac{1}{3}X_2-\frac{19qa}{48}=0\\ \frac{1}{3}X_1+\frac{2}{9}X_2-\frac{qa}{6}=0\end{aligned}\right\}$$

解方程得

$$X_1=\frac{7qa}{16}\qquad X_2=\frac{3qa}{32}$$

(5) 作弯矩图　根据弯矩叠加公式：$M=\overline{M}_1X_1+\overline{M}_2X_2+M_P$，可得结构的最终弯矩图，如图 14-14f 所示。

想一想，如何取基本结构能够使计算过程更简单？

【例 14-3】 试求图 14-15a 所示超静定桁架的内力。各杆截面面积在表 14-1 中给出。

【解】 此桁架为一次超静定结构，基本体系如图 14-15b 所示。基本结构在荷载作用下的各杆轴力 F_{NP} 如图 14-15c 所示，在单位力 $X_1=1$ 作用下的各杆轴力 $\overline{F}_{N1}$ 如图 14-15d 所示。位移公式为

$$\delta_{11}=\sum\frac{\overline{F}_{N1}\overline{F}_{N1}}{EA}l \qquad \Delta_{1P}=\sum\frac{\overline{F}_{N1}F_{NP}}{EA}l$$

系数和自由项的计算见表 14-1。

把求得的系数和自由项代入力法方程后，解得

$$X_1=-\frac{\Delta_{1P}}{\delta_{11}}=-\frac{-1082}{89.5}\text{kN}=12.1\text{kN}$$

各杆轴力可用式 $F_N=\overline{F}_{N1}X_1+F_{NP}$ 计算，计算结果也列在表 14-1 中。

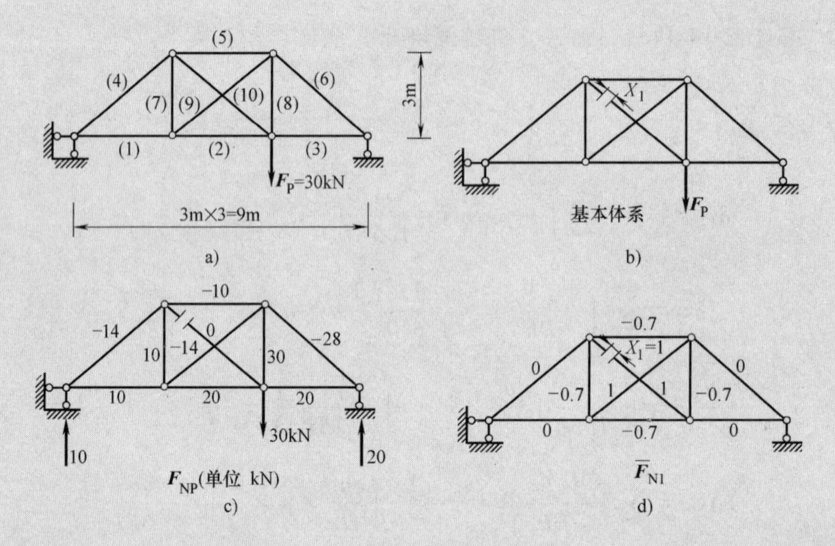

图 14-15

表 14-1 δ_{11}、Δ_{1P}和轴力 F_N的计算

杆件	l /cm	A /cm^2	F_{NP} /kN	$\overline{F}_{N1}$ /kN	$\overline{F}_{N1}^2 l/A$ /cm^{-1}	$\overline{F}_{N1}F_P l/A$ /kN · cm^{-1}	$F_N=\overline{F}_{N1}X_1+F_{NP}$ /kN
1	300	15	10	0	0	0	10.0
2	300	20	20	-0.7	7.5	-210	11.5
3	300	15	20	0	0	0	-20.0
4	424	20	-14	0	0	0	-14.0
5	300	25	-10	-0.7	6	84	-18.5
6	424	20	-28	0	0	0	-28.0
7	300	15	10	-0.7	10	-140	1.5
8	300	15	30	-0.7	10	-420	21.5
9	424	15	-14	1	28	-396	-1.9
10	424	15	0	1	28	0	12.1
Σ					89.5	-1082	

组合结构中既有链杆又有梁式杆，计算力法方程的系数和自由项时，对链杆只考虑轴力的影响；对梁式杆通常可忽略轴力和剪力的影响，只考虑弯矩的影响。

【例 14-4】　试求图 14-16a 所示一次超静定组合结构在荷载作用下的内力。已知：梁式杆 AB 的 $EI=1.989\times10^4\ \text{kN}\cdot\text{m}^2$，$EA_1=2.484\times10^6\ \text{kN}$；链杆 CE、DF 的 $EA_2=4.95\times10^5\text{kN}\cdot\text{m}^2$；链杆 AE、EF、FB 的 $EA_3=2.46\times10^5\ \text{kN}$。

【解】　(1) 基本体系　本结构为一次超静定结构，切断多余链杆 EF，在切口处代以未知轴力 X_1，得到图 14-16b 所示基本体系。

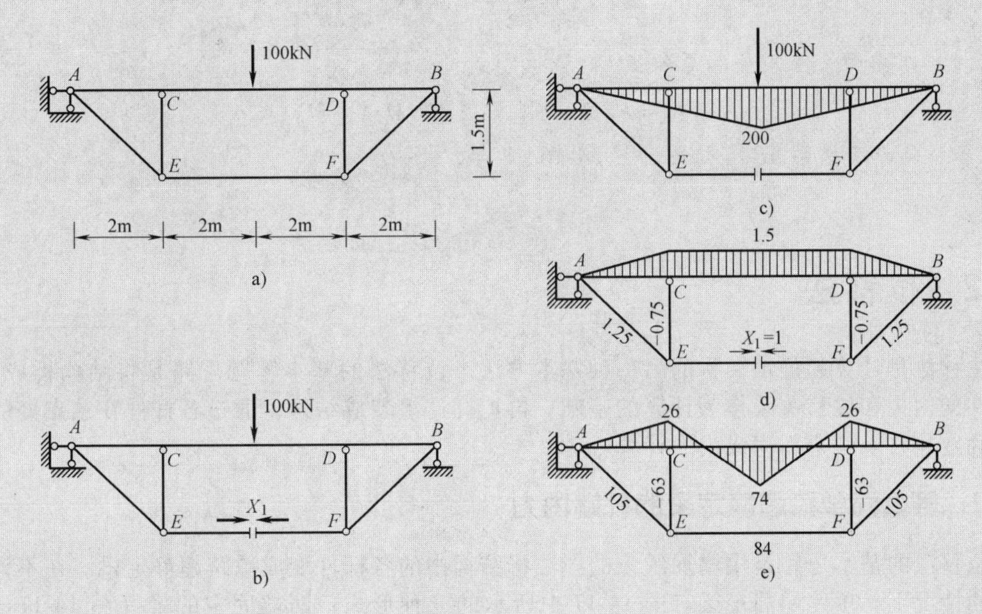

图　14-16

(2) 力法方程　基本体系在 X_1 方向的位移应与原结构中相应的位移相等，即切口处两截面的相对位移应为零。由此得力法方程为

$$\delta_{11}X_1+\Delta_{1P}=0$$

(3) 求系数和自由项　基本结构在单位力 $X_1=1$ 单独作用下，各链杆的轴力和梁式杆 AB 的弯矩图（$\overline{M}_1$图）如图 14-16d 所示。

基本结构在荷载作用下，各链杆没有轴力，梁式杆 AB 的弯矩图（M_P图）如图 14-16c 所示。

$$\begin{aligned}
\delta_{11} &= \sum\int\frac{\overline{M}_1^2}{EI}\mathrm{d}x+\sum\int\frac{\overline{F}_{N1}^2 l}{EA}\\
&=\frac{1}{EI}\left[\frac{1}{2}\times1.5\times2\times\frac{1.5\times2}{3}\times2+1.5\times4\times1.5\right]+\frac{(-1)^2\times8}{EA_1}+\frac{(-0.75)^2}{EA_2}\times1.5\times2+\\
&\quad\frac{1}{EA_3}\left[1.25^2\times\sqrt{2^2+1.5^2}\times2+1^2\times4\right]\\
&=\left(\frac{12}{1.989\times10^4}+\frac{8}{2.484\times10^6}+\frac{1.6875}{4.95\times10^5}+\frac{11.8125}{2.46\times10^5}\right)\text{m/kN}\\
&=6.5795\times10^{-4}\text{m/kN}
\end{aligned}$$

$$\Delta_{1P}=\sum\int\frac{\overline{M}_1M_P}{EI}ds$$
$$=\frac{-1}{1.989\times10^4}\left(\frac{1}{2}\times100\times2\times\frac{1.5\times2}{3}+\frac{1}{2}\times100\times2\times1.5+\frac{1}{2}\times200\times2\times1.5\right)\times2m$$
$$=-5.53\times10^{-2}m$$

（4）求多余未知力

$$X_1=-\frac{\Delta_{1P}}{\delta_{11}}\approx84kN$$

（5）求内力　应用叠加原理：

$$F_N=\overline{F}_{N1}X_1+F_{NP}\qquad M=\overline{M}_1X_1+M_P$$

各杆轴力及横梁 AB 弯矩图如图 14-16e 所示。

14.2 位移法

位移法是计算超静定结构的另一种基本方法。位移法的基本解题思路是将结构拆成杆件，以杆件的内力和位移关系作为计算的基础；再把杆件组装成结构，通过各杆件在结点处的平衡条件确定位移量，进而完成内力计算。

14.2.1 等截面单跨超静定梁的杆端内力

位移法的基本思路是用增加约束的办法将结构中的各杆件变成单跨超静定梁。在不计轴向变形的情况下，单跨超静定梁有图 14-17 中所示的三种形式：两端固定的梁（图 14-17a）；一端固定另一端简支的梁（图 14-17b）；一端固定另一端滑动支承的梁（图 14-17c）。

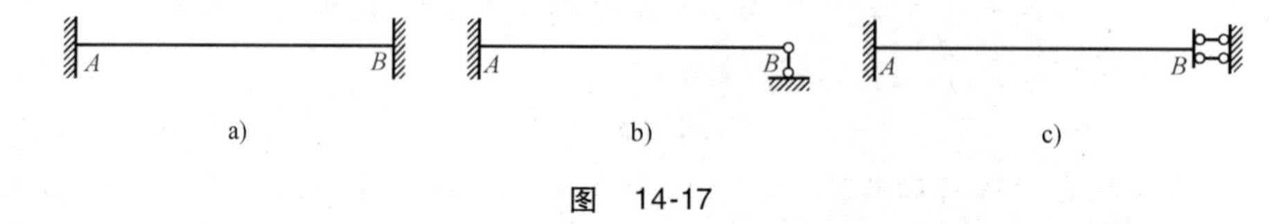

图　14-17

上述各单跨超静定梁因荷载作用和支座位移所引起的杆端力，均可用力法求出。

1. 杆端力与杆端位移的符号规定

图 14-18 所示为一等截面杆件 AB，截面惯性矩 I 为常数。已知端点 A 和 B 的角位移分别为 θ_A 和 θ_B，两端垂直于杆轴方向的相对线位移为 Δ，杆端弯矩为 M_{AB} 和 M_{BA}（注意：如果杆件沿平行或垂直杆轴方向平行移动，则不引起杆端弯矩。因此，我们只需考虑两端在垂直杆轴方向发生相对位移 Δ 的情形。此外，由 Δ 可得出弦转角 $\varphi=\Delta/l$）。

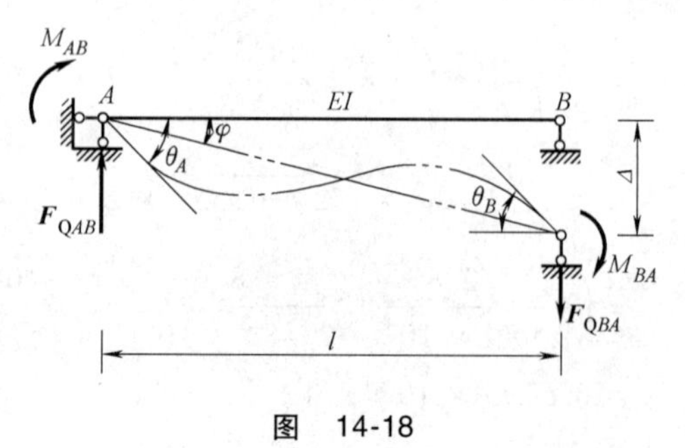

图　14-18

在位移法中，我们采用如下的正负号规则：结点转角 θ_A、θ_B，弦转角 φ，杆端弯矩 M_{AB}、M_{BA}，一律以顺时针方向为正。

值得注意的是：这里关于杆端弯矩的正负号规则与通常关于弯矩的正负号规则（例如在梁中，弯矩使梁下部纤维受拉规定为正）有所不同。第一，这里的规则是针对杆端弯矩，而不是针对杆中任一截面的弯矩。第二，当取杆件（或取结点）为隔离体时，杆端弯矩是隔离体上的外力，建立隔离体平衡方程时，力矩一律以顺时针（或反时针）方向为正。因此，这里的规则是把杆端弯矩看作外力，为了便于建立平衡方程（位移法的基本方程）而规定的。另一方面，在作弯矩图时，我们把弯矩看作杆件的内力，因此仍遵守通常的正负号规则。总之，杆端弯矩有双重身份，既是杆件的内力，又是隔离体外力，要注意在不同场合按相应的正负号规则取用。

2. 荷载作用下等截面单跨超静定梁的杆端力

荷载所引起的杆端弯矩和剪力分别称为杆件的**固端弯矩**和**固端剪力**。因为它们是只与荷载形式有关的常数，所以又称为载常数。固端弯矩用 M_{AB}^{F} 和 M_{BA}^{F} 表示，固端剪力用 F_{QAB}^{F} 和 F_{QBA}^{F} 表示。

给定等截面单跨超静定梁和作用在梁上的荷载，固端弯矩和固端剪力可用力法求得。为方便使用，把几种常见荷载作用下的固端弯矩和固端剪力列于表 14-2 中。

表 14-2　等截面杆件的固端弯矩和固端剪力

	编号	简　图	固端弯矩	固端剪力
两端固定	1	q; A, B; l	$M_{AB}^{F}=-\frac{ql^2}{12}$ $M_{BA}^{F}=\frac{ql^2}{12}$	$F_{QAB}^{F}=\frac{ql}{2}$ $F_{QBA}^{F}=-\frac{ql}{2}$
	2	q; A, B; l	$M_{AB}^{F}=-\frac{ql^2}{30}$ $M_{BA}^{F}=\frac{ql^2}{20}$	$F_{QAB}^{F}=\frac{3ql}{20}$ $F_{QBA}^{F}=-\frac{7ql}{20}$
	3	F_P; A, B; a, b	$M_{AB}^{F}=-\frac{F_P ab^2}{l^2}$ $M_{BA}^{F}=\frac{F_P a^2 b}{l^2}$	$F_{QAB}^{F}=\frac{F_P b^2}{l^2}\left(1+\frac{2a}{l}\right)$ $F_{QBA}^{F}=-\frac{F_P a^2}{l^2}\left(1+\frac{2b}{l}\right)$
	4	F_P; A, B; $\frac{l}{2}$, $\frac{l}{2}$	$M_{AB}^{F}=-\frac{F_P l}{8}$ $M_{BA}^{F}=\frac{F_P l}{8}$	$F_{QAB}^{F}=\frac{F_P}{2}$ $F_{QBA}^{F}=-\frac{F_P}{2}$
	5	t_1; A, t_2, B; $\Delta t=t_1-t_2$	$M_{AB}^{F}=\frac{EI\alpha\Delta t}{h}$ $M_{BA}^{F}=-\frac{EI\alpha\Delta t}{h}$	$F_{QAB}^{F}=0$ $F_{QBA}^{F}=0$
一端固定另一端铰支	6	q; A, B; l	$M_{AB}^{F}=-\frac{ql^2}{8}$	$F_{QAB}^{F}=\frac{5ql}{8}$ $F_{QBA}^{F}=-\frac{3ql}{8}$

（续）

	编号	简　图	固端弯矩	固端剪力
一端固定另一端铰支	7	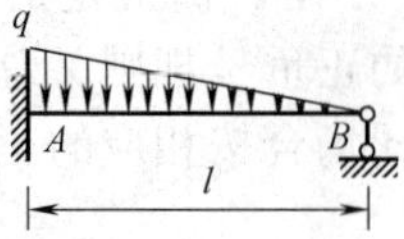	$M_{AB}^{F}=-\frac{ql^2}{15}$	$F_{QAB}^{F}=\frac{2ql}{5}$ $F_{QBA}^{F}=-\frac{ql}{10}$
	8	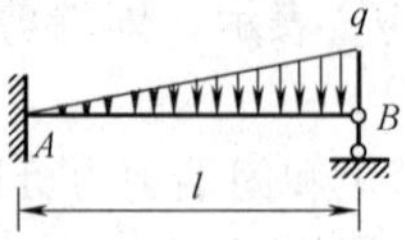	$M_{AB}^{F}=-\frac{7ql^2}{120}$	$F_{QAB}^{F}=\frac{9ql}{40}$ $F_{QBA}^{F}=-\frac{11ql}{40}$
	9	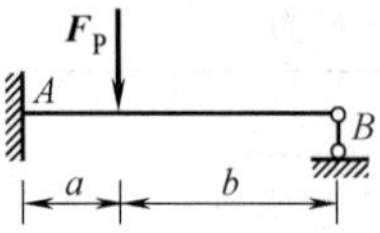	$M_{AB}^{F}=-\frac{F_P b(l^2-b^2)}{2l^2}$	$F_{QAB}^{F}=\frac{F_P b(3l^2-b^2)}{2l^3}$ $F_{QBA}^{F}=-\frac{F_P a^2(3l-a)}{2l^3}$
	10	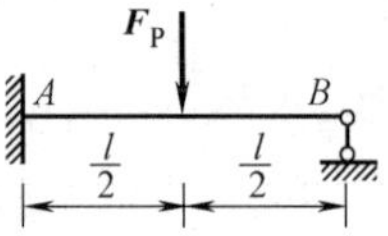	$M_{AB}^{F}=-\frac{3F_P l}{16}$	$F_{QAB}^{F}=\frac{11F_P}{16}$ $F_{QBA}^{F}=-\frac{5F_P}{16}$
一端固定另一端滑动支承	11	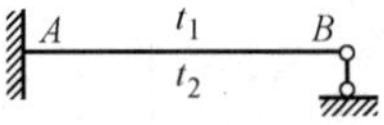 $\Delta t=t_1-t_2$	$M_{AB}^{F}=\frac{3EI\alpha\Delta t}{2h}$	$F_{QAB}^{F}=F_{QBA}^{F}=-\frac{3EI\alpha\Delta t}{2hl}$
	12	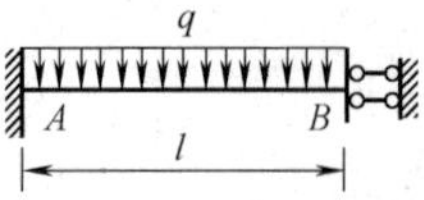	$M_{AB}^{F}=-\frac{ql^2}{3}$ $M_{BA}^{F}=-\frac{ql^2}{6}$	$F_{QAB}^{F}=ql$ $F_{QBA}^{F}=0$
	13	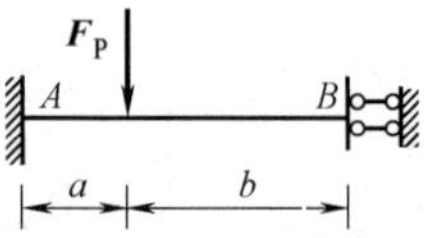	$M_{AB}^{F}=-\frac{F_P a(2l-a)}{2l}$ $M_{BA}^{F}=-\frac{F_P a^2}{2l}$	$F_{QAB}^{F}=F_P$ $F_{QBA}^{F}=0$
	14	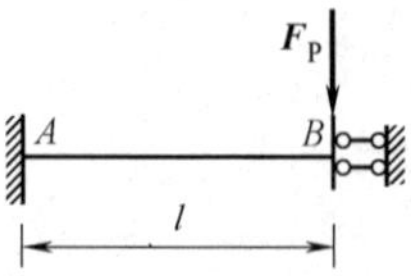	$M_{AB}^{F}=M_{BA}^{F}=-\frac{F_P l}{2}$	$F_{QAB}^{F}=F_P$ $F_{QB}^{L}=F_P$ $F_{QB}^{R}=0$
	15	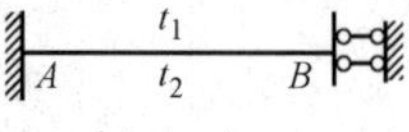 $\Delta t=t_1-t_2$	$M_{AB}^{F}=\frac{EI\alpha\Delta t}{h}$ $M_{BA}^{F}=-\frac{EI\alpha\Delta t}{h}$	$F_{QAB}^{F}=0$ $F_{QBA}^{F}=0$

3. 杆端单位位移所引起的等截面单跨超静定梁的杆端力

杆端单位位移所引起的杆端力称为**刚度系数**或**形常数**。形常数可用力法求解。以图 14-19a 所示单跨超静定梁为例，已知杆件的 A 端发生单位转角 $\theta_A=1$，杆端力的计算如下：

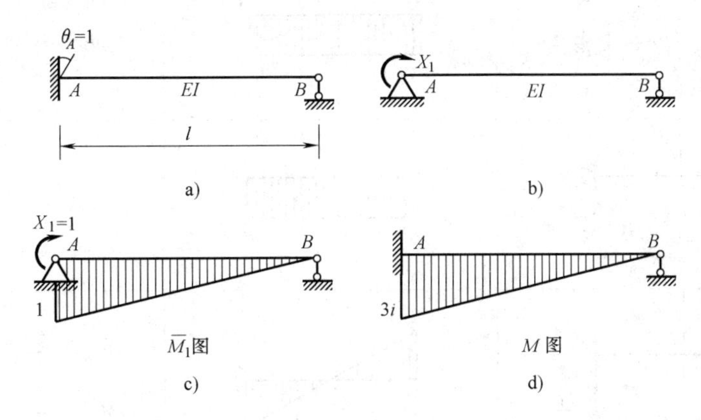

图　14-19

取基本结构如图 14-19b 所示，力法方程为

$$\delta_{11}X_1=\theta_A=1$$

作$\overline{M}_1$图（图 14-19c），求得

$$\delta_{11}=\frac{l}{3EI}$$

代入力法方程，得

$$X_1=\frac{3EI}{l}=3i$$

式中，$i=\dfrac{EI}{l}$，称为杆件的**线刚度**。

由 A 端单位转角 $\theta_A=1$ 引起的弯矩图如图 14-19d 所示。

为方便使用，将杆端单位位移所引起的杆端弯矩和杆端剪力列于表 14-3 中。

表 14-3　单跨超静定梁的刚度系数

编号	简图	弯矩图	杆端弯矩	杆端剪力
1	$\theta_A=1$, A, B, l	A, B	$M_{AB}=4i$ $M_{BA}=2i$	$F_{QAB}=-\dfrac{6i}{l}$ $F_{QBA}=-\dfrac{6i}{l}$
2	$\theta_A=1$, A, B, l	A, B	$M_{AB}=3i$ $M_{BA}=0$	$F_{QAB}=-\dfrac{3i}{l}$ $F_{QBA}=-\dfrac{3i}{l}$

（续）

编号	简图	弯矩图	杆端弯矩	杆端剪力
3	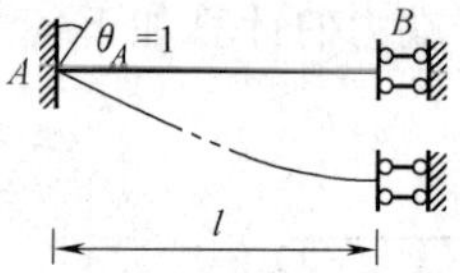 A $\theta_A=1$ B l	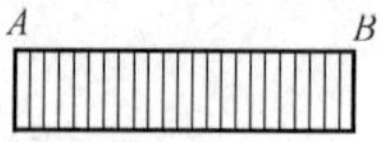 A B	$M_{AB}=i$ $M_{BA}=-i$	$F_{QAB}=0$ $F_{QBA}=0$
4	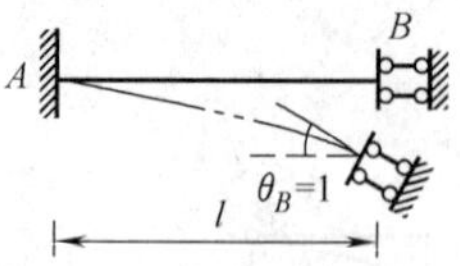 A B $\theta_B=1$ l	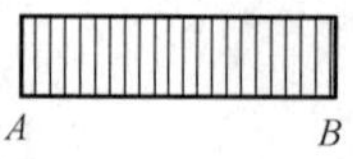 A B	$M_{AB}=-i$ $M_{BA}=i$	$F_{QAB}=0$ $F_{QBA}=0$
5	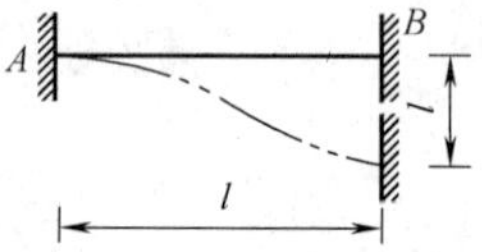 A B l l	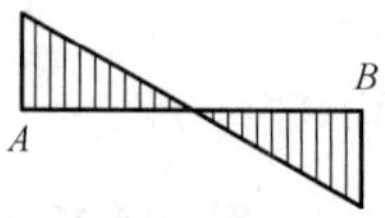 A B	$M_{AB}=-\frac{6i}{l}$ $M_{BA}=-\frac{6i}{l}$	$F_{QAB}=\frac{12i}{l^2}$ $F_{QBA}=\frac{12i}{l^2}$
6	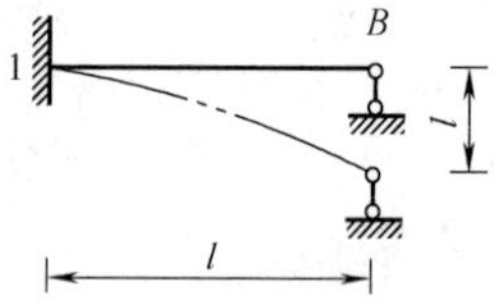 1 B l l	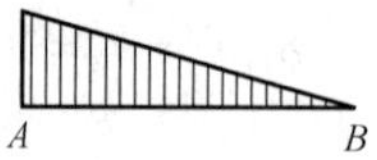 A B	$M_{AB}=-\frac{3i}{l}$ $M_{BA}=0$	$F_{QAB}=\frac{3i}{l^3}$ $F_{QBA}=\frac{3i}{l^2}$

本节解决了一个杆件的杆端力与杆端位移及荷载之间的关系问题，是位移法的基础。

14.2.2 位移法基本概念

为了说明位移法的基本概念，我们来分析图 14-20a 所示刚架。它在荷载作用下，将发生双点画线所示变形。其中固定端 A 无任何位移，结点 B 是刚结点，所以杆 BA 和杆 BC 在 B 端的转角相同，即均等于结点 B 的转角 θ_B（用 Z_1 表示）；铰支座 C 处无线位移。如果能设法求得 Z_1，则刚架的内力就可以确定。

图 14-20a 所示刚架的变形情况可用图 14-20b、c 所示的两个单跨超静定梁来表示。其中杆件 AB 相当于两端固定的单跨梁，固定端 B 发生了转角 Z_1；杆件 BC 相当于一端固定另一端铰支的单跨梁，除了受荷载 F_P 作用外，固定端还发生转角 Z_1。这样，对图 14-20a 所示刚架的计算，就变为对图 14-20b、c 所示的两个单跨超静定梁的分析及两个单跨超静定梁的组合问题。对每一单跨超静定梁，根据杆端内力与杆端位移及荷载之间的关系，可写出其杆端弯矩表达式，即

$$M_{BA}=\frac{4EI}{l}Z_1$$

$$M_{AB}=\frac{2EI}{l}Z_1$$

$$M_{BC}=\frac{3EI}{l}Z_1-\frac{3F_Pl}{16}$$

$$M_{CB}=0$$

由以上各式可见，若 Z_1 已知，则 M_{AB}、M_{BA}、M_{BC} 即可求出。因此，在计算该刚架时，若

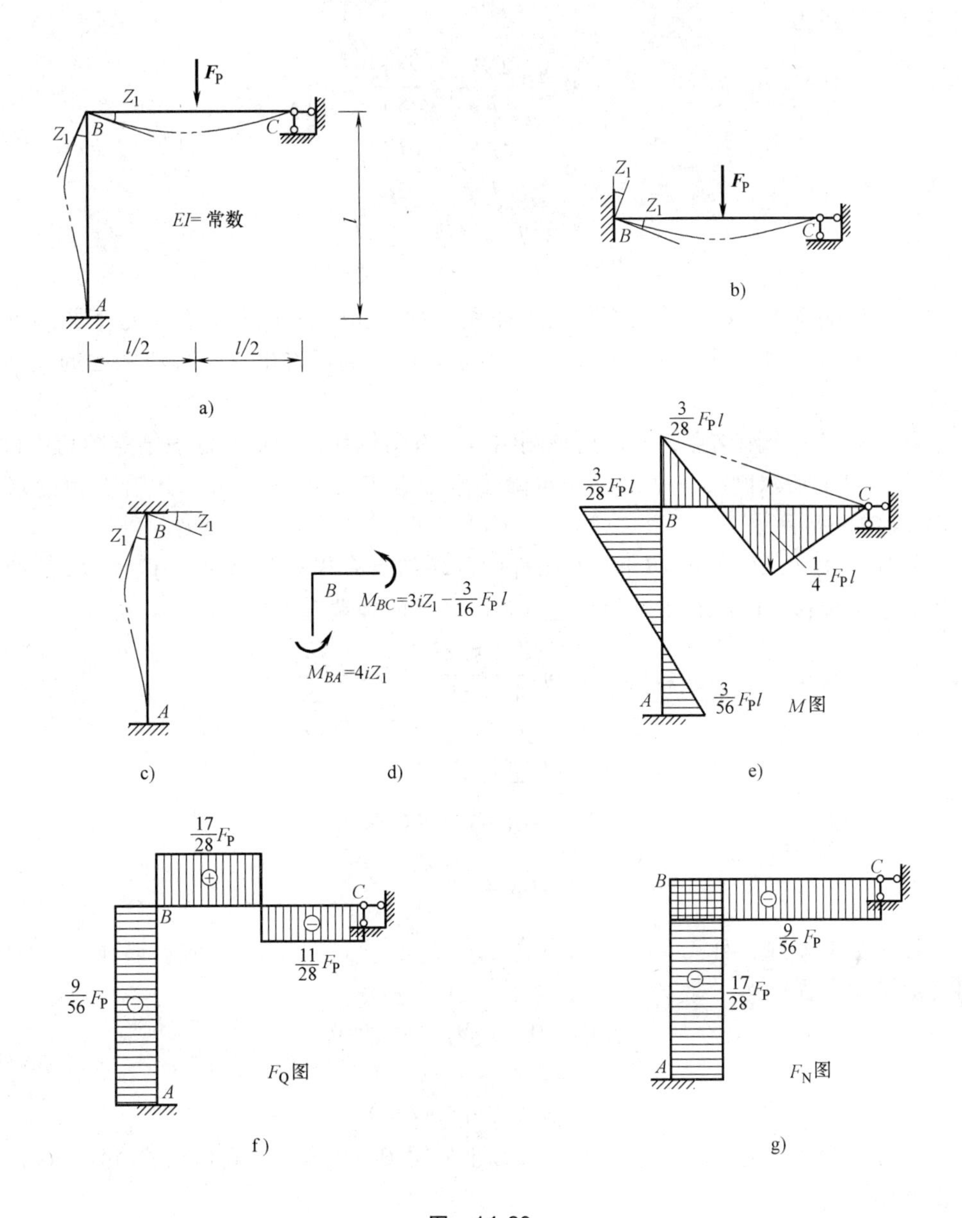

图　14-20

以结点转角 Z_1作为基本未知量，以单跨超静定梁为计算单元，设法求出结点转角，则各杆杆端弯矩即可确定。至于 Z_1的计算，考虑到两杆件组成一个结构，必须满足平衡条件，因此可由结点的平衡条件求得。为此，取结点 B 为隔离体，如图 14-20d 所示，由平衡条件得

$$\sum M_B = 0$$

即

$$M_{BA}+M_{BC}=0$$

把 M_{BA}、M_{BC}的表达式代入上式，得

$$\frac{4EI}{l}Z_1+\frac{3EI}{l}Z_1-\frac{3F_Pl}{16}=0$$

解得

$$Z_1=\frac{3F_Pl^2}{112EI}$$

则各杆端弯矩为

$$M_{AB}=\frac{2EI}{l}Z_1=\frac{3F_{\mathrm{P}}l}{56}$$

$$M_{BA}=\frac{4EI}{l}Z_1=\frac{3F_{\mathrm{P}}l}{28}$$

$$M_{BC}=\frac{3EI}{l}Z_1-\frac{3F_{\mathrm{P}}l}{16}=-\frac{3F_{\mathrm{P}}l}{28}$$

已知各杆杆端弯矩，即可绘出刚架的弯矩图，如图 14-20e 所示。有了弯矩图则可进一步绘出刚架的剪力图和轴力图，如图 14-20f、g 所示。由此例可看出，位移法解题的关键在于计算结点位移。

上述结构只有一个刚结点，变形后该刚结点只有角位移，计算时取该结点的角位移为基本未知量。图 14-21a 所示刚架，基本未知量除了刚结点 B 的转角 Z_1外，还有柱顶的水平位移 Z_2，如图 14-21b 所示。

进行杆件计算时，要注意 AB 和 CD 两杆的两端结点有相对侧移 Z_2，但杆 BC 的两端结点只有整体的水平位移，而没有相对的垂直位移。各杆的杆端弯矩如下：

$$M_{AB}=2iZ_1-6i\frac{Z_2}{4}-\frac{3\times4^2}{12}=2iZ_1-\frac{3iZ_2}{2}-4$$

$$M_{BA}=4iZ_1-6i\frac{Z_2}{4}+\frac{3\times4^2}{12}=4iZ_1-\frac{3iZ_2}{2}+4$$

$$M_{BC}=3(2i)\ Z_1=6iZ_1$$

$$M_{DC}=-3i\frac{Z_2}{4}$$

下面建立基本方程。首先，与结点 B 角位移 Z_1对应，取结点 B 为隔离体（图 14-21c），可列出力矩平衡方程

$$\sum M_B=0 \qquad M_{BA}+M_{BC}=0$$

即

$$10iZ_1-1.5iZ_2+4=0 \tag{a}$$

其次，与横梁水平位移 Z_2对应，取柱顶以上横梁 BC 部分为隔离体（图 14-21d），可列出水平投影方程

$$\sum F_x=0 \qquad F_{QBA}+F_{QCD}=0 \tag{b}$$

式（b）中的杆端剪力可用杆端弯矩表示。为此，取柱 AB 作隔离体（图 14-21e），图中杆端轴力未画出，由 $\sum M_A=0$ 得

$$F_{QBA}=-\frac{1}{4}(M_{AB}+M_{BA})-6$$

再取柱 CD 作隔离体（图 14-21f），得

$$\sum M_D=0 \qquad F_{QCD}=-\frac{1}{4}M_{DC}$$

将以上两剪力的表达式代入式（b），得

$$M_{AB}+M_{BA}+M_{DC}+24=0$$

即

$$6iZ_1-3.75iZ_2+24=0 \tag{c}$$

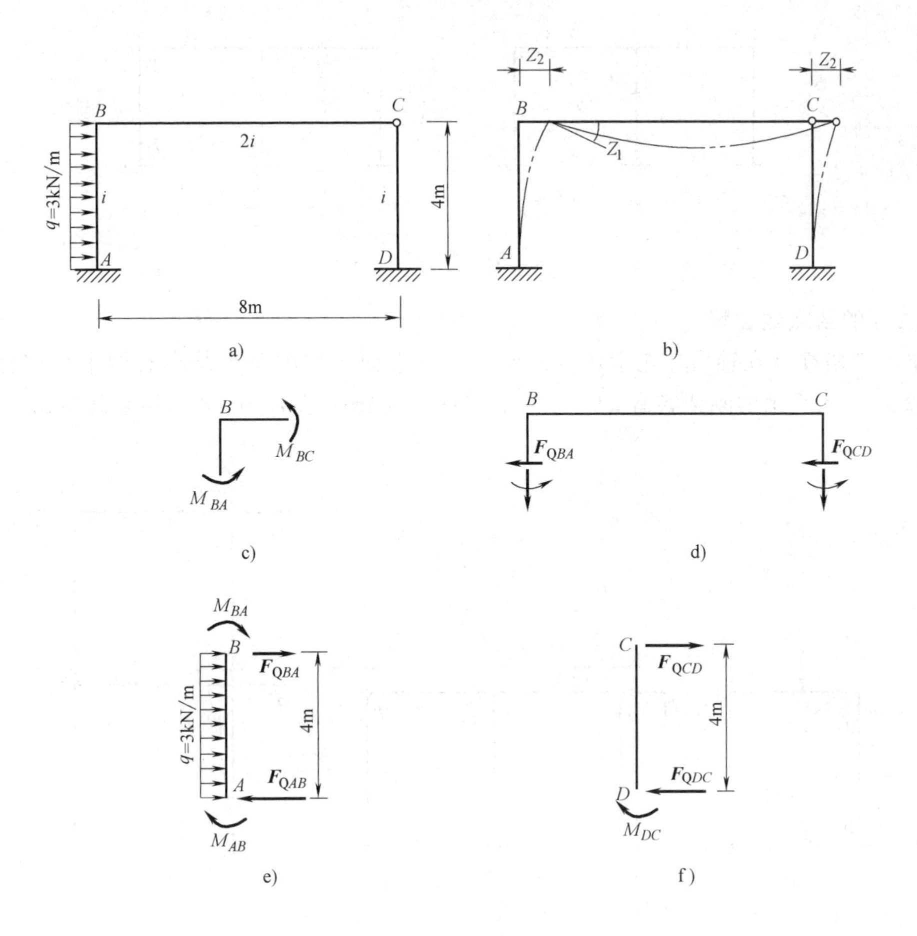

图　14-21

解由式（a）、式（c）组成的方程组，就可求出结点位移 Z_1 和 Z_2，然后代入杆端弯矩的表达式，可求出杆端弯矩，进而可以作刚架的内力图。

由上可知，位移法求解超静定结构的要点可归纳如下：

1）根据结构的变形特点，确定某些结点位移（线位移和角位移）为基本未知量。

2）把每根杆件视为单跨超静定梁，建立每根杆件杆端内力与结点位移及荷载之间的关系式，即杆件的刚度方程。

3）根据结点力矩平衡条件和杆件剪力平衡条件，建立关于结点位移为未知量的方程，即可求得结点位移。

4）求出结构的杆端内力，并作内力图。

14.2.3　基本未知量的确定

位移法是以结点位移作为基本未知量，结点的位移有两种，即结点角位移和独立的结点线位移。

1. 结点角位移

确定结点角位移的数目比较容易。因为相交于同一刚结点处的杆端具有相同的角位移，即每一个刚结点只有一个独立的角位移。图 14-22a 有 D、E、F 三个刚结点，故有三个独立的结点角位移，图 14-22b 有 D、F 两个刚结点，故有两个独立的结点角位移。因此，结点的角位移的数目等于结构中刚结点的数目。

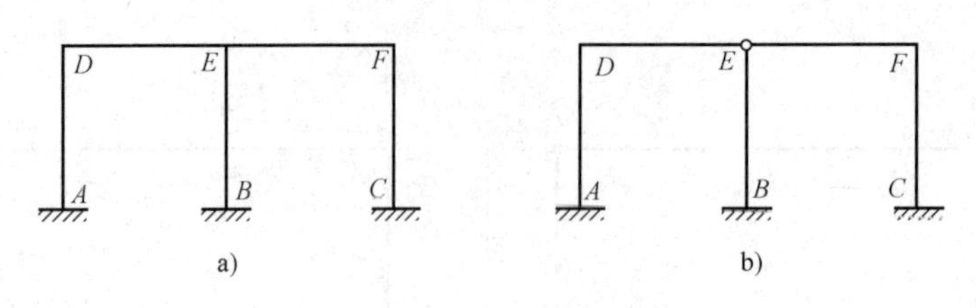

图 14-22

2. 独立的结点线位移

如果不忽略杆件在轴力作用下的轴向变形，则平面刚架中每个结点有两个线位移。例如，图 14-23a、b、c 所示的刚架各有 2、3、4 个结点，故分别有 4、6、8 个结点线位移。

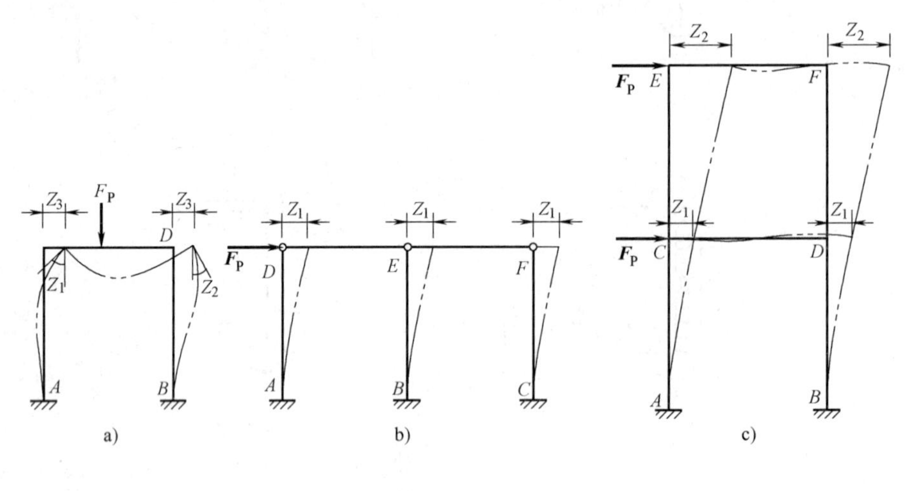

图 14-23

结点线位移的个数越多，则位移法的计算工作量越大。为了减少基本未知量的个数，使计算得到简化，通常在位移法中忽略轴力对变形的影响。为了更详细地说，我们引入如下假设：

1）忽略轴力产生的轴向变形。

2）结点转角 θ 和各杆弦转角 φ 都很微小。

根据假设 1)，杆件变形前的直线长度与变形后的曲线长度可认为相等。根据假设 2)，变形后的曲线长度与弦线长度可认为相等。综合起来，可得出如下结论：尽管杆件发生弯曲变形，但杆件两端结点之间的距离仍保持不变。

根据上述假设，下面研究独立的结点线位移的个数。

以图 14-23a 中的刚架为例。由于各杆两端距离假设不变，因此，在微小位移的情况下，结点 C 和 D 都没有竖向位移，而且结点 C 和 D 的水平位移也彼此相等，可用一个符号 Δ 来表示。这样，原来的两个结点线位移现在可归结为一个独立的结点线位移 Δ。全部基本未知量只有三个，即 θ_C、θ_D 和 Δ（通常以 Z_1、Z_2 和 Z_3 表示）。

对于一般刚架，独立结点线位移的数目常可由观察判定。图 14-23b、c 所示两个例子，双点画线表示变形后杆的曲线。在图 14-23b 中，只有一个独立线位移 Z_1，因为由水平梁连起来的各结点 D、E、F 其水平线位移必然相同。图 14-23c 所示为由水平梁与立柱组成的两层刚架，4 个刚结点 C、D、E、F 有 4 个转角；此外，还有两个独立结点线位移 Z_1 和 Z_2。显然，每层有一个线位移，因而独立结点线位移的数目等于刚架的层数。

由于在刚架计算中，不考虑各杆长度的改变，因而结点的独立线位移的数目还可以用几何构造分析的方法来确定。如果把所有的刚结点（包括固定支座）都改为铰接点，则此铰接体系的自由度数就是原结构的独立结点线位移的数目。换句话说，为了使此铰接体系成为几何不变体系而需添加的链杆数就等于原结构的独立结点线位移的数目。以图 14-24a 所示刚架为例，为了确定独立结点线位移的数目，把所有刚结点都改为铰结点，得到图 14-24b 中实线所示的体系。添加两个链杆（虚线）后，体系就由几何可变成为几何不变（实际上成为一个简单桁架）。由此可知，图 14-24a 中的刚架有两个独立结点线位移。

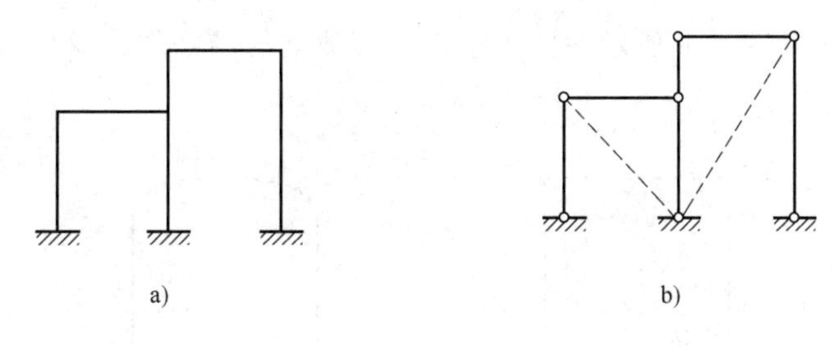

图　14-24

总起来看，用位移法计算刚架时，基本未知量通常包括结点转角和独立结点线位移。结点转角的数目等于刚结点的数目，独立结点线位移的数目等于铰接体系的自由度的数目。

14.2.4　位移法的基本结构

用位移法计算超静定结构时，是在原结构上增加附加约束（附加刚臂或附加链杆），使结点既不能产生独立的结点角位移，也不能产生独立的结点线位移。这种单跨超静定梁的组合体称为位移法的**基本结构**。附加刚臂只能阻止结点的转动，而不能阻止结点的移动；附加链杆只能阻止结点沿链杆方向的移动，而不能阻止结点的转动。图 14-25a 所示的超静定刚架，它有两个刚结点 D、E，两结点有相同的线位移。因此，用位移法进行计算时，应分别在刚结点 D、E 上增加一个附加刚臂，以约束刚结点的转动；在结点 F 增加一根水平的附加链杆，以约束水平线位移。这样就得到了如图 14-25b 所示的基本结构。

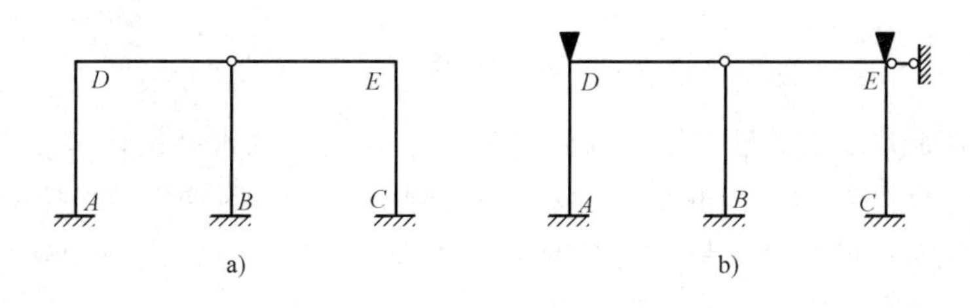

图　14-25

又如图 14-26a 所示的刚架，除了在 E、G 刚结点上各增加一个附加刚臂外，还应在结点 F 增加一根附加链杆，如图 14-26b 所示。由于 EF 杆和 FG 杆位于同一直线上，结点 F 可在垂直于杆轴的方向上产生微小的位移。由上可知，该结构的基本未知量共有三个。其中两个是结点的转角，一个是结点独立的线位移。

值得注意的是，上述确定独立的结点线位移数目的方法，是以受弯直杆变形后两端距离不变的假设为依据的。对于需要考虑轴向变形的二力杆和受弯曲杆，则其两端距离不能看作是不

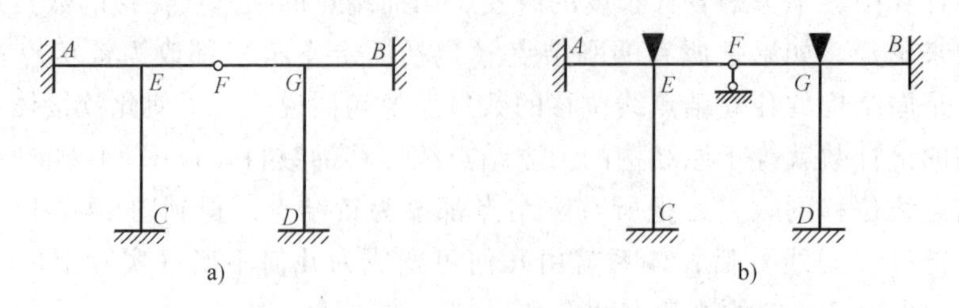

图 14-26

变的。因此，对于图 14-27a、b 所示的两个结构，其独立的结点线位移的数目均应等于 2，而不是 1。

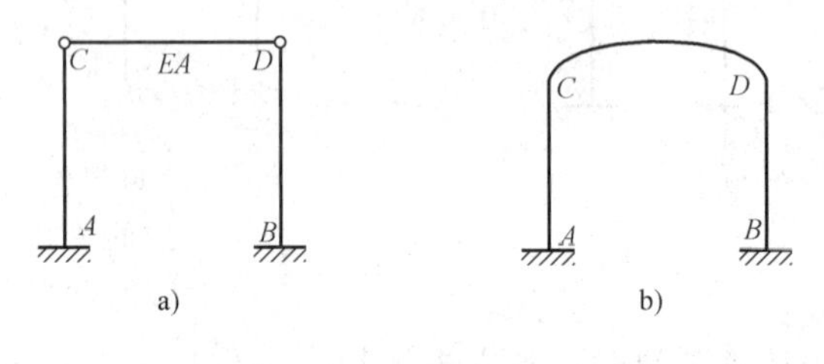

图 14-27

14.2.5 位移法的典型方程

我们结合图 14-28a 所示的刚架，说明如何建立位移法的典型方程。

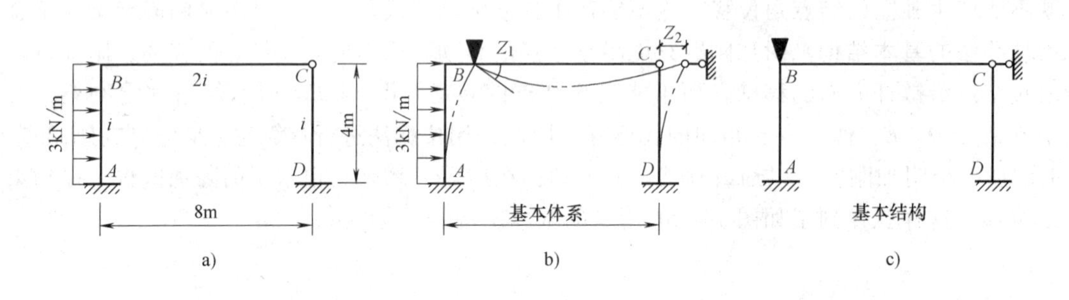

图 14-28

这个刚架有两个基本未知量：结点 B 的转角 Z_1 和结点 C 的水平位移 Z_2。

图 14-28b 所示为位移法采用的基本体系：在刚结点 B 增加附加刚臂以控制结点 B 的转角，在结点 C 增加附加水平链杆以控制结点 C 的水平位移。与之相应，图 14-28c 所示的结构即为原结构的位移法的基本结构。

基本体系与原结构的区别在于：增加了人为的附加约束，把基本未知量由被动的位移变成为受人工控制的主动的位移。

基本体系是用来计算原结构的工具或桥梁。一方面，它可以转化成原结构，可以代表原结构；另一方面，它的计算又比较简单。因为增加了人为控制的附加约束之后，原来的整体结构被分隔成许多杆件（这些杆件各自单独变形，互不干扰），结构的整体计算拆成许多单个杆件的计算，从而使计算简化。应该注意，在力法中是用撤除约束的办法达到简化计算的目的。在位移法中是用增加约束的办法达到简化计算的目的。措施相反，效果相同。

现在利用基本体系来建立基本方程。

分析：在什么条件下，基本体系才能转化成原结构。这个转化条件就是位移法的基本方程。下面分两步来考虑。

第一步，控制附加约束，使结点位移 Z_1 和 Z_2 全部为零，这时刚架处于锁住状态，即基本结构。施加荷载后，可求出基本结构中的内力（图 14-29a），同时在附加约束中会产生约束力矩 F_{1P} 和约束水平力 F_{2P}。这些约束力在原结构中是没有的。

第二步，再控制附加约束，使基本结构发生结点位移 Z_1 和 Z_2，这时附加约束中的约束力 F_1 和 F_2 将随之改变。如果控制结点位移 Z_1 和 Z_2，使之与原结构的实际值正好相等，则约束力 F_1 和 F_2 即完全消失。这时基本体系形式上虽然还有附加约束，但实际上它们已经不起作用，因而基本体系实际上处于放松状态，而与原结构完全相同。

由此看出基本体系转化为原结构的条件是：基本结构在给定荷载以及结点位移 Z_1 和 Z_2 共同作用下，在附加约束中产生的总约束力 F_1 和 F_2 应等于零。即

$$\left.\begin{aligned}F_1=0\\F_2=0\end{aligned}\right\}\tag{a}$$

这就是建立位移法基本方程的条件。

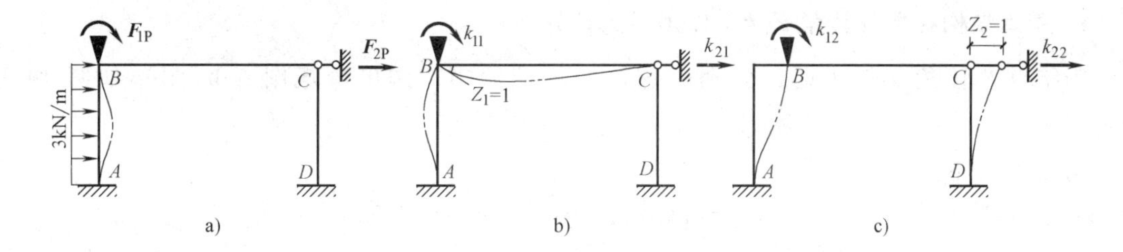

图　14-29

下面利用叠加原理，把基本体系中的总约束力 F_1 和 F_2 分解成几种情况分别计算：

1）荷载单独作用时，相应的约束力为 F_{1P} 和 F_{2P}（图 14-29a）。

2）单位位移 $Z_1=1$ 单独作用时，相应的约束力为 k_{11} 和 k_{21}（图 14-29b）。

3）单位位移 $Z_2=1$ 单独作用时，相应的约束力为 k_{12} 和 k_{22}（图 14-29c）。

叠加以上结果，则总约束力为

$$\left.\begin{aligned}F_1=k_{11}Z_1+k_{12}Z_2+F_{1P}\\F_2=k_{21}Z_1+k_{22}Z_2+F_{2P}\end{aligned}\right\}\tag{b}$$

再考虑式（a），得位移法的基本方程为

$$\left.\begin{aligned}k_{11}Z_1+k_{12}Z_2+F_{1P}=0\\k_{21}Z_1+k_{22}Z_2+F_{2P}=0\end{aligned}\right\}\tag{14-7}$$

利用基本方程式（14-7）即可求出基本未知量 Z_1 和 Z_2。

因此，从基本体系来看，基本方程具有明确的意义，即基本体系应当实际上处于放松状态，附加约束中的约束力应当全部为零，这实质上仍然是平衡方程。

由此看出，位移法的基本思路仍然是过渡法，即由基本体系过渡到原结构。过渡的步骤是先锁住后放松，根据放松的条件建立位移法的基本方程。

下面按照上述步骤进行具体计算。

1. 基本结构在荷载作用下的计算

现分别求各杆的固端弯矩，作出弯矩图（图 14-30a）。基本结构在荷载作用下的弯矩图称

为 M_P 图。

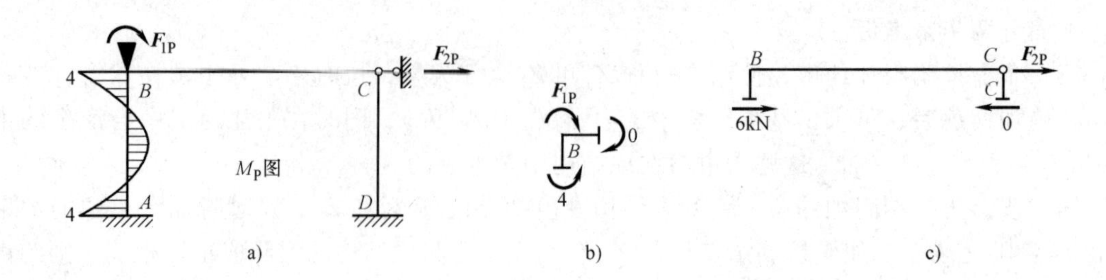

图 14-30

取结点 B 为隔离体（图 14-30b），求得 $F_{1P}=4\text{kN}\cdot\text{m}$。

取柱顶以上横梁 BC 部分为隔离体（图 14-30c），已知立柱 BA 的固端剪力为

$$F_{QBA}=-\frac{qh}{2}=-\frac{3\times4}{2}\text{kN}\cdot\text{m}=-6\text{kN}\cdot\text{m}$$

因此 $$F_{2P}=-6\ \text{kN}\cdot\text{m}$$

2. 基本结构在单位转角 $Z_1=1$ 作用下的计算

当结点 B 转角 $Z_1=1$ 时，分别求各杆的杆端弯矩，作出弯矩图（$\overline{M}_1$ 图）如图 14-31a 所示。

由图 14-31b、c，得

$$k_{11}=4i+3\times2i=10i \qquad k_{21}=-1.5i$$

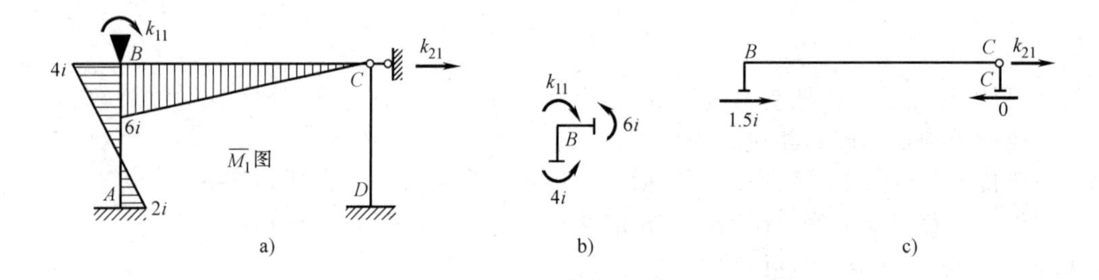

图 14-31

3. 基本结构在单位水平位移 $Z_2=1$ 作用下的计算

当结点 B、C 的水平位移 $Z_2=1$ 时，分别求各杆的杆端弯矩，作出弯矩图（$\overline{M}_2$图），如图 14-32a 所示。

由图 14-32b、c，得

$$k_{12}=-1.5i \qquad k_{22}=\frac{15}{16}i$$

4. 列基本方程

由式（14-7）可列出基本方程如下：

$$10iZ_1-1.5iZ_2+4=0$$

$$-1.5iZ_1+\frac{15}{16}iZ_2-6=0$$

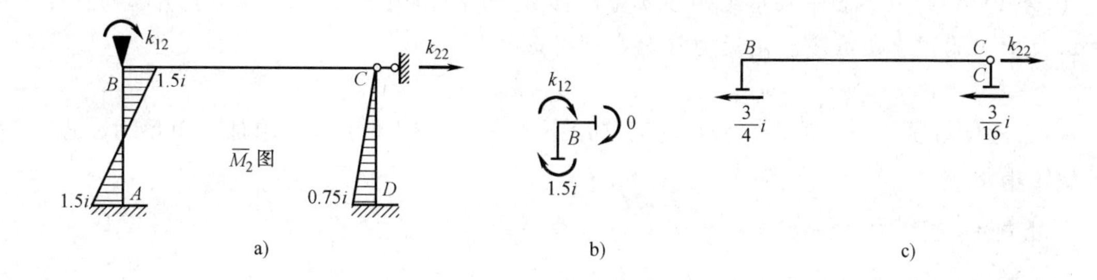

图　14-32

由基本方程可求出

$$Z_1=\frac{0.737}{i}\qquad Z_2=\frac{7.58}{i}$$

利用下列叠加公式作刚架的 M 图

$$M=\overline{M}_1Z_1+\overline{M}_2Z_2+M_{\mathrm{P}}\tag{14-8}$$

杆端弯矩为

$$M_{AB}=2i\left(\frac{0.737}{i}\right)-1.5i\left(\frac{7.58}{i}\right)-4=-13.90\mathrm{kN\cdot m}$$

$$M_{BA}=4i\left(\frac{0.737}{i}\right)-1.5i\left(\frac{7.58}{i}\right)+4=-4.42\mathrm{kN\cdot m}$$

$$M_{BC}=6i\left(\frac{0.737}{i}\right)=4.42\ \mathrm{kN\cdot m}$$

$$M_{DC}=-0.75i\left(\frac{7.58}{i}\right)=-5.69\ \mathrm{kN\cdot m}$$

根据杆端弯矩作出刚架的 M 图如图 14-33 所示。

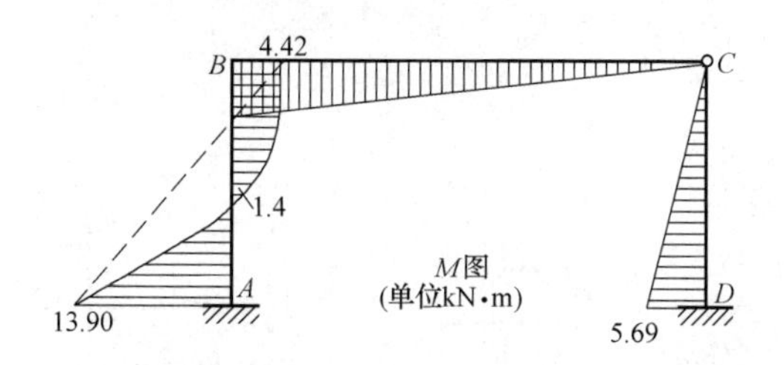

图　14-33

上面对具有两个基本未知量的问题，说明了位移法的基本体系和基本方程的意义。

对于具有 n 个基本未知量的问题，位移法的基本方程可参照式（14-7）写成如下形式：

$$\left.\begin{aligned}k_{11}Z_1+k_{12}Z_2+\cdots+k_{1n}Z_n+F_{1\mathrm{P}}=0\\k_{21}Z_1+k_{22}Z_2+\cdots+k_{2n}Z_n+F_{2\mathrm{P}}=0\\\vdots\qquad\qquad\\k_{n1}Z_1+k_{n2}Z_2+\cdots+k_{nn}Z_n+F_{n\mathrm{P}}=0\end{aligned}\right\}\tag{14-9}$$

式（14-9）与力法典型方程是对应的，称为**位移法典型方程**。式中的 k_{ii} 为主系数，表示基本结构在单位位移 $Z_i=1$ 的作用下，在 Z_i 自身方向上引起的附加约束反力，恒大于零；

k_{ij}（$i \neq j$）为副系数，表示基本结构在单位位移 $Z_j=1$ 的作用下，在 Z_i 方向上引起的附加约束反力，其值可为正、负或零。由反力互等定理可知

$$k_{ij}=k_{ji}$$

F_{iP} 为自由项，表示基本结构在荷载作用下，在 Z_i 方向上引起的附加约束反力，也可为正、负或零值。

【例 14-5】 试用位移法计算图 14-34a 所示刚架，作 M 图。

【解】（1）基本未知量 此刚架为无侧移刚架，只有一个基本未知量：结点 B 的转角 Z_1。基本体系如图 14-34b 所示。

（2）典型方程

$$k_{11}Z_1+F_{1P}=0$$

（3）计算系数和自由项 作基本结构在荷载单独作用时的弯矩图 M_P 图（图 14-34c），由结点 B 的力矩平衡条件，可知

$$F_{1P}=-\frac{qa^2}{8}$$

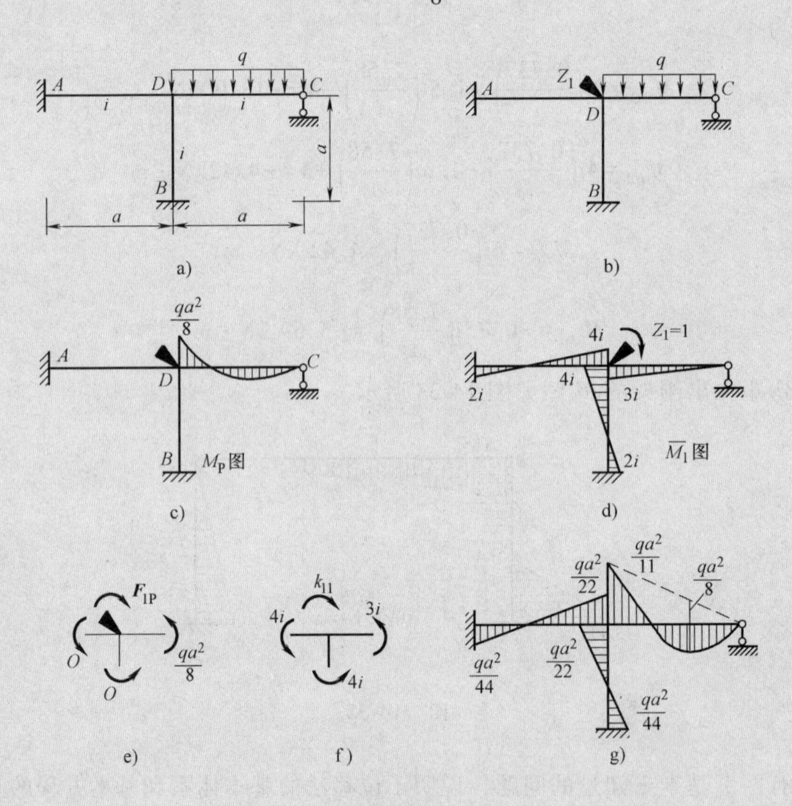

图 14-34

作基本结构在 $Z_1=1$ 单独作用时的弯矩图 $\overline{M}_1$ 图（图 14-34d），由结点 B 的力矩平衡条件，可知

$$k_{11}=11i$$

（4）解位移法方程 将求得的系数和自由项代入位移法基本方程，得

$$11iZ_1-\frac{qa^2}{8}=0$$

解得

$$Z_1=\frac{qa^2}{88i}$$

（5）作弯矩图　根据叠加公式 $M=\overline{M}_1Z_1+M_P$，可求得各杆端的弯矩值，弯矩图如图 14-34g 所示。CD 杆 D 端弯矩计算式为

$$M_{DC}=3i\times\frac{qa^2}{88i}-\frac{qa^2}{8}=-\frac{qa^2}{11}$$

【例 14-6】　试用位移法计算图 14-35a 所示刚架，并作弯矩图。

【解】（1）基本未知量与基本体系　刚架中结点 A 和结点 B 各有一角位移，没有线位移，故选结点 A 和结点 B 的转角作为基本未知量 Z_1 和 Z_2。基本体系如图 14-35b 所示。

从前述各例中可知，内力与 i 的绝对值无关，故可以取相对线刚度，使算式简化。基本体系图 14-35b 中给出了各杆的相对线刚度值。

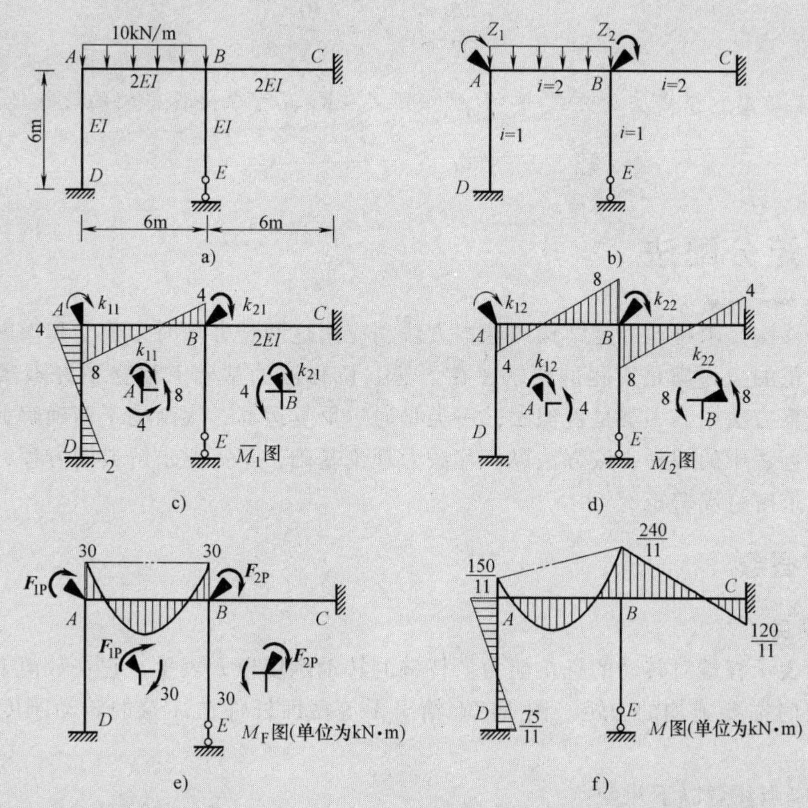

图　14-35

（2）位移法典型方程

$$\left.\begin{aligned}k_{11}Z_1+k_{12}Z_2+F_{1P}=0\\k_{21}Z_1+k_{22}Z_2+F_{2P}=0\end{aligned}\right\}$$

（3）求系数和自由项　分别令 $Z_1=1$、$Z_2=1$ 单独作用于基本结构，作$\overline{M}_1$、$\overline{M}_2$图，如图14-35c、d 所示；作基本结构在荷载单独作用时的 M_P 图，如图 14-35e 所示。

从$\overline{M}_1$图中分别取结点 A、结点 B 为隔离体，可求得

$$k_{11}=4\times2+4\times1=12 \qquad k_{12}=k_{21}=2\times2=4$$

从$\overline{M}_2$图中取结点 B 为隔离体，可求得

$$k_{22}=4\times2+4\times2=16$$

从 M_P 图中分别取结点 A、结点 B 为隔离体，可求得

$$F_{1P}=-\frac{ql^2}{12}=-30 \qquad F_{2P}=\frac{ql^2}{12}=30$$

（4）求解方程　将系数和自由项代入位移法典型方程，得

$$\left.\begin{array}{r}12Z_1+4Z_2-30=0\\4Z_1+16Z_2+30=0\end{array}\right\}$$

解方程，得

$$Z_1=\frac{75}{22} \qquad Z_2=-\frac{30}{11}$$

（5）作弯矩图　根据叠加公式 $M=\overline{M}_1Z_1+\overline{M}_2Z_2+M_P$，可求得各杆端的弯矩值，弯矩图如图 14-35f 所示。

14.3　力矩分配法

力法和位移法是求解超静定结构的基本方法。应用这两种方法时，建立和求解典型方程的工作都是很繁重的。为满足工程的要求，在力法、位移法的基础上建立了许多实用的计算方法。在实用计算方法中，一类是近似法；一类是通过反复运算，逐渐趋于精确解的渐近法。力矩分配法是渐近法中的一种，该方法以位移法为理论基础，不需要求解典型方程，按照某种程序直接渐近地求解杆端弯矩。

14.3.1　基本概念

1. 转动刚度

转动刚度表示杆端对转动的抵抗能力。杆端的转动刚度以 S 表示，它在数值上等于使杆端产生单位转角时需要施加的力矩。图 14-36 给出了等截面杆件在 A 端的转动刚度 S_{AB} 的数值，其中 $i=EI/l$。

关于 S_{AB} 应当注意以下几点：

1）在 S_{AB} 中 A 点是施力端，B 点称为远端。当远端为不同支承情况时，S_{AB} 数值也不同（图 14-36），具体为

$$\left.\begin{array}{r}\text{远端固定}: S=4i\\\text{远端简支}: S=3i\\\text{远端滑动}: S=i\\\text{远端自由}: S=0\end{array}\right\} \tag{14-10}$$

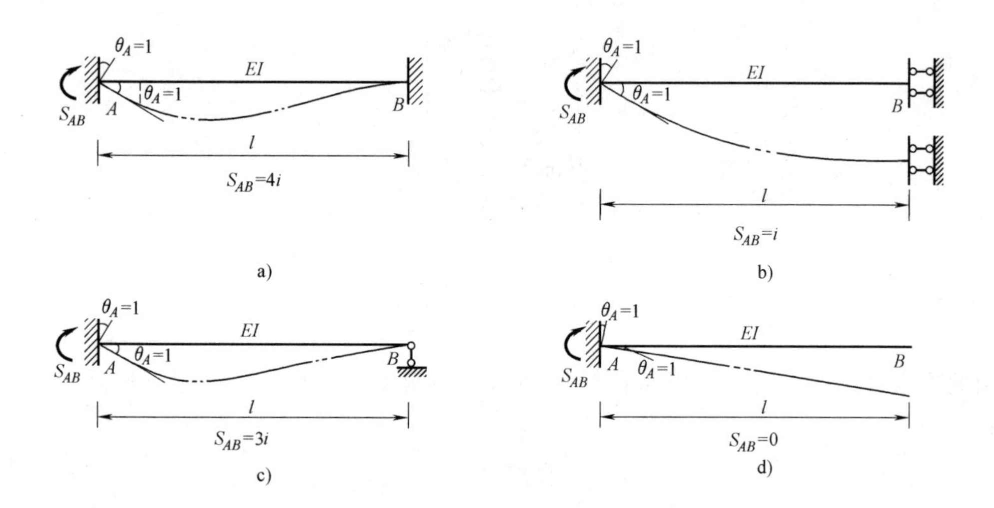

图　14-36

2）S_{AB}是施力端 A 在没有线位移的条件下的转动刚度。

2．分配系数

图 14-37a 所示三杆 AB、AC 和 AD 在刚结点 A 连接在一起。为了便于说明问题，设 B 端为固定端，C 端为滑动支座，D 端为铰支座。

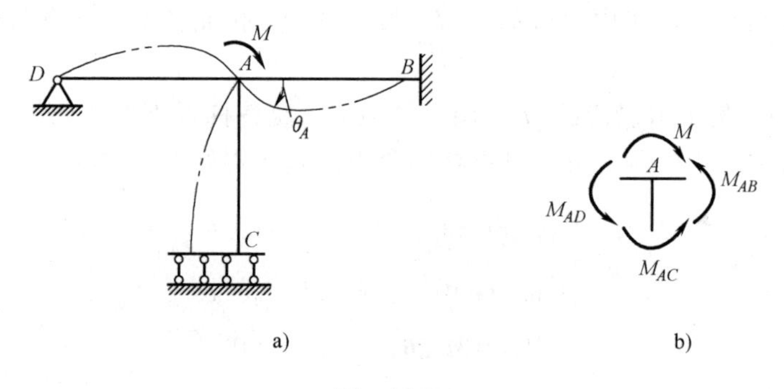

图　14-37

设有集中力偶荷载 M 作用于结点 A，使结点 A 产生转角 θ_A，然后达到平衡，则杆端弯矩 M_{AB}、M_{AC}和 M_{AD}的求解如下：

由转动刚度的定义可知

$$\left.\begin{aligned} M_{AB}=S_{AB}\theta_A \\ M_{AC}=S_{AC}\theta_A \\ M_{AD}=S_{AD}\theta_A \end{aligned}\right\} \tag{a}$$

取结点 A 作隔离体（图 14-37b），由平衡方程 $\sum M=0$，得

$$M=S_{AB}\theta_A+S_{AC}\theta_A+S_{AD}\theta_A$$

$$\theta_A=\frac{M}{S_{AB}+S_{AC}+S_{AD}}=\frac{M}{\sum\limits_A S}$$

式中，$\sum\limits_A S$ 表示各杆 A 端转动刚度之和。

将 θ_A值代入式（a），得

$$\left.\begin{aligned} M_{AB} &= \frac{S_{AB}}{\sum_A S}M \\ M_{AC} &= \frac{S_{AC}}{\sum_A S}M \\ M_{AD} &= \frac{S_{AD}}{\sum_A S}M \end{aligned}\right\} \qquad \text{(b)}$$

由此看来，各杆 A 端的弯矩与各杆 A 端的转动刚度成正比。可以用下列公式表示计算结果：

$$M_{Aj}=\mu_{Aj}M \qquad (14\text{-}11)$$

$$\mu_{Aj}=\frac{S_{Aj}}{\sum_A S} \qquad (14\text{-}12)$$

μ_{Aj}称为**分配系数**。其中 i 可以是 B、C 或 D，如 μ_{AB}称为杆 AB 在 A 端的分配系数。杆 AB 在 A 端的分配系数 μ_{AB}等于杆 AB 的转动刚度与交于 A 点的各杆的转动刚度之和的比值。

同一结点各杆分配系数之间存在下列关系：

$$\sum\mu_{Aj}=\mu_{AB}+\mu_{AC}+\mu_{AD}=1$$

总之，作用于结点 A 的集中力偶荷载 M，按各杆的分配系数分配于各杆的 A 端。

3. 传递系数

在图 14-37a 中，集中力偶荷载 M 作用于结点 A，使各杆近端产生弯矩，同时也使各杆远端产生弯矩。由位移法中的刚度方程可得杆端弯矩的表达式如下：

$$M_{AB}=4i_{AB}\theta_A \qquad M_{BA}=2i_{AB}\theta_A$$

$$M_{AC}=i_{AC}\theta_A \qquad M_{CA}=-i_{AC}\theta_A$$

$$M_{AD}=3i_{AD}\theta_A \qquad M_{AD}=0$$

由上述结果可知

$$\frac{M_{AB}}{M_{BA}}=C_{AB}=\frac{1}{2}$$

C_{AB}称为传递系数。传递系数表示当近端有转角时，远端弯矩与近端弯矩的比值。对等截面杆件来说，传递系数 C 随远端的支承情况而异，数值如下：

$$\left.\begin{aligned} &\text{远端固定}:C=\frac{1}{2} \\ &\text{远端滑动}:C=-1 \\ &\text{远端铰支}:C=0 \end{aligned}\right\} \qquad (14\text{-}13)$$

用下列公式表示传递系数的应用：

$$M_{BA}=C_{AB}M_{AB} \qquad (14\text{-}14)$$

系数 C_{AB}称为由 A 端至 B 端的**传递系数**。

现在把图 14-37a 所示问题的计算方法归纳如下：

结点 A 作用的集中力偶荷载 M，按各杆的分配系数分配给各杆的近端；远端弯矩等于近端弯矩乘以传递系数。

14.3.2　力矩分配法的基本原理

力矩分配法的基本原理可用图 14-38 所示的连续梁模型加以解释。连续梁 ABC 在荷载 F_P 作用下的变形如图 14-38a 中双点画线所示。伴随着这个变形出现的杆端弯矩，是我们计算的目标。

在力矩分配法中，我们直接计算各杆的杆端弯矩。杆端弯矩以顺时针方向为正。计算步骤表述如下：

1）设想先在结点 B 加一个阻止转动的约束，用以阻止结点 B 转动，然后再加荷载。这时，只有 AB 跨有变形，如图 14-38b 中双点画线所示。这表明结点约束把连续梁 ABC 分成为两个单跨梁 AB 和 BC。AB 段受荷载 F_P 作用后产生变形，相应地产生固端弯矩。结点 B 的约束施加的力矩 M_B（称为约束力矩）可以通过结点 B 的平衡条件求得。从图 14-38b 可以看出，杆 BC 的固端弯矩 $M_{BC}^{F}=0$，杆 BA 的固端弯矩为 M_{BA}^{F}。由 $\sum M_B=0$，可知结点 B 的约束力矩 $M_B=M_{BA}^{F}+M_{BC}^{F}=M_{BA}^{F}$。约束力矩等于固端弯矩之和，以顺时针方向为正。

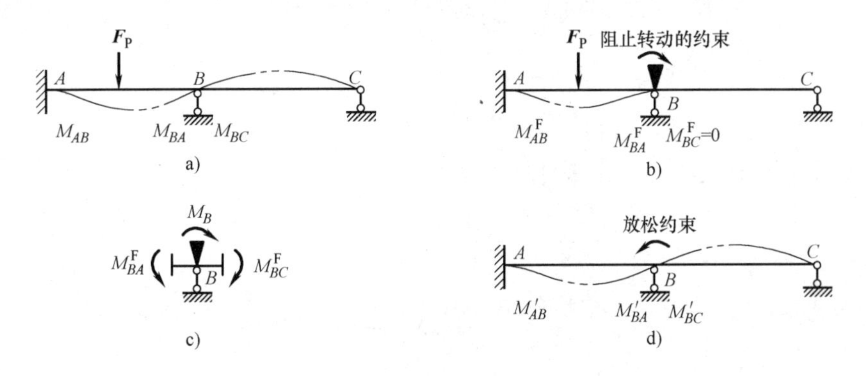

图　14-38

2）连续梁的结点 B 本来没有约束，也不存在约束力矩 M_B。因此，必须对图 14-38b 所示的解答加以修正。为了达到这个目的，放松结点 B 处的约束，梁即回复到原来的状态（图 14-38a），结点 B 处的约束力矩即由 M_B 恢复到零，这相当于在结点 B 原有约束力矩 M_B 的基础上，再新加一个集中力偶荷载（$-M_B$）。力偶荷载（$-M_B$）使梁新产生的变形如图 14-38d 中双点画线所示。这时，结点 B 处各杆在 B 端新产生弯矩 M'_{BA} 和 M'_{BC}，称为**分配力矩**；在远端 A 新产生弯矩 M'_{AB}，称为**传递力矩**。

3）把图 14-38b、d 所示两种情况叠加，就得到图 14-38a 所示情况。因此，把图 14-38b、d 中的杆端弯矩叠加，就得到实际的杆端弯矩（图 14-38a），例如 $M_{BA}^{F}+M'_{BA}=M_{BA}$。

现在把力矩分配法的基本原理简述如下：先在刚结点 B 加上阻止转动的约束，把连续梁分为单跨梁，求出杆端产生的固端弯矩。结点 B 各杆固端弯矩之和即为约束力矩 M_B。去掉约束，即相当于在结点 B 新加（$-M_B$），求出在（$-M_B$）单独作用下各杆 B 端新产生的分配力矩和远端新产生的传递力矩。叠加各杆端的力矩就得到实际的杆端弯矩。

下面通过例题说明力矩分配法的基本运算步骤。

【例 14-7】 试用力矩分配法计算图 14-39a 所示的两跨连续梁，绘出弯矩图。

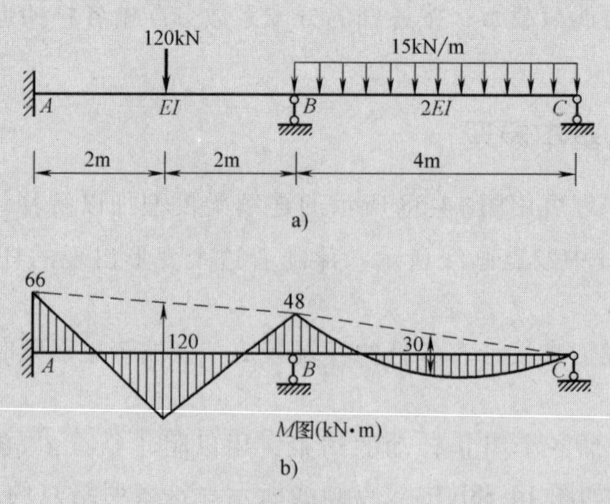

图 14-39

【解】 (1) 计算分配系数

转动刚度：

$$S_{BA}=4i_{AB}=\frac{4\times EI}{4}=EI \qquad S_{BC}=3i_{BC}=\frac{3\times 2EI}{4}=1.5EI$$

分配系数：

$$\mu_{BA}=\frac{EI}{EI+1.5EI}=0.4 \qquad \mu_{BC}=\frac{1.5EI}{EI+1.5EI}=0.6$$

(2) 在结点 B 加上约束，计算固端弯矩

$$M_{AB}^{\mathrm{F}}=-\frac{F_{\mathrm{P}}l}{8}=-\frac{120\times 4}{8}\mathrm{kN}\cdot\mathrm{m}=-60\ \mathrm{kN}\cdot\mathrm{m}$$

$$M_{BA}^{\mathrm{F}}=\frac{F_{\mathrm{P}}l}{8}=\frac{120\times 4}{8}\mathrm{kN}\cdot\mathrm{m}=60\ \mathrm{kN}\cdot\mathrm{m}$$

$$M_{BC}^{\mathrm{F}}=-\frac{ql^2}{8}=-\frac{15\times 4^2}{8}\mathrm{kN}\cdot\mathrm{m}=-30\ \mathrm{kN}\cdot\mathrm{m}$$

在结点 B 处，各杆端弯矩总和为 $M_B=(60-30)\mathrm{kN}\cdot\mathrm{m}=30\ \mathrm{kN}\cdot\mathrm{m}$。$M_B$ 即为结点 B 的约束力矩。

(3) 放松结点 B　这等于在结点 B 新加一个外力偶矩 $-30\mathrm{kN}\cdot\mathrm{m}$。此力偶矩按分配系数分配于两杆的 B 端，并使 A 端产生传递力矩。具体演算如下：

分配力矩：

$$M'_{BA}=0.4\times(-30\mathrm{kN}\cdot\mathrm{m})=-12\mathrm{kN}\cdot\mathrm{m}$$

$$M'_{BC}=0.6\times(-30\mathrm{kN}\cdot\mathrm{m})=-18\mathrm{kN}\cdot\mathrm{m}$$

分配力矩下面画一横线，表示结点已经放松，达到平衡。

传递力矩：

$$M'_{AB}=\frac{1}{2}M'_{BA}=\frac{1}{2}\times(-12\mathrm{kN}\cdot\mathrm{m})=-6\mathrm{kN}\cdot\mathrm{m}$$

$$M'_{CB}=0$$

(4) 作弯矩图　将以上结果叠加，即得到最后的杆端弯矩图，如图 14-39b 所示。

实际计算时，可将以上计算步骤汇集于下表 14-4。表中箭头表示将近端分配弯矩通过传递系数传向远端。

表 14-4 【例 14-7】计算过程

杆端	AB		BA	BC		CB
分配系数			0.4	0.6		
固端弯矩/kN·m	-60		60	-30		0
分配与传递/kN·m	-6	←	-12	-18	→	0
最后弯矩/kN·m	-66		48	-48		0

【例 14-8】 试用力矩分配法作图 14-40a 所示刚架的弯矩图。

【解】 (1) 计算分配系数　为方便计算，可令 $i_{AB}=i_{AC}=\frac{EI}{4}=1$，则 $i_{AD}=2$

转动刚度：

$$S_{AB}=4i_{AB}=4 \qquad S_{AC}=3i_{AC}=3 \qquad S_{AD}=i_{AD}=2$$

分配系数：

$$\mu_{AB}=\frac{4}{4+3+2}=\frac{4}{9}=0.445 \qquad \mu_{AC}=\frac{3}{4+3+2}=\frac{3}{9}=0.333 \qquad \mu_{AD}=\frac{2}{4+3+2}=\frac{2}{9}=0.222$$

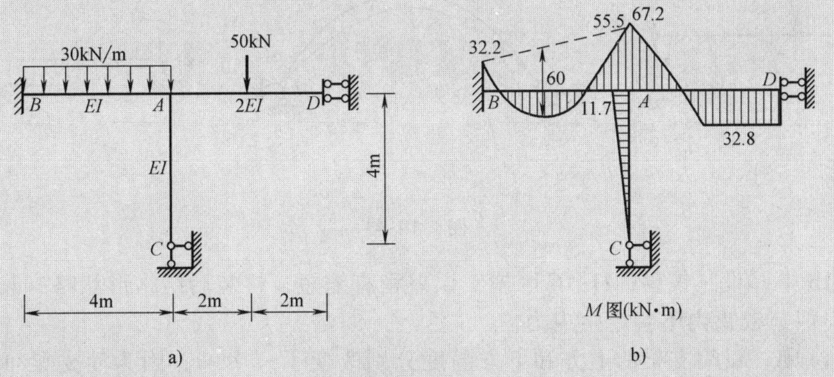

图　14-40

(2) 在结点 A 加上约束，计算由荷载产生的固端弯矩

$$M^{F}_{BA}=-\frac{ql^2}{12}=-\frac{30\times4^2}{12}\text{kN}\cdot\text{m}=-40\text{kN}\cdot\text{m} \qquad M^{F}_{AB}=\frac{ql^2}{12}=\frac{30\times4^2}{12}\text{kN}\cdot\text{m}=40\ \text{kN}\cdot\text{m}$$

$$M^{F}_{AD}=-\frac{3F_Pl}{8}=-\frac{3\times50\times4}{8}\text{kN}\cdot\text{m}=-75\text{kN}\cdot\text{m} \qquad M^{F}_{DA}=-\frac{F_Pl}{8}=-\frac{50\times4}{8}\text{kN}\cdot\text{m}=-25\ \text{kN}\cdot\text{m}$$

在结点 A 处，各杆端弯矩总和为 $M_A=(-75+40)\text{kN}\cdot\text{m}=-35\text{kN}\cdot\text{m}$。$M_A$ 即为结点 A 的约束力矩。

(3) 放松结点 A　具体计算步骤见表 14-5。

表 14-5 【例 14-8】计算过程

杆端	BA		AB	AC		CA	AD		DA
分配系数			0.445	0.333			0.222		
固端弯矩/kN·m	-40		40	0		0	-75		-25
分配与传递/kN·m	7.8	←	15.5	11.7	→	0	7.8	→	-7.8
最后弯矩/kN·m	-32.2		55.5	11.7		0	-67.2		-32.8

(4) 作弯矩图　将以上结果叠加，即得到最后的杆端弯矩图，如图 14-40b 所示。

这里应注意，单结点的力矩分配法属于精确计算。

14.4 结构的静力特性

静定结构与超静定结构都是几何不变体系，二者之间的差别为

1）在几何构造方面，静定结构无多余约束，超静定结构有多余约束。

2）在静力平衡方面，静定结构的内力，可以由平衡条件完全确定，得到的解答只有一种；超静定结构的内力，由平衡条件不能完全确定，而需要同时考虑变形条件后才能得到唯一的解答。

由此可知，满足平衡条件的内力解答的唯一性，是静定结构的基本静力特性。下面提到一些特性，都是在此基础上派生出来的。

1. 非荷载因素在静定结构中不引起内力

例如在图 14-41a 中，简支梁由于支座 B 下沉只会引起刚体位移（如双点画线所示），而在梁内并不引起内力。为了说明这个结论，可以假想先把 B 端的支杆去掉，这时，梁就成为几何可变的。然后使梁绕 A 点转动，等 B 端移至 B'后，再把支杆重新加上。在这个过程中，梁内不会产生内力。

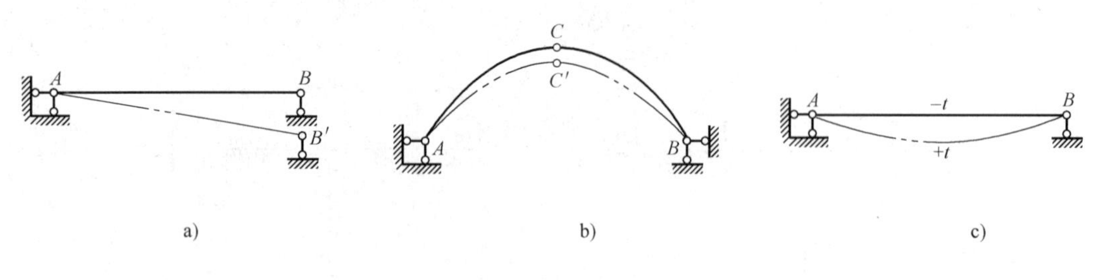

图 14-41

图 14-41b 中，设三铰拱的杆 AC 因施工误差稍有缩短，拼装后结构形状略有改变（如双点画线所示），但三铰拱内不会产生内力。

图 14-41c 中，设简支梁的上方和下方温度分别改变了 $-t$ 和 $+t$，因为简支梁可以自由地产生弯曲变形（如双点画线所示），所以梁内不会产生内力。

因此，除荷载外，支座移动、制造误差、温度改变等其他因素都不能在静定结构中引起内力，但可以使静定结构产生变形和位移。

2. 静定结构的局部平衡特性

在荷载作用下，如果仅靠静定结构中的某一局部就可以与荷载维持平衡，则其余部分的内力必为零。

如图 14-42a 所示的静定多跨梁，梁 AB 是几何不变部分，当梁 AB 承受荷载时，它自身的支座反力可与荷载维持平衡，因而梁 BC 无内力。又如图 14-42b 所示静定桁架，当杆 AB 承受任意平衡力系时，除杆 AB 产生内力外，其余各杆都是零杆。

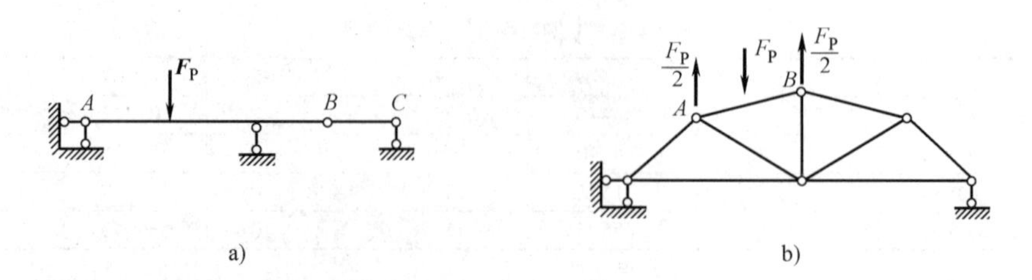

图 14-42

实际上，上述内力状态已满足结构各部分的所有平衡条件。对于静定结构来说，这就是内力的唯一解答。

还应指出，局部平衡部分不一定是几何不变的，也可以是几何可变的，只要在特定荷载作用下可以维持平衡即可。如图 14-43a 所示静定桁架，在下弦杆两端承受一对等值反向的压力，这时仅靠下弦杆承受压力，已经能够维持局部平衡（图 14-43b），因此，其余各杆都为零杆。

图　14-43

3. 静定结构的荷载等效特性

当静定结构的一个内部几何不变部分上的荷载作等效变换时，其余部分的内力不变。这里，等效荷载是指荷载分布虽不同，但其合力彼此相等的荷载。

图 14-44a 中的荷载 F_P，与结点 A、B 上的两个荷载 $F_P/2$ 是等效荷载。将图 14-44a 改为图 14-44b 时，只有杆 AB 的内力改变，其余各杆的内力都不变。

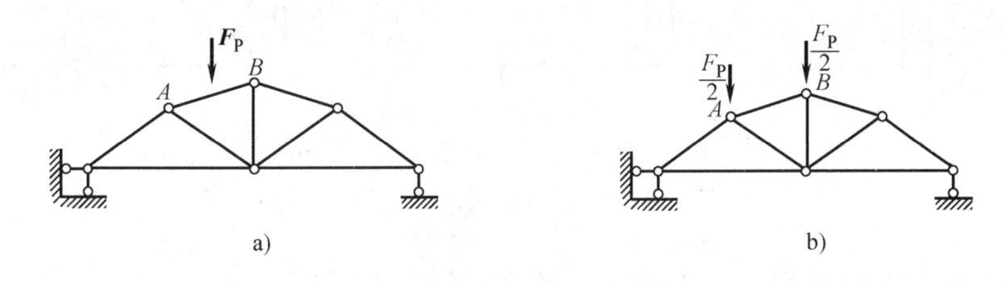

图　14-44

4. 静定结构的构造变换特性

当静定结构的一个内部几何不变部分作构造变换时，其余部分的内力不变。

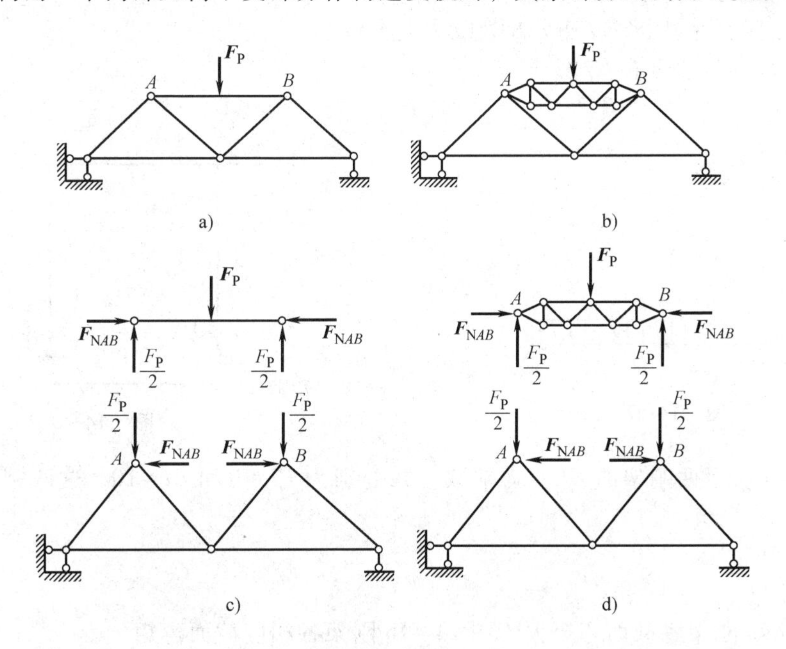

图　14-45

图 14-45a 所示桁架中，设将上弦杆 AB 改为一个小桁架，如图 14-45b 所示，则只是 AB 的内力有改变，其余部分的内力没有改变。为了说明这一点，可将杆 AB 与其余部分分开（图 14-45c），这两个隔离体分别在各自的荷载和约束力作用下维持平衡。现将杆 AB 变换成小桁架 AB（图 14-45d）。假设其余部分的内力以及二者间的约束力保持不变，则其余部分原来满足的平衡条件仍然成立，而小桁架在原来的荷载和约束力所组成的平衡力系作用下，自然也能维持平衡。因此，这种内力状态就是构造变换后结构的真实内力状态。

习　　题

一、选择题

1. 图 14-46a 所示结构，EI = 常数，取图 14-46b 为力法基本体系，则下述结果中错误的是（　　）。

A. $\delta_{23}=0$　　B. $\delta_{31}=0$　　C. $\Delta_{2P}=0$　　D. $\delta_{12}=0$

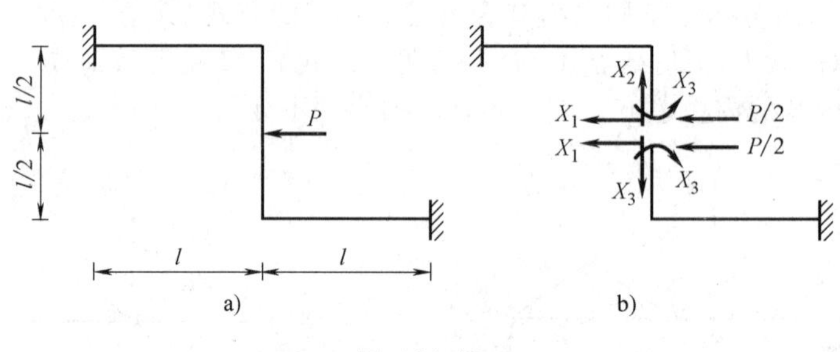

图　14-46

2. 图 14-47 所示连续梁用力法求解时，最简便的基本结构是（　　）。

A. 拆去 B、C 两支座

B. 将 A 支座改为固定铰支座，拆去 B 支座

C. 将 A 支座改为滑动支座，拆去 B 支座

D. 将 A 支座改为固定铰支座，B 处改为完全铰

3. 图 14-48 所示结构的 H_B 为（　　）。

A. P　　B. $-P/2$　　C. $P/2$　　D. $-P$

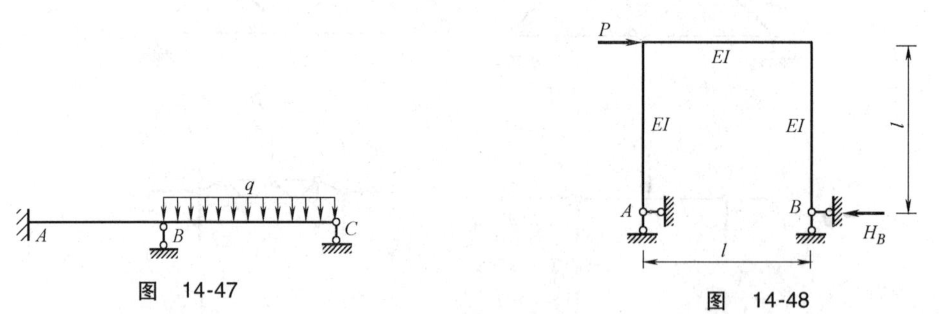

图　14-47

图　14-48

4. 图 14-49 所示两刚架的 EI 均为常数，并分别为 $EI=1$ 和 $EI=10$，这两刚架的内力关系为（　　）。

A. M 图相同

B. M 图不同

C. 图 14-49a 刚架各截面弯矩大于图 14-49b 刚架各相应截面弯矩

D. 图 14-49a 刚架各截面弯矩小于图 14-49b 刚架各相应截面弯矩

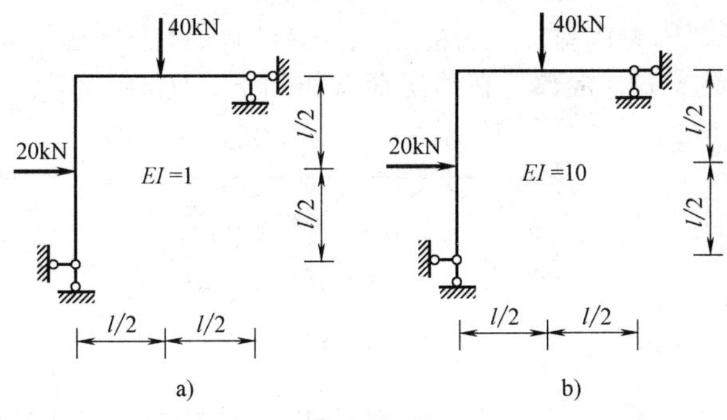

图　14-49

5. 在力法方程 $\sum\delta_{ij}X_j+\Delta_{1c}=\Delta_i$ 中，下列说法正确的是（　　）。

A. $\Delta_i=0$　　B. $\Delta_i>0$

C. $\Delta_i<0$　　D. 前三种答案都有可能

6. 位移法中，将铰接端的角位移、滑动支承端的线位移作为基本未知量是（　　）。

A. 绝对不可以的　　B. 必须的

C. 可以的，但不必　　D. 一定条件下可以的

7. 图 14-50 所示两端固定梁，设 AB 线刚度为 i，当 A、B 两端截面同时发生图示单位转角时，杆件 A 端的杆端弯矩为（　　）。

A. i　　B. $2i$　　C. $4i$　　D. $6i$

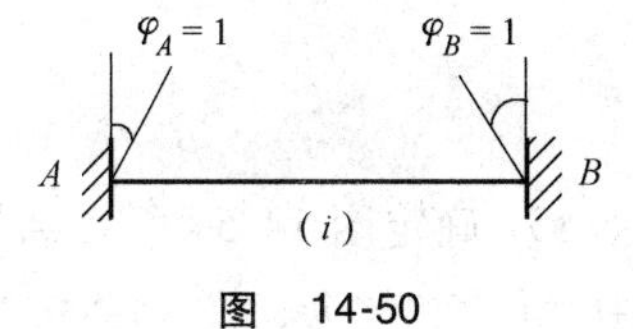

图　14-50

二、填空题

1. 图 14-51 所示结构超静定次数分别为：图 14-51a 所示____次；图 14-51b 所示____次；图 14-51c 所示____次；图 14-51d 所示____次；图 14-51e 所示____次；图 14-51f 所示____次；图 14-51g 所示____次；图 14-51h 所示____次。

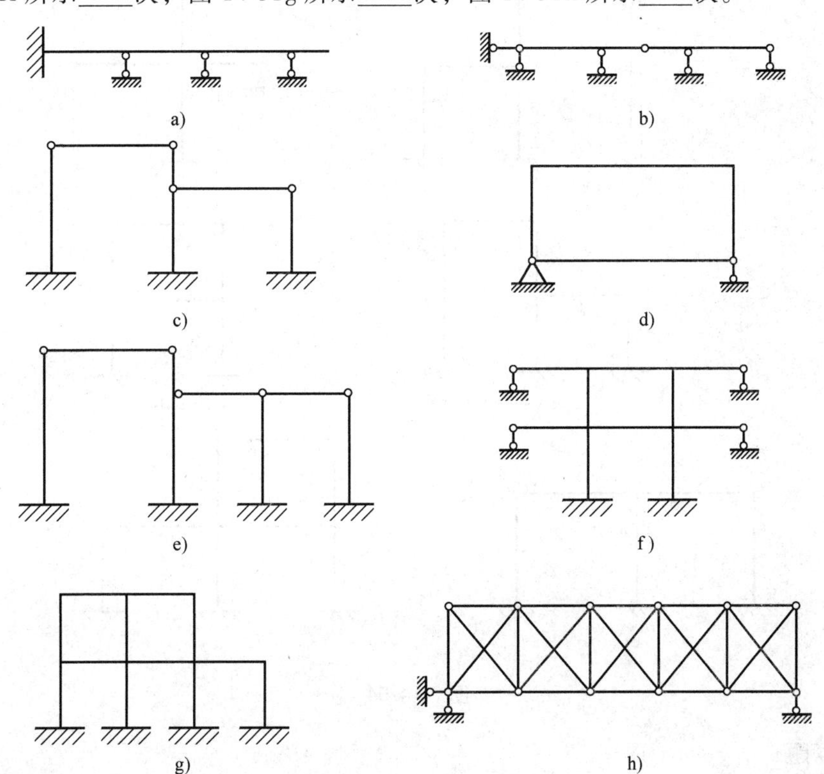

图　14-51

2. 力法方程等号左侧各项代表 ____________，右侧代表____________。

3. 图 14-52 所示结构，EI=常数，在给定荷载作用下，Q_{AB} =________。

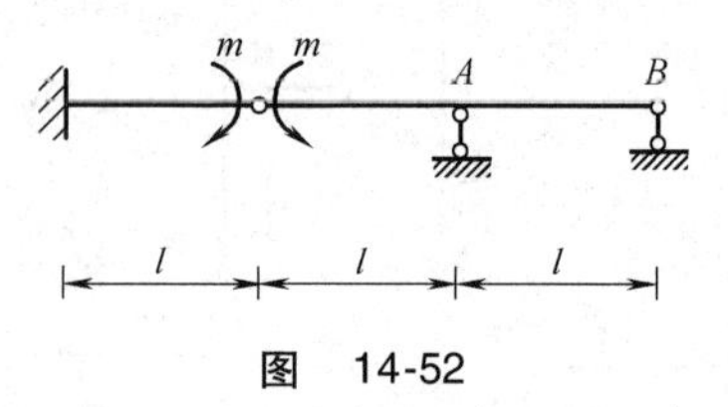

图 14-52

4. 图 14-53a 所示结构中支座转动 θ，力法基本结构如图 14-53b 所示，力法方程中 Δ_{1C} =______________。

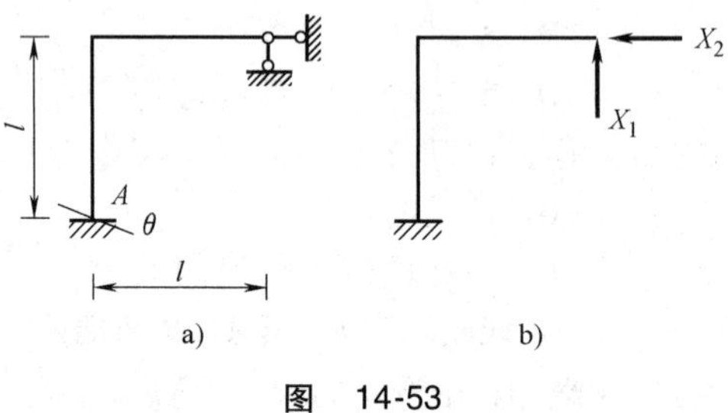

图 14-53

5. 确定图 14-54 所示结构位移法计算的基本未知量的数目：图 14-54a 所示____个；图 14-54b 所示____个；图 14-54c 所示____个；图 14-54d 所示____个；图 14-54e 所示____个；图 14-54f 所示____个。

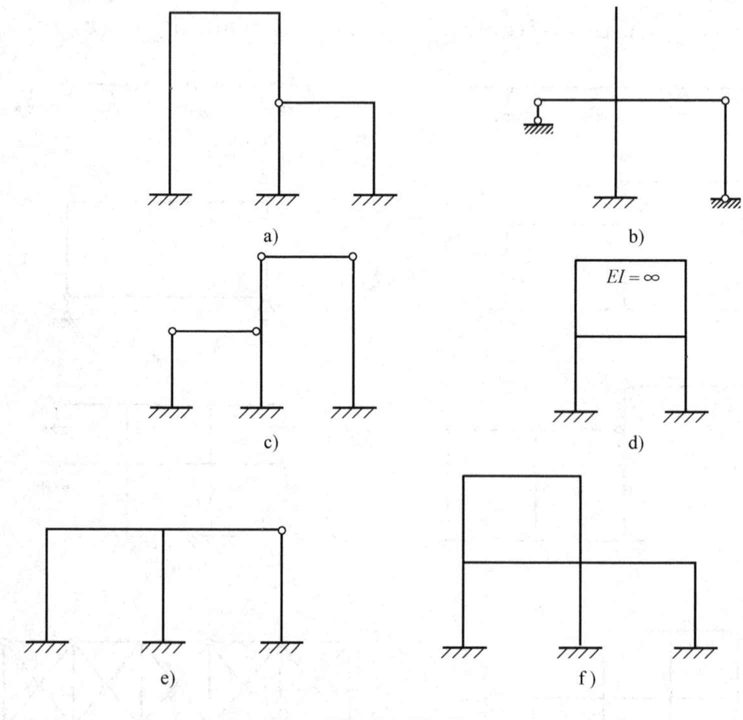

图 14-54

三、计算题

1. 试用力法计算图 14-55 所示结构，作 M 图、F_Q 图。已知各杆 EI 为常数。

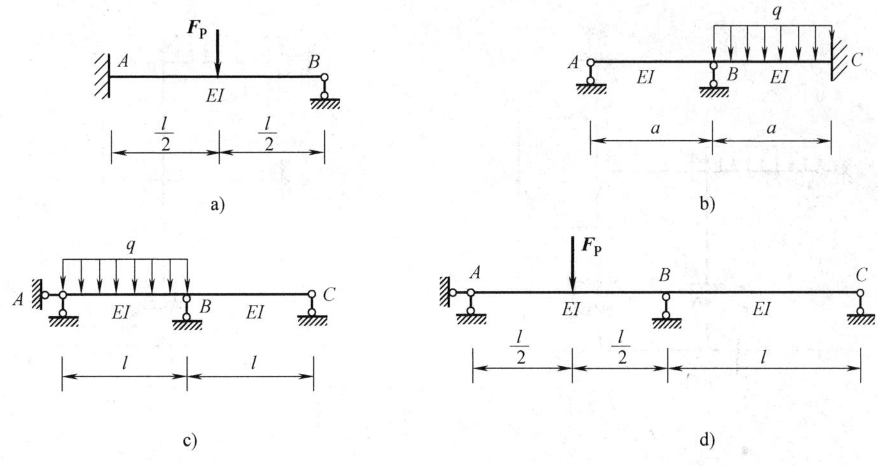

图　14-55

2. 试用力法计算图 14-56 所示刚架，作 M 图。

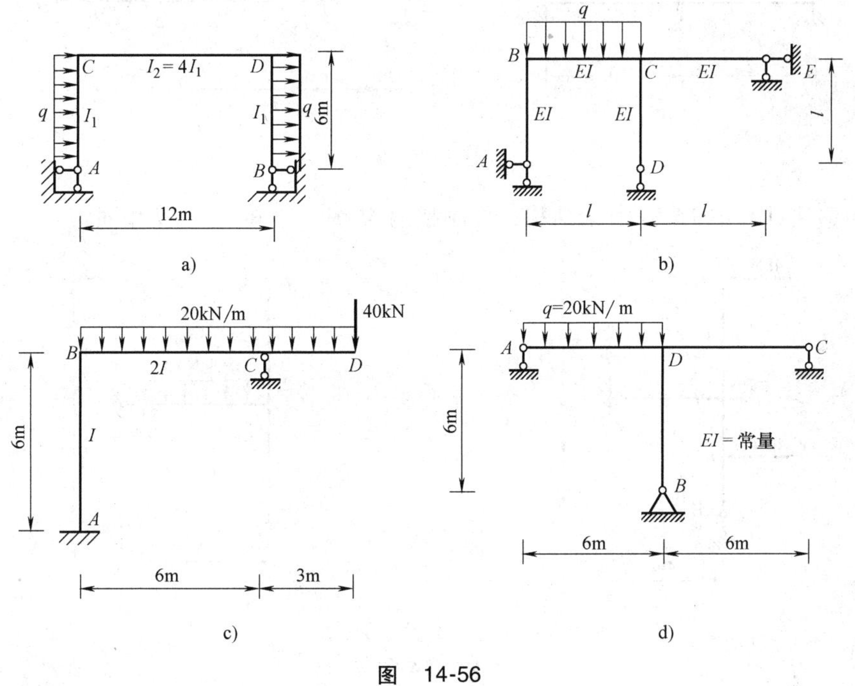

图　14-56

3. 写出图 14-57 所示结构中各杆杆端弯矩表达式及位移法基本方程。

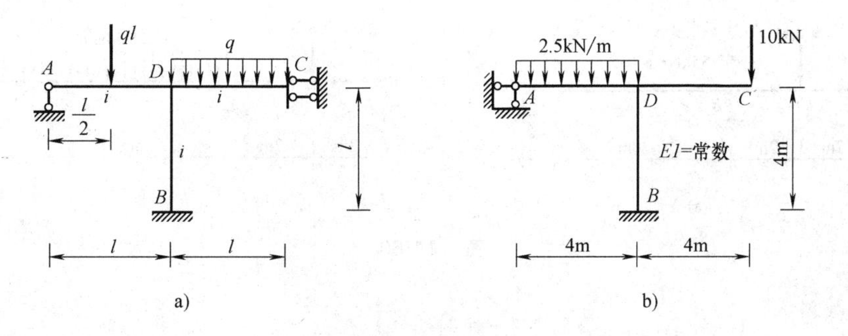

图　14-57

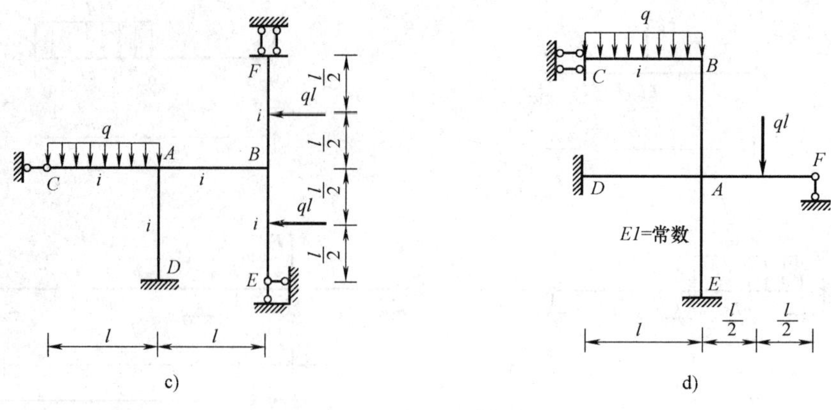

图 14-57（续）

4. 用位移法计算结构，作图 14-58 所示梁的 M 弯矩图。

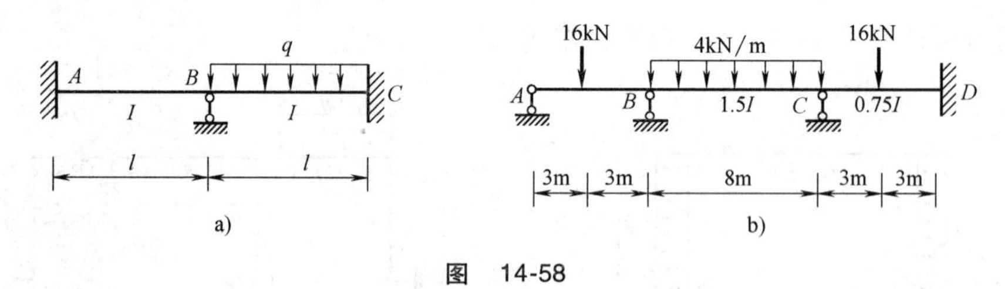

图 14-58

5. 用位移法计算图 14-59 所示结构，作刚架的 M 图。已知各杆 EI 相同。

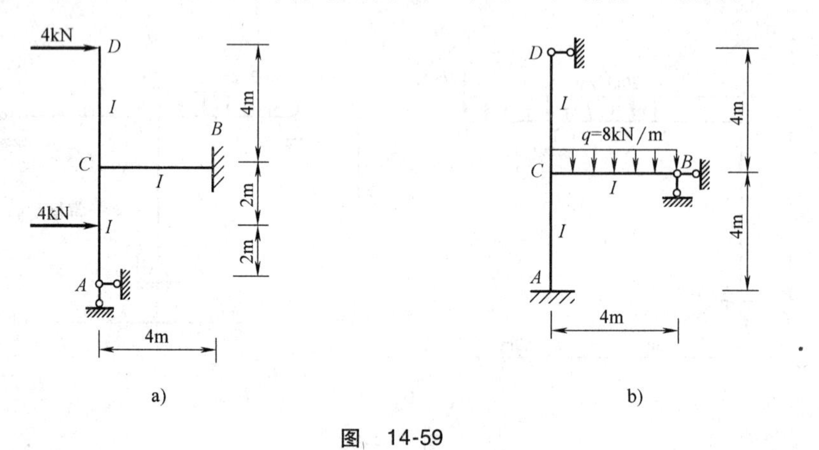

图 14-59

6. 试用力矩分配法计算图 14-60 所示结构，并作 M 图。

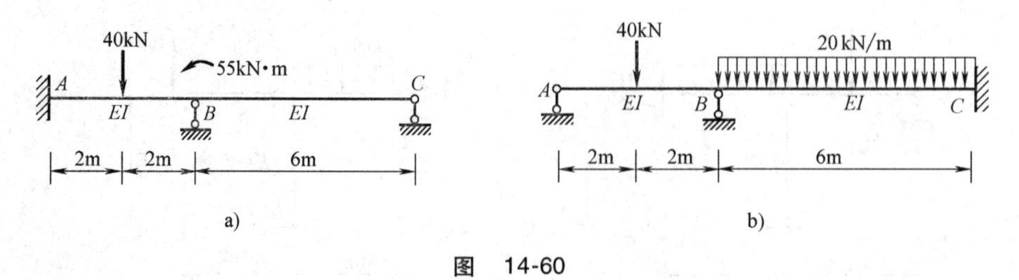

图 14-60

附录 型 钢 表

附表 1 热轧等边角钢

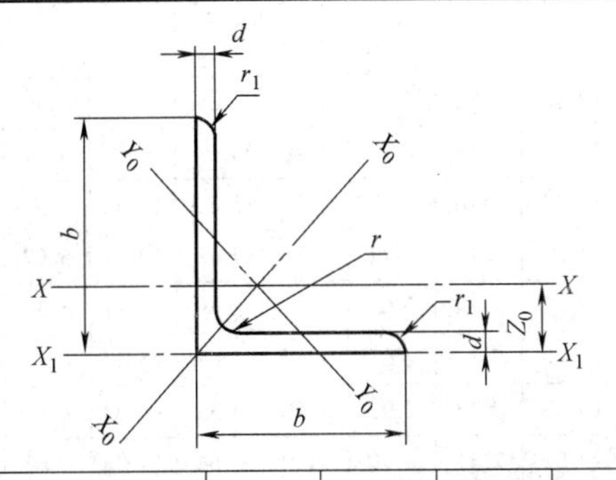

符号意义：

b——边宽度； I——惯性矩；

d——边厚度； i——惯性半径；

r——内圆弧半径； W——截面模数；

r_1——边端圆弧半径； Z_0——重心距离。

型号	截面尺寸/mm			截面面积/cm²	理论质量/(kg/m)	外表面积/(m²/m)	惯性矩/cm⁴				惯性半径/cm			截面模数/cm³			重心距离/cm
	b	d	r				I_x	I_{x1}	I_{x0}	I_{y0}	i_x	i_{x0}	i_{y0}	W_x	W_{x0}	W_{y0}	Z_0
2	20	3	3.5	1.132	0.889	0.078	0.40	0.81	0.63	0.17	0.59	0.75	0.39	0.29	0.45	0.20	0.60
		4		1.459	1.145	0.077	0.50	1.09	0.78	0.22	0.58	0.73	0.38	0.36	0.55	0.24	0.64
2.5	2.5	3		1.432	1.124	0.098	0.82	1.57	1.29	0.34	0.76	0.95	0.49	0.46	0.73	0.33	0.73
		4		1.859	1.459	0.097	1.03	2.11	1.62	0.43	0.74	0.93	0.48	0.59	0.92	0.40	0.76
3.0	30	3	4.5	1.794	1.373	0.117	1.46	2.71	2.31	0.61	0.91	1.15	0.59	0.68	1.09	0.51	0.85
		4		2.276	1.786	0.117	1.84	3.63	2.92	0.77	0.90	1.13	0.58	0.87	1.37	0.62	0.89
3.6	36	3		2.109	1.656	0.141	2.58	4.68	4.09	1.07	1.11	1.39	0.71	0.99	1.61	0.76	1.00
		4		2.756	2.163	0.141	3.29	6.25	5.22	1.37	1.09	1.38	0.70	1.28	2.05	0.93	1.04
		5		3.382	2.654	0.141	3.95	7.84	6.24	1.65	1.08	1.36	0.70	1.56	2.45	1.00	1.07
4	40	3	5	2.359	1.852	0.157	3.59	6.41	5.69	1.49	1.23	1.55	0.79	1.23	2.01	0.96	1.09
		4		3.086	2.422	0.157	4.60	8.56	7.29	1.91	1.22	1.54	0.79	1.60	2.58	1.19	1.13
		5		3.791	2.976	0.156	5.53	10.74	8.76	2.30	1.21	1.52	0.78	1.96	3.10	1.39	1.17
4.5	4.5	3		2.659	2.088	0.177	5.17	9.12	8.20	2.14	1.40	1.76	0.89	1.58	2.58	1.24	1.22
		4		3.486	2.736	0.177	6.65	12.18	10.56	2.75	1.38	1.74	0.89	2.05	3.32	1.54	1.26
		5		4.292	3.369	0.176	8.04	15.2	12.74	3.33	1.37	1.72	0.88	2.51	4.00	1.81	1.30
		6		5.076	3.985	0.176	9.33	18.36	14.76	3.89	1.36	1.70	0.8	2.95	6.64	2.06	1.33
5	50	3	5.5	2.971	2.332	0.197	7.18	12.5	11.37	2.98	1.55	1.96	1.00	1.96	3.22	1.57	1.34
		4		3.897	3.059	0.197	9.26	16.69	14.70	3.82	1.54	1.94	0.99	2.56	4.16	1.96	1.38
		5		4.803	3.770	0.196	11.21	20.90	17.79	4.64	1.53	1.92	0.98	3.13	5.03	2.31	1.42
		6		5.688	4.465	0.196	13.05	25.14	20.68	5.42	1.52	1.91	0.98	3.68	5.85	2.63	1.46
5.6	56	3	6	3.343	2.624	0.221	10.19	17.56	16.14	4.24	1.75	2.20	1.13	2.48	4.08	2.02	1.48
		4		4.390	3.446	0.220	13.18	23.43	20.92	5.46	1.73	2.18	1.11	3.24	5.28	2.52	1.53
		5		5.415	4.251	0.220	16.02	29.33	25.42	6.61	1.72	2.17	1.10	3.97	6.42	2.98	1.57
		6		6.420	5.040	0.220	18.69	35.26	29.66	7.73	1.71	2.15	1.10	4.68	7.49	3.40	1.61
		7		7.404	5.812	0.219	21.23	41.23	33.63	8.82	1.69	2.13	1.09	5.36	8.49	3.80	1.64
		8		8.367	6.568	0.219	23.63	47.24	37.37	9.89	1.68	2.11	1.09	6.03	9.44	4.16	1.68
6	60	5	6.5	5.829	4.576	0.236	19.89	36.05	31.57	8.21	1.85	2.33	1.19	4.59	7.44	3.48	1.67
		6		6.914	5.427	0.235	23.25	44.33	36.89	9.60	1.83	2.31	1.18	5.41	8.70	3.98	1.70
		7		7.977	6.262	0.235	26.44	50.65	41.92	10.96	1.82	2.29	1.17	6.21	9.88	4.45	1.74
		8		9.020	7.081	0.235	29.47	58.02	46.66	12.28	1.81	2.27	1.17	6.98	11.00	4.88	1.78

（续）

型号	截面尺寸/mm			截面面积/cm²	理论质量/(kg/m)	外表面积/(m²/m)	惯性矩/cm⁴				惯性半径/cm			截面模数/cm³			重心距离/cm
	b	d	r				I_x	I_{x1}	I_{x0}	I_{y0}	i_x	i_{x0}	i_{y0}	W_x	W_{x0}	W_{y0}	Z_0
6.3	53	4	7	4.978	3.907	0.248	19.03	33.35	30.17	7.89	1.96	2.46	1.26	4.13	6.78	3.29	1.70
		5		6.143	4.822	0.248	23.17	41.73	36.77	9.57	1.94	2.45	1.25	5.08	8.25	3.90	1.74
		6		7.288	5.721	0.247	27.12	50.14	43.03	11.20	1.93	2.43	1.24	6.00	9.66	4.46	1.78
		7		8.412	6.603	0.247	30.87	58.60	48.96	12.79	1.92	2.41	1.23	6.88	10.99	4.98	1.82
		8		9.515	7.469	0.247	34.46	67.11	54.56	14.33	1.90	2.40	1.23	7.75	12.25	5.47	1.85
		10		11.657	9.151	0.246	41.09	84.31	64.85	17.33	1.88	2.36	1.22	9.39	14.56	6.36	1.93
7	70	4	8	5.570	4.372	0.275	26.39	45.74	41.80	10.99	2.18	2.74	1.40	5.14	8.44	4.17	1.86
		5		6.875	5.397	0.275	32.21	57.21	51.08	13.31	2.16	2.73	1.39	5.32	10.32	4.95	1.91
		6		8.150	6.406	0.275	37.77	68.73	59.93	15.61	2.15	2.71	1.38	7.48	12.11	5.67	1.95
		7		9.424	7.398	0.275	43.09	80.29	68.35	17.82	2.14	2.69	1.38	8.59	13.81	6.34	1.99
		8		10.667	8.373	0.274	48.17	91.92	76.37	19.98	2.12	2.68	1.37	9.68	15.43	6.98	2.03
7.5	75	5	9	7.412	5.818	0.295	39.97	70.56	63.30	16.63	2.33	2.92	1.50	7.32	11.94	5.77	2.04
		6		8.797	6.905	0.294	46.95	84.55	74.38	19.51	2.31	2.90	1.49	8.64	14.02	6.67	2.07
		7		10.160	7.976	0.294	53.57	98.71	84.96	22.18	2.30	2.89	1.48	9.93	16.02	7.44	2.11
		8		11.503	9.030	0.294	59.96	112.97	95.07	24.86	2.28	2.86	1.47	11.20	17.93	8.19	2.15
		9		12.825	10.068	0.294	66.10	127.30	104.71	27.48	2.27	2.86	1.45	12.43	19.75	8.89	2.13
		10		14.126	11.089	0.293	71.98	141.71	113.92	30.05	2.26	2.84	1.46	13.64	21.48	9.56	2.22
8	80	5		7.912	6.211	0.315	48.79	85.36	77.33	20.25	2.48	3.13	1.60	8.34	13.67	6.66	2.15
		6		9.397	7.376	0.314	57.35	102.50	90.98	23.72	2.47	3.11	1.59	9.87	16.08	7.65	2.19
		7		10.860	8.525	0.314	65.58	119.70	104.07	27.09	2.46	3.10	1.58	11.37	18.40	8.58	2.23
		8		12.303	9.685	0.314	73.49	136.97	116.60	30.39	2.44	3.08	1.57	12.83	20.61	9.46	2.27
		9		13.725	10.774	0.314	81.11	154.31	128.60	33.61	2.43	3.06	1.56	14.25	22.73	10.29	2.31
		10		15.126	11.874	0.313	88.43	171.74	14.09	36.77	2.42	3.04	1.56	15.64	24.76	11.08	2.35
9	90	6	10	10.637	8.350	0.354	82.77	145.87	131.26	34.28	2.79	3.51	1.80	12.61	20.63	9.95	2.44
		7		12.301	9.656	0.354	94.83	170.30	150.47	39.18	2.78	3.50	1.78	14.54	23.64	11.19	2.48
		8		13.944	10.946	0.353	106.47	194.80	168.97	43.97	2.76	3.48	1.78	16.42	26.55	12.35	2.52
		9		15.566	12.219	0.353	117.72	219.39	186.77	48.66	2.75	3.46	1.77	18.27	29.35	13.46	2.56
		10		17.167	13.476	0.353	128.58	244.07	203.90	53.26	2.74	3.45	1.76	20.07	32.04	14.52	2.59
		12		20.306	15.940	0.352	149.22	293.76	236.21	62.22	2.71	3.41	1.75	23.57	37.12	16.49	2.67
10	100	6	12	11.932	9.366	0.393	114.95	200.07	181.98	47.92	3.10	3.90	2.00	15.68	25.74	12.69	2.67
		7		13.796	10.830	0.393	131.86	233.54	208.97	54.74	3.09	3.89	1.99	18.10	29.55	14.26	2.71
		8		15.638	12.276	0.393	148.24	267.09	235.07	61.41	3.08	3.88	1.98	20.47	33.24	15.75	2.76
		9		17.462	13.708	0.392	164.12	300.73	260.30	67.95	3.07	3.86	1.97	22.79	36.81	17.18	2.80
		10		19.261	15.120	0.392	179.51	334.48	284.68	74.35	3.05	3.84	1.96	25.06	40.26	18.54	2.84
		12		22.800	17.898	0.391	208.90	402.34	330.95	86.84	3.03	3.81	1.95	29.48	46.80	21.08	2.91
		14		26.256	20.611	0.391	236.53	470.75	374.06	99.00	3.00	3.77	1.94	33.73	52.90	23.44	2.99
		16		29.627	23.257	0.390	262.53	539.80	414.16	110.89	2.98	3.74	1.94	37.82	58.57	25.63	3.06
11	110	7		15.196	11.928	0.433	177.16	310.64	280.94	75.38	3.41	4.30	2.20	22.05	36.12	17.51	2.96
		8		17.238	13.535	0.433	199.46	355.20	316.49	82.42	3.40	4.28	2.19	24.95	40.69	19.39	3.01
		10		21.261	16.690	0.432	242.19	444.65	384.39	99.98	3.38	4.25	2.17	30.60	49.42	22.91	3.09
		12		25.200	19.782	0.431	282.55	534.60	448.17	116.93	3.35	4.22	2.15	36.05	57.62	26.15	3.16
		14		29.056	22.809	0.431	320.71	625.16	508.01	133.40	3.32	4.18	2.14	41.31	65.31	29.14	3.24

（续）

型号	截面尺寸/mm			截面面积/cm²	理论质量/(kg/m)	外表面积/(m²/m)	惯性矩/cm⁴				惯性半径/cm			截面模数/cm³			重心距离/cm
	b	d	r				I_x	I_{x1}	I_{x0}	I_{y0}	i_x	i_{x0}	i_{y0}	W_x	W_{x0}	W_{y0}	Z_0
12.5	125	8	14	19.750	15.504	0.492	297.03	521.01	470.89	123.16	3.88	4.88	2.50	32.52	53.28	25.86	3.37
		10		24.373	19.133	0.491	361.67	651.93	573.89	149.46	3.85	4.85	2.48	39.97	64.93	30.62	3.45
		12		28.912	22.696	0.491	423.16	783.42	671.44	174.88	3.83	4.82	2.46	41.17	75.96	35.03	3.53
		14		33.367	26.193	0.490	481.65	915.61	763.73	199.57	3.80	4.78	2.45	54.16	86.41	39.13	3.61
		16		37.739	29.625	0.489	537.31	1048.62	850.98	223.65	3.77	4.75	2.43	60.93	96.28	42.96	3.68
14	140	10		27.373	21.488	0.551	514.65	915.11	817.27	212.04	4.34	5.46	2.78	50.58	82.56	39.20	3.82
		12		32.512	25.522	0.551	603.68	1099.28	958.79	248.57	4.31	5.43	2.76	59.80	96.85	45.02	3.90
		14		37.567	29.490	0.550	688.81	1284.22	1093.56	284.06	4.28	5.40	2.75	68.75	110.47	50.45	3.98
		16		42.539	33.393	0.549	770.24	147.07	1221.81	318.67	4.26	5.36	2.74	77.46	123.42	55.55	4.06
15	150	8		23.750	18.644	0.592	521.37	899.55	827.49	215.25	4.69	5.90	3.01	47.36	78.02	38.14	3.99
		10		29.373	23.058	0.591	637.50	1125.09	1012.79	262.21	4.66	5.87	2.99	58.35	95.49	45.51	4.08
		12		34.912	27.406	0.591	748.85	1351.26	1189.97	307.73	4.63	5.84	2.97	69.04	112.19	52.38	4.15
		14		40.367	31.688	0.590	855.64	1578.25	1359.30	351.98	4.60	5.80	2.95	79.45	128.16	58.83	4.23
		15		43.063	33.804	0.590	907.39	1692.10	1441.09	373.69	4.59	5.78	2.95	84.56	135.87	61.90	4.27
		16		45.739	35.905	0.589	958.08	1806.21	1521.02	395.14	4.58	5.77	2.94	89.59	143.40	64.89	4.31
16	160	10	16	31.502	24.729	0.630	779.53	1365.33	1237.30	321.75	4.98	6.27	3.20	66.70	109.36	52.76	4.31
		12		37.441	29.391	0.630	916.58	1639.57	1455.68	377.49	4.95	6.24	3.18	78.98	128.67	60.74	4.39
		14		43.296	33.987	0.629	1048.36	1914.68	1665.02	431.70	4.92	6.20	3.16	90.95	147.17	68.24	4.47
		16		49.067	38.518	0.629	1175.08	2190.82	1865.57	484.59	4.89	6.17	3.14	102.63	164.89	75.31	4.55
18	180	12		42.241	33.159	0.710	1321.35	2332.80	2100.10	542.61	5.59	7.05	3.58	100.82	165.00	78.41	4.89
		14		48.896	38.383	0.709	1514.48	2723.48	2407.42	621.53	5.56	7.02	3.56	116.25	189.14	88.38	4.97
		16		55.467	43.542	0.709	1700.99	3115.29	2703.37	698.60	5.54	6.98	3.55	131.13	212.49	97.83	5.05
		18		61.055	48.634	0.708	1875.12	3502.43	2988.24	762.01	5.50	6.94	3.51	145.64	234.78	105.14	5.13
20	200	14	18	54.642	42.894	0.788	2103.55	3734.10	3343.26	863.83	5.20	7.82	3.98	144.70	236.40	111.82	5.46
		16		63.013	48.680	0.788	2365.15	4270.39	3760.89	971.41	6.18	7.79	3.96	163.65	265.93	123.96	5.54
		18		69.301	54.401	0.787	2620.64	4808.13	4164.54	1076.74	6.15	7.75	3.94	182.22	294.48	135.52	5.52
		20		76.505	60.056	0.787	2867.30	5347.51	4554.55	1180.04	6.12	7.72	3.93	200.42	322.06	146.55	5.69
		24		90.661	71.168	0.785	3338.25	6457.16	5294.97	1381.53	6.07	7.64	3.90	236.17	374.41	166.65	5.87
20	220	16	21	68.654	53.901	0.866	3187.30	5681.62	5063.73	1310.99	6.81	8.59	4.37	199.55	325.51	153.81	6.03
		18		76.752	60.250	0.866	3534.30	6395.93	5615.32	1453.27	6.79	8.55	4.35	222.37	360.97	168.29	6.11
		20		84.756	66.533	0.865	3871.49	7112.04	6150.08	1592.90	6.76	8.52	4.34	244.77	395.34	182.16	6.18
		22		92.676	72.751	0.865	4199.23	7830.19	6668.37	1730.10	6.73	8.48	4.32	266.78	428.66	195.45	6.26
		24		100.512	78.902	0.864	4517.83	8550.57	7170.55	1865.11	6.70	8.45	4.31	288.39	460.94	208.21	6.33
		26		108.264	84.987	0.864	4827.58	9273.39	7656.98	1998.17	6.68	8.41	4.30	309.62	492.21	220.49	6.41
25	250	18	24	87.842	68.956	0.985	5268.22	9379.11	8369.04	2167.41	7.74	9.76	4.97	290.12	473.42	224.03	6.84
		20		97.045	76.180	0.984	5779.34	10426.97	9181.94	2376.74	7.72	9.73	4.95	319.66	519.41	242.85	6.92
		24		115.201	90.433	0.983	6763.93	12529.74	10742.67	2785.19	7.66	9.66	4.92	377.34	607.70	278.38	7.07
		26		124.154	97.461	0.982	7238.08	13585.18	11491.33	2984.84	7.63	9.62	4.90	405.50	650.05	295.19	7.15
		28		133.022	104.422	0.982	7700.60	14643.62	12219.39	3181.81	7.61	9.58	4.89	433.22	691.23	311.42	7.22
		30		141.807	111.318	0.981	8151.80	15705.30	12927.26	3376.34	7.58	9.55	4.88	460.51	731.28	327.12	7.30
		32		150.508	118.149	0.981	8592.01	16770.41	13615.32	3568.71	7.56	9.51	4.87	487.39	770.20	342.33	7.37
		35		163.402	128.271	0.980	9232.44	18374.95	14611.16	3853.72	7.52	9.46	4.86	526.97	826.53	364.30	7.48

注：截面图中的 $r_1 = d/3$ 及表中 r 的数据用于孔型设计，不作交货条件。

附表 2 热轧不等边角钢

符号意义：
B——长边宽度；
d——边厚度；
r_1——边端圆弧半径；
i——惯性半径；
X_0——重心距离；
b——短边宽度；
r——内圆弧半径；
I——惯性矩；
W——截面模数；
Y_0——重心距离。

型号	截面尺寸/mm				截面面积/cm²	理论质量/(kg/m)	外表面积/(m²/m)	惯性矩/cm⁴					惯性半径/cm			截面模数/cm³			tanα	重心距离/cm	
	B	b	d	r				I_x	I_{x1}	I_y	I_{y1}	I_u	i_x	i_y	i_u	W_x	W_y	W_u		X_0	Y_0
2.5/1.6	25	16	3	3.5	1.162	0.912	0.080	0.70	1.56	0.22	0.43	0.14	0.78	0.44	0.34	0.43	0.19	0.16	0.392	0.42	0.86
			4		1.499	1.176	0.079	0.88	2.09	0.27	0.59	0.17	0.77	0.43	0.34	0.55	0.24	0.20	0.381	0.46	1.86
3.2/2	32	20	3		1.492	1.171	0.102	1.53	3.27	0.46	0.82	0.28	1.01	0.55	0.43	0.72	0.30	0.25	0.382	0.49	0.90
			4		1.939	1.522	0.101	1.93	4.37	0.57	1.12	0.35	1.00	0.54	0.42	0.93	0.39	0.32	0.374	0.53	1.08
4/2.5	40	25	3	4	1.890	1.484	0.127	3.08	5.39	0.93	1.59	0.56	1.28	0.70	0.54	1.15	0.49	0.40	0.385	0.59	1.12
			4		2.467	1.936	0.127	3.93	8.53	1.18	2.14	0.71	1.36	0.69	0.54	1.49	0.63	0.52	0.381	0.63	1.32
4.5/2.8	45	28	3	5	2.149	1.687	0.143	4.45	9.10	1.34	2.23	0.80	1.44	0.79	0.61	1.47	0.62	0.51	0.383	0.64	1.37
			4		2.806	2.203	0.143	5.69	12.13	1.70	3.00	1.02	1.42	0.78	0.60	1.91	0.80	0.66	0.380	0.68	1.47
5/3.2	50	32	3	5.5	2.431	1.908	0.161	6.24	12.49	2.02	3.31	1.20	1.60	0.91	0.70	1.84	0.82	0.68	0.404	0.73	1.51
			4		3.177	2.494	0.160	8.02	16.65	2.58	4.45	1.53	1.59	0.90	0.69	2.39	1.06	0.87	0.402	0.77	1.60
5.6/3.6	56	36	3	6	2.743	2.153	0.181	8.88	17.54	2.92	4.70	1.73	1.80	1.03	0.79	2.32	1.05	0.87	0.408	0.80	1.65
			4		3.590	2.818	0.180	11.45	23.39	3.76	6.33	2.23	1.79	1.02	0.79	3.03	1.37	1.13	0.408	0.85	1.78
			5		4.415	3.466	0.180	13.86	29.25	4.49	7.94	2.67	1.77	1.01	0.78	3.71	1.65	1.36	0.404	0.88	1.82
6.3/4	63	40	4	7	4.058	3.185	0.202	16.49	33.30	5.23	8.63	3.12	2.02	1.14	0.88	3.87	1.70	1.40	0.398	0.92	1.87
			5		4.993	3.920	0.202	20.02	41.63	6.31	10.86	3.76	2.00	1.12	0.87	4.74	2.07	1.71	0.396	0.95	2.04
			6		5.908	4.638	0.201	23.36	49.98	7.29	13.12	4.34	1.96	1.11	0.86	5.59	2.43	1.99	0.393	0.99	2.08
			7		6.802	5.339	0.201	26.53	58.07	8.24	15.47	4.97	1.98	1.10	0.86	6.40	2.78	2.29	0.389	1.03	2.12
7/4.5	70	45	4	7.5	4.547	3.570	0.226	23.17	45.92	7.55	12.26	4.40	2.26	1.29	0.98	4.86	2.17	1.77	0.410	1.02	2.15
			5		5.609	4.403	0.225	27.95	57.10	9.13	15.39	5.40	2.23	1.28	0.98	5.92	2.65	2.19	0.407	1.06	2.24

（续）

型号	截面尺寸/mm				截面面积/cm²	理论质量/(kg/m)	外表面积/(m²/m)	惯性矩/cm⁴					惯性半径/cm			截面模数/cm³			tanα	重心距离/cm	
	B	b	d	r				I_x	I_{x1}	I_y	I_{y1}	I_u	i_x	i_y	i_u	W_x	W_y	W_u		X_0	Y_0
7/4.5	70	45	6	7.5	6.647	5.218	0.225	32.54	68.35	10.52	18.58	6.35	2.21	1.26	0.98	6.95	3.12	2.59	0.404	1.09	2.28
			7		7.657	6.011	0.225	37.22	79.99	12.01	21.84	7.16	2.20	1.25	0.97	8.03	3.57	2.94	0.402	1.13	2.32
7.5/5	75	50	5	8	6.125	4.808	0.245	34.86	70.00	12.61	21.04	7.41	2.39	1.44	1.10	6.83	3.30	2.74	0.435	1.17	2.36
			6		7.260	5.699	0.245	41.12	84.30	14.70	25.37	8.54	2.38	1.42	1.08	8.12	3.88	3.19	0.435	1.21	2.40
			8		9.467	7.431	0.244	52.39	112.50	18.53	34.23	10.87	2.35	1.40	1.07	10.52	4.99	4.10	0.429	1.29	2.44
			10		11.590	9.098	0.244	62.71	140.80	21.95	43.43	13.10	2.33	1.38	1.06	12.79	6.04	4.99	0.423	1.36	2.52
8/5	80	50	5		6.375	5.005	0.255	41.96	85.21	12.82	21.06	7.66	2.56	1.42	1.10	7.78	3.32	2.74	0.388	1.14	2.60
			6		7.560	5.935	0.255	49.49	102.53	14.95	25.41	8.85	2.56	1.41	1.08	9.25	3.91	3.20	0.387	1.18	2.65
			8		8.724	6.848	0.255	56.16	119.33	46.96	29.82	10.18	2.54	1.39	1.08	10.58	4.48	3.70	0.384	1.21	2.69
			10		9.867	7.745	0.254	62.83	136.41	18.85	34.32	11.38	2.52	1.38	1.07	11.92	5.03	4.16	0.381	1.25	2.73
9/5.6	90	56	5	9	7.212	5.661	0.287	60.45	121.32	18.32	29.53	10.98	2.90	1.59	1.23	9.92	4.21	3.49	0.385	1.25	2.91
			6		8.557	6.717	0.286	71.03	145.59	21.42	35.58	12.90	2.88	1.58	1.23	11.74	4.96	4.13	0.384	1.29	2.95
			7		9.880	7.756	0.286	81.01	169.60	24.36	41.71	14.67	2.86	1.57	1.22	13.49	5.70	4.72	0.382	1.33	3.00
			8		11.183	8.770	0.268	91.03	194.17	27.15	47.93	16.34	2.85	1.56	1.21	15.27	6.41	5.29	0.380	1.36	3.04
10/6.3	100	63	6	10	9.617	7.550	0.320	99.06	199.71	30.94	50.50	18.42	3.21	1.79	1.38	14.64	6.35	5.25	0.394	1.43	3.24
			7		11.111	8.722	0.320	113.45	233.00	35.26	59.14	21.00	3.20	1.78	1.38	16.88	7.29	6.02	0.394	1.47	3.28
			8		12.534	9.878	0.319	127.37	266.32	39.39	67.88	23.50	3.18	1.77	1.37	19.08	8.21	6.78	0.391	1.50	3.32
			10		15.467	12.142	0.319	153.81	333.06	47.12	85.73	28.33	3.15	1.74	1.35	23.32	9.98	8.24	0.387	1.58	3.40
10/8	100	80	6		10.637	8.350	0.354	107.04	199.83	61.24	102.68	31.65	3.17	2.40	1.72	15.19	10.16	8.37	0.627	1.97	2.95
			7		12.301	9.656	0.354	122.73	233.20	70.08	119.98	36.17	3.16	2.39	1.72	17.52	11.71	9.60	0.626	2.01	3.0
			8		13.944	10.946	0.353	137.92	266.61	78.58	137.37	40.58	3.14	2.37	1.71	19.81	13.21	10.80	0.625	2.05	3.04
			10		17.167	18.476	0.353	166.87	333.63	94.65	172.48	49.10	3.12	2.35	1.69	24.24	16.12	13.12	0.622	2.13	3.12
11/7	110	70	6		10.637	8.350	0.354	333.37	265.78	42.92	69.08	25.36	3.54	2.01	1.54	17.85	7.90	6.53	0.403	1.57	3.53
			7		12.301	9.656	0.354	153.00	310.07	49.01	80.82	28.95	3.53	2.00	1.53	20.60	9.09	7.50	0.402	1.61	3.57
			8		13.944	10.946	0.353	172.04	354.39	54.87	92.70	32.45	3.51	1.98	1.53	23.30	10.25	8.45	0.401	1.65	3.62
			10		17.167	13.476	0.353	208.39	443.13	65.88	116.83	39.20	3.48	1.96	1.51	28.54	12.48	10.29	0.397	1.72	3.70
12.5/8	125	80	7	11	14.096	11.066	0.403	227.98	454.99	74.42	120.32	43.81	4.02	2.30	1.76	26.86	12.01	9.92	0.408	1.80	4.01
			8		15.989	12.551	0.403	256.77	519.99	83.49	137.85	49.15	4.01	2.28	1.75	30.41	13.56	11.18	0.407	1.84	4.06
			10		19.712	15.474	0.402	312.04	650.09	100.57	173.40	59.45	3.98	2.26	1.74	37.33	16.56	13.64	0.404	1.92	4.14
			12		23.351	18.330	0.402	364.41	780.39	116.67	209.67	69.35	3.95	2.24	1.72	44.01	19.43	15.01	0.400	2.00	4.22

（续）

型号	截面尺寸/mm				截面面积/cm^2	理论质量/(kg/m)	外表面积/(m^2/m)	惯性矩/cm^4					惯性半径/cm			截面模数/cm^3			$\tan\alpha$	重心距离/cm	
	B	b	d	r				I_x	I_{x1}	I_y	I_{y1}	I_u	i_x	i_y	i_u	W_x	W_y	W_u		X_0	Y_0
14/9	140	90	8	12	18.038	14.160	0.453	365.64	730.53	120.69	195.79	70.83	4.50	2.59	1.98	38.48	17.34	14.31	0.411	2.04	4.50
			10		22.261	17.475	0.452	445.50	913.20	140.03	245.92	85.82	4.47	2.56	1.96	47.31	21.22	17.48	0.409	2.12	4.58
			12		26.400	20.724	0.451	521.59	1096.09	169.79	296.89	100.21	4.44	2.54	1.95	55.87	24.95	20.54	0.406	2.19	4.65
			14		30.456	23.908	0.451	594.10	1279.26	192.10	348.82	114.13	4.42	2.51	1.94	64.18	28.54	23.52	0.403	2.27	4.74
15/9	150	90	8		18.839	14.788	0.473	442.05	898.35	122.80	195.96	74.14	4.84	2.55	1.98	43.86	17.47	14.48	0.364	1.97	4.92
			10		23.261	18.260	0.472	539.24	1122.85	148.62	246.26	89.86	4.81	2.53	1.97	53.97	21.38	17.69	0.362	2.05	5.01
			12		27.600	21.666	0.471	632.08	1347.50	172.85	297.46	104.95	4.79	2.50	1.95	63.79	25.14	20.80	0.359	2.12	5.09
			14		31.856	25.007	0.471	720.77	1572.38	195.62	349.74	119.53	4.76	2.48	1.94	73.33	28.77	23.84	0.356	2.20	5.17
			15		33.952	26.652	0.471	763.62	1684.93	206.50	376.33	126.67	4.74	2.47	1.93	77.99	30.53	25.33	0.354	2.24	5.21
			16		36.027	28.281	0.470	805.51	1797.55	217.07	403.24	133.72	4.73	2.45	1.93	82.60	32.27	26.82	0.352	2.27	5.25
16/10	160	100	10	13	25.315	19.872	0.512	668.69	1362.89	205.03	336.59	121.74	5.14	2.85	2.19	62.13	26.56	21.92	0.390	2.28	5.24
			12		30.054	23.592	0.511	784.91	1635.56	239.06	405.94	142.33	5.11	2.82	2.17	73.49	31.28	25.79	0.388	2.36	5.32
			14		34.709	27.247	0.510	896.30	1908.50	271.20	476.42	162.23	5.08	2.80	2.16	84.56	35.83	29.56	0.385	2.43	5.40
			16		39.281	30.835	0.510	1003.04	2181.79	301.60	548.22	182.57	5.05	2.77	2.16	95.33	40.24	33.44	0.382	2.51	5.48
18/11	180	110	10	14	28.373	22.273	0.571	956.25	1940.40	278.11	447.22	166.50	5.80	3.13	2.42	78.96	32.49	26.88	0.376	2.44	5.89
			12		33.712	26.440	0.571	1124.72	2328.38	325.03	538.94	194.87	5.78	3.10	2.40	93.53	38.32	31.66	0.374	2.52	5.98
			14		38.967	30.589	0.570	1286.91	2716.60	369.55	631.95	222.30	5.75	3.08	2.39	107.76	43.97	36.32	0.372	2.59	6.06
			16		44.139	34.649	0.569	1443.06	3105.15	411.85	726.46	248.94	5.72	3.06	2.38	121.64	49.44	40.87	0.369	2.67	6.14
20/12.5	200	125	12		37.912	29.761	0.641	1570.90	3193.85	483.16	787.74	285.79	6.44	3.57	2.74	116.73	49.99	41.23	0.392	2.83	6.54
			14		43.687	34.436	0.640	1800.97	3726.17	550.83	922.47	326.58	6.41	3.54	2.73	134.65	57.44	47.34	0.390	2.91	6.62
			16		49.739	39.045	0.639	2023.35	4258.88	615.44	1058.86	356.21	6.38	3.52	2.71	152.18	64.89	53.32	0.388	2.99	6.70
			18		55.526	43.588	0.639	2238.30	4792.00	677.19	1197.13	404.83	6.35	3.49	2.70	169.33	71.74	59.18	0.385	3.06	6.78

注：截面图中的 $r_1=d/3$ 及表中 r 的数据用于孔型设计，不作交货条件。

附表 3 热轧普通槽钢

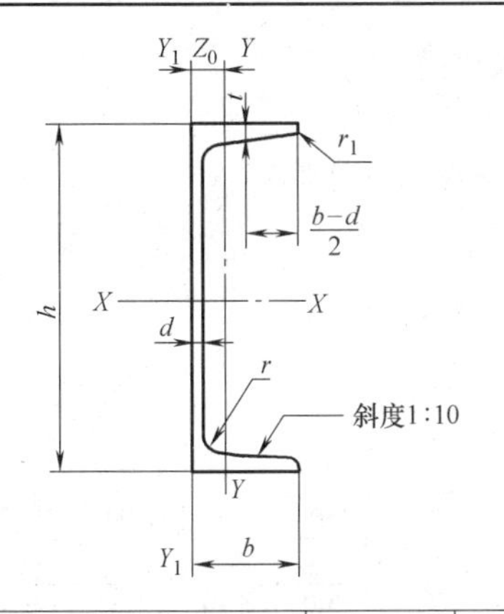

符号意义：

h——高度；

b——腿宽；

d——腰厚；

t——平均腿厚；

r——内圆弧半径；

r_1——腿端圆弧半径；

I——惯性矩；

W——截面模数；

i——惯性半径；

Z_0——YY 与 Y_1Y_1 轴线间距离。

型号	截面尺寸/mm						截面面积/cm^2	理论质量/(kg/m)	惯性矩/cm^4			惯性半径/cm		截面模数/cm^3		重心距离/cm
	h	b	d	t	r	r_1			I_x	I_y	I_{y1}	i_x	i_y	W_x	W_y	Z_0
5	50	37	4.5	7.0	7.0	3.5	6.928	5.438	26.0	8.30	20.9	1.94	1.10	10.4	3.55	1.35
6.3	63	40	4.8	7.5	7.5	3.8	8.451	6.634	50.8	11.9	28.4	2.45	1.19	16.1	4.50	1.36
6.5	65	40	1.3	4.5	7.5	3.8	8.547	6.709	55.2	12.0	28.3	2.54	1.19	17.0	4.59	1.38
8	80	43	5.0	8.0	8.0	4.0	10.248	8.045	101	16.6	37.4	3.15	1.27	25.3	5.79	1.43
10	100	48	5.3	8.5	8.5	4.2	12.748	10.007	198	25.6	54.9	3.95	1.41	39.7	7.80	1.52
12	120	53	5.5	9.0	9.0	4.5	15.362	12.050	316	37.4	77.7	4.75	1.56	57.7	10.2	1.62
12.6	126	53	5.5	9.0	9.0	4.5	15.692	12.318	391	38.0	77.1	4.95	1.57	62.1	10.2	1.59
14a	140	5.8	6.0	9.5	9.5	4.8	18.516	14.535	564	53.2	107	5.52	1.76	80.5	13.0	1.71
14b		60	8.0				21.316	16.733	609	61.1	121	5.35	1.69	87.1	14.1	1.67
16a	160	63	6.5	10.0	10.0	5.0	21.962	17.24	866	73.3	144	6.28	1.83	108	16.3	1.80
16b		65	8.5				25.162	19.752	935	83.4	161	6.10	1.82	117	17.6	1.75
18a	180	68	7.0	10.5	10.5	5.2	25.699	20.174	1270	98.6	190	7.04	1.96	141	20.0	1.88
18b		70	9.0				29.299	23.000	1370	111	210	6.84	1.95	152	21.5	1.84
20a	200	73	7.0	11.0	11.0	5.5	28.837	22.637	1780	128	244	7.86	2.11	178	24.2	2.01
20b		75	9.0				32.837	25.777	1910	144	268	7.64	2.09	191	25.9	1.95
22a	220	77	7.0	11.5	11.5	5.8	31.846	24.999	2390	158	298	8.67	2.23	218	28.2	2.10
22b		79	9.0				36.246	28.453	2570	176	326	8.42	2.21	234	30.1	2.03
24a	240	78	7.0	12.0	12.0	6.0	34.217	26.860	3050	174	325	9.45	2.25	254	30.5	2.10
24b		80	9.0				39.017	30.628	3280	194	355	9.17	2.23	274	32.5	2.03
24c		82	11.0				43.817	34.396	3510	213	388	8.96	2.21	293	34.4	2.00
25a	25	78	7.0				34.917	27.410	3370	176	322	9.82	2.24	270	30.6	2.07
25b		80	9.0				39.917	31.335	3530	196	353	9.41	2.22	282	32.7	1.98
25c		82	11.0				44.917	35.260	3690	218	384	9.07	2.21	295	35.9	1.92
27a	270	82	7.5	12.5	12.5	6.2	39.284	30.838	4360	216	393	10.5	2.34	323	35.5	2.13
27b		84	9.5				44.684	35.077	4690	239	428	10.3	2.31	347	37.7	2.06
27c		85	11.5				50.084	39.316	5020	261	467	10.1	2.28	372	39.8	2.03
28a	280	82	7.5				40.034	31.427	4760	218	388	10.9	2.33	340	35.7	2.10
28b		84	9.5				45.634	35.823	5130	242	428	10.6	2.30	366	37.9	2.02
28c		86	11.5				51.234	40.219	5500	268	463	10.4	2.29	393	40.3	1.95
30a	300	85	7.5	13.5	13.5	6.8	43.902	34.463	6050	260	467	11.7	2.43	403	41.1	2.17
30b		87	9.5				49.902	39.173	6500	289	515	11.4	2.41	433	44.0	2.13
30c		89	11.5				55.902	43.883	6950	316	560	11.2	2.38	463	46.4	2.09
32a	320	88	8.0	14.0	14.0	7.0	48.513	38.083	7600	305	552	12.5	2.50	475	46.5	2.24
32b		90	10.0				54.913	43.107	8140	336	593	12.2	2.47	509	49.2	2.16
32c		92	12.0				61.313	48.131	8690	374	643	11.9	2.47	543	52.6	2.09
36a	360	96	9.0	16.0	16.0	8.0	60.910	47.814	11900	455	818	14.0	2.73	660	63.5	2.44
36b		98	11.0				68.110	53.466	12700	497	880	13.6	2.70	703	66.9	2.37
36c		100	13.0				75.310	59.118	13400	536	948	13.4	2.67	746	70.0	2.34
40a	400	100	10.5	18.0	18.0	9.0	75.068	58.928	17600	592	1070	15.3	2.81	879	78.8	2.49
40b		102	12.5				83.068	65.208	18600	640	1140	15.0	2.78	932	82.5	2.44
40c		104	14.5				91.068	71.488	19700	688	1220	14.7	2.75	986	86.2	2.42

注：表中 r、r_1 的数据用于孔型设计，不作交货条件。

附表 4　热轧普通工字钢

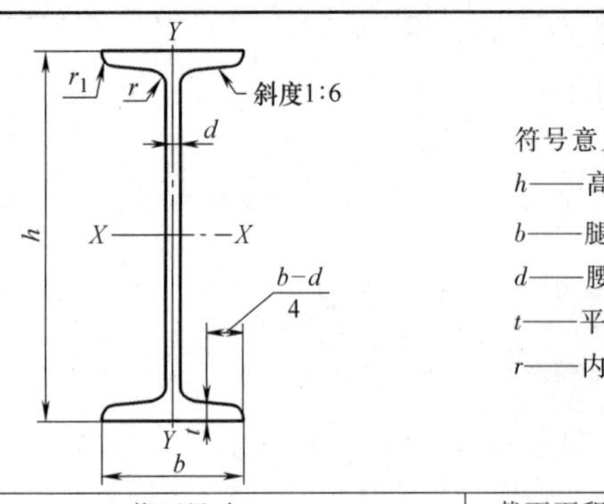

符号意义：

h——高度；
b——腿宽度；
d——腰厚度；
t——平均腿厚度；
r——内圆弧半径；
r_1——腿端圆弧半径；
I——惯性矩；
i——惯性半径；
W——截面模数。

型号	截面尺寸/mm						截面面积	理论质量	惯性矩/cm^4		惯性半径/cm		截面模数/cm^3	
	h	b	d	t	r	r_1	/cm^2	/(kg/m)	I_x	I_y	i_x	i_y	W_x	W_y
10	100	68	4.5	7.6	6.5	3.3	14.345	11.261	245	33.0	4.14	1.52	49.0	9.72
12	120	74	5.0	8.4	7.0	3.5	17.818	13.987	436	46.9	4.95	1.62	72.7	12.7
12.6	126	74	5.0	8.4	7.0	3.5	18.118	14.223	488	46.9	5.20	1.61	77.5	12.7
14	140	80	5.5	9.1	7.5	3.8	21.516	16.890	712	64.4	5.76	1.73	102	16.1
16	160	88	6.0	9.9	8.0	4.0	26.131	20.513	1130	93.1	6.58	1.89	141	21.2
18	180	94	6.5	10.7	8.5	4.3	30.756	24.143	1660	122	7.36	2.00	185	26.0
20a	200	100	7.0	11.4	9.0	4.5	35.578	27.929	2370	158	8.15	2.12	237	31.5
20b		102	9.0				39.578	31.069	2500	169	7.96	2.06	250	33.1
22a	220	110	7.5	12.3	9.5	4.8	42.128	36.070	3400	225	8.99	2.31	309	40.9
22b		112	9.5				46.528	36.524	3570	239	8.78	2.27	325	42.7
24a	240	116	8.0	13.0	10.0	5.0	47.741	37.477	4570	280	9.77	2.42	381	48.4
24b		118	10.0				52.541	41.245	4800	297	9.57	2.38	400	50.4
25a		116	8.0				48.541	38.105	5020	280	10.2	2.40	402	48.3
25b		118	10.0				53.541	42.030	5280	309	9.94	2.40	423	52.4
27a	280	122	8.5	13.7	10.5	5.3	54.554	42.825	6550	345	10.9	2.51	485	56.6
27b		124	10.5				59.954	47.064	6870	366	10.7	2.47	509	58.9
28a		122	8.5				55.404	43.492	7110	345	11.3	2.50	508	56.6
28b		124	10.5				61.004	47.888	7480	379	11.1	2.49	534	61.2
30a	300	126	9.0	14.4	11.0	5.5	61.254	48.084	8950	400	12.1	2.55	597	63.5
30b		128	11.0				67.254	52.794	9400	422	11.8	2.50	627	65.9
30c		130	13.0				73.254	57.504	9850	445	11.6	2.46	657	68.5
32a	320	130	9.5	15.0	11.5	5.8	67.156	52.717	11100	460	12.8	2.62	692	70.8
32b		132	11.5				73.556	57.741	11600	502	12.6	2.61	726	76.0
32c		134	13.5				79.956	62.765	12200	544	12.3	2.61	760	81.2
36a	360	136	10.0	15.8	12.0	6.0	76.480	60.037	15800	552	14.4	2.69	875	81.2
36b		138	12.0				83.680	65.689	16500	582	14.1	2.64	919	84.3
36c		140	14.0				90.880	71.341	17300	612	13.8	2.60	962	87.4
40a	400	142	10.5	16.5	12.5	6.3	86.112	67.598	21700	660	15.9	2.77	1090	93.2
40b		144	12.5				94.112	73.878	22800	692	15.6	2.71	1140	96.2
40c		146	14.5				102.112	80.158	23900	727	15.2	2.65	1190	99.6
45a	450	150	11.5	18.0	13.5	6.8	102.446	80.420	32200	855	17.7	2.89	1430	114
45b		152	13.5				111.446	87.485	33800	894	17.4	2.84	1500	118
45c		154	15.5				120.446	94.550	35300	938	17.1	2.79	1570	122
50a	500	158	12.0	20.0	14.0	7.0	119.304	93.654	46500	1120	19.7	3.07	1860	142
50b		160	14.0				129.304	101.504	48600	1170	19.4	3.01	1940	146
50c		162	16.0				139.304	109.354	50600	1220	19.0	2.96	2080	151
55a	550	166	12.5	21.0	14.5	7.3	134.185	105.335	62900	1370	21.6	3.19	2290	164
55b		168	14.5				145.185	113.970	65600	1420	21.2	3.14	2390	170
55c		170	16.5				156.185	122.605	68400	1480	20.9	3.08	2490	175
56a	560	166	12.5				135.435	106.316	65600	1370	22.0	3.18	2340	165
56b		168	14.5				146.635	115.108	68500	1490	21.6	3.16	2450	174
56c		170	16.5				157.835	123.900	71400	1560	21.3	8.16	2550	183
63a	630	176	13.0	22.0	15.0	7.5	154.658	121.407	93900	1700	24.5	3.31	2980	193
63b		178	15.0				167.258	131.298	98100	1810	24.2	3.29	3160	204
63c		180	17.0				179.858	141.189	102000	1920	23.8	3.27	3300	214

注：表中 r、r_1 的数据用于孔壁设计、不作交货条件。

参 考 文 献

［1］ 李前程，安学敏．建筑力学［M］．2版．北京：高等教育出版社，2013.

［2］ 黎永索，郭剑．建筑力学［M］．武汉：武汉理工大学出版社，2013.

［3］ 哈尔滨工业大学理论力学教研室．理论力学［M］．6版．北京：高等教育出版社，2002.

［4］ 周新伟，等．理论力学［M］．哈尔滨：哈尔滨工程大学出版社，2011.

［5］ 刘鸿文．材料力学［M］．4版．北京：高等教育出版社，2004.

［6］ 李冬华，等．材料力学［M］．哈尔滨：哈尔滨工程大学出版社，2011.

［7］ 孙训方，等．材料力学［M］．4版．北京：高等教育出版社，2002.

［8］ 祁皑．结构力学［M］．北京：中国建筑工业出版社，2016.